国家出版基金项目
NATIONAL PUBLICATION FOUNDATION

"十三五"国家重点出版物
出版规划项目

中国农药研究与应用全书

Books of Pesticide Research and Application in China

农药残留与分析

Pesticide Residue and Analysis

郑永权　　董丰收　　主编

化学工业出版社

· 北京 ·

本书重点介绍了当前我国农药残留研究新进展和残留标准制定新成果，详细介绍了农药残留分析的任务和目标，农药残留安全评价方法及相关采样分析技术，OECD推荐的四种农药残留化学典型测试方法，我国农药残留分析方法标准概况，农药残留标准的制定原则和现状，同时也收集了主要国际组织和发达国家的标准情况。另外，还系统梳理了近30年来我国农药残留领域的大事记，以期为中国农药研究与应用提供依据和参考。

本书数据充足，信息量大，内容丰富新颖，可作为农林大专院校、科研机构和第三方检测分析机构从事农药学、环境科学、农产品质量安全等研究、教学和工作人员的工具书和参考书。

图书在版编目（CIP）数据

中国农药研究与应用全书. 农药残留与分析/郑永权，董丰收主编. —北京：化学工业出版社，2019.6

ISBN 978-7-122-34196-9

Ⅰ.①中… Ⅱ.①郑… ②董… Ⅲ.①农药残留量分析-中国 Ⅳ.①S48②X592.02

中国版本图书馆 CIP 数据核字（2019）第 057560 号

责任编辑：刘 军 冉海滢 张 艳　　　　文字编辑：向 东　　　　责任印制：薛 维
责任校对：王 静　　　　　　　　　　　　装帧设计：王晓宇

出版发行：化学工业出版社（北京市东城区青年湖南街 13 号　邮政编码 100011）
印　　装：中煤（北京）印务有限公司
787mm×1092mm　1/16　印张 22½　字数 492 千字　　2019 年 10 月北京第 1 版第 1 次印刷

购书咨询：010-64518888　　　　　　　　　售后服务：010-64518899
网　　址：http://www.cip.com.cn
凡购买本书，如有缺损质量问题，本社销售中心负责调换。

定　　价：120.00 元

《中国农药研究与应用全书》

编辑委员会

本书编写人员名单

主　　编：　郑永权　　董丰收

编写人员：（按姓名汉语拼音排序）

陈茜茜　　程志鹏　　董丰收　　段丽芳　　姜朵朵

李富根　　李如男　　刘　娜　　刘新刚　　潘兴鲁

秦　曙　　宋稳成　　陶　燕　　吴小虎　　吴秀明

徐　军　　郑永权　　郑尊涛

序

　　农药作为不可或缺的农业生产资料和重要的化工产品组成部分，对于我国农业和大化工实现可持续的健康发展具有举足轻重的意义，在我国农业向现代化迈进的进程中，农药的作用不可替代。

　　我国的农药工业 60 多年来飞速地发展，我国现已成为世界农药使用与制造大国，农药创新能力大幅提高。近年来，特别是近十五年来，通过实施国家自然科学基金、公益性行业科研专项、"973"计划和国家科技支撑计划等数百个项目，我国新农药研究与创制取得了丰硕的成果，农药工业获得了长足的发展。"十二五"期间，针对我国农业生产过程中重大病虫草害防治需要，先后创制出四氯虫酰胺、氯氟醚菊酯、噻唑锌、毒氟磷等 15 个具有自主知识产权的农药（小分子）品种，并已实现工业化生产。5 年累计销售收入 9.1 亿元，累计推广使用面积 7800 万亩。目前，我国农药科技创新平台已初具规模，农药创制体系形成并稳步发展，我国已经成为世界上第五个具有新农药创制能力的国家。

　　为加快我国农药行业创新，发展更高效、更环保和更安全的农药，保障粮食安全，进一步促进农药行业和学科之间的交叉融合与协调发展，提升行业原始创新能力，树立绿色农药在保障粮食丰产和作物健康发展中的权威性，加强正能量科普宣传，彰显农药对国民经济发展的贡献和作用，推动农药可持续发展，通过系统总结中国农药工业 60 多年来新农药研究、创制与应用的新技术、新成果、新方向和新思路，更好解读国务院通过的《农药管理条例（修订草案）》；围绕在全国全面推进实施农药使用量零增长行动方案，加快绿色农药创制，推进绿色防控、科学用药和统防统治，开发出贯彻国家意志和政策导向的农药科学应用技术，不断增加绿色安全农药的生产比例，推动行业的良性发展，真正让公众对农药施用放心，受化学工业出版社的委托，我们组织目前国内农药、植保领域的一线专家学者，编写了本套《中国农药研究与应用全书》（以下简称《全书》）。

　　《全书》分为八个分册，在强调历史性、阶段性、引领性、创新性，特别是在反映农药研究影响、水平与贡献的前提下，全面系统地介绍了近年来我国农药研究与应用领域，包括新农药创制、农药产业、农药加工、农药残留与分析、农药生态环境风险评估、农药科学使用、农药使用装备与施用、农药管理以及国际贸易等领域所取得的成果与方法，充分反映了当前国际、国内新农药创制与农药使用技术的最新进展。《全书》通过成功案例分析和经验总结，结合国际研究前沿分析对比，详细分析国家"十三五"农药领域的研究趋势和对策，针对解决重大病虫害问题和行业绿色发展需要，对中国农药替代技术和品种深入思考，提出合理化建议。

《全书》以独特的论述体系、编排方式和新颖丰富的内容，进一步开阔教师、学生和产业领域研究人员的视野，提高研究人员理性思考的水平和创新能力，助其高效率地设计与开发出具有自主知识产权的高活性、低残留、对环境友好的新农药品种，创新性地开展绿色、清洁、可持续发展的农药生产工艺，有利于高效率地发挥现有品种的特长，尽量避免和延缓抗性和交互抗性的产生，提高现有农药的应用效率，这将为我国新农药的创制与科学使用农药提供重要的参考价值。

《全书》在顺利入选"十三五"国家重点出版物出版规划项目的同时，获得了国家出版基金项目的重点资助。 另外，《全书》还得到了中国工程院绿色农药发展战略咨询项目（2018-XY-32）及国家重点研发计划项目（2018YFD0200100）的支持，这些是对本书系的最大肯定与鼓励。

《全书》的编写得到了农业农村部农药检定所、全国农业技术推广服务中心、中国农药工业协会、中国农业科学院植物保护研究所、贵州大学、华东理工大学、华东师范大学、中国农业大学、上海师范大学、湖南化工研究院等单位的鼎力支持，这里表示衷心的感谢。

宋宝安，钱旭红
2019 年 2 月

前言

农药作为现代农业生产的重要投入品，在实现粮食增产、农业增效、农民增收、保供给、保安全和保民生"三增三保"方面发挥了重要作用，但农药的生产和使用也影响着环境健康和食品安全。发展农药残留检测技术，制定农药残留限量标准是保障农药科学安全应用的有效途径，也是各国农药安全管理水平的重要标志。

《农药残留与分析》是在我国实施"农药使用零增长行动方案"和"化学肥料和农药减施增效综合技术研发"的国家战略背景下编写的，也是在宋宝安院士和钱旭红院士的大力倡议和化学工业出版社的帮助下完成的，旨在总结我国近60年来农药残留与分析技术等内容的发展状况。本书重点介绍了当前我国农药残留研究新进展和残留标准制定新成果，包括农药残留和分析的新技术和新方法，农药残留限量标准的新成果以及中国农药残留研究的新动向等内容。研究新进展主要包括农药残留分析新技术和新仪器装备，分别从工作原理、发展历史和应用特点等角度系统介绍了现代农药残留技术的发展。纳入了农药残留最新热点装备研发和应用的新动向，包括快速筛查、实时现场分析、无损分析等内容。残留标准新成果按类别收集了我国最新的农药残留分析方法标准和农产品中最大残留限量标准现状，同时也收集了OECD推荐的典型农药残留化学国际通用测试方法等，为农药安全评价及农药痕量分析提供技术参考和标准依据。最后重点梳理了近30年来中国农药残留领域的大事记，从政策法令、国家项目、标志成果、平台体系、行业协会及重要会议等角度回顾了我国农药残留研究发展的重要历程和关键阶段。数据信息量大，内容丰富新颖权威，可读性强。希望本书能为农药残留分析与风险评估领域的从业者提供有用的参考方法和技术标准，进一步推动我国农药残留分析技术向更准确、快速和绿色环保的方向发展，为保证农产品安全和环境健康贡献力量。

本书得到了国家出版基金项目、中国工程院绿色农药发展战略咨询项目（2018-XY-32）及国家重点研发计划项目（2016YFD0200200）的资助与支持。在编写过程中得到贵州大学宋宝安院士和中国农业科学院吴孔明院士的支持和指导，特别感谢农业农村部农药检定所、山西省农业科学院等单位的支持和帮助，感谢中国农业科学院研究生在数据收集整理方面的辛勤付出。本书主要内容由编写小组撰写整理，限于精力和能力，编写过程中难免出现纰漏，敬请指正。

编者

2019年2月

目录

第1章
绪论

农药的使用每年可挽回全球约 30% 的粮食损失，其在防治农作物病虫草害、保证粮食安全方面贡献巨大。但农药的不合理使用、滥用会直接导致环境污染和农产品的农药残留等问题，日益受到了政府和公众的关注，农药产业迫切需要转型升级。农药的使用既要除病除虫保产量，又要减少对环境的危害。2017 年，"中央一号文件"将"实施农药零增长行动"写入，对农药残留标准制定提出"到 2020 年农兽药残留限量指标基本与国际食品法典标准接轨"。2017 年 6 月 1 日，新修订版《农药管理条例》正式施行，明确要求严格全过程管理，将原由多部门负责的农药生产管理职责统一划归农业部门，对农药生产经营实行许可制，鼓励减少农药使用量，加强剧毒、高毒农药监管。

农药残留分析和农药质量分析是监控农药在研制、科学生产和安全使用等的重要技术支撑。加强农药残留分析监测是制定农药残留限量标准、农药合理使用准则、农业生态保护标准等所有相关标准的基础和依据，而且农药残留限量标准的制定是农药监管和科学使用的重要前提，也是保障食品安全的必要措施和政府监督食品安全的重要依据。因此，农药残留分析技术的科学性、先进性从根本上决定了农药残留分析评价的准确性和快速性，有利于食品安全性的不断提高[1]。农药质量分析主要是指对农药产品质量指标的控制分析，是农药产品化学研究的主要手段，其中包括农药产品中有效成分的含量分析、理化性状分析、原材料的质量分析以及杂质的定性定量分析等。农药质量分析是农药产品化学研究的主要手段，对农药生产和应用都有重要作用。农药工厂对中间体和产物的分析是控制和改进生产工艺的重要依据，是工厂保证出厂农药产品质量的主要指标，也是农药检定部门和农业生产资料部门对农药质量管理的重要措施，还是检测农药在储藏期的变化，改进制剂性能和改善农药应用技术等操作中不可缺少的手段，更是农药合成、加工、应用等科学研究工作的基础[2]。农药质量分析包括农药原药和制剂的分析，属于常量分析，对测定的正确度和精密度要求较高而对灵敏度要求不高；而农药残留分析属于微量分析，由于残留量极少，试样的前处理复杂，测定时对正确度和精密度要求不高，而对灵敏度要求很高。农药残留分析和农药质量分析相辅相成，共同促进农药安全、有效、合理的生产及使用，降低环境污染，保障食品安全。

1.1 农药残留分析的任务和发展历史

1.1.1 农药残留分析的任务

农药残留分析是应用分析技术对农产品、食品和环境介质中微量、痕量以至超痕量水平的农药残留进行定性定量测定。其主要目的是评价农药在农田中使用后，除起到正常的防虫、防病、除草或促进作物生长等作用外，对环境可能造成的污染程度，对人类和非靶标生物的潜在毒性。随着人们对食品安全的要求和国际贸易的发展，世界各国对食品要求检测的项目越来越多，对农药残留分析技术的灵敏度、特异性和快速性提出了更为苛刻的要求。对于农药管理部门，研究农药施用后在农作物或环境介质中的代谢、降解和归趋，其目的是管理农药注册和保证农药安全、合理的使用。对于农产品市场管理部门，检测食品和饲料中农药残留的种类和水平，其目的是监督食品质量和管理食品安全。对于环境保护部门，检测环境介质和生态系统生物介质中的农药残留种类和水平，用于监测环境安全，保护环境健康。对于农户，其目的是评价农副产品农药残留是否超标，是否满足上市需求[2,3]。

随着人民生活水平的提高，公众对农药残留问题的关注日益加强，各国政府部门对农药安全使用管理及农产品农药残留的监测力度也相应加强。同时，在农产品进出口贸易中也存在着发达国家农药残留贸易壁垒问题。我国是世界上最大的农药生产和使用国，也是最大的农产品消费国。为了确保农产品质量安全，维护进出口企业的利益，缩小发展中国家和发达国家农药残留监测技术的差距和实现监测数据的资源共享，农药残留分析发展的任务重大，包括：

① 推进农药残留分析向着更加准确、简便、快速、高效、安全、经济、智能的方向发展；

② 加快培养农药残留研究和分析技术、监督、管理及综合型的高素质人才；

③ 加强农药残留检测平台和高端分析实验室建设，注重国际合作和交流，关注国际前沿动态，结合我国的生产实际，开展农药残留分析新技术和新装备的研制开发；

④ 创建管研企相结合的农药残留监测管理体系，优化管理部门、科研单位和农产品生产企业之间的合理分工，实现高效合作，形成并完善我国农产品安全决策、监控和生产体系；

⑤ 建立全国农药残留监测、溯源、预警和风险性评价体系，强化监督管理力度；

⑥ 加快农药残留分析方法标准和农药残留限量标准制定步伐，保证市场监管工作有法可用，有标可查[3,4]。

1.1.2 农药残留分析的发展历史

农药残留分析的全过程可以分为样本采集、制备、储藏、提取、净化、浓缩和测定等步骤及对残留农药的确证。一般分为两大步骤：样品前处理与检测。农药残留分析前处理操作包括样品的处理、提取、净化和浓缩等环节，检测分析一般采用色谱、光谱和质谱联用等方法，可分为定性分析和定量分析。

　　样品前处理方面，传统的样品前处理不仅使用大量的有毒化学溶剂，还存在费时、选择性差、提取与净化效率低、劳动强度大、难以实现自动化、精密度差等问题，例如液液萃取（liquid liquid extraction，LLE）、柱层析（column chromatography）、索氏提取（soxhlet extraction）等方法。样品前处理方法的相对落后在一定程度上制约着农药残留分析方法的发展，无法满足现代农药残留分析安全、快速、准确的发展要求[5]。随着劳动力费用增加、残留检测样品需求以及减少污染物排放等因素，样品前处理技术不断完善以提高效率和减少污染。20 世纪 70 年代发展起来的凝胶渗透色谱（gel permeation chromatography，GPC）是根据溶质分子量的不同，通过具有分子筛性质的凝胶固定相使溶质分离，GPC 净化容量大，可重复使用，单一淋洗剂，适用范围广，使用自动化装置后净化时间缩短，组分的保留时间提供它们的分子大小信息，简便准确；但对于分子大小相同的混合物不易分开，分离度低。20 世纪 70 年代中期发展起来的固相萃取（solid phase extraction，SPE）前处理技术，是利用固体吸附剂将液体样品中的目标化合物吸附，与样品的基体和干扰化合物分离，然后再用洗脱液洗脱或加热解吸附，达到分离和富集目标化合物的目的，目前仍是实验室检测和科学研究中的一种重要的样品前处理手段，用于污染物检测和监测研究中[4]。2003 年，由 Anastassiades 等开发出的 QuEChERS（quick、easy、cheap、effective、rugged、safe）方法，即快速、简单、廉价、高效、耐用、安全的样品前处理方法，是目前水果蔬菜等产品中农药残留检测最常见的前处理方法[6]。其他方法，如超声波提取（ultrasonic extraction）法具有不需要加热、操作简单、节省时间和提取效率高等优点，目前在农药残留分析的样品前处理中也有广泛的应用；超临界流体萃取（supercritical fluid extraction，SFE）法具有耗时短、消耗有机溶剂少等优点，因此，在农药残留分析样品前处理中，特别是在食品及草药有效成分等天然药物成分的提取中有较多的应用，最大的优点是基本不用或者极少使用有机溶剂，而且很容易实现对一些大分子化合物、热敏性和化学不稳定性物质的提取；加速溶剂提取（accelerated solvent extraction，ASE）法消耗溶剂较少、自动化程度高、操作相对简便，但分析成本相对较高；微波萃取（microwave assisted extraction，MAE）法是微波和传统的溶剂萃取法相结合后形成的一种新的萃取方法。它的原理是在微波场中，吸收微波能力的差异使得基体物质的某些区域或萃取体系中的某些组分被选择性加热，从而使得被萃取物质从基体或体系中分离，进入到介电常数较小、微波吸收能力相对差的萃取剂中。固相微萃取（soild-phase micro extraction，SPME）法是在固相萃取技术上发展起来的一种微萃取分离技术，是一种无溶剂，集采样、萃取、浓缩和进样于一体的样品前处理新技术。基质固相分散萃取（matrix solid phase dispersion extraction，MSPDE）法是将样品直接与适合的反相键合硅胶一起混合和研磨，使样品均匀分布于固体相颗粒表面制成半固体装柱，然后采用类似 SPE 的操作进行洗涤和洗脱。此外还有液相微萃取（liquid phase micro extraction，LPME）法、胶束介质萃取（micelle-mediated extraction，MME）法、分子印迹技术（molecular imprinting technique，MIT）等。

在农药残留检测技术中，主要有色谱法（主要包括气相、液相及联用、毛细管电泳等）、传统化学分析法、酶检测法、酶联免疫法等，但是色谱分析已占到了现代农药残留分析比例的 60％以上[7]。我国的农药残留分析技术方法始于 20 世纪 50 年代，最初限于化学法、比色法、生物测定法等。分析技术缺乏专一性，灵敏度不高。20 世纪 60 年代初，气相色谱（gas chromatography，GC）应用于农药残留分析，由于其具有分离效率高、分析速度快、选择性好、样品用量少、检测灵敏度较高等优点，广泛应用于分离气体和易挥发或可转化为易挥发的液体及固体样品，大大提高了农药残留量的检测水平，推动了农药残留分析技术的飞速发展。高效能的色谱柱可将各组分与杂质分离，高灵敏度和专一性强的检测器解决了早期不能检出的微量农药、代谢物和降解产物的分析难题。气相色谱法中检测器的种类更多，除了具有广谱性检测化合物的热导检测器（TCD）、氢火焰离子化检测器（FID）外，一些特异性检测器，如火焰光度检测器（FPD）、电子捕获检测器（ECD）、氮磷检测器（NPD）、脉冲火焰光度检测器（PFPD）、质谱检测器（MSD）等都是针对低含量特殊化合物开发的检测器。20 世纪 70～80 年代，高效液相色谱（high performance liquid chromatography，HPLC）广泛应用于非挥发性、大分子、强极性和热稳定性差的农药及其代谢物的分析。液相色谱法在紫外检测器的基础上又开发出了二极管阵列检测器，目前广泛应用的检测器还有荧光检测器、质谱检测器等。以质谱作为气相色谱或液相色谱的检测器，大大提高了检测的灵敏度，逐渐成为农药残留量测定的主要方法。近年来，高分辨质谱（HRMS）越来越多地应用到农药残留的筛查和检测中。目前最常用的高分辨质谱仪为飞行时间质谱（TOF）和静电轨道阱质谱（orbitrap），这两种质谱因其相对简单的维护、较高的质量分辨率和较宽的线性范围而受到了用户广泛的关注。在未来的发展中，新的离子源技术、更高灵敏度、抗干扰能力和抗污染能力以及更高通量检测将是串联质谱技术发展的方向。20 世纪 80 年代以来，超临界流体色谱（supercritical fluid chromatography，SFC）得到迅速发展，在分离检测原理上，超临界流体色谱法与气相色谱法和高效液相色谱法没有显著区别。但是同气相色谱仪相比，超临界流体色谱仪以 CO_2 为流动相；与高效液相色谱仪不同，超临界流体色谱仪的色谱柱温度较高，超临界流体具有黏度小、扩散系数大、密度高等特性，因此，SFC 流动相的扩散速率、传质速率及最佳线速度都比 HPLC 高，SFC 在单位时间内能达到更高的分离度，且有机溶剂的消耗减少；同时，SFC 的分离温度通常也比 GC 低很多。20 世纪 90 年代以来，毛细管电泳（capillary electrophoresis，CE）逐渐应用于农药残留领域，相比运用在其他领域的时间较短，但是发展非常迅速，有极大的应用前景。目前已运用到了水果、蔬菜、粮食等农产品及土壤、水样等样品的农药残留分析。能检测的农药类型涉及杀虫剂、除草剂、杀菌剂等，如有机磷类、有机氯类、拟除虫菊酯类、氨基甲酸酯类等。CE 效率高，在几十秒到几分钟就能够完成分离；检测样品所需量小，进样量低至 1～50nL，尤其是在对珍贵样品检测时可以大大降低成本；操作简单，自动化程度高，一台仪器根据不同的实际需要选择不同的分离模式[7]。从色谱柱来看，在早期的色谱技术中，色谱柱比较简单，往往是一根玻璃柱或不锈钢柱，其中装进颗粒状的吸附剂填料，称之为填充柱。但这种填充柱的柱效很低，性能也差，难以满足对分离、分析越来越高的需求。随着对色谱理论与技术的深入研究，适用于气相色谱及高效液相色谱的现代色谱柱填料及固定液技术日臻完善。如弹性熔融石英毛细管柱（flexible fused silica capillary column）以及高效液相色谱柱，分离效能大大提高，也延长了使用寿命。另外，针对特殊研究开发出的手性色谱柱、免疫亲和色谱柱等，扩大了色谱法的应用范围[5,8,9]。

国家相继出台了多项食品安全检测体系建设规划，对如大型农产品批发市场、超市等农药残留现场，快速、实时检测技术提出了重大需求。保证从农田到餐桌的食品安全，需要从种植基地、到多项流通环节、到农产品成品的整个产品生命周期都进行质量安全控制[10]。目前免疫分析技术、酶抑制技术、生物传感器技术等逐渐应用于农药残留分析。免疫分析技术是利用抗原抗体特异性结合反应检测农药残留的分析方法，包括酶联免疫吸附测定（enzyme linked immuno-sorbent assay，ELISA）、放射免疫分析（radioimmunoassay，RIA）、荧光免疫分析（fluorescence immunoassay，FIA）、化学发光免疫分析（chemiluminescence analysis，CLIA）等技术[11]。目前的研究热点如ELISA，它的核心技术是抗原抗体的特异性反应，将抗原抗体之间的特异性免疫反应和酶对底物的高度催化效应结合起来，以酶促反应的放大作用来显示初级免疫反应，ELISA既可以测抗原，也可以测抗体。国际上已有上百种农药可用免疫分析法检测，且已经制成商品化快速检测试剂盒或试剂条。酶抑制法基于有机磷农药对酶活性的抑制作用，适用于有机磷和氨基甲酸酯类农药，其优点是能对抑制胆碱酯酶的农药品种进行快速灵敏的检测，样品前处理简单，检测时间短，所需仪器设备简单，适用于现场测定[12]。流动注射化学发光免疫分析（flow injection chemiluninenscent immunoassayc，FICLIA）技术是将化学发光免疫分析和流动注射相结合的一种高灵敏度的微量及痕量分析技术，其分析速度快、仪器设备简单，是当前分析化学领域的研究热点[10]。生物传感器技术是将传感技术与农药免疫技术相结合而建立起来的，生物传感器具有简单、灵敏、低成本、便于携带、可实现现场监控等优点，目前国内外的研究热点包括胆碱酯酶生物传感器、免疫生物传感器、分子印迹传感器等[13]。

无损检测技术可以避免破坏性测量造成的样品损失，具有对待测物进行跟踪、重复性检测的优点。其检测速度快、无污染、样品无须预处理，适于大规模产业化生产的在线监测，易于实现自动化，在现代农业检测分析中有良好的应用前景。表面增强拉曼散射（surface enhanced Raman scattering，SERS）技术作为一种新兴的光谱分析技术，自20世纪90年代以来，逐渐应用到食品中的农药残留检测中，SERS技术具有分析速度快、所需样品浓度低、样品无须预处理、无须破坏样品、灵敏度较高、水溶液体系对拉曼测试无干扰等优点，是一种快速发展、逐渐成熟、超灵敏的前沿表征技术，对农药残留的现场快速实时检测具有很大的实际应用价值[14]。高光谱成像技术具备图像和光谱的双重优势，作为一种快速无损检测分析技术，检测过程无损、无污染和无接触，在食品质量与安全中得到应用[15]。电子鼻（又称嗅觉模拟系统）提供了一种廉价、快速、便携的检测挥发性和半挥发性成分的气体分析技术，具有快速、多功能、使用简单、低成本、便携、可自动化和在线监测等优点。但是目前的检测精度还不够，尚不能对食品中的农药残留量进行精确的定量分析。农药残留分析技术日新月异，一些新技术的出现大大简化了农药残留分析的步骤。农药残留检测方法日趋完善，并向简单、高效、多残留检测、低成本、易推广的方向发展。

1.2 农药残留分析方法标准概述

目前，我国农药残留检测方法标准 400 余项，其中国家标准 200 余项，包括《食品安全国家标准　水果和蔬菜中 500 种农药及相关化学品残留量的测定　气相色谱-质谱法》（GB 23200.8—2016）、《粮谷中 486 种农药及相关化学品残留量的测定　液相色谱-串联质谱法》（GB/T 20770—2008）、《茶叶中 519 种农药及相关化学品残留量的测定　气相色谱-质谱法》（GB/T 23204—2008）和《食品安全国家标准　桑枝、金银花、枸杞子和荷叶中 488 种农药及相关化学品残留量的测定　气相色谱-质谱法》（GB 23200.10—2016）等；商检标准 140 余项，例如，《进出口水果蔬菜中有机磷农药残留量检测方法　气相色谱和气相色谱-质谱法》（SN/T 0148—2011）等；地方标准 44 项，如《食用菌培养基中氨基甲酸酯类农药残留检测方法》（DB21/T 2562—2016）、《土壤中有机氯农药残留检测　气相色谱-质谱法》（DB22/T 2084—2014）等；农业行业标准 28 项，水产标准 7 项，烟草标准 8 项，还有其他标准和农业农村部公告等。

从样品基质分类来看，一是植物源食品中农药残留分析方法，包括粮谷类如《食品安全国家标准　粮谷中 475 种农药及相关化学品残留量的测定　气相色谱-质谱法》（GB/T 23200.9—2016）等、蔬菜和水果类如《食品安全国家标准　水果和蔬菜中 500 种农药及相关化学品残留量的测定　气相色谱-质谱法》（GB 23200.8—2016）等、茶叶类如《茶叶中 519 种农药及相关化学品残留量的测定　气相色谱-质谱法》（GB/T 23204—2008）等、草药如《食品安全国家标准　桑枝、金银花、枸杞子和荷叶中 488 种农药及相关化学品残留量的测定　气相色谱-质谱法》（GB 23200.10—2016）等。二是动物源食品中农药残留分析方法，包括鱼肉类如《河豚、鳗鱼和对虾中 485 种农药及相关化学品残留量的测定　气相色谱-质谱法》（GB/T 23207—2008）等、家禽和家畜类如《动物肌肉中 478 种农药及相关化学品残留量的测定　气相色谱-质谱法》（GB/T 19650—2006）等、蜂蜜类如《食品安全国家标准　蜂蜜、果汁和果酒中 497 种农药及相关化学品残留量的测定　气相色谱-质谱法》（GB 23200.7—2016）等。三是环境样品中农药残留分析方法，包括土壤如《水、土中有机磷农药测定的气相色谱法》（GB/T 14552—2003）等、沉积物、水如《饮用水中 450 种农药及相关化学品残留量的测定　液相色谱-串联质谱法》（GB/T 23214—2008）等、气体如《工作场所空气有毒物质测定　有机氯农药》（GBZ/T 160.77—2004）等。四是其他类样品农药残留分析方法，如《牛奶和奶粉中 511 种农药及相关化学品残留量的测定　气相色谱-质谱法》（GB/T 23210—2008）、《食品安全国家标准　果蔬汁和果酒中 512 种农药及相关化学品残留量

的测定 液相色谱-质谱法》（GB 23200.14—2016）等。

从检测方法上看，常规检测技术标准方面，气相色谱测定方法如《水、土中有机磷农药测定的气相色谱法》（GB/T 14552—2003）等，液相色谱测定法如《水果、蔬菜中多菌灵残留的测定 高效液相色谱法》（GB/T 23380—2009）等，气相色谱-串联质谱测定方法如《河豚鱼、鳗鱼和对虾中485种农药及相关化学品残留量的测定 气相色谱-质谱法》（GB/T 23207—2008）等，液相色谱-串联质谱测定方法如《粮谷中486种农药及相关化学品残留量的测定 液相色谱-串联质谱法》（GB/T 20770—2008）等。快速检测技术标准方面，中国先后颁布了2个国家标准和1个行业标准，其中《蔬菜中有机磷和氨基甲酸酯类农药残留量的快速检测》（GB/T 5009.199—2003）提供速测卡法（纸片法）和比色法（分光光度法）2种快速检测方法，《蔬菜中有机磷及氨基甲酸酯农药残留量的简易检验方法 酶抑制法》（GB/T 18630—2002）和《蔬菜上有机磷和氨基甲酸酯类农药残毒快速检测方法》（NY/T 448—2001）均为比色法（分光光度法）。

从现行标准的发展趋势上来看，行业标准、地方标准、企业标准等逐渐废止，统一向国家标准靠拢，为统一规范农药残留检测方法标准的制修订工作，农业农村部组织制订了《农药残留检测方法国家标准编制指南》，作为农药残留检测方法标准编制的技术依据。我国目前的检测方法多以高效液相色谱、气相色谱以及两者与质谱串联为主。它们的实施，为我国农药残留的检测提供了技术支撑。

1.3 农药残留限量标准概述

在国际经济一体化的形势下，农产品质量安全越来越受到人们的重视，而农药残留是影响农产品质量安全的重要因素之一。农药残留是指农药使用后残存于生物体、农副产品和环境中的微量农药原体、有毒代谢物、降解物和杂质的总称。农药最大残留限量（maximum residue limit，MRL）是在食品或农产品内部或表面法定允许的农药最大浓度，以每千克食品或农产品中农药残留的毫克数表示（mg·kg^{-1}）。到目前为止，世界上化学农药年产量已达数百万吨，超过1000多种人工合成化合物。农药管理法律法规自20世纪初诞生于西方以来，历经百年发展，已经形成了以人的健康和环境为本的管理体系，其中农药残留作为影响农产品质量安全的重要因素之一，已成为各国农药管理法律法规的热点和重点[7]。1995年1月，WTO的成立加快了经济全球化和食品及农产品贸易国际化的步伐，在技术性贸易措施协定（TBT协定）和卫生与植物卫生措施协定（SPS协定）框架下，各国均加大了制定合理的包括农药最大残留限量（MRL）标准在内的技术标准及卫生和检疫措施的力度，以避免不必要的贸易摩擦[16]。目前国际上通常用农药最大残留限量（MRL）作为判定农产品质量安全的标准。MRL标准的制定及修订基于科学的风险评估数据，在国际食品法典委员会（CAC）、美国、日本、欧盟、澳大利亚等国际组织及国家受到广泛关注。

一是中国MRL体系。2017年《食品安全国家标准 食品中农药最大残留限量》（GB 2763—2016）实施，规定了433种农药在13大类农产品中的4140项最大残留限量[17]。相关管理部门提出了《食品中农药最大残留限量豁免名单》草案，制定了《农药每日允许摄入量制定指南》《用于农药最大残留限量标准制定的作物分类》等技术规范，基本形成以国家标准为主，行业标准、地方标准等为补充，安全标准和配套支撑标准共同组成的农药残留标准体系。

二是国际 MRL 体系。负责国际食品标准项目的政府间机构是国际食品法典委员会（CAC），其工作宗旨就是制定有关国际食品安全标准，确保国际食品贸易公正合理并维护消费者的食用健康。CCPR 就作为 CAC 的一个综合主题委员会开始工作，协助 CAC 制定国际政府间达成共识的食品中农药残留限量标准，以保护消费者健康和促进国际食品贸易。截止到 2016 年 7 月份的第 39 届 CAC 大会，共涉及农产品中现行有效的 4844 项法典农药残留限量标准[18,19]。

三是美国 MRL 体系。美国 MRL 体系是由美国环境保护局制定的，FDA、USDA 则负责农药残留限量标准的具体执行。相对于其他国家来说，美国在农药残留管理方面最为完善，其所建立的农药残留检测标准更为详细。2008 年至今，共涉及 425 种农药最大残留限量超过 11000 项指标[20]。

四是日本 MRL 体系。日本农药残留限量标准的特点是覆盖全、数量多、标准严。日本农药的 MRL 标准由厚生劳动省负责组织制定。《食品残留农业化学品肯定列表制度》于 2006 年 5 月 29 日正式施行。该制度几乎对所有用于食品和食用农产品上的农用化学品制定了残留限量标准，包括"暂定标准""沿用现行限量标准""一律标准""豁免物质"以及"不得检出"5 个类型[21]。

五是欧盟 MRL 体系。欧盟农药残留立法管理伴随着欧盟食品安全管理理念的发展，经历了一个由"点状管理到链状管理"的历程，逐渐形成了以"全程管理为目标，以预防管理为原则"的法规体系。欧盟统一的农药 MRL 标准由欧盟食品安全局（European Food Safety Authority，EFSA）负责制定，目前涉及约 1100 种农药在 315 种食品和农产品中的 MRL[22,23]。

六是澳大利亚 MRL 体系。澳大利亚的农药登记与农药 MRL 标准制定由其农药和兽药管理局（Australian Pesticide and Veterinary Medicines Authority，APVMA）负责。澳大利亚和新西兰联合颁布了澳大利亚新西兰食品标准法典（Australia New Zealand Food Standards Code），在澳新食品标准法案（1991，简称 ANZFA 法案）的基础上，逐渐形成了比较完善的食品安全和食品标准法律法规体系。所制定的标准中，除个别标准单独适用于澳大利亚或新西兰外，绝大部分为两国通用标准[24]。

1.4　农药分析 GLP 实验基本要求

在国际贸易中要达到公平性原则，这在很大程度上依赖于分析结果的可靠性。在农药分析中，分析结果的可靠性不仅取决于可靠的分析方法，而且需要分析工作者的经验以及在农药分析中遵守良好的实验室管理规范（good laboratory practice，GLP）。美国食品药品管理局（FDA）在世界上率先推出了新药临床前安全评价试验的 GLP 法规，美国环境保护局（EPA）随后推行了针对农药和工业化学品登记试验的 GLP 法规。1978 年，经济合作与发展组织（OECD）公布了其 GLP 准则，1981 年开始推荐其成员国进行立法实施。我国出台了相关标准如中华人民共和国国家质量监督检验检疫总局 2008 年发布的《良好实验室规范原则》（GB/T 22278—2008）。良好实验室规范是包括试验、设计、实施、查验、记录归档保存和报告等组织过程的一种质量体系，适用对象包括农药、兽药、工业化学品、食品/饲料添加剂等。我国与化学品 GLP 相关的政府管理部门有四个。其中，农业农村部负责农药、兽药和饲料的登记管理，农业农村部农药检定所和中国兽药监察所共同承担 GLP 监督实施的具体工作，生态环境部负责新（工业）化学品的管理登记，由有毒化学品登记中心承担 GLP 监督实施的具体工作。GLP 准则不但设定了良好的实验室操作规则，同时也能帮助试验人员在开展工作时遵守自己既定的计划，并使操作规程标准化。GLP 准则不涉及试验方案的科学和技术内容，不是用来评价试验的科学价值的。所有 GLP 法规，尽管国别不同，面对的行业不同，但是都强调以下几点：①组织、人员、设施和设备；②试验计划和标准操作规程；③被试物及测试；④原始数据、最终报告和档案；⑤质量保证。

1.4.1　组织、人员和管理

GLP 法规要求试验机构的组织结构和试验人员的职责均要有明确规定。试验机构管理者对本实验室的人员组织负总体责任，一般应该有组织结构图，以描述人员组织结构。GLP 检查机构在检查一个实验室前，总会先索取组织结构图，以对实验室的不同职能部门有初步了解。农药分析 GLP 实验室的人员需要有一定的数量，否则不能保证试验的正常开展。试验前材料购置、试验操作、试验过程监督审核、报告整理和编写、原始记录的整理和保存、样品管理、档案管理、仪器管理等各种岗位缺一不可，而这些岗位都需要由有相关专业教育背景或有相关从事本岗位工作经验的人员来承担，因此，人员的学历、工作经验、培训记录等很重要。

农药残留分析包括取样、制备样本、提取、净化、仪器分析、定性定量分析、结果报告等一系列的操作过程。实验人员应该有一定的专业知识结构和实践经验，要经过专门的培训课程使之掌握良好的实验技能并能熟练而正确地操作分析仪器。分析工作者必须掌握农药残留分析的基本原则和分析质量保证系统的要求，必须了解分析方法的每一步骤的目的和按照规定的方法操作的重要性，同时注意任何对实验结果产生偏离的因素。此外，在数据处理和结果表述方面应当进行专门训练。GLP 要求所有人员应具有职务描述、简历和培训记录。这些文件应由相关标准操作规程（standard operating procedure，SOP）进行规定，并定期由质量保障部门（quality assurance programme，QA）进行审查。

计划/资源分配系统在 GLP 中称为主计划表，主计划表可以有很多种形式，不论采用哪种形式，都要保证：①包括了所有的试验（包括外部委托项目和内部项目）；②对变更进行控制，更能反映日期和工作负荷的变化；③比较费时间的活动，如试验计划审查和报告的编写应留出足够的时间；④它应是唯一的官方正式文件（即不存在两个或两个以上的相同系统相竞争资源）；⑤应当有一个 SOP 对本实验室的主计划表进行规定，明确规定由谁负责维护和更新主计划表；⑥不同版本的主计划表应由制定人员批准并按照原始数据的要求存档；⑦主计划表应由制定人员发放到需要的人手中。维护主计划表的简要步骤如下：试验计划批准后，该试验就被登记到主计划表中。这个工作根据实验室的具体规定通常是由实验室管理层完成的。一般采用电子文档的形式，以便提高效率，易于索引。一般会专门编写关于如何维护、更新和发放主计划表的 SOP。如果 QA 不负责维护主计划表，他们至少也应有"只读"和"打印"该数据文件的权力。签字批准的主计划表应定期存档。对于合同研究机构，委托方和产品名称通常采用代码以保护客户的机密。

1.4.2 设施环境条件

试验设施应当有一定的面积、合理的结构和适合的布局，以满足试验的要求，尽量减少影响试验有效性的干扰因素。试验关键区域应有足够的环境控制设施，满足试验所需温度、湿度、光照、声音、振动等的要求；档案室还应当有防鼠板、烟感器、水位计、防蛀防霉等设施，保证档案的安全和完整；废弃物处理的相应设施也很重要，作为农药 GLP 实验室，用过的沾有农药的吸管、枪头、手套等应当分类收集，试验中配制的高浓度农药母液应当集中收集到废液桶，废弃物处理用设施如专用垃圾袋、暂存冰柜、废液桶暂存间等都需要完备，且应当标识清晰；另外，应当具备双电源或者备用电源，短时间断电不影响试验继续进行，还有消防设施如灭火器、灭火毯、灭火桶、灭火沙及灭火铲等都为必备设施。实验室和其中的设备必须设置在规定好的地方，保证安全并且样品被污染的可能性最小；实验室建筑材料应能耐受该实验室中所使用的化学品；用来接收储存、制备、提取和用仪器测定样品的房间最好相对独立；用于提取和纯化样品的地方必须满足溶剂实验室的条件，通风设备质量良好。主要工作区应该设计存储常用分析溶剂的区域。所有的设备如灯、浸泡软化机、冰箱应该是"无火花"或"防爆"的。提取纯化和浓缩步骤应该在通风橱中进行。工作区只放置少部分溶液，应该尽可能少放置高毒或慢性毒性的溶剂和试剂。所有的废溶剂应该安全地储存起来，并应采用环保手段处理。在真空或压力下使用玻璃器皿时，应该用安全屏。实验室中应该有足够的安全眼镜、手套和其他保护衣服、紧急清洗设施和处理泄漏设备。试验人员需知晓农药的毒性信息。

试验设施设计，应保证不同试验活动的适度分离，以确保每一项试验顺利实施。上述要求的目的在于保证不因设施的不足使试验受到影响。要满足这些要求，不一定要求建筑物有多先进，而是要仔细考虑试验的目标，以及如何达到这一目标。适当的分离保证各种活动或功能互不干扰，不影响试验的正常进行。实现的手段可以如下：①物理隔离，如墙、门、滤器等。对于新建筑或旧建筑改造，应在设计时考虑这些物理隔离。对于未经改造的旧建筑，可以采取隔断的形式。②非物理隔离，例如，不同时间在同一区域开展不同的工作，但需在开展后面的工作之前进行彻底清洁；或者在同一实验室内规定不同区域进行不同的工作。下列区域应尤其予以重视：被试物保存以及与媒介物混合区域［包括被试物的接收、保存、发放、称量、混合（溶解）以及废弃物处理的区域］和试验动物设施。

实验室的面积应足够容纳适当数量的试验人员开展工作，而不会互相影响或造成试验材料混淆。每个操作人员的工作区域应该足够大，可以有效地开展工作。不同人员的工作区域有适当的物理分离，以降低材料混淆和交叉污染的可能性。被试物保存以及与媒介物混合区域是个比较敏感的区域，因此，进出该区域应有限制，以降低交叉污染的可能性。实验室的建筑材料应易于清洗，并不会造成被试物残留累积，进而对其他试验造成污染。下列活动应在独立或隔离的区域进行：① 被试物的保存；② 易挥发物质处理；③ 称量；④ 测试物溶液配制；⑤ 已配制溶液的保存；⑥ 设备清洗；⑦ 办公室和休息室；⑧ 更衣室。

1.4.3 仪器、设备、材料、试剂的管理

实验室需要充足、可靠的供水、供电和供应保证质量的各种气体。气体从管道中输送或者来自气体储存钢瓶。需要供应充足的试剂、溶剂、玻璃器皿、色谱材料等。

试验过程中需要用的仪器和设备要能满足所承担的试验要求，仪器设备状态是否良好，数量是否充足，操作、维护、校准等是否符合要求，都直接影响到试验的运行，要确保所用仪器设备对整个试验体系无不良影响。一般来说，GLP 实验室仪器可分为三类：A 类为非测量辅助设备，即不直接进行计量读数的仪器，其状态只有正常和故障两种，一旦有故障对试验过程影响直观，较易发现；B 类是简单测量仪器，如天平、温度计、冰箱等，该类仪器均需要定期校验以确保其状态，否则可能会有隐患存在而影响试验结果的可靠性；C 类是分析测量仪器，如液相色谱仪、气相色谱仪等，该类仪器其测量过程可能受到多种内在或外在因素影响，必须进行完整和定期的校正、验证，此外，在测试时可能还需要一定的质量控制措施以保证结果的可靠性以及判断仪器的稳定性。B 类和 C 类仪器需要校准和检定，校准和检定均应该记录，一些由厂方或计量权威单位进行的校验需定期进行，并在仪器外壳上注明。

GLP 要求仪器应精心维护，是为了减少仪器故障，避免数据损失，有两种不同的维护方式：一是按计划进行的维护。不论仪器状态如何，均按事先制定的计划进行常规检查。二是未计划的维护。当校准或常规检查发现仪器不能正常工作时进行修理。对于大型仪器以及没有备用替代的仪器，应当进行计划维护，以降低故障率。对于计算机驱动的现代分析仪器以及电子天平等，非专业人员难以进行常规维护。此时可以由专业工程师经常检查仪器，并配备备用替代仪器或应急维修工程师。如有可能，重要的仪器设备应当有备用仪器和备用电源。在紧急情况下，实验室应能够提供基本的供给，以防止数据损失，使试验受到不可挽回的影响。仪器设备故障的早期预警很重要。应设定备查间隔以保证可以预先发现可能出现的仪器故障。另外，使用警报器很有帮助，尤其是当工作人员不在实验室而发生问题的时候。

日常维护计划文件的格式应便于仪器使用者了解仪器的维护是否充分，仪器的维护是否超期。可以在仪器上粘贴明显的标志，或者建立清晰的维护计划。仪器校准、检定

和维护记录应可以证明实验室的 SOP 被遵循，试验中使用的仪器设备可以满足需要，仪器检测结果符合规格要求。记录显示还应可以证明，每次检查后均相应地采取了适当的措施，当某项参数超出可接受范围后，所有使用者均清楚并采取了适当的措施。实验室需要高纯度且含量已知的标准参考物质。标准参考物质的种类范围应该覆盖所有的实验室经常监测的目标化合物和一些代谢物标品。所有的分析标准、储备的溶液和试剂必须有干净的标有有效日期和正确储存条件的标签，应该注意保证标准参考物质的稳定性，同样也应该注意农药的标准溶液在储存期间或在蒸发浓缩期间不被光和热分解。试验用到的化学试剂首先应保证品质，这就需要有供应商资质证明、供货合同、供货记录、查验记录、入库记录等，试验人员使用需要有领用记录。试验人员配制的溶液需要暂时存放时，需贴好标签，注明来源、名称、浓度、配制人、配制日期和有效期等相关信息，并储存在适宜的温度中。

1.4.4　试验计划和标准操作规程

1.4.4.1　试验计划

实验室要有某些类型的文件用于指导科学试验，这些文件类型包括：有关总体方针、决定和原则的声明，有关人员开展业务的操作规程，为计划的实施提供回溯文件。文件的种类范围从一般的政策声明，到描述例行活动的标准操作程序，到详细描述每个试验将如何组织的工作试验计划。当然，所有这些文件都应符合 OECD GLP 准则。

试验计划是一个核心文件，试验项目负责人通过它与参与试验的人员以及第三方，如质量保证小组（QAU）或试验的委托方进行沟通。如果试验是由合同试验机构（CRO）承担的，该试验计划将作为试验合同或协议的基础。试验计划应包括试验进展的总体规划和方法及材料的描述，证明试验项目负责人进行了充分的前期计划。最重要的是要记住，因为试验计划是试验过程中为试验人员提供指导的主要手段，其内容、风格和布局要适合这一目的。

（1）试验计划的内容　试验计划的内容应满足试验的科学要求，也应符合 GLP 准则。

① 试验编号。试验编号在实验室的记录中必须是唯一的，而且该试验的所有数据均有该唯一识别码。但 GLP 准则没有规定编号系统的编号规则。

② 试验名称及试验目的。试验名称应是描述性的，表明试验的内容，而且应尽量简短。试验名称应包括被试物的名称、试验类型以及试验系统。尤为重要的是应明确为何要进行该项试验。试验必须事先计划和设计，设计者如果不充分认清工作的目的，就无法进行充分设计。在试验计划中陈述试验目的，可以保证本试验结果不会被误用于不适当的目的。试验目的可以包括科学和法规方面的因素。

③ 被试物（和对照物）的识别。不仅包括被试物化学名称以及编号，还应包括其规格或表征，或者如何确定这些表征的详细方法。试验计划还应详细描述所有使用的活性对照物以及媒介物。

④ 委托方和试验机构的名称和地址。试验机构和委托方可以是同一组织，也可以不是。试验计划应表明试验进行的地点，以及委托方的名称与地址。

⑤ 试验项目负责人及其他有关人员的姓名。试验项目负责人的姓名以及其他在试验中起主要作用的有关人员的姓名必须出现在试验计划中。一般来讲，大部分实验室的试验计划会包括负责对其自己获得的数据进行解释的科学家的姓名。对于合同研究机构，通常还会包括试验监察者或其他委托方联系人。

⑥ 建议的日期。包括试验项目启动和结束日期（分别为试验项目负责人签署试验计划的日期和签署最终报告的日期），以及试验开始和结束日期（分别为第一次和最后一次获得试验数据的日期）。为帮助试验人员开展工作，试验计划还可以包括更详细的时间计划，当然，详细的时间安排也可以另文描述。众所周知，设定的日期极易错过。在关于试验计划编写和更改的 SOP 中应规定日期改变的规则，要么以试验计划修订的形式进行，要么以项目时间计划更新的形式进行。

⑦ 试验体系的选择、理由及描述，试验设计包括要测量和检验的参数、统计方法，试验结束后要保留的数据以及保留期限。

⑧ 质量保证。通常试验计划会指出建议的质量保证活动，但这并不是强制性的。

（2）试验计划的批准　在试验开始之前批准试验计划是至关重要的。委托方和试验项目负责人必须在试验开始之前就试验设计及早达成一致，这样可以保证所有有关人员了解各自的预定任务。如果在试验计划起草和试验开始之间未预留足够的时间，可能导致试验中出现严重的问题。必须有足够的时间进行下列活动：起草试验计划；与有关人员讨论试验的要求；将试验计划提交质量保证部门进行审查；批准试验计划；向所有有关人员分发批准的试验计划，只有这时才能开始初步试验工作。

（3）试验计划的分发　所有参与试验的人员都应收到一份试验计划。为了确保人人都得到了试验计划，可以让每个收到者签名，并在试验开始前举行会议，确保大家认识到自己在试验中的作用。

（4）试验计划的修订　虽然试验计划是进行试验的指导性文件，但千万不要以为它是一成不变的。它是可以修改的文件，这样试验项目负责人可以在试验进程中对结果或其他因素做出反应，对试验计划进行适当调整。不过，任何对试验计划的改变必须有合理的理由。只有计划对原试验设计和执行进行改动时才能签署批准试验计划修订。如果来不及签发和批准正式的试验计划修订，就需要改变程序，试验项目负责人可以签发一个文件，通过电话、传真或电子邮件获得委托方的授权，然后尽快签发正式的试验计划修订。

多数实验室将偶然出现的事先未计划的偏离以文件的形式予以记录，并保存在有关原始数据中。试验计划修订的主要内容：被修订的试验编号；试验计划修订的唯一编号；修订的原因应清晰和完整；明确原有试验计划中欲修改的章节；修订后新指令应明确清晰；应分发给所有原试验计划持有人。

在实际操作中，有许多方式进行试验计划修订。如可以把试验计划中欲修改的原章节全文列在试验计划修订中，或者试验计划修订只是说明试验计划的某某章节进行了何种改变。和原试验计划一样，最重要的是将要执行被修订章节的人员要得到明确清晰的指示。要保证所有的人员都得到试验计划修订，并清楚修改的章节和修改后的内容，否则其很可能执行的还是旧的试验计划。

和原试验计划一样，只有试验项目负责人才能签署批准试验计划修订。试验项目负责人负责保证新的指示被正确执行。QA 负责计划修订符合 GLP 准则，这一点是必须做到的。由于试验计划修订从本质上讲通常是试验人员非常迫切需要的，QA 的审查经常是回顾性的。所有经批准的试验计划及修订的原件应该妥善保存。一经批准就马上存档，平时工作中使用授权复印件。

1.4.4.2 标准操作规程

一个实验室的质量体系文件一般可划分为 4 个部分，即质量手册（纲领性文件）、程序文件（工作程序）、作业指导书（标准操作规程，简称 SOP，即各工作的详细工作办法）、记录表。在 GLP 之前，传统的质量保证技术和其他优秀的管理体系也都要求有标准化的经批准的书面工作程序。要成功建立和实施标准操作规程应做到：①各级管理人员持续有力的支持，把标准操作规程作为本实验室组织和文化不可或缺的基本组成成分；②对实验室人员要进行 SOP 培训，使所有人员按照统一的方式实施标准操作规程；③健全的管理制度，以确保现行有效的标准操作规程在适当的地方可以得到。

SOP 系统包括以下几个特点。

（1）要完全融入实验室的文件系统中（即不是一个独立的系统，否则会和备忘录或其他向实验室人员传达指令的方法产生冲突）。

（2）完全覆盖：应涉及试验设计、管理、开展和报告等所有关键阶段，科学的行政管理程序（如安全与卫生、保安、人事管理制度等），标准化的科学的试验技术等。

（3）可读性：SOP 应有标准的格式，实验室应该有 SOP 对此做出规定。程序应使用当地语言写作，并采用适当的词汇和措辞。应鼓励所有人员对 SOP 做出改进。最理想的是由每个试验或管理项目的具体负责人来编写自己的 SOP。这样会促进他们对自己工作的责任感。

（4）可用性和可追溯性：出于易用和可追溯性的考虑，许多实验室采用两层次的 SOP 系统。通用的政策和程序作为第一层，如试验计划的制订、审查、批准、发放以及修改的程序，SOP 有关的程序，仪器设备的使用和维护程序，档案管理程序等。第二层次的 SOP 主要是技术与方法的 SOP，如分析方法、使用和维修某特定设备的具体程序。SOP 的发行方式多种多样，最常见是活页制订，并有最新的 SOP 目录，不同层次和类别的 SOP 之间有明显的间隔。SOP 的分发也应有选择性，只发放给需要的人。在一些实验室，SOP 是直接在屏幕上读取的。在这种情况下，需要有专门的程序对 SOP 的打印版本做出规定，如规定打印件的失效时间，还应对物理签名或电子签名做出规定。

（5）所有人员必须充分理解 SOP，并严格遵守。如果预期会出现偏离或发生未预期的偏离，应有方便的与试验项目负责人和试验机构管理者沟通的方法，以确保遵循

GLP 准则，维持质量管理体系的可信度。

（6）每个 SOP 应当有专人负责（一般为 SOP 编写人员或相关工作的负责人），负责解答疑问并不断更新。应当设置定期审查的期限。

（7）有正式的变更控制系统。即使是运行良好的 SOP 系统，也会很容易变得不完整，因为条件在变化或改善，相应地，SOP 也会不断地增加、删除或修改。事实上，这些变化和修改是实验室的确在使用这些 SOP 的客观证据。因此，我们应该使 SOP 的更新更容易和快捷，应减少不必要的签字。

（8）集中管理：SOP 的格式、编号、发放、修改和撤销都应集中管理，以避免重复劳动、不一致、延误、缺乏可追溯性和发放不全面。

（9）操作者应当方便得到相关的 SOP。

（10）所有撤销或被替代的 SOP 必须存档，保证 SOP 系统的可追溯性，以便可以重现任意时间该试验单位的试验。

经过精心设计和计划的 SOP 有以下好处：

（1）标准化：提高试验操作的一致性，使不同操作者之间和不同试验之间的差异最小化；

（2）可以优化试验过程；

（3）可以体现技术和管理上的改进过程；

（4）在 SOP 批准过程中可以体现管理者对质量的承诺；

（5）使描述复杂技术简单化，一般简单地说明使用哪个 SOP；

（6）当人员变动时，试验操作仍连贯一致；

（7）SOP 手册本身就可作为培训手册；

（8）事后甚至几年后仍可重建试验；

（9）在审查、访问和技术转移时作为交流工具。

建立的 SOP 需要包括管理、质量保证和分析方法三个方面。管理方面需要规范实验室中 SOP 的表格的编制、审核及批准等。质量保证方面，通过质量保证部门对试验机构进行检查，包括仪器安装、后勤服务、计算机系统、培训情况、仪器维护、设施环境、设备校准、废弃物处理等方面，确保试验各方面的条件既符合相关 SOP 要求，也符合相关法律法规的要求。分析方法方面，由于很多理化性能指标需要检测，如 pH 值、闪点、黏度等，针对每一个需要检测的理化性能指标，都需要建立分析方法的标准操作规程。

每个试验场所都应有相关经批准的 SOP 的复印本，并且应方便参阅；应该有修改和更新 SOP 的程序；SOP 的改正和改变须经授权并注明日期；保存 SOP 的历史档案。应当有处理 SOP 偏离的规定，在试验过程中，所有对 SOP 的有意偏离均应事先得到试验项目负责人的核准，如果实在做不到，应书面通知试验项目负责人。该记录以及该责任试验人员和试验项目负责人对 SOP 偏离的评价（如不影响试验；对试验影响的程度；报告时需包括该偏差等），应和原始数据一起保存，以供写最终报告时进行审查和评判。

1.4.5 被试物及测试

1.4.5.1 被试物

被试物的名称、特性和生物活性对于试验的有效性非常重要。试验人员应能够证明投入到试验体系中的被试物量是正确的。这可以通过在试验的所有阶段均对被试物的使用和处置进行适当控制和记录来实现。GLP 质量保证程序应采取系统性措施，把造成被试物质量问题的可能性降至最低。

（1）被试物接收 被试物从生产者那里运来，生产者可以是试验机构所在的组织，可以是试验委托方，也可以是其他完全独立的组织，这均取决于试验机构、委托方以及被试物生产者的关系。不管被试物的来源如何，也不管试验机构的大小及其所开展试验项目的多少，都必须具备接收、储存和控制被试物的正式程序。必须指定专门人员负责接收和处理被试物。在大型试验机构，通常是有一个专门的小组来负责被试物的接收、识别和发放登记，而小实验室则可能是试验项目负责人本人或由一个技术人员兼任。应该有相应程序规定和记录责任的指派。被试物管理者在被试物到达之前就应该了解被试物的信息，以确保正确的储存条件和处理方法。如果是合同试验，则委托方应向 CRO 提供这方面的资料。在试验计划的起草过程中，应由委托方提供这些资料，以让试验机构了解有关安全事项和如何正确处理被试物，以及其他关于如何制备给药药剂的信息。

委托方应该提供或表明其已获得或拥有被试物的有关化学特性信息，否则试验机构需要对被试物进行有关测试，以获得被试物的有关化学特性信息。同时，生产者应保存有关的批次的生产记录。被试物容器应足够结实，至少可以使被试物安全抵达试验机构，如果能继续使用当然更好。运送被试物的包装也很重要，应该考虑运输方式和运输时间，尤其是使用易碎容器如玻璃瓶时，或需要长途运输、使用公共交通工具、需要特殊的运输条件如冷冻保存时。必须考虑到各种突发事件，如机场延误、罢工或恶劣天气等。被试物随行文件应有下列信息：①生产者或委托方的名称；②发货日期；③物品或容器的数量、内容物的量；④被试物的识别信息（如名称、代码等）；⑤批号；⑥发货人姓名；⑦承运人名称。每个测试物容器的标签应明确标示可以准确识别产品的足够信息，使试验机构能够确证其内容物。最理想的标签应当载明下列内容：①被试物名称；②批号；③失效日期；④储存条件；⑤皮重；⑥毛重。

当被试物到达时，试验机构应按照有关程序处理和记录被试物的接收。最重要的是，应当立即将被试物进行登记，以确保完整的审查线索，同时，应能够证明未在不适当的条件下保存样品，导致其物理化学性质的改变。接收程序还应包括被试物管理者不在时或包装容器破损时的处理办法。应当把被试物到达的消息及时通知试验项目负责人。试验机构的被试物接收记录，一般包括以下内容：①化合物名称；②批号；③对被试物抵达实验室时的描述，并与委托方提供的被试物描述进行比较，以确保在试验早期发现有关被试物的问题；④容器个数；⑤容器类型；⑥毛重和皮重；⑦储存条件和保存地点；⑧接收者姓名或缩写；⑨抵达日期；⑩接收时的状态，如包装是否完好，冰是否已融化，干冰是否已全部挥发等。

（2）被试物储存　被试物必须在严格控制的条件下储存，特别是对被试物的存取和环境要进行控制。只有指定人员才能取得被试物，当不使用时被试物存放处应上锁。应该有常温、4℃和－20℃等不同储存区。被试物储存区域的设计安排，应能够防止不同化合物、不同容器之间的交叉污染。如有可能，原容器外应再包以外容器以防止破裂和撒、漏。被试物送抵实验室后，每批次被试物应取出一部分保存在另外的容器中，作为保留样品。保留样品最后与使用中的样品分区保存，但环境条件应该一致。保留样品标签应该有以下信息：①被试物的识别（名称或代号）；②批号；③储存条件；④净重；⑤样品制备日期。

保留样品的保存期限，GLP 准则和有关法规规定为不超过样品失效期。但实际上在许多实验室其保存时间和其他原始数据相同。一般保留样品不得使用，除非必须进行验证分析之类的活动。

（3）被试物使用信息　每次使用被试物都要记录，使 GLP 检查人员可以重建被试物的使用过程。这不仅提供了完整的被试物使用记录，还可用于比较实际使用情况和计划使用情况间的差异。被试物使用信息包括：①使用日期；②试验项目编号，尤其是当同一批被试物用于一个以上的试验时（有的实验室把被试物分到几个单独的容器中，每个试验使用一个）；③使用后毛重，使用后称量并记录容器及内容物的总重量；④使用量，每次从容器中取出的量；⑤溶液配制记录中的使用量，该记录和被试物使用登记的记录直接对比，提供了有效的双重检查；⑥差异，有关人员应该能够解释所有数量上的差异（如撒、漏等）；⑦剩余被试物，提供了被试物的动态剩余量，有助于在被试物剩余量不多时，及时获得更多的被试物。

（4）被试物处置　试验结束后，剩余的被试物应按照可接受的环保方式处置。最后的处置应有记录，以使被试物的使用和处置的总量与收到的数量相符。

（5）测试溶液的制备　如果试验体系接受了错误的剂量，或者对剂量有疑问，试验的其他部分和结果无疑也会受到质疑。因此，配制过程的每一阶段按照下列程序操作和记录是必要的。

1.4.5.2　测试

（1）避免污染　农药残留分析和常量分析的一个主要的明显的不同是污染问题，痕量污染物可能对农药残留分析测试产生干扰作用，例如结果的正偏差或者灵敏度降低，使得残留物不能被检出。污染物可能产生于建筑材料、试剂、实验室环境、分析过程或者上述情况的加和，应该用空白试验来检验所有的玻璃器皿、试剂、有机溶剂和水中是否有干扰的污染物存在。

刷子、肥皂中含有杀菌剂、杀虫剂，这些可能引起干扰问题，尤其是在使用电子捕获检测器时特别明显，应避免在实验室中使用。润滑剂、密封胶、塑料、天然和合成橡胶，保护手套，来自空气压缩机的油和劣质套管、滤纸和棉花都能在最后测定中引起污染。化学试剂、吸收剂和普通实验室溶剂可能含有杂质，这些都能在分析中产生干扰，所以必须对试剂和吸收剂进行纯化，最好用重蒸溶剂和重蒸水。

与以前的样品或提取物的接触可能造成玻璃器皿、注射器、气相色谱柱的污染，所有的玻璃器皿必须用重蒸水或其他纯水彻底清洗，然后用将要使用的溶剂润洗。用作残留分析的玻璃器皿应该分开保存。

农药标准参考物质，应该在隔离于主要残留实验室的房间里，在适当的温度下储存。含有塑料的仪器应谨慎使用。分析仪器应该放置在一个隔离的房间中。为了避免交叉污染，样品的制备应该在一个与主残留实验室分开的地方。

（2）供试品的接收和储存 供试品的有效管理是保证安全性评价结果可靠性的关键因素之一，其管理原则是：在遵循GLP规范的基础上，对供试品实施总量控制、条件控制及过程控制。从供试品接收到最后供试品处理的整个过程中，都要在可控条件下进行。

实验室接收每一个样品应该带有分析要求和储存条件方面的信息，以及处理样品时潜在的危险信息。接收样品时应该立即给样品一个唯一代码，这个代码在样品进行所有的分析过程中直至报告结果将一直跟随样品。在理想情况下，样品应该避免阳光直射，并且在几天内分析完，然而在很多情况下，样品在分析前可能需要储存超过一年的时间，储存样品的温度应该在−20℃左右。在此温度下，残留的农药被酶分解的量较低。如果样品将被冷冻，分析用的样品应该在冷冻前进行提取，为了防止在储存期间水以冰的形式分离出来，必须注意保证所有的取样部分都被用于分析。如果有可疑的结果出现，应该用在相同条件下储存同样时间的样品来检验。不管是储存用的容器还是它们的盖子、塞子，都不应该把装在容器里的化学物质带出来，容器保持密闭，提取液和最终测定液不应该暴露在阳光直射下，所有的记录必须保存。

1.4.6 试验过程的管理

试验实施前应有相应的试验项目计划书，由项目负责人签字，计划书如有修改需由项目负责人签字，并注明日期。确保参与该项目的主要人员都领取到计划书，项目的实施、检测、观察和检查等要按照计划书和有关SOP进行，并及时、准确、明了地记录试验过程和结果，并有签字和日期。原始数据如有修改，不得覆盖原来的数据，应注明修改理由、修改人和修改日期。计算机产生或保存的数据需经确认，并有有效防止越权修改或丢失的程序。保证试验过程中所有数据都真实、准确地反映试验结果的可靠性、可溯源性。试验校核者负责对试验操作者的行为及产生的原始记录进行校核，项目负责人对试验全过程进行技术监督，质量保证部门根据计划对试验进行主要技术要点监督或全程监督。

1.4.7 原始记录、最终报告及资料档案的管理

1.4.7.1 原始数据和数据收集

在开展试验前，试验项目负责人将确保：①有足够数量的训练有素、有经验的试验

人员参与该试验。②试验人员阅读过并理解试验计划，并且可以得到试验计划的副本。③所有过程均有 SOP，而且 SOP 可得到；如果由于某些原因（如使用了非标准方法）没有 SOP，应在试验计划中明确；所使用的非标准方法应由试验人员学习，并可得到其副本。④具备必要的设备和其他供应品。⑤有相应的数据记录表格或记录本。在使用任何仪器前，操作人员应确认仪器工作正常，并且接受了必要的检查。例如天平，可能需要每天使用砝码校正，不过许多实验室只有在移动天平后才用砝码进行校正。操作人员应检查仪器使用登记或日志或者仪器标签，以确保已进行过需要的校正。简单来讲，开展试验和做出观察涉及的重要因素有：①足够数量的训练有素的试验人员；②适当的仪器设备；③良好的试验计划和准备；④完备的 SOP 及其他操作指令。

1.4.7.2　记录

记录是完全重建一个试验的关键所在。它是展现试验时究竟发生了什么的唯一方法。所以试验记录不仅包括试验生成的数据，而且还应能证明所有规定的程序都在正确的时间被正确的开展。原始数据是指试验过程中所做的原始记录。这些数据是试验完成后重建该试验所必需的。因此，数据必须表明：①做了吗。描述做了什么，并表明试验计划中指定都按照相关 SOP 完成，同时包括观察或测量结果。②如何做的。记录应显示数据是按照 SOP 和试验计划指定的方法收集和记录的，并表明是否对这些指示有偏离。③工作是何时进行的。应当证明试验计划安排的时间线被遵守。因此要记录日期，必要时还要记载时间。对于某些程序要求非常确切的时间安排，则必须记录各个操作准确的时间。④做了这项工作。应明确记录是谁负责完成的试验操作和数据记录。如果不止一人参与了该过程，应详细记录每个人做了哪些工作，对哪些数据负责。开展试验期间所产生的所有数据都应可以识别（试验编号等应和数据一起记录下来，以避免数据混淆），并直接（记录的数据应是原始数据，如果由计算机直接记录数据，则原始记录可以是磁记录媒体或及时直接打印件。如果由仪器产生数据，则原始记录可以是直接打印件、记录仪绘制的图谱或数字形式存储的信息）、及时（数据必须在操作完成后记录，不可在工作完成一段再记录）、准确（保证试验的准确完整性）、可读（不可读或难以阅读的数据降低可信度）而不可擦除地记录下来，并由记录者签名或签姓名缩写，并注明日期。任何更改都不应当掩盖以前的记录。必要时说明改动的原因。改动者要签名并注明日期。

1.4.7.3　最终报告

最终报告的内容包括：①试验项目的题目；②被试物编码和名称（IUPAC、CAS 代码等）；③对照物名称；④被试物性状（包括纯度、稳定性、均匀度）；⑤委托方单位名称和地址；⑥所有涉及的试验机构和试验场所的名称和地址；⑦试验项目负责人姓名和地址；⑧主要研究者姓名和地址，以及所承担的试验部分；⑨为最终报告做了工作的科研人员的姓名和地址；⑩试验开始和完成的日期；⑪QA 声明；⑫所用的方法与材料；⑬可参考的国标、行标和公认的国际组织试验准则和方法等；⑭摘要；⑮计划书所要求的其他信息和数据；⑯试验结果，包括统计显著性的计算和确定；⑰结果讨论和评价，可能时做出结论；⑱归档的资料包括试验计划、被试物和对照物样品标本、原始数据和最终报告等，说明保存场所；⑲有关科学家提供的报告（应有其作者的签名和日期）。和 GLP 试验的其他各个方面一样，试验报告由试验项目负责人负最终责任。试验项目负责人必须确保报告的内容准确地描述了试验及其结果，同时，试验项目负责人对试验结果的科学解释负责。最后，试验项目负责人要在 GLP 遵循声明中，表明该试验是否遵循 GLP。如果只是部分遵循，应指出哪些部分不遵循。

准确报告与偏离。"报告应全面准确地反映原始数据……"这意味着在试验过程中发生的一切都应报告，但并不是说原始数据每一个项目都必须包含在报告中。报告应让读者在不查阅报告中未包括的数据的情况下，能够理解试验的过程和数据的解释。因此，实际上大多数数据均需要包括在报告内。非常重要的是，试验报告不应该有选择地报道试验的突出"重点"部分，而忽略那些不主要的部分，或者那些由于各种原因需要重新进行试验的部分。试验报告还应该包括对试验计划的修订和偏离，并对修订和偏离是否对试验的完整准确性有影响进行评价。报告可能还包括试验项目负责的有关专家的报告或数据，如实验室内部或外部的专家、顾问或委托方的专家等。这些专家的报告应由其本人签名并注明日期，可包括在试验报告中。这些外部数据必须符合 GLP 准则，否则，试验项目负责人要在 GLP 声明中指出不符合 GLP 要求之处。GLP 要求试验项目负责人在试验报告中包括一份声明，表示为报告数据的有效性负责，并确认试验符合 GLP 准则。

试验报告的审查。报告起草完毕后，进入审查阶段，由质量保证部门进行审核，试验委托方也会进行审阅。在此过程中，试验报告有可能会被修改。任何更改必须经过试验项目负责人同意和接受。

合同实验室的试验报告的审查和批准程序，相对来讲比较直观和简单。而委托方内部实验室的试验报告可能会经过多次反复。但不论哪种情况，试验报告定稿时应尽可能确保报告签字后不需要修改。一旦试验报告签字后，对试验报告的任何修改均应以试验报告修订的形式进行，要由试验项目负责人批准，并指出修改的原因。需要指出的是，按照注册管理当局的要求对报告格式进行的重排，比如把属于商业秘密的部分抽出放在机密附件中，不属于报告修订。

1.4.7.4　档案管理

档案室是一个实验室的重要部门，实验室必须对相关档案资料进行妥善保管，这就要求保管人员与保管设施同时达到相应的要求。以下资料应依照有关部门规定的期限，保存于档案库中：①每项研究计划、原始数据、试验样品和参照物的留样、样本以及最终报告；②依照质量保证计划所执行的所有检查的记录，以及主进度表；③人员资质、培训、经历和工作描述的记录；④仪器维护和校准的记录和报告；⑤计算机化系统的确认文件；⑥所有标准操作程序的历史档案；⑦环境监测记录。如果没有保留期限要求，任何研究材料的最终处理都应予以记录。出于某种原因需在要求的保留期限前对试验样品、参照物的留样和样品进行处理的，应判定其合理性并予以记录。试验样品、参照物的留样和样本应在它们的配制品的质量能够被评估的期限内保存。档案库内保留的材料应编制索引以便于有序地存储和取阅。只有经营管理者授权的人员才能进入档案库。从档案库中取出或放回材料应被完整地记录。如果一个试验机构或签约档案机构即将停业，且没有法定继任者时，档案应转交至研究委托方的档案库里。

1.4.8　质量保证部门

GLP 规定了对 QAU（质量保证部门）的基本要求，以确保试验结果的有效性。QAU 是有一系列明确职责（主要起审计和控制作用）的一组或一个人员，它是实验室全面质量保证体系的一部分。OECD GLP 赋予 QAU 的职责是作为整个研究过程和组织结构框架的独立观察者。在多数实验室中，QAU 还被明确或不确定地赋予作为督促者或顾问的角色，但应明确的是，QAU 的法定职责是作为“独立”的控制者。

为了完成其职责，QAU 必须检查研究的各个阶段，包括计划、研究进程以及报告和记录文件存档。QAU 必须能够获得实验室各个级别的人员档案和规程，并得到最高管理者的积极支持。QAU 的审查档案要提供给试验机构管理者，但通常不会给监管机构或其他外部法人。

1.4.8.1　试验计划审查

QAU 审查试验计划是否完整和清晰。在某些实验室，QA 在试验计划上签字，但 OECD GLP 准则并不要求 QAU 必须签署试验计划。很多实验室常常在试验计划签署后立即把原件存档，这样有助于避免原件丢失或乱放，控制试验计划修订的发放。QAU 应有所有试验计划及修订的拷贝。

1.4.8.2　标准操作规程的审查

试验机构管理者要负责本机构 SOP 的编写、发放和保存。试验机构管理者还要对 SOP 的科学性以及 GLP 法规及登记管理法规的遵循负责。通常，QAU 负责审查 SOP。如果 QAU 在 SOP 上签字，并不表示 QAU 批准 SOP，而是表示 QAU 认为该 SOP 遵循 GLP，不和其他 SOP 存在冲突。GLP 准则没有规定一定要签署 SOP。

1.4.8.3　计划(主计划表、检查计划)

试验计划批准并分发后，该项试验应在主计划表中登记。主计划表应记录实验室所有的试验项目。许多实验室由 QAU 负责维护主计划表，但 GLP 准则并未如此规定，但至少 QAU 要拥有一份最新版的主计划表。QAU 对试验项目的检查和审查进行计划，必要时与试验项目负责人共同商定。对于不宣而检，一直有赞成和反对的争论，但在实际操作中，QA 的检查和审查通常都是与试验项目负责人共同计划决定的。QAU 通常会有每个试验项目的检查和审查计划，同时，这些检查计划又登记到一个总体检查计划中。总体检查计划中除了这些针对试验项目的检查项目外，还包括计划进行的设施检查和过程检查。这样就方便了 QAU 从总体上对检查和审查活动进行计划，有利于更有效地组织 QAU 的资源。

1.4.8.4　审查和检查

QAU 的检查或审查是有计划、有目的、有步骤进行的评价活动，应该与有关人员互相配合有条不紊地进行。内部审查不是法庭调查，也不以惩罚为目的。QAU 除了审查实验室有关计划外，还进行主类审查/检查：①试验项目检查/审查；②设施/系统检查/审查；③过程检查/审查。QAU 可能还要对承包商和供应商进行检查。

（1）试验项目检查/审查　应按计划进行检查，必要时进行额外检查或后续检查。检查要点：①QAU 检查的 SOP 以及检查报告的起草过程，应征求实验室操作人员的意见，与实验室有关人员达成良性互动。②QAU 应对检查进行充分准备，就是要事先仔细阅读试验计划、有关 SOP 以及过去的检查报告和记录。③QAU 必须遵循有关规定，包括安全和卫生方面的规定，不得随意干扰工作。④QAU 应留出足够的时间进行检查。⑤可以使用检查清单，也可以不用，GLP 未做强制规定，使用检查清单并不能保证检查的完全性，但可作为培训的有效工具，也可以在正式检查中起提醒的作用。另外，检查清单可以作为试验机构管理者批准 QAU 工作程序的一种手段，同时，研究人员也可以借助检查清单进行检查。检查清单应作为受控文件，必要时要更新。使用检查清单的缺点是如果过于依赖它，可能会漏掉检查清单中未预期到的偏离。⑥无论是从逻辑上还是出于同事关系处理上的考虑，检查结束前至少也要在检查报告签发前，应当和被检查者讨论所观察到的问题。任何错误都应立即予以指出。⑦QAU 的评论应当清楚而有针对性。⑧QAU 的评论应当富有建设性，最好对报告中指出的所有问题都提出解决建议。⑨提交给管理者的报告（有或无单独摘要），应包括 QAU 的评论和相关部门的回应。QAU 报告的写作、批准、发放、存档以及争议仲裁的程序均应在 SOP 中予以规定。⑩QAU 的检查对事不对人。QAU 检查发现的问题越多，研究质量改进得越快。

（2）系统/设施检查　系统/设施检查不是针对试验项目进行的，而是检查实验室的质量管理体系运作和资源配置是否符合 GLP 的要求并满足试验的需求。检查频率应该根据效率和成本综合考虑确定。系统/设施检查报告应提交给试验机构管理者而非试验项目负责人。后续跟踪检查的步骤和针对试验项目的检查是一致的。通常，系统/设施检查会重点覆盖下列方面：①人员记录；②档案；③接收记录；④计算机操作与安全；⑤安全与出入控制；⑥SOP 管理；⑦水供给；⑧计量等。

（3）基于过程的检查　基于过程的检查也独立于具体试验项目，是用于对那些重复性很高的过程进行检查。检查频率应该根据效率和成本综合考虑确定。如果开展试验项目检查，每个试验项目都检查这些重复的过程，会造成不必要的重复和资源浪费。值得注意的是，经合组织认为，如果过度依赖过程检查，可能造成某些试验项目实际上在整个试验过程中未被检查过一次。其他过程检查包括跨组织的过程。

（4）最终报告/原始数据的审查　QAU 要审查所有 GLP 试验的最终报告是否符合试验计划和 SOP 的有关规定，是否真实地反映了原始数据。全面审查并不是说必须百分之百地审查报告的一切数据。审查的深度应足以让 QA 报告真实地反映了试验是如何开展的，报告准确体现了原始数据。QAU 还要寻找数据真实性和 GLP 遵循性的证据，如签字、日期、更改和偏差的处理、数据一致性等。通常，最终报告审查会重点覆盖下列方面：①目录；②数据完整性；③是否遵从试验计划；④环境记录；⑤被试物记录；⑥给药剂量的制备和质控记录；⑦各种表格；⑧结果摘要；⑨附录；⑩结论。

质量保证声明。附在最终报告中的 QA 声明应包括检查试验项目的日期和把报告给试验项目负责人和试验机构管理者的日期。QA 声明还应报告被检查的阶段及检查的项目。QA 声明并不是 GLP 遵循声明，GLP 遵循声明应由试验项目负责人签署。

OECD 关于签发 QA 声明有以下推荐："建议当试验项目负责人的遵循声明有证据支持时，QAU 才签发 QA 声明。QA 声明应表明试验报告准确反映了原始试验数据。最后报告中所有不遵循 GLP 准则的地方仍然是试验项目负责人的责任。"这样，QA 声明就成了最终报告的放行文件，它保证：①报告是完全的，而且准确反映了试验的过程和结果；②试验项目遵循 GLP；③所有检查审查发现均被满意解决。

1.4.8.5　检查供应商和分包方

多数 QAU 还会对重要实验材料的供应商进行检查。同样的，在分包之前，QAU 还可能对分包方进行检查。对于关键性的试验项目，QAU 应定期检查分包方以保证自始至终分包实验室都遵循 GLP，并/或审查最终报告。

1.4.8.6　QA 文档和报告的分发与存档

QAU 具有双重身份，它既是实验室的内部控制系统，又要向公众保证安全性非临床研究出具的数据是有效的。QAU 的报告应发给试验项目负责人和试验机构管理者，应视为内部工作文件。如果 QAU 活动期间有重要发现应准确报告给试验项目负责人和试验机构管理者，实验室内部应充分讨论并采取相应的改正措施。因此，QAU 的检查/审查报告，一般不应提供给监管当局。这样可以鼓励 QAU 诚实地报告所有的发现，无须担心因报告泄露而损坏实验室的声誉。因此，一般 QAU 的报告不向外界任何人发放，内部处理时也要慎重，比如，QAU 的报告存档时最好和试验项目档案分开。这样监管部门或其他外部审查人员不会在检查中误接触这些报告[2,25~29]。

1.5　农药残留分析相关组织与机构

我国国务院农业主管部门负责全国的农药监督管理工作。县级以上地方人民政府农业主管部门负责本行政区域的农药监督管理工作。县级以上人民政府其他有关部门在各自的职责范围内负责有关的农药监督管理工作[30]。农业农村部农药检定所在农业农村部党组的正确领导下，在我国农药管理方面做了大量工作：起草并促进了我国第一部农药管理法规《农药管理条例》的颁布实施；逐步完善了符合我国国情并与世界接轨的农药登记管理制度；建立了我国农药管理及试验检测体系；培养了一大批农药试验和管理人才；拟订或参与制定了一批适应工作需要的农药国家标准和行业标准；进行了农药检测方法、检测技术的研究；引进和筛选了一大批我国需要的农药新产品；开展了全国农产品农药残留监测工作；加强了农药技术和管理方面的国际合作与交流，为提高我国农药管理水平、规范农药市场秩序、促进安全农产品生产、保证农业丰收和保护生态环境做出了积极的贡献。

1.5.1　农药残留标准制定体系

2009 年 6 月《中华人民共和国食品安全法》实施，规定了国家成立食品安全委员会，卫生部组建食品安全风险评估专家委员会，负责食品安全风险评估工作，规定食品中农药残留的限量规定及其检验方法和规程由国务院卫生行政部门和国务院农业行政部门制定。2009 年 9 月，卫生部和农业部印发了《食品中农药、兽药残留标准管理问题协商意见》（卫办监督函［2009］828 号），由农业农村部负责农兽药残留标准的制定工作，两个部门联合发布。2010 年 1 月，卫生部成立第一届食品安全国家标准评审委员会。委员会下设 10 个专业分委员会，农药残留专业分委员会是其中一个。2010 年 3 月，农业农村部成立第一届国家农药残留标准审评委员会，秘书处设在农业农村部农药检定所。食品安全国家标准审评委员会农药残留分委员会与国家农药残留标准审评委员会是相互衔接的。国家农药残留标准审评委员会下设残留化学、毒理学和分析方法 3 个工作组，主要负责审议农药残留国家标准，审议农药残留国家标准修订计划和长期规划，提出实施农药残留标准工作政策和技术措施的建议，对农药残留国家标准相关的重大问题提供咨询等工作。

1.5.2　农药残留监管体系

目前，中国已基本建成了以风险评估为核心，农药登记为基础，限量标准为措施，残留监测为途径的农药安全监管体制，确保农药在农产品质量安全中的可控性。在该体制框架下，中国农药残留监管部门根据职能不同可分为以下三部分：一是起"强制作用"的国家行政部门，包括农业农村部（种植环节）、国家质量监督检验总局（加工环节）、商务部和工商总局（流通环节）、卫计委（消费环节）；二是起"引导作用"的行业协会，主要采用"政府监管为主，行业自律为辅"的监管模式，进行引导性监管；三是起"补充作用"的社会监督，例如，舆论和媒体监督、社会公众监督等。

中国农药残留监管机构设置齐全，职责明确。国家食品安全委员会作为中国食品安全最高管理机构，统筹食品安全工作，制定食品安全监管政策，落实食品安全监管责任，国务院总理任委员会主任。下设国家食品药品监督管理总局（成立于 2013 年 3 月，现为国家市场监督管理总局），负责起草食品安全等监督管理的法律法规，推动建立落实国家食品安全委员会下达的相关政策等。2008 年，农业农村部成立农产品质量安全监管局。同年，全国 20 个省（市）也相继成立农产品质量安全管理机构，此时，覆盖全国的农产品质量安全监管网络初步形成。

为全面提升农产品质量安全科学监管能力，扎实推进农药残留风险评估工作，2011

年，农业农村部在全国选定首批专业性农产品质量安全风险评估实验室 36 家，首批区域性农产品质量安全风险评估实验室 29 家，到 2017 年共考核认定 100 家农产品质量安全风险评估实验室，具体承担分工专业领域或行政地域范围内相应农产品质量安全的风险评估、科学研究、生产指导、消费引导、风险交流等工作。2014 年，中国还成立 145 家单位为首批农业农村部农产品质量安全风险评估实验站，具体承担授权主产区范围内相应农产品质量安全风险评估的定点动态跟踪和风险隐患摸底排查等工作。此时，中国农药残留监管能力显著增强。同时，中国还建成覆盖 30 个省（市、自治区）的农药残留试验单位 73 家，涉及农药管理、科研院所、卫生、环境和高校等不同部门，涵盖不同学科的检测机构。通过残留试验研究和残留标准制定等工作，培养锻炼了一大批农药管理、残留行为研究、风险评估、标准制定、风险监测等方面的专家学者和技术人才，成为中国农药残留监管体系的中坚力量[31]。

参 考 文 献

[1] 冯建国. 农药科学与管理，2010，31（6）：37-41.

[2] 王惠，吴文君. 农药分析与残留分析. 北京：化学工业出版社，2007.

[3] 岳永德. 农药残留分析. 第 2 版. 北京：中国农业出版社，2014.

[4] 贺泽英，刘潇威. 农业资源与环境学报，2016，33（4）：310-319.

[5] 钱传范. 农药残留分析原理与方法. 北京：化学工业出版社，2011.

[6] 郑永权. 植物保护，2013，39（5）：90-98.

[7] 阳仲斌，李甲枚，李伟，等. 现代农业科技，2016（14）：114-117.

[8] 吴春先，慕立义. 农药科学与管理，2002，23（2）：13-16.

[9] 达晶，刚力，曹进，等. 药物分析杂志，2014，83（5）：760-769.

[10] 邢颖，董瑜，袁建霞，等. 科学观察，2016，11（1）：1-17.

[11] 朱赫，纪明山. 中国农学通报，2014（4）：242-250.

[12] 冯俊宸，徐华能. 世界农药，2016，38（2）：26-29.

[13] 戴莹，王纪华，韩平，等. 食品安全质量检测学报，2015（8）：2976-2980.

[14] 王海阳，刘燕德，张宇翔. 农业工程学报，2017，33（2）：291-296.

[15] 李增芳，楚秉泉，何勇，等. 光谱学与光谱分析，2016，36（12）：4034-4038.

[16] 宋稳成，何艺兵，杨永珍. 农药科学与管理，2007，28（6）：52-55.

[17] GB 2763—2016 食品安全国家标准 食品中农药最大残留限量.

[18] 李贤宾，段丽芳，柯昌杰，等. 农药科学与管理，2013，34（12）：31-37.

[19] Codex Alimentarius. Codex Pesticides Residues in Food Online Database. http：//www. fao. org/fao-who-codex-alimentarius/standards/pestres/en/.

[20] United States Department of Agriculture. Maximum Residue Limits（MRL）Database. https：//www. fas. us-da. gov/maximum-residue-limits-mrl-database.

[21] 李子昂，潘灿平，宋稳成，等. 农药科学与管理，2009，30（2）：40-45.

[22] 简秋，朱光艳. 农药科学与管理，2011（1）：35-38.

[23] European Commission. EU legislation on MRLs. http：//ec. europa. eu/food/plant/pesticides/max _ residue _ levels/eu _ rules _ en.

[24] 宋稳成，单炜力，叶纪明，等. 农药学学报，2009，11（4）：414-420.

[25] 林班，张卫光，王庆伍，等. 实验科学与技术，2016，14（4）：211-215.

［26］陈铁春，蔡磊明.经济合作与发展组织良好实验室规范准则与管理系列（修订版）.北京：化学工业出版社，2008.

［27］GB/T 22278—2008　良好实验室规范原则.

［28］CAC/GL 40—1993　Guidelines on good laboratory practice in pesticide residue analysis.

［29］陈铁春.经济合作与发展组织良好实验室规范培训手册.北京：人民法院出版社，2009.

［30］国务院.农药管理条例（国令第 677 号）.2017.

［31］Chen Z L，Dong F S，Jun X U，et al. Journal of Integrative Agriculture，2015，14（11）：2319-2327.

第2章
农药残留分析

农药残留分析是应用分析技术对农产品、食品和环境介质中微量、痕量以至超痕量水平的农药残留进行定性定量测定，该过程通常包括样品采集、提取、净化、仪器测定等操作。本章将介绍农药残留的定义、分类、危害和来源等基本概念，农药残留登记试验方法要求、典型的农药样品的采集和制备方法，重点介绍农药残留分析仪器研制和应用的最新进展，介绍手性农药残留分析方法和免疫分析技术的最新动向，以期为从业者开展农药残留分析工作提供最佳技术方案。

2.1 概述

2.1.1 农药残留定义

农药残留（pesticide residue）是指农药使用后残存于生物体、农副产品和环境中的微量农药原体、有毒代谢物、在毒理学上有重要意义的降解产物和反应杂质的总称[1]。残存的数量称残留量，以每千克样品中有多少毫克（或者微克、纳克）表示（mg/kg、μg/kg、ng/kg）。农药施用后必然会出现农药残留，但如果残留量小于最大残留限量（maximum residue limit，MRL）[2]，就不会对人畜或者生态环境系统造成毒害作用。再残留限量（extraneous maximum residue limit，EMRL）是指一些持久性农药虽已禁用，但还长期存在于环境中，从而再次在食品中形成残留，为控制这类农药残留物对食品的污染而制定其在食品中的残留限量，以每千克食品或农产品中农药残留的毫克数表示（mg·kg^{-1}）[2]。

根据我国颁布的《农作物中农药残留试验准则》（NY/T 788—2018），农药残留的定义为：使用农药后，在农产品及环境中农药活性成分及其在性质上和数量上有毒理学意义的代谢（或降解、转化）产物。在《食品安全国家标准 食品中农药最大残留限量》（GB 2763—2016）中残留物的定义为：由于使用农药而在食品、农产品和动物饲料中出现的任何特定物质，包括被认为具有毒理学意义的农药衍生物，如农药转化物、代谢物、反应产物及杂质等。测定农药残留的目的是判定产品中农药残留量是否超过最大残留限量，或者用于农药登记和制定 MRL 进行规范残留实验并进而评估膳食摄入的风险。

农药残留是施药后的必然现象，但农药残留的毒性危害往往取决于其数量的多少，这是所有化合物的安全评价法则，任何离开量的范畴的毒性危害评估都是不科学的。因此，各国政府目前都通过控制和规定农产品中农药残留的安全剂量来控制降低农药残留对健康的危害性，这个安全剂量即为最大残留限量标准，也称限量标准，这个限量标准的制定是基于充分科学实验评价的基础上的推荐值。

我国制定限量标准的具体步骤：首先，根据农产品生产、加工、流通、消费和进出口各环节的需要及我国农药使用的实际情况，确定需要制定残留限量标准的农产品和农药的组合；其次，开展农药残留降解模拟动态试验、国民膳食结构调查和农药毒理学研究，分别获得农药在正常使用情况下残存在农产品中的残留值、我国消费者膳食数据和农药毒性，在此基础上开展农药残留膳食摄入风险评估，得到农药残留限量标准推荐值；最后，经过我国食品安全农药残留国家标准审评委员会审议通过后，由卫计委和农业农村部联合颁布实施。

目前我国农产品农药残留现状总体良好。我国已先后禁用了 33 种高毒农药，包括甲胺磷等在美国等一些发达国家仍在广泛使用的产品。目前我国高毒农药的比例已由原来的 30% 减少至不足 2%，低毒产品达 72% 以上，可以肯定的是，现在的农药产品较以前的更加安全。同时，从监测看，我国农药残留超标率已逐年下降，从 10 年前的超过 50% 降到目前的 10% 以下；残留检出值也明显降低，10 年前检出超过 $1\mathrm{mg \cdot kg^{-1}}$ 农药残留量的蔬菜数量较多，但现已很少见。此外，农产品农药残留监测合格率总体较高，如稻米和水果高达 98% 以上，蔬菜和茶叶也达 95% 以上。每年农业农村部官方网站都公布当年的农产品农药残留监测的合格率，合格率都保持在较高的水平。

2.1.2　农药残留分类

根据农药残留的特性和在环境中的半衰期可将其分为高残留农药、中等残留农药和低残留农药。

根据使用有机溶剂和常规提取方法能否从基质中将农药残留提取出来还可以分为可提取残留（extractable residue）和不可提取残留（un-extractable residue）。其中不可提取残留又分为结合残留（bound residue）和轭合残留（conjugated residue）。结合残留是指农药或者代谢物与土壤中的腐殖质、植物体的木质素、纤维素通过化学键合或物理结合作用，牢固结合形成的残留物。轭合残留是指农药母体或者代谢物与生物体内某些内源物质如糖苷、氨基酸、葡萄糖醛酸等在酶的作用下结合形成的极性较强、毒性较低的残留物。

2.1.3　农药残留危害

因摄入或长时间重复暴露农药残留而对人、畜以及有益生物产生急性中毒或慢性毒害，称残留毒性（residue toxicity）。农药残毒的大小受农药的性质和毒性、残留量多少等因素的制约而表现出极大的差异。因食物中的过量农药残留引起急性中毒的现象一般是高毒农药违规施用造成的。这类农药如有机磷杀虫剂甲胺磷、对硫磷、氧化乐果，氨基甲酸酯杀虫剂涕灭威、克百威等。

除了高毒农药外，构成突出残留毒性的农药有以下一些类型：化学性质稳定、难以生物降解、脂溶性强、容易在生物体富集的农药，有机氯杀虫剂的许多品种都属于这一类，如滴滴涕、六六六；农药亲体或其杂质或代谢物具有三致性（致癌、致畸、致突变）的农药，如杀虫脒的代谢产物 N-4-氯邻甲苯胺，代森类杀菌剂的代谢产物亚乙基硫脲，其他品种如敌枯双、2,4,5-涕、三环锡、二溴氯丙烷等。在这一类农药中，有些品种在动物毒性试验中发现有明确或潜在的致畸作用，或具有类似生物体激素性质扰乱生物体内分泌系统的作用，近年来，人们将这些农药称为"环境激素化合物"或"内分泌干扰化合物"（endocrine disrupting chemicals，EDCs）。1996 年，美国环境保护局（EPA）确认提出 60 种环境激素化合物，其中包括除草醚等 39 种农药。一些有机磷农药还有迟发性神经毒性（delayed neurotoxicity）的问题，其症状为下肢麻痹、肌肉无力、食欲不振的瘫痪状。最早发现有此毒性的有机磷化合物是引起"姜酒事件"的三邻甲苯磷酸酯（TOCP）。1930 年，美国有 2 万多人饮用了掺有 TOCP 的牙买加姜酒，十几天后许多饮酒者下肢瘫痪。1975 年，埃及使用溴苯磷防治棉花害虫时也发生类似人畜中毒事件，导致 EPA 撤销对其登记。迟发性神经毒性可由职业性接触、一次性摄入或长期低剂量暴露而引起。

目前绝大多数农药，尤其是化学农药及其代谢物和杂质对空气、水体以及土壤的污染日益严重，最终经过生物链影响人类。尤其是农药的慢性、累积性的毒性问题可引起"致畸、致癌、致突变"。科学试验结果表明，施用于农作物上的农药，10％～20％的农药附着在作物体上，其他 80％～90％的农药散落在土壤、大气、水等环境中，农作物通过根和叶吸收、传导以及降雨等途径，将土壤、水和大气中的一些农药再转移到体内，或通过环境、食物链最终传递给人畜[3]。如果人们长期大量地使用农药，特别是滥用农药，农作物、土壤、水和大气中的农药残留量会超过规定的限量标准，导致农药污染，若人们长期生活在被污染的环境中，食用被农药污染的动植物食品，就会受到农药的威胁，人们的身体健康必然会受到影响，甚至会给后代带来潜在的危害，因此，研究先进的农药残留检验技术，制定严格的农药残留标准非常重要，以保证人类的食品安全和身体健康。

2.1.4　农药残留来源

农作物与食品中的农药残留，一方面来自农药对作物的直接残存，另一方面来自作物从环境中对农药的吸收以及食物链传递与生物富集。

（1）农药对作物的直接残存　农药施用以后，有部分农药会残存在作物上，或者黏附在作物的体表，或者渗入植物组织内部，或者随植物的体液传到植株的各个部分。这些农药残留在外界环境的影响下和植物体内各种酶系的作用下逐渐降解、消失。

（2）作物从环境中吸收农药　农药施用后，进入环境中，分布于土壤、大气及水体中。种植的农作物可以从土壤或者水分中吸收残留的农药，并且在体内不断累积形成残留。

（3）农药的生物富集与食物链传递　生物富集（bioconcentration）也叫做生物浓缩，是指处于同一营养级的生物体利用非吞食方式，从周围环境（水、土壤、大气）中积累某种元素或难降解的物质，使其在机体内的含量超过周围环境中含量的现象[4]。生物富集现象最终导致生物体内的污染物浓度超过了环境中该污染物的浓度。而生物放大（biomagnification）是指同一食物链上的高营养级的生物，通过吞食低营养级生物而累积某种元素或难降解物质，使其在机体内的含量随营养级数的提高而增多的现象[5]。生物放大作用可使食物链上高营养级的生物体内的这种元素或物质的浓度超过了周围环境中的浓度[6]。

而生物累积（bioaccumulation）是指生物体在生长发育过程中，直接通过环境（水、土壤、大气）和食物链蓄积某种元素或难降解物质，使其在机体中的含量超过周围环境中的浓度的现象[7]。生物累积可以认为是生物富集和生物放大的总和。

影响农药生物富集的因素：①农药的理化性质。脂溶性大的农药容易在生物体富集。②生物种的特性。生物体内存在的、能与污染物结合的活性物质活性的强弱和数量的多少都能影响生物富集。这类物质包括糖类、蛋白质、氨基酸、脂类和核酸等。如氨基酸中都含有羧基和氨基，它们都能与金属结合形成金属螯合物；脂类则含有极性酯键，这类酯键能和金属离子结合形成络合物或螯合物，导致重金属储存在脂肪内。污染物质和这些生物各组分结合，就被固定在生物体的各部位，降低污染物的活性，从而加速了生物的吸收，富集量也相应增加。③不同器官。生物体的不同器官对农药的富集量也有差别。因为各类器官的结构与功能不同，所以与农药接触时间长短、接触面积大小等都不相同，富集量存在差异。如毒死蜱和丙溴磷在鲫鱼组织器官中均能检测到，且富集量都表现为肝脏＞鳃＞肌肉。④农药在环境中的含量和稳定性。⑤动物的取食方式和取食量。一般代谢能力强、脂肪含量高的生物易富集农药。

（4）农药残留的其他来源　除上述来源外，还有一些途径能造成农药残留的形成。如使用被农药污染的水源加工食品或农副产品；农药的生产及使用者在接触农药后立即接触食品或农产品等。

2.2　农药残留田间试验方法

为了更好地开展田间试验，2007年农业部农药检定所组织整理了《农药登记残留田间试验标准操作规程》，以标准操作规程（SOP）的形式对残留田间试验进行了规范。

田间试验从研究内容上主要包括两部分：一部分是供试农药在试验作物可食部位的农药残留消解试验，用来评价其残留消解速率与半衰期；另一部分是按照农药标签规定推荐施药量、施药次数、施药间隔、采收间隔期条件，选择最严GAP条件（即最多施药次数和最短施药间隔）在田间模拟施药，采集样品测定作物中农药的最终残留量。

2.2.1 田间试验设计

田间试验设计依据《农作物中农药残留试验准则》（NY/T 788—2018）、《农药登记残留试验作物　分布区域指南》（以下简称《指南》）及《农药登记残留田间试验标准操作规程》。残留登记试验的时间（年限）、地点选择的原则：试验可在 1 年多地完成，试验地应选择具有代表性的、能覆盖主要种植区、种植方式、气候条件的试验地点。《指南》实施残留试验田间试验地选择，将农药登记田间残留试验作物区域分为 9 个试验区域，规定了试验的必选点和可选点，供试农作物必须有 1 个试验点安排在必选点的该作物主产区内，重点考虑种植区域的气候条件、土壤条件、栽培方式和种植规模等因素，对田间试验区域进行划分和布局，用于指导为农药登记提供数据而开展的农药残留试验，保证农药残留试验结果的科学性和代表性。供试农作物的试验点须反映出不同气候条件对农药残留的影响（见表 2-1）。表中用数字表示 9 个试验区域，具体区域如下：

1 区：内蒙古、黑龙江、辽宁、吉林；
2 区：山西、陕西、甘肃、宁夏、新疆；
3 区：北京、天津、河北；
4 区：河南、山东；
5 区：江苏、浙江、上海、安徽；
6 区：江西、湖北、湖南；
7 区：广西、贵州、重庆、四川、云南；
8 区：福建、广东、海南；
9 区：西藏、青海。

表 2-1　农药登记残留试验作物分布区域

（1）谷物

区域＼作物点数	稻类 水稻 12	麦类 小麦 12	冬小麦 10	春小麦 6	旱粮类 玉米 12	夏玉米 10	春玉米 6	杂粮类 绿豆 6
1	※□	※		※□□	※※□□		※※□□	※※□
2	□	※□	※□	※□	※□	※※□	□	※
3		※□	※□	※□	※□			□
4	□	※□□□	※※□□		※□	※※□□		□
5	※□□	※□	※□□		□	□	□	□
6	※※□□	□	□		□	□	□	□
7	※□□	※□	□		※□	□	※	□
8	※□				□			
9								

注：※表示该区域的必选点供试农作物必须有 1 个试验点安排在必选点的该作物主产区内；□表示除必选点外其他可选点的试验区域，下同。

（2）蔬菜

作物　　点数 / 区域	鳞茎类			芸薹属类				叶菜类			
	鳞茎葱类	绿叶葱类	百合	结球芸薹属类	头状花序芸薹属类	茎类芸薹属类	大白菜	绿叶类		叶柄类	
	大蒜	韭菜		结球甘蓝	花椰菜	芥蓝		菠菜	普通白菜	芹菜	小茴香
	6	8	4	12	8	6	10	8	10	8	4
1	□	※□		□	□	□	□	□	□	□	※□
2	□	□	※□	※□	□		□				※□□
3	□	□		※	※		※				
4	※※□	※※□		□□	※□		※□	※	※	※□	
5	※	※□		□	□	※	※	□	※□	□	
6	□	□	※□	□□	□						□
7	□	□	□	※□□	□	※	※□□	※□	※□□	□	
8				※□	※□	※□	□	※	※□		
9							□				

注：韭菜、菠菜、普通白菜、芹菜作物应有一半点数进行设施栽培方式的残留试验。

作物　　点数 / 区域	茄果类			瓜类				豆类	
	番茄	辣椒	茄子	黄瓜	小型瓜类		大型瓜类	荚可食类	
					西葫芦	节瓜	冬瓜	豇豆	菜豆
	12	12	8	12	8	6	8	8	10
1	※	□	□	※□	□		□	□	□
2	※□□	※□	□	□	※※□			□	□
3	※□	□	□	※□	※		□		
4	※※□	※□	□	※□	□		※□	□	※□
5	※□	※	□	※□	□			※□	※□
6	□	※□	□	※□				※□	
7	※□	※※□□	※□	※□	□□		※□	※※□□	※□□
8		□	□	□	□		※※	※	※□
9									

注：番茄、辣椒、茄子、黄瓜、西葫芦作物应有一半点数进行设施栽培方式的残留试验。

作物　　点数 / 区域	茎类		根和块茎类					水生类						其他类	
	芦笋	茎用莴苣	根类		块茎和球茎类			茎叶类		果实类			根类		
			萝卜	胡萝卜	马铃薯	甘薯	山药	水芹	豆瓣菜	茭白	菱角	芡实	莲藕	竹笋	黄花菜
	6	8	8	8	12	8	6	6	4	6	4	4	6	6	4
1	□	□	□	□	※□	□			□						□
2	□	※□	□	※□	※※□	□	※□						□	□	※

续表

区域 \ 作物 点数	茎类		根和块茎类					水生类						其他类	
			根类		块茎和球茎类			茎叶类		果实类			根类		
	芦笋	茎用莴苣	萝卜	胡萝卜	马铃薯	甘薯	山药	水芹	豆瓣菜	茭白	菱角	芡实	莲藕	竹笋	黄花菜
	6	8	8	8	12	8	6	6	4	6	4	4	6	6	4
3		※	□	□	※	□	□			□	□		□		
4	※□	□	※	※□	□	※□	※			□					□
5	※□	□	※	□	※□	□		※□	□	※□	※□	※□	□	□	
6	□	※□	※□	※□		□		※□		※□		※□	□	□	※
7	□		※□□	※□	※※□□	□		※□	※□□			□	※□□		
8	※	※□	□	□	※□	※□	□	※□		※□	※□				
9			□	□	□										

（3）水果

区域 \ 作物 点数	柑橘类	仁果类			核果类			浆果和其他小型水果					草莓
								藤蔓和灌木类			小型攀缘类		
	柑、橘或橙	苹果	梨	柿子	桃	枣	枇杷	枸杞	蓝莓	桑葚	葡萄	猕猴桃	
	12	12	12	6	8	8	6	4	4	4	10	8	8
1		□	□						※※□□				※□
2	□	※※※□□□□	※□□	□	※□	※※□□		※※		□	※□□	※※□□	□
3		※	※※□	※	※□	※□		□	□		※□		※□
4		※※□□	※□	※	※※□	※□	□		□		※□	※□	※□
5	□	□	□	□			※□			※	□		
6	※※□□	□											
7	※※□□	□	※※□										
8	※※□		□	□			※□						
9									□				

注：草莓应全部在设施栽培方式下进行残留试验。

区域 \ 作物 点数	皮可食热带和亚热带水果		皮不可食热带和亚热带水果							瓜果类	
			小型果	中型果		大型果			带刺果	西瓜	其他瓜类
	杨梅	橄榄	荔枝	芒果	石榴	香蕉	木瓜	椰子	菠萝		甜瓜
	6	4	6	6	6	6	6	4	6	10	6
1										□	□
2				※□						※□	※□
3					□					□	※□

续表

区域＼作物＼点数	皮可食热带和亚热带水果		皮不可食热带和亚热带水果							瓜果类	
			小型果	中型果		大型果			带刺果	西瓜	其他瓜类
	杨梅	橄榄	荔枝	芒果	石榴	香蕉	木瓜	椰子	菠萝		甜瓜
	6	4	6	6	6	6	6	4	6	10	6
4					※□					※□□	※□
5	※※□	□			※□					※□	※□
6	□□									※□	□
7	□□	□	※□	※□□□	□	※※□	※□□□	□	□	※□	□
8	※□	※※□□	※※□□□	※※□□		※※□□	※※□□	※※□□	※※※□□□	□	
9											

（4）坚果

区域＼作物＼点数	小粒坚果	大粒坚果
	杏仁	核桃
	4	4
1	※□□	□
2	□	※□
3	※□	□
4		□
5		
6		□
7		※□
8		
9		

（5）糖料作物

区域＼作物＼点数	甘蔗	甜菜
	6	6
1		※□□
2		※□□
3		※
4		
5	□	
6	□	
7	※※□□	
8	※□	
9		

（6）油料作物

作物 \ 点数 \ 区域	小型油籽类			其他油料作物类						
	油菜	冬油菜	春油菜	大豆	春大豆	夏大豆	花生	棉籽	葵花籽	油茶籽
	10	8	4	10	6	6	10	8	6	4
1	□		※□	※※□□	※※※□		※□		※※※□	
2	※	□	□	□	□	□	□	※□□	※□	
3				□		□	□	※	□	
4	□	□		※		※□	※※□□	※□		
5	※□	※□		※□	□	※□□	□	□□		□
6	※※□□	※※□□		□	□	□	※□	※□	□	※※□□
7	※□□	※□□		※	□	※□	※□		□	□
8				□	□		□			
9	□		※□							

（7）饮料作物

作物 \ 点数 \ 区域	茶	咖啡豆	可可豆	啤酒花	菊花	玫瑰花
	10	4	4	4	4	4
1						
2	□			※※□□	□	□□
3					□	□
4	□				※□	※
5	※□				※□	
6	※□					
7	※※□□	※※□□	※□□	□		※□
8	※□	□	※□□			
9						

（8）食用菌

作物 \ 点数 \ 区域	蘑菇类			木耳类
	香菇	金针菇	平菇	木耳
	6	6	6	6
1	□	□	□	※□□
2	□	□	□	□
3	□	□	※□	□
4	※□	※	※□	※
5	□	□	□	□
6	※	□	□	□

续表

区域 \ 作物 点数	蘑菇类			木耳类
	香菇	金针菇	平菇	木耳
	6	6	6	6
7	☐	☐	☐	☐
8	☐	※	☐	☐
9				

（9）其他

区域 \ 作物 点数	烟草
	8
1	☐
2	☐
3	
4	☐
5	
6	※
7	※※※☐☐
8	☐
9	

关于对试验点的要求，农药登记残留试验点的选择和布置，应符合《农药登记资料要求》规定；残留试验应涵盖作物主产区和主要栽培方式。若某区域只布置1个试验点，应考虑当地的主要栽培方式；若布置2个及以上试验点时，应兼顾不同栽培方式和不同省份；在同一地点进行2年试验的，试验点数量按2个点计。对于《农药登记资料要求》中未规定残留试验点数的作物，一般应进行4点以上试验。在提交登记申请资料时，应说明试验地点的确定理由并提供相关依据。

残留试验中点数及区域分布决定了所得到的残留试验数据是否充足并具有代表性，以及这些数据是否涵盖了所有种植区域的残留风险。我国与有关国际组织及部分发达国家在制定相关准则的大方向和原则上是一致的。联合国粮农组织（FAO）、经济合作与发展组织（OECD）及美国环境保护局（EPA）分别颁布相关文件，对农药登记中残留试验的点数及区域划分均作出了规定[8]。美国EPA规定农药残留试验地点的选择应满足以下基本原则：①由作物种植方式（如灌溉方法、种植密度等）以及土壤和地域气候类型决定；②由作物在某一地区或国家的重要性决定，这主要取决于其种植面积或产量，也是作物分类的考虑因素（但目前不同国家在定义小作物时仍存在争议）；③除了种植面积或产量，作物在膳食中的重要性也是选择点数及试验点分布的重要影响因素[9]。

对于试验点数及区域分布的要求，国际发达国家及组织也各有要求。农药残留专家联席会议（JMPR）在进行 MRL、最高残留值（HR）和规范残留试验中值（STMR）等评估时，一般要求残留数据需要在 15 个以上，并没有明确给出试验点数的最小要求，通常是至少 6～10 个点。OECD 规定[10]，在 GAP 一致的条件下，某作物的试验点数可在各成员国单独建议的作物试验点数基础上减少 40%，但是减少后的总试验点不得少于 8 个，并且不能低于任一成员国单独建议的试验点数。而美国 EPA 认为[9]，由于作物的种植面积更稳定，因此，面积应取代产量成为试验点数选择的主要考虑因素。在此前提下，EPA 根据各作物的种植面积将试验点数进行划分，所需点数一般为 1～16 个。此外，美国 EPA 还对消解动态试验点数作出了具体规定：当残留试验点数不足 5 个时，不需进行消解动态试验；残留试验点数在 5～12 个的情况下，需选 1 个点进行消解动态试验；当残留试验点数大于 16 个时，则需选择 2 个点进行消解动态试验[8]。对于试验区域的选择，FAO 建议在进行试验区域选择时，应考虑该作物在所选地区是否为主要经济作物，是否已包括该作物主要的农业耕种方式。OECD 综合报告中指出，在一个地区或国家的不同地理分布区域进行试验，应确保种植方式及耕作制度的多样性和代表性，以保证数据的充足、可靠。美国 EPA 根据美国作物保护协会（ACPA）建议的各地作物生长情况将美国共分成 13 个区，其区域的划分主要考虑地理和自然气候条件。

2.2.2　最终残留量试验和残留消解试验

田间试验包括最终残留量试验和残留消解试验。

最终残留量试验以推荐剂量的高剂量作为残留试验剂量，以推荐最多防治次数作为残留试验的施药次数，土壤处理剂、种子处理剂（拌种剂）、除草剂或植物生长调节剂等残留试验次数可不增加。

作物可食用部位形成后施用的农药，应对可食用部位进行残留消解试验。其中半衰期为农药残留量消解一半时所需的时间，以 $t_{1/2}$ 表示，可用图示法表征消解动态（分别以农药有效成分的残留量为纵坐标，以时间为横坐标绘制消解动态曲线图），用统计方法（非线性回归）求出半衰期。消解动态的计算公式：$c_T = c_0 \mathrm{e}^{-kT}$，式中，$c_T$ 为时间 T（d 或 h）时的农药残留量，$\mathrm{mg \cdot kg^{-1}}$；$c_0$ 为施药后的原始沉积量，$\mathrm{mg \cdot kg^{-1}}$；$k$ 为消解系数；T 为施药后的时间，d 或 h。半衰期计算公式：$t_{1/2} = 0.69315/k$。农作物可食用部分形成后施用的农药，应进行残留消解试验。残留消解试验的施药剂量、次数、间隔和时期与最终残留量试验一致。对于某一作物具有不同成熟期的农产品（如玉米、大蒜、大豆等），应对不同成熟期的农产品均开展残留消解试验。残留消解试验的施药剂量、次数、间隔和时期与最终残留量试验一致。残留消解试验一般在最终残留量试验小区中开展，不需额外设置试验小区，但是应保证满足残留试验采样量要求。除最终残留量试验设置的采收间隔期外，残留消解试验应在推荐的安全间隔期前后至少再设 3 个采样时间点，一般设为最后一次施药后 0d（在施药后 2h 之内，药液基本风干）、1d、2d、3d、5d、7d、10d、14d、21d 和 28d 等。特殊情况下，可根据农药性质和作物生长情况设置采收时间点。确定的试验点数为 8 个及以上时，应至少在 4 个试验点开展残留消解试验；试验点数为 8 个以下时，应至少在 50% 试验点中开展残留消解试验。

2.3 农药残留样品采集

在农药残留分析中，样品采集和预处理过程往往容易被忽略，许多研究侧重于开发新的分析工具和分析方法，很少有文献对样品采集和预处理进行报道。但是，如果采集的样品或预处理后的试样不能充分代表它们所在原始试验小区的作物总体，那么所投入的资金、时间和精力将不能产生有意义的结果，还会对人产生误导，影响决策。因此，样品采集和样品预处理在农药残留分析中对于精确结果的获得具有重要的作用。目前，人们对农药企业和实验室利用少量试样通过自动化高通量分析方法进行检测的结果准确性表示担忧，但是随着全球食品贸易的发展和农药残留检测的需要，农药公司和实验室必须考虑小型化高通量分析方法。因此，样品采集和样品预处理过程在微量级样品全自动高通量分析中显得越来越重要。

采样（又称作取样、抽样）是从原料或产品的总体中抽取一部分样品，通过分析一个或数个样品，对整批样品的质量进行评估。采样必须是随机的、有代表性的、充足的。采样的准确性是获得准确的分析数据和进行残留评价的基础。采样时应该遵循如下几个原则。①代表性原则。所采集的样品应该能够真实地反映样品的总体水平，即通过对具代表性样品的检测能客观推测总体样品的质量。②典型性原则。采集能充分说明达到检测目的的典型样品。③适量性原则。采集的样品量应由试验目的和试验检测量而定。

国际食品法典委员会（Codex Alimentarius Commission，CAC）和美国、德国等一些国家对于农药残留分析样品的采样原则、采样方法、采样量、重复样品、空白样品、样品预处理，样品的包装、运输、储存，以及样品的标签和记载内容等都有明确的规定。我国《农作物中农药残留试验准则》（NY/T 788—2018）中"附录 A 田间采样部位、检测部位和采样量要求"及《农药残留分析样本的采样方法》（NY/T 789—2004）对此也进行了规定。根据试验目的和样品种类实际情况确定采样方法，通常有随机法、对角线法、五点法、Z 形法、S 形法、棋盘式法、交叉法等。应避免采集有病、过小或未成熟的样品。采集果树样时，需在植株各部位（上、下、内、外、向阳和背阴面）采集（表 2-2）。按照规定，田间采集的样品一般要求按原样运回实验室，然后按照样品缩分原则将田间样品缩小后成为实验室样品。实验室样品须妥善储藏，用于分析取样和备复检用。

表 2-2　重要农产品农药残留分析样品的采集部位和处理

样品	采样部位和处理
根、茎类蔬菜（root and tuber vegetables） 例如：甜菜、芜菁甘蓝、胡萝卜、糖用甜菜、块根芹、甘薯、马铃薯、芜菁、萝卜、山药	采集整个果实，去除顶部部分，用自来水洗涤茎或根，必要时用毛刷去除泥土及其他黏附物，然后用纸巾擦拭干净。对于胡萝卜，干燥后，要用刀切去与叶柄相连的部分。如果根部切面中空，切除部分应重新取回合并处理

样品	采样部位和处理
鳞茎类蔬菜（bulb vegetables） 例如：大蒜、洋葱、韭菜、葱	鳞茎/干洋葱和大蒜：去除根和外层 韭菜和葱：去除根和黏附物
叶类蔬菜（leafy vegetables）（芸薹除外） 例如：甜菜叶、萝卜叶、菠菜、菊苣、糖用甜菜叶、莴苣叶、唐莴苣	去除腐烂或枯萎部分
芸薹（油菜 cole）叶类蔬菜（brassica vegetables） 例如：椰菜、球芽甘蓝、甘蓝、大白菜、皱叶甘蓝、羽衣花椰菜、羽衣甘蓝、大头菜	去除腐烂或枯萎部分。对于花椰菜和结球茎椰菜，分析其花的头部、茎部，去除叶部。对于抱子甘蓝，只分析"扣状部分"
茎类蔬菜（stem vegetables） 例如：朝鲜蓟、菊苣、芹菜、大黄、芦笋	去除腐烂或枯萎部分 大黄和芦笋：只取茎部 芹菜和朝鲜蓟：去除黏附物（用自来水冲洗或毛刷刷除）
豆类蔬菜（legume vegetables） 例如：蚕豆、菜豆、红花菜豆、法国菜豆、大豆、绿豆、豌豆、芸豆、利马豆	整个果实
果类蔬菜（果皮可食）（fruiting vegetables-edible peel） 例如：黄瓜、胡椒、茄子、番茄、黄秋葵、蘑菇	去除茎部
果类蔬菜（不可食果皮）（fruiting vegetables-inedible peel） 例如：哈密瓜、南瓜、甜瓜、西瓜、冬瓜	去除茎部
柑橘类水果（citrus fruits） 源于芸香科木本植物，有芬芳香味，球状，内部果瓣富含果汁。在生长期内，果实表面施用农药。食用时，可做成饮料。以整果保存 例如：橙、橘、柑、佛手柑、金橘	整个果实
仁果（pome fruits） 例如：苹果、梨	去除茎部
核果（stone fruits） 例如：杏、油桃、樱桃、桃、酸樱桃、李子、甜樱桃	去除茎部和核，但计算残留量时应以去除茎部的果实部分计
小水果和浆果（small fruits and berries） 例如：黑莓、醋栗、越橘、葡萄、罗甘莓、酸果蔓、悬钩子、黑醋栗、草莓	去除顶部和茎部 黑醋栗：取含茎果实
其他水果（果皮可食）（assorted fruits-edible peel） 例如：枣、橄榄、无花果	枣和橄榄：去除茎部和核，计算残留量时以整个果实计 无花果：整个果实
其他水果（果皮不可食）（assorted fruits-inedible peel） 例如：鳄梨、芒果、香蕉、番木瓜果、番石榴、西番莲果、菠萝	除非特别说明，否则处理整个果实 菠萝：去除副花冠 鳄梨和芒果：去核，残留量以整个果实计 香蕉：去除冠状组织和茎部
谷物（cereal grains） 例如：大麦、黑麦、玉米、高粱、燕麦、甜玉米、水稻、小麦	整个籽粒 鲜玉米和甜玉米：籽粒加玉米穗轴（去皮）
茎秆作物（stalk and stem crops） 例如：大麦饲料、玉米饲料、稻草、高粱饲料、草料	整个植株
豆类油料作物（legume oilseeds） 例如：花生	去壳籽粒

样品	采样部位和处理
豆类动物饲料（legume animal feeds） 例如：紫花苜蓿饲料、花生饲料、大豆饲料、豌豆饲料、苜蓿饲料	整体
坚果（tree nuts） 例如：杏仁、澳洲坚果、栗子、核桃、榛子、胡桃	去壳 栗子：整体
油料（oilseed） 例如：棉籽、亚麻籽、葵花籽、油菜籽	整体
热带果（tropical seeds） 例如：可可豆、咖啡豆	整体
草药（herbs） 源于草本植物的叶、茎、根，用量相对较小。主要用于改善食品风味。多为汁状和干燥固体	整体
调味品（spices） 指从各种植物中提取出来的，相对量较小，用于改善风味的种子、根、果实等。多使用干燥状态加入食品中	整体
茶叶（teas） 茶叶源于茶属植物叶片，经一定处理后做成一种饮料消费品	整体
肉类（meats） 例如：牛（屠宰后）畜体、山羊（屠宰后）畜体、马（屠宰后）畜体、猪（屠宰后）畜体、绵羊（屠宰后）畜体	整体（对于脂溶性农药，分析畜体脂肪，制定畜体脂肪 MRL）
动物脂肪（animal fats） 例如：牛脂肪、羊脂肪、猪脂肪	整体
肉副产品（meat byproducts） 例如：牛肉、山羊肉、猪肉、绵羊肉副产品（如肝脏、肾等）	整体
奶（milks）	整体。对脂溶性化合物，分析类脂部分，但残留量表述以整体计算（假设奶中脂肪含量为 4%）
家禽肉类（poultry meats） 指家禽畜体中的肌肉组织，包括脂肪和皮	整体（对脂溶性农药，分析脂肪部分并制定 MRL）
家禽脂肪（poultry fats） 指从家禽畜体脂肪组织中提取出的脂肪	整体
家禽副产品（poultry byproducts） 指从屠宰畜体中除肉和脂肪外的可食组织或器官	整体
蛋（eggs） 各种禽蛋	去掉蛋壳后的蛋白和蛋黄混合物

在农药残留分析过程中，实验室人员往往对采样方案和采样过程的重视度不够，当面对质量控制（quality control，QC）调查时，实验室人员要承担所有的责任。目前，多数采样方案是在一些理论和研究的基础上设计的，但是很少有人专门确证采样方案在实际应用中的有效性。另外，实验室人员应该和样品采集人员经常进行沟通，并定期向田间人员派送质量控制人员，对采样过程进行周期性现场审核。

关于采样量，有研究发现，当采集足够多的重复样品时，检测结果的正确度较高，但是样品采集量极大地取决于待测物/食品对的特征。对于典型的果园试验，美国 EPA

规定至少需在小区一半以上的果树上随机采集 24 个个体，对样品进行缩分后样品量可以减少到 2~3kg。当样品为粮食作物时，美国食品药品管理局（FDA）推荐在试验区叠加一个虚拟网格，网格大概分为 100 份，并随机选取 10 个网格作为采样点，每个采样点采集 0.5kg 样品。当对水果和蔬菜进行农药监测时，食品药品管理局（FDA）、国际食品法典委员会（Codex Alimentarius Commission，CAC）和欧洲联盟委员会（European Commission）推荐样品采集量为 1~2.5kg。FDA 推荐番茄采样个数为 10，采样量为 1kg；白菜采样个数为 5，采样量为 2kg；香料的采集量为 0.5kg。在很多情况下，采集越多的样品需要投入越多的人力物力，而根据农药和作物的特性，当样品量足够多时，再增加也不一定会产生显著的差异性。Ambrus 发现，对于中等体积大小的农作物，当采集的网格数为 5、10、25 时，产生的 RSDs 分别为 37%、25%、16%。

取样正确度在整个农药残留分析过程中具有重要的位置。Pierre Gy 在《分析化学的未来》中阐述了未来分析化学的主要任务是通过减小取样误差从而提高分析结果的可靠性。Youde 早年就指出：当取样的方差是测量方差的 3 倍或以上时，进一步改善测量精度的意义不大。

Pierre Gy 指出，样品组成和待测物-样品分布不均匀性会影响干性样品取样的不确定度，取样总体的物理和化学性质（组分含量的分布、密度、形状、尺寸大小等）的差异性造成了待测物/基质的差异性。由组成差异性导致的误差被称为根本性误差（fundamental error，FE）。另外，不确定度也取决于待测物与原始样品之间的分布关系。如黄曲霉毒素在玉米上的分布均匀性远低于一般农药，因为它通常只分布于少量玉米粒上，而农药则趋于分布在大部分玉米粒上。此外，分布差异性也会随着采集样品的混合过程发生变化。如样品为燕麦片时，当摇晃燕麦片盒子，小体积的碎屑会落到盒子最底部。但是对于苹果酱来说，混合会使果肉和液体分布得更加均匀。因此，取样时要注意样品的均匀性，保证样品的每个组分都要取到。由此要求实验人员要了解样品的性质和待测物的分布特性。此外，取样工具的使用对避免采样误差具有重要的作用。一般来说，使用的采样工具要能够选择到小区内所有不同大小的样品，包括大体积样品，落到小区底部的小体积材料，若样品为水，水面上的油层也要考虑到。

试验方法整体的不确定度可由公式方法的每个过程的不确定度计算出：

$$\mathrm{RSD_{total}} = \sqrt{\mathrm{RSD_{processing}^2 + RSD_{extraction}^2 + RSD_{cleanup}^2 + RSD_{analysis}^2}}$$

式中，$\mathrm{RSD_{total}}$ 为总不确定度；$\mathrm{RSD_{processing}}$ 为预处理过程不确定度；$\mathrm{RSD_{extraction}}$ 为提取过程不确定度；$\mathrm{RSD_{cleanup}}$ 为清理过程不确定度；$\mathrm{RSD_{analysis}}$ 为分析过程不确定度。通过此公式并结合质量控制措施，任何实验室可以对实验方法的不确定度进行评估，并且可以找出造成较差结果的原因。在两项 AOAC 国际合作研究中（AOAC International Official Method 2002.03 和 AOAC International Official Method 2007.01），预处理过程均为低温研磨和 10~15g 的试样量，基于给出的基质和质量控制方法，两项研究的预处理过程都没有对整个方法的不确定度产生影响（平均 $\mathrm{RSD_{processing}} \approx 0$）。在 2002 年的研究中，共有 16 个实验室参加，平均 $\mathrm{RSD_{analysis}} \approx 7\%$，$\mathrm{RSD_{extraction}} \approx 8\%$，$\mathrm{RSD_{mixing}} \approx$

10%，平均 $RSD_{total} \approx 15\%$。在 2007 年的研究中，共有 13 个实验室参加，平均 $RSD_{analysis} \approx 11\%$，平均 $RSD_{QuEChERS} \approx 9\%$，平均 $RSD_{total} \approx 14\%$。

2.3.1　土壤样品

土壤样品分为土壤残留样品和土壤动态样品。土壤残留样品是用于最终残留量测定的地表以下 0～15cm 耕作层的土壤。土壤动态样品是用于残留消解动态试验的地表以下 0～10cm 土层的土壤。《农药登记残留田间试验标准操作规程》中规定了土壤样本采集与实验室样品制备标准操作规程。

土壤样品一般用取土器完成（图 2-1）。取土器的类型很多，可按下述原则分类：①按取土器下部封闭形式分敞口式和封闭式；②按取土器上部封闭形式分球阀封闭式、活阀封闭式和活塞封闭式；③按取土器壁厚分薄壁取土器（图 2-2）、中壁取土器和厚壁取土器；④按地层分土层取样器、沙砾石层取样器、砂层取样器和淤泥层取样器。

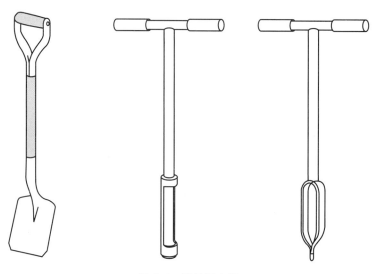

图 2-1　常见取土器

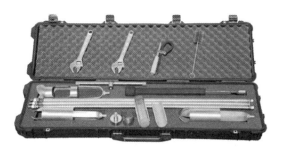

图 2-2　薄壁取土器

2.3.2　水样

水样包括农田水、江河水、湖泊水、渠水、池塘水、雨水和地下水等。取样后过滤去除漂浮物、沉淀物和泥土，放入取样瓶中密封。在分析过程中，如果存在固体成分，会导致乳化现象，因此应过滤去除固体粒子，去除部分可单独进行分析。在过滤时应该注意在存放期间，固体粒子会沉淀，所以应该首先过滤 3/4 的样品，然后在每次转移部分液体进行过滤前剧烈摇动容器，从而去除大部分固体粒子。容器应该用过滤后的样品洗涤几次再过滤。肉眼观察瓶内壁没有附着物后，用提取滤液时的溶剂洗涤贮液瓶，如果使用SPE 进行样品净化，就要考虑过滤时滤纸孔径的大小，研究表明，当滤纸孔径在 0.063～2μm 时，与之结合的污染物浓度最高。在报告结果时，应该指明水样是否包含漂浮物和沉淀物。具体的样品体积依照分析方法和待检物浓度的不同而定，例如对环境水样进行农药污染监测时，一般水样体积为 1000mL。

2.3.3　气体样品

气样包括大气、小环境气体（车间、仓库、施药现场）等。近年来，大气被动采样器（passive air sampler，PAS）在气体采集上应用广泛，以聚氨酯泡沫（PUF）为吸附介质的大气被动采样器[11]（图 2-3）可以提供几周到几个月的平均大气浓度。同时，加拿大多伦多大学 Wania 教授研究组研发的以 XAD-2 树脂为吸附介质的 PAS，可提供长达 1 年的 POPs 大气浓度平均值，已在北美洲 40 个站点范围内展开同步观测，采样速率也不受环境风速的影响。刘文杰等利用以 XAD-2 树脂为吸附介质的大气被动采样器分别采集了北京市和四川省卧龙自然保护区大气中的典型有机氯污染物，结果表明，北京市有机氯污染物检出质量浓度相对较高，其中 p-(HcB) 最高，为 1910pg·m^{-3}[12]。王俊等利用 PUF 被动采样装置，对珠江三角洲地区大气中的有机氯农药进行监测，结果显示，广东省大气中的有机氯农药主要是滴滴涕、六六六及氯丹[13]。

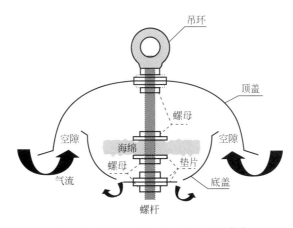

图 2-3　PUF 大气被动采样器结构[11]

2.3.4　植物源样品

植物样品包括谷物、蔬菜、水果、油料、茶叶、烟草、甜菜、草药、饲料等陆生植物，以及海带、紫菜、藕、水藻类、水草等水生植物。在植物样品采集时，必须在典型部位采集，且采集量足够大，新鲜样品一般应多于 1kg，同时，由于植物样品的检测目的不同，需要在植物样品不同的生长阶段、不同的季节定期进行采样，小麦、玉米、水稻等粮食作物采样需要在作物成熟后进行，应采集籽实和秸秆部分[14]。对于粮食作物，田间施肥、浇水以及土壤本身等因素使得粮食作物的生长均一性差，因此，需要在同一地块多点采样，同时避开田间效应和陇间效应的影响，尽量采集地块中间的样品；而在果园采集样品，一般根据采样果园的类型进行分类采集。如果果园地势平坦，则可以沿对角线等距采样，根据果园大小、采样区域面积、地形、检测目的确定采样点的多少。如果果园地形复杂，也可以进行交叉对角线采样。如果果园沿着山坡等高线，则采样点的设置也需要沿等高线均匀布点，采样点在 10 个以上。如果所采果树较高大，采样时需根据着果部位在果树的上、中、下，以及内部、外部分别采样，然后混匀，按四分法缩分，根据检验项目要求分取所需份数，每份样品不少于 1kg，分别装入袋中，贴好标签，封口保存；蔬菜样品采集需根据样品的种类确定采样方案，叶菜类样品采集一般在菜地按对角线"S"形（或蛇形）布点，采样点在 10 个以上，采样量一般不少于 1kg。

2.3.5 动物源样品

动物样品包括家畜、家禽、肉蛋奶及其制品、水生动物（鱼、虾、贝等）等。按照设计的采样方案在有代表性的产地和地区采样。

（1）家畜采样方法[15]

① 主产地屠宰场采样。选取同一地区、同一养殖场、同一时段屠宰的动物为一批次，根据每批胴体数量确定被抽样胴体数（见表 2-3）。从被确定的每片胴体上，从背部、腿部、臀尖三部位之一的肌肉组织上取样，样品总量不得低于 6kg。如需进行例行监测等抽检工作，按照以下流程进行：将抽得的 6kg 样品分成 5 份（2kg 一份，1kg 四份），其中一份 1kg 样品随抽样单（第三联），贴上封条后交被抽检单位保存。另外四份随样品抽样单（第二联），分别加封条由抽样人员送交检测单位进行检测。

表 2-3　每批胴体数量确定被抽样胴体数

每批胴体数量/片	取样数/片
≤50	随机选 2~3
51~100	随机选 3~5
101~200	随机选 5~8
>200	随机选 10

② 冷冻库采样。以企业明示的批号为一批次，对于成堆产品，在堆放空间的四角和中间布设采样点，从采样点的上、中、下三层取若干小块肉混为一个样品；对于吊挂产品随机从 3~5 片胴体上取若干小肉块混为一个样品，每份样品总重不少于 6kg。肉制品：500g 以下（含 500g）的小包装，同批同质随机抽取 10 包以上；500g 以上的包装，同批同质随机抽取 6 包，每份样品不少于 6kg。如需进行例行监测等抽检工作，按照以下流程进行：将抽得的 6kg 样品分成 5 份（2kg 一份，1kg 四份），其中一份 1kg 样品随抽样单（第三联），贴上封条后交被抽检单位保存。另外四份随样品抽样单（第

二联），分别加封条由抽样人员送交检测单位进行检测。

③ 市场肉类采样。以产品明示的批号为一批次，每件 500g 以上的产品，同批同质随机从 3～15 件上取若干小块肉混合，样品重量不低于 6kg；每件 500g 以下的产品，同批同质随机取样混合后，样品重量不得低于 6kg。对于小块碎肉，从堆放平面的四角和中间取同批同质的样品混合成 6kg。如需进行例行监测等抽检工作，按照以下流程进行：最后将抽得的 6kg 样品分成 5 份（2kg 一份，1kg 四份），其中一份 1kg 样品随抽样单（第三联），贴上封条后交被抽检单位保存。另外四份随样品抽样单（第二联），分别加封条由抽样人员送交检测单位进行检测。

（2）家禽采样方法[15]　在主产地屠宰场采样：选取同一地区、同一养殖场、同一时段屠宰的动物为一批次，从每批中随机抽取取出内脏后的整只禽体 5 只，每只重量不低于 500g。如需进行例行监测等抽检工作，按照以下流程进行：将抽得的样品分成 5份（每份 1 整只）进行包装，其中一份样品随抽样单（第三联），贴上封条后交被抽检单位保存。另外四份随样品抽样单（第二联），分别加封条由抽样人员送交检测单位进行检测。

（3）蛋类采样方法[15]　以产品明示的批号为一批次，从超市每批次中随机抽取 50枚（鸡鸭鹅蛋）；或在饲养场以同一养殖场、养殖条件相同、同一时段生产的产品为一批次，随机在当日的产蛋架上抽取 50 枚蛋（样品尽可能覆盖全禽舍）。如需进行例行监测等抽检工作，按照以下流程进行：将抽得的 50 枚蛋平均分为 5 份，其中一份样品随抽样单（第三联），贴上封条后交被抽检单位保存。另外四份随样品抽样单（第二联），分别加封条由抽样人员送交检测单位进行检测。

（4）奶类采样方法[15]　在饲养场以同一养殖场、养殖条件相同、同一时段生产的产品为一批次，将每批的混合奶经充分搅拌混匀后取样，样品量不得低于 8L。如需进行例行监测等抽检工作，按照以下流程进行：将样品平均分为 2 份密封包装，加封条后由抽样人员送交检测单位进行检测。

（5）水生动物采样[16]　①水产养殖场抽样：根据水产养殖的池塘的分布情况，合理布设采样点，从每个采样点随机抽取样品，安全指标和感官检验抽样量按表 2-4 执行，微生物指标检验的样品应采取无菌抽样，在养殖水域随机抽取，样品量按表 2-5 执行。②水产加工厂抽样：从一批水产加工品中随机抽取样品，每个批次随机抽取净含量1kg（至少 4 个包装袋）以上的样品，干制品抽取净含量 500g（至少 4 个包装袋）以上的样品。

表 2-4　水产养殖场感官检验抽样量

种类	样品量
小型鱼（体长＜20cm）	15～20 条
中型鱼（体长 20～60cm）	5 条
大型鱼（体长＞60cm）	2～3 条
虾	≥3kg

种类	样品量
蟹	≥3kg
贝类	≥4kg
龟类	3～5只
蛙类	≥4kg

表 2-5　养殖水域抽取样品量

种类	样品量
鱼类	≥2尾
虾	≥8尾
蟹	≥8只
贝类	≥8个
龟类	≥2只
蛙类	≥5只

另外，样品标签要标注取样人员和单位名称、取样地点和日期、样品名称和规格、样品商品代码和批号；取样后应尽快将样品送至实验室，运输过程中必须保证样品完好加封不受损。

2.3.6　新型被动采样技术

通常生物有效性被定义为污染物能够被生物吸收、转化或生物行为等获取的程度。随着现代经济的快速发展，环境问题已经得到越来越多的关注。目前对有机污染物的环境风险评价都是基于其在环境介质中的总浓度进行的，没有考虑到真正被生物吸收的只占总浓度的一部分。通常认为只有自由溶解在水中或孔隙水中的有机污染物才可以被生物吸收，因此，准确测定有机污染物的自由溶解态浓度是评价生物有效性的关键[17]。有机污染物生物有效性的评价方法包括平衡分配理论等数学模型预测、生物测试法和采用化学方法的仿生萃取法。数学模型建立在多种假设的基础上，难以准确反映实际污染物的暴露情况，误差较大。生物测试可获得污染物在生物体内的浓度和生物-沉积物累积因子等指标，是生物可利用性的最直观表达，但因其实验周期长、耗费大、实验精度较低，导致该方法在大规模风险评价中的应用受到限制。仿生萃取法因操作简捷、价格低廉，已成为生物可利用性测定的重要手段，其中的采样技术为被动采样。被动采样是指利用化合物从化学势或逸度高处向化学势或逸度低处自动扩散测定污染物逸度的平衡采样技术。通过分析沉积物中污染物的逸度推断其生物可利用性，获得污染物在生物体内的积累量，是近年来环境领域研究较多的热点之一。相比于主动采样技术，被动采样技术的富集原理比较接近污染物在生物体内的富集方式，具有模拟生物采样、替代生物监测的可行性。另外，被动采样技术无须动力输入，集样品采集、分离、浓缩甚至分析于一体，可实现少（零）溶剂操作，被称为"绿色化学分析方法"。

近年来发展起来的平衡采样装置（ESD）因受环境因素的影响小，已经越来越多地被应用到环境风险评价中。常见的被动采样技术包括半渗透膜装置（semipermeable membrane device，SPMD）、聚乙烯膜装置（polyethylene device，PED）、聚甲醛树脂萃取（polyoxymethylene，POM）和固相微萃取（solid-phase microextraction，SPME）等。

2.3.6.1　SPMD

SPMD（semipermeable membrane device）是由 Huckins 等于 1990 年提出来的一种三油酸甘油酯-低密度聚乙烯半透膜采样器，呈"三明治"构造（图 2-4 为 SPMD 装置示意图），外层是一条薄壁带状的低密度聚乙烯（LDPE）制成的膜筒，里面有一层薄的大分子量中性三油酸甘油酯，可以装从生物体提纯的类脂物或类酯有机溶剂。基于膜孔尺寸的限制，只有自由溶解态的有机污染物才能通过扩散作用透过聚乙烯膜，最后浓缩在三油酸甘油酯中，充分模拟了生物富集有机污染物的过程[18]。经过多年的发展，SPMD 已经标准化，并被广泛用于测定大气和水体中有机污染物的生物可利用性。通过建立采样器上污染物的量和生物体内积累量之间的关系，或计算沉积物孔隙水中自由溶解浓度并结合生物浓缩因子（BCF）来推断生物体内污染物的浓度。SPMD 在评价污染沉积物的修复效果方面应用较为广泛。Cho 等[19]用原位 SPMD 测定了活性炭处理前后海湾沉积物中多氯联苯的生物可利用性。结果显示，沉积物中加入 2% 活性炭后，PCBs 在 SPMD 上的累积量降低了 50%，并且 SPMD 的测定结果与 PCBs 在底栖动物蛤蜊中的累积量相关。但 SPMD 由于高萃取容量易导致局部样品耗竭、平衡采样时间较长、样品前处理过程相对复杂、长时间暴露可能引起严重的生物淤积等问题，导致其在沉积物中的应用发展受到一定的限制[20]。针对这一缺点，中国科学院生态环境研究中心王子健课题组研究开发了一种新型三油酸甘油酯-醋酸纤维素复合膜（TECAM）（装置示意图见图 2-5），极大地提高了采样速率，可以快速达到平衡状态。与传统的采样装置相比，TECAM 还具有低成本、样品前处理简单、溶剂消耗少的优势。TECAM 在自然环境条件下性能稳定，能长期保存在蒸馏水中不变性[21]。

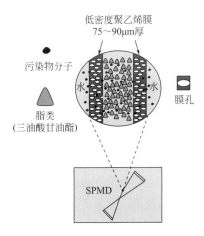

图 2-4　SPMD 装置示意图

2.3.6.2　PED

为了简化传统 SPMD 的样品前处理并缩短采样时间，聚乙烯膜被直接用作被动采

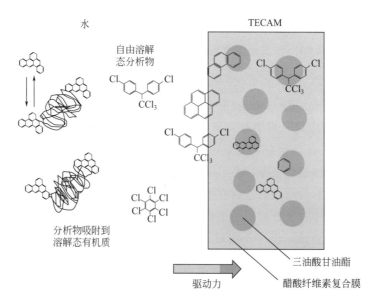

图 2-5　TECAM 装置示意图

样器，即 PED（polyethylene device）。近年来 PED 的应用发展较快，用于测定沉积物孔隙水中污染物的自由溶解浓度及评估活性炭修复和沉积物再悬浮对污染物的生物可利用性的影响[22~28]。Adams 等[29]利用 PED 装置测定水生环境中疏水性有机污染物（HOCs），简单方便，平衡时间短，简化了实验室分析流程。

2.3.6.3　POM

POM（聚甲醛树脂，polyoxymethylene）属于极性聚合物，在其分子结构中包含重复的极性基团（—CH₂—O—CH₂—），更适用于极性化合物及氢键供体化合物，如激素、药物、农药等。对污染物的生物可利用性的预测与 SPMD 和 PED 类似，也是通过建立 POM 累积量和生物体内浓度的关系以及测定沉积物孔隙水中污染物的自由溶解浓度来进行的。与 PED 相比，POM 的物理化学性质稳定，表面更光滑坚硬，可减少膜表面黏附细小颗粒物和生物淤积的可能性，更适于在沉积物介质中应用。Jonker 等[30]在 2001 年首次使用 POM 测定了 PAHs 和 PCBs 在水-烟煤两相中的分配系数。Kupry-ianchyk 等[31]利用 POM 测定了沉积物孔隙水中 PAHs 的自由溶解态浓度和沉积物对大型无脊椎动物对钩虾致死性的剂量-效应关系，并用活性炭修复沉积物中 PAHs 的生物有效性，活性炭的添加显著改善了被污染的沉积物，降低了生态副作用。另外，由于 POM 具有循环乙醚键，不仅可吸附非极性化合物，对极性化合物也有较强的吸附能力，为拓宽目标污染物的选择范围提供了可能性。

2.3.6.4　SPME

SPME 是另一类广泛使用的被动采样技术，是 1990 年由 Arthur 和 Pawliszyn[32]首次提出的一种无（少）溶剂样品前处理方法。SPME 利用石英纤维表面不同性质的涂层吸附不同类型的化合物。在测定非极性污染物时，最常用的涂层是聚二甲基硅氧烷。

SPME 集采样、萃取和浓缩于一体，样品前处理步骤少，操作简捷快速，在分析化学中得到极广泛的应用[33~35]。作为一种非耗竭式萃取方法，SPME 已成为测定环境介质中化合物自由溶解浓度的有效手段[36]。Xu 等[37]在非平衡条件下利用商品化 SPME 萃取头测定了沉积物孔隙水中拟除虫菊酯类农药的自由溶解浓度，并将该浓度与沉积物总浓度、沉积物中有机碳标准化浓度、孔隙水中总浓度和溶解态有机碳标准化孔隙水浓度相比较，发现农药自由溶解浓度与沉积物对摇蚊幼虫的致死性相关性最好，说明在非平衡条件下运用商品化 SPME 萃取头能较准确地测定沉积物中拟除虫菊酯的生物可利用性和毒性。商品化 SPME 萃取头易于仪器（如气相色谱和液相色谱）分析时直接进样，不消耗溶剂，简单快速，检出限低。由于对沉积物直接采样进行分析时平衡时间长，因此，商品化 SPME 萃取头的使用通常需先制备沉积物孔隙水，在非平衡状态下采样后通过动力学参数计算孔隙水中污染物的自由溶解浓度。但商品化 SPME 萃取头存在成本较高，且多次使用后萃取头纤维可能被污染等问题。此外，其难以在沉积物介质中实现原位采样。因此，利用一次性 SPME 纤维测定沉积物中污染物生物可利用性的研究更为常见。目前，商品化 SPME 萃取头和一次性 SPME 纤维均被用于自由溶解浓度的测定[38]。

2.4　农药残留样品储存

采集来的样品或是经捣碎缩分的样品若不能马上进行测定，则需要低温储存。若样品需储存 6～9 个月，应在 $-18℃$ 下储存。对于含性质不稳定的农药残留样品，应立即进行测定。容易腐烂变质的样品，应马上捣碎处理，低于 $-18℃$ 冷冻保存。水样品在冷藏条件下保存，或者通过萃取等处理得到的提取液在冷冻条件下保存。储存时不应把样品与农药一起存放，另外，还应防止农产品和土壤样品的交叉污染，保证被分析的农药在储存期内能保持完整性而未发生变化。

实验室内储存样品时主要有三种形式：①原状态储存，即保持样品的原状态，如小麦籽粒等；②捣碎匀浆后储存，一般适用于水果或蔬菜样品；③样品提取后提取液储存。

农药残留在储存过程中的稳定性与农药本身的性质（化学结构、极性、溶解性、挥发性等）、基质性质（水分、pH、酶活性等）及储存条件（温度、湿度、时间等）等因素有关。

2.5　农药残留样品制备

2.5.1　样品预处理

田间采集的样品通常需要进行预处理。通常，块根类和块茎类蔬菜用毛刷和干布去除泥土及其他黏附物，如马铃薯、胡萝卜、甜菜等；鳞茎类蔬菜如韭菜和大葱去除泥土、根和其他黏附物，干洋葱头和大蒜去除根部和老皮等；叶类蔬菜去除明显腐烂和萎蔫部分的茎叶，如菠菜、甘蓝；茎类蔬菜去除明显腐烂和萎蔫部分的可食茎，如芹菜等；豆菜类蔬菜，取豆荚或籽粒，如大豆、豌豆等；果菜类（果皮可食）检测除去果梗后的整个果实，如黄瓜等；食用菌类取整个子实体，如香菇等；柑橘类水果取整个果实，外皮和果肉分别测定，如橘子、柚子等；梨果类水果取蒂、去芯部（含籽）带皮果肉共测，如苹果、梨等；核果类水果分析除去果梗及核的整个果实，但残留计算包括果核，如杏、樱桃等；小水果和浆果分析去掉果柄和果托的整个果实，如葡萄、草莓等；果皮可食类水果，枣、橄榄分析除去果梗和核后的整个果实，但计算残留量时以整个果实计，无花果取整个果实；果皮不可食类水果除非特别说明，应取整个果实，鳄梨和芒果整个样本去核，但是计算残留量时以整个果实计，菠萝去除果冠。

样品预处理后进行缩分。谷物样品样本经粉碎后，过 0.5mm 孔径筛，按四分法缩分取 250~500g 保存待测。四分法是指将样品堆积成圆锥形，从顶部向下将锥体等分为四份，舍去任一对角两部分，剩余部分再次混匀成圆锥形，再等分为四份，舍去任一对角两部分，剩余部分再混合，如此重复直至样品量适合为止。土壤样品样本不应风干，过 1mm 孔径筛，取 250~500g 保存待测，测试同时做水分含量测定，用于校正干土中农药的残留量。不能过筛的土壤样品去除其中的石块、动植物残体等杂物后待测，最终检测结果以土壤干重计。水样品滤纸过滤，混匀后，依照分析方法和待测物浓度取相应数量的样本。小体积蔬菜和水果均匀混合后，按四分法缩分，用组织捣碎机或匀浆器处理后取 250~500g 保存待测。大体积蔬菜和水果，切碎后，按四分法缩分，取 600~800g 保存待测。冷冻样品冷冻状态下破碎后进行缩分，如需解冻处理，须立即测定。

另外，试样量要能够充分代表原始样品。就 QuEChERS 方法来说，水分含量高的样品需要试样量 10~15g，相对较干的样品则为 2~5g（加水 10mL）。在样品研磨过程中，易分解农药往往会出现损失问题。而低温研磨由于使用干冰，会使样品在研磨时的温度比室温低 40℃，相比于其他方式，低温研磨大大减少了农药的损失量。在低温研磨过程中，需要控制好样品和干冰的数量，且研磨的时间对获得均匀的样品粉末及合适粒径的颗粒具有重要的作用。而后，研磨的样品需放在冰箱，让干冰充分升华。对于高含水量的样品来说，如果在样品匀浆温度与室温相同时称取 0.1g 试样，结果的可重复性（RSD）在 35%~50% 之间，但如果在匀浆为冷冻状态时称取试样，则 RSD<15%。

2.5.2 提取技术

样品提取是用化学溶剂将农药从样品中提取出来的步骤，有时样品的提取过程也包含样品净化过程。

2.5.2.1 样品提取技术

（1）液液萃取法（liquid-liquid extraction） 液液萃取是经典的提取方法，它是根据目标物农药分子在水相和有机相中的分配定律，利用样品中不同组分分配在两种不混溶的溶剂中溶解度或分配比的不同来达到分离、提取或纯化的目的。利用液体混合物中各组分在外加溶剂中的溶解度的差异而分离该混合物的操作称为液液萃取，外加溶剂称为萃取剂。大部分农药的正辛醇-水分配系数（K_{ow}）都较大，也就是脂溶性或疏水性较强，利用液液萃取能很好地萃取水样中的农药残留目标物。分配定律是萃取方法理论的主要依据，物质对不同的溶剂有着不同的溶解度。同时，在两种互不相溶的溶剂中，加入某种可溶性的物质时，它能分别溶解于两种溶剂中，实验证明，在一定温度下，该化合物与此两种溶剂不发生分解、电解、缔合和溶剂化等作用时，即平衡时，此化合物在两相中的浓度之比为常数，该常数称为分配系数。

液液萃取一般在分液漏斗中进行，分液漏斗活塞的最佳材质是聚四氟乙烯，这样可以避免玻璃活塞上所涂的润滑剂溶解在有机溶剂中，对分析结果造成不必要的影响。一般的液液萃取都是分步萃取的，在水样中加入一些盐类物质（如氯化钠、硫酸钠等）或调节水样的 pH 值，能降低目标物在水中的溶解度，从而提高萃取的效率。一般的非极性强的目标物分子可以用石油醚、正己烷、环己烷、正辛烷等溶剂进行提取；中等极性的目标物可以用二氯甲烷等溶剂进行提取；对于一些强极性、强水溶性的农药（某些有机磷农药如甲胺磷和某些氨基甲酸酯类农药），一般液液萃取很难达到理想的效果。液液萃取操作时要注意将过量的气体排出。液液萃取消耗溶剂量太大，产生的废液较难处理，同时，在处理过程中需要大量的手工操作，费工费时。由于液液萃取过程中剧烈振动，经常发生乳化现象，特别是那些含脂肪的样品。

目前的自动液液萃取器（图 2-6）可装载多个分液漏斗做垂直往复振荡，完成液液萃取、混合工作，而且可设定定时振荡、间隔振荡、预约振荡 3 种模式，极大地提高了提取效率。

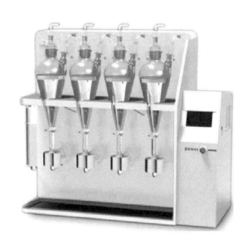

图 2-6　改进型自动液液萃取器

（2）振荡提取和组织捣碎法（匀浆法）　振荡提取和组织捣碎法（匀浆法），涉及的仪器可见图 2-7，这两种提取方法相对简单，一般对含水量较高的新鲜样品，如蔬菜、水果等使用时较为方便简单。需要注意的是，在处理较高含水量的样品时，如果使用单一的非极性溶剂提取，由于提取溶剂的疏水性强，浸润或渗透样品的能力有限，会造成提取效果的降低。因此，该类样品处理通常使用极性溶剂，如乙腈和甲醇等。振荡提取和组织捣碎法在很多农药残留分析的标准方法中均有使用，如 GB/T 5009 系列方法和日本的"JAP 肯定列表检测方法——食品中残留农药兽药饲料添加剂检测方法"。

(a)   (b)

图 2-7 （a）高通量组织研磨仪（振荡机）和（b）组织捣碎仪

在振荡法和组织捣碎法（匀浆法）以及后面提到的超声提取、微波提取等方法中，有一个重要的前处理步骤，即固液分离。实现这个步骤可以用过滤（抽滤）和离心等操作进行。过滤可以用简单的滤纸进行，也可以用助滤剂（如 Celite 545）进行抽滤。如果使用离心分离时，应注意防止高速离心样品容器的破碎。同时，为了避免液体转移产生的损失，一般都是直接从提取液中抽取部分液体用以后续的分析测定操作。

王悦等建立了人参中 11 种农药残留振荡提取方法，利用丙酮-石油醚（体积比 1：4）混合提取剂，在室温下振荡提取 4h 后过滤浓缩，并进行净化处理，11 种农药的平均回收率及相对标准偏差分别为 78.6%～112.4%、2.45%～11.07%，最低检出浓度均可达 0.02mg·kg^{-1}，基本满足人参中农药残留检测的要求。王晓晗等建立了大米中灭草特、嘧菌环胺、氯草定、除草定等 25 种农药的多残留分析方法。样品以乙腈为提取剂，经高速匀浆方法提取并浓缩后，以 Carbon-NH$_2$ 复合固相萃取柱净化，除去了样品中的脂质，有效地降低了样品中的复杂基质所带来的背景干扰。25 种农药的回收率为 74.6%～104.4%，相对标准偏差小于 15%。25 种农药的检测限为 0.15～1.5μg·kg^{-1}，在 1.0～50μg·L^{-1} 范围内线性关系良好（$r>0.993$）。该方法具有快速、准确、灵敏度高等优点，能够准确测定大米中 25 种农药的残留量。

（3）索氏提取法　索氏提取器（图 2-8）是 1879 年由德国化学家 Franz van Soxhlet 设计的，其主要特点是样品与提取液分离，利用虹吸管通过回流溶剂浸渍提取，不会有溶质饱和问题，可达到完全提取的目的。利用溶剂回流和虹吸原理，使固体物质每一次都能为纯溶剂所萃取，因此，萃取效率较高。萃取前应先将固体物质研磨细，以增加液体浸溶的面积。但一般需时较长，要提取 8h 左右及以上。使用时将样品盛装在滤纸筒中放入回流提取管内，上部接上冷凝管，下接圆底烧瓶。溶剂装在底部圆底烧瓶中，置水浴上加热。至溶剂沸点后，溶剂蒸气从回流提取管的侧管进入冷凝管，冷凝后滴流在样品上将残留农药提取出来。待回流溶剂达到虹吸管高度后，由于虹吸作用流入底部烧瓶。当液面超过虹吸管最高处时，即发生虹吸现象，溶液回流入烧瓶，因此，可萃取出溶于溶剂的部分物质。就这样利用溶剂回流和虹吸作用，使固体中的可溶物富集到烧瓶内。如此重复多次，直至残留农药被完全提取出来。这一方法不适宜于对热不稳定农药的提取。

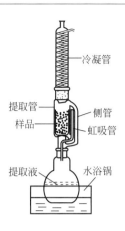

图 2-8　索氏提取器

索氏提取法是一种经典萃取方法，在当前农药残留分析的样品制备中仍有着广泛的应用。美国 EPA 将其作为萃取有机物的标准方法之一（EPA3540C）；国标方法中也使用索式提取法作为提取方法。由于索氏提取法是经典的提取方法，其他样品制备方法一般都与其对比，用于评估方法的提取效率。

索氏提取方法的主要优点是不需要使用特殊的仪器设备，且操作方法简单易行，使用成本较低；主要的缺点是溶剂消耗量大、耗时也较长、需冷凝水等。张永兵等用索氏提取-固相萃取-HPLC 方法测定土壤中的异丙隆。利用正交试验分析影响索氏提取回收率的 4 种因素，其显著性顺序为：提取溶剂的类型＞提取溶剂的比例＞提取温度＞提取时间。确定最佳索氏提取条件为：温度 80℃，提取时间 8h，提取溶剂为正己烷∶丙酮（体积比 1∶3）。方法检测限为 $0.18\mu g \cdot kg^{-1}$，定量检测限为 $0.90\mu g \cdot kg^{-1}$，添加回收率为 73.0%～89.0%，相对标准偏差＜5%。余新威等采用索氏提取法对海产品（如海鳗、黄鲫等）的生物组织进行前处理，用石油醚溶剂作为提取溶剂，通过浓 H_2SO_4 酸洗，色谱柱净化后浓缩，对 13 种海产品中 16 种有机氯农药的方法学指标进行研究。结果表明，13 种海产品中有机氯农药浓度在 0～500ng $\cdot$ mL^{-1} 范围内线性关系良好（$r=$ 0.999），方法的检测限为 0.10～0.28ng $\cdot$ g^{-1}。分别在 2 个浓度水平上对方法进行回收率及精密度试验（$n=6$），测得回收率在 71%～119%，进样的相对标准偏差（RSD）为 3.0%～13%，结果均在质控范围内。本方法快速、简便、准确，适用于海产品中有机氯类农药残留的检测。

由于索氏提取是一个相对开放的提取体系，因此，在提取操作中还应注意防止产生污染；实验操作中最好将冷凝管顶端进行覆盖。索氏提取管的清洗，一般可以用铬酸洗液进行清洗，去离子水（可以在使用前多准备一些用正己烷萃取一下备用）清洗干净、烘干或者风干。

目前研发出全自动索氏提取仪（图 2-9）。自动索氏提取法主要由加热抽提、溶剂回收和冷却三大部分组成，测定操作时可以根据试剂沸点和环境温度的不同来调节加热温度，试样在抽提过程中反复浸泡及抽提，加快了提取进程。同时可自动回收溶剂，大大节约了时间，抽提时间可调，到时报警。该仪器是食品、油脂、饲料、土壤等行业进行索氏提取的理想产品。

（4）超声波提取法　超声波提取法是利用超声波的空化作用、机械效应和热效应等加速胞内有效物质的释放、扩散和溶解，以增大物质分子的运动频率，增加溶剂的穿透率，通过这一原理来提高样品中农药的溶出次数和溶出速度，缩短提取时间的一种浸取方法，提取效率高。

超声波提取一般可利用超声波清洗器提取（图 2-10），也可利用专门的针式提取器（如超声波细胞破碎仪）。无论是哪种提取设备，均利用了超声波的"空化"作用原理。

图 2-9　全自动索氏提取仪

图 2-10　超声波清洗器

目前实验室使用较多的还是超声波清洗器。一般在超声波提取之前将待提取样品用提取溶剂浸泡一段时间，使之相互充分的接触、渗透。在超声波提取中，最好使用混合提取溶剂，分步骤提取，以提高目标物的提取效率。超声波提取法对玻璃容器也有一定的要求，如果玻璃容器的质地不好或有裂隙等，在提取过程中很容易破裂，因此，在选择玻璃器皿时应特别注意。有机溶剂在使用超声波提取时，挥发性会增强，所以要注意提取容器不能密闭，应有一定的空间。

超声波提取具有不需要加热、操作简单、节省时间和提取效率高等优点，目前在农药残留分析的样品前处理中具有广泛的应用，如 EPA3550 方法，尤其适用于热不稳定性目标物的提取。许泳吉等建立了一种同时测定烟草中吡虫啉和多菌灵农药残留的高效液相色谱方法。样品经丙酮超声提取，随后经固相萃取柱净化、浓缩并用高效液相色谱测定。结果表明，吡虫啉和多菌灵在 $0.2 \sim 20 \mu g \cdot mL^{-1}$ 的范围内线性良好，相关系数分别为 0.9999 和 0.9973。多菌灵和吡虫啉的添加回收率分别在 $87.3\% \sim 95.7\%$ 和 $84.7\% \sim 94.5\%$ 之间，相对标准偏差（RSD）均小于 3.5%。

（5）超临界流体萃取法　超临界流体（supercritical fluid，SCF）是处于临界温度和压力以上的物质状态，既不是液体也不是气体，兼有液体和气体的某些物理性状，渗透性强。目前作为超临界萃取剂的主要有二氧化碳、乙烯、乙烷、丙烷、丙烯、氨、苯等。其中二氧化碳有较低的临界温度及压力（31℃，7.397MPa）、低毒、低活性、纯度高且廉价，因此是常用的超临界萃取剂[39]。但 CO_2 是非极性溶剂，在萃取极性化合物时具有一定的局限性；实际应用时，通过加入少量的改进剂如 NH_3、MeOH、NO_2、$CClF_3$ 等极性化合物来改善萃取效果[40]。

超临界流体萃取（supercritical fluid extraction，SFE）法是一种采用超临界流体作为萃取溶剂，通过扩散、溶解、分配等作用，使基体中的溶质扩散并分配到超临界流体中，从而实现萃取的方法[41]。当温度一定时，用较低的压力萃取，有利于萃取极性小的物质；用较高的压力萃取则适用于萃取极性大的物质和分子量较大的物质。超临界萃取可以通过改变淋洗液的极性来提高萃取的选择性，从而萃取不同理化性质的农药。

超临界流体萃取具有选择性高、耗时短、消耗有机溶剂少、操作步骤简单等优点，所以在农药残留分析样品前处理中，特别是在食品及草药有效成分等天然药物成分的提取中有较多的应用。超临界流体萃取最大的优点是基本不用或者极少使用有机溶剂，且很容易实现对一些大分子化合物、热敏性和化学不稳定性物质的萃取。Dal 等应用超临界萃取技术，建立了从面粉中选择性分离有机磷农药的方法。该方法利用超临界二氧化碳在 20.68MPa、60℃条件下进行萃取，然后直接用气相色谱仪（NPD）进行测定[42]。目前商业化的有超临界 CO_2 萃取装置（图 2-11），该装置主要由萃取釜、精馏柱、CO_2 高压泵、携带剂泵、制冷系统、换热系统、净化系统、萃取釜稳压系统、CO_2 储罐、流量计、温度、压力保护控制系统等组成。

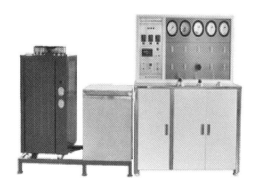

图 2-11　超临界 CO_2 萃取装置

（6）加速溶剂提取法　加速溶剂提取法（accelerated solvent extraction，ASE）被美国环境保护署选定为标准提取方法（EPA3545）（图 2-12）。加速溶剂提取法是在密闭容器内通过升温和升压从样品中快速萃取出农药和其他化合物的方法，主要用于从固体和半固体样品中萃取化合物。提高温度能极大地减弱由范德华力、氢键、目标物分子和样品基质活性物质的偶极吸引所引起的相互作用力。由于液体的溶解能力远大于气体的溶解能力，因此，增加萃取池中的压力有利于使溶剂沸点高于其常压下的沸点。该方法的优点是萃取速度快、溶剂用量少、选择性高，同时还具有萃取时不破坏成分的形态、受基体影响小、相同的萃取条件可对不同基体同时萃取的特点。

图 2-12　加速溶剂萃取仪

加速溶剂提取很容易实现自动化（顺序提取），目前，在对土壤和生物样品中农药残留分析的前处理上都有应用。朱晓兰等采用加速溶剂萃取法测定土壤中有机磷农药残留物。土壤样品与无水硫酸钠（质量比为 1∶2）混合后，再加适量中性氧化铝和活性炭，用丙酮-甲醇（体积比为 1∶1）在加速溶剂萃取仪上以 10.3MPa、60℃提取 10min，对土壤中 10 种有机磷农药的回收率在 80.4%～113.7% 之间。该法用于土壤中的有机磷农药残留测定，速度快，检出限为 0.01～0.06μg·kg^{-1}。顾海东等建立了用加速溶剂萃取-色谱法测定土壤中的联苯菊酯残留量的方法。土壤样品与无水硫酸钠以 1∶2（质量比）混合后，再加适量中性氧化铝，用丙酮-石油醚（体积比为 1∶1）在加速溶剂萃取仪上以 10.3MPa、80℃提取 5min，Florisil 小柱净化，然后采用配备 ECD 的气相色谱仪测定，在 0.56μg·kg^{-1}、1.12μg·kg^{-1} 两个添加水平下，联苯菊酯的加标回收率为 72.7%～87.2%，检出限为 0.1μg·kg^{-1}。测定结果的相对标准偏差为 9.3%（$n=8$）。该法能有效地消除复杂基质带来的干扰，可以作为日常样品中联苯菊酯残留量的检测和确证方法。

虽然加速溶剂提取相比索氏提取和超声波提取等方法，消耗溶剂较少、自动化程度高、操作相对简便，但加速溶剂萃取最大的问题就是分析成本，即仪器和耗材相对较贵（特别是滤膜，是一次性的）。加速溶剂提取的效率较高，但是一般共提物也相对较多，这样会影响后续的净化操作。目前，已经有在线净化的报道，即在样品的下面装入净化所需的吸附剂，达到提取-净化的目的。但是，对不同的样品和农药残留目标物的检测，具体的方法需由多次实验确定。ASE 在提取水分含量较高的样品时，不能用无水硫酸钠脱水（主要是防止结块，堵塞管路）。对于样品量的要求，应该结合各个体积大小的萃取池装填样品，不能装填过多或者过于紧密，否则会影响萃取的效率。同样，由于是高温提取，对于一些容易热解的目标物是不太适宜的。

（7）微波萃取法　微波萃取是利用电磁场的作用使固体或半固体物质中的某些有机物成分与基体有效地分离，并能保持分析对象的原本化合物状态的一种分离方法，通过分子极化和离子导电两个效应对物质直接加热，且加热均匀。根据微波的作用原理，微波萃取需要极性溶剂，但是一般都是混合溶剂提取（图 2-13）。微波萃取主要有两种方式：敞开式和密闭式。

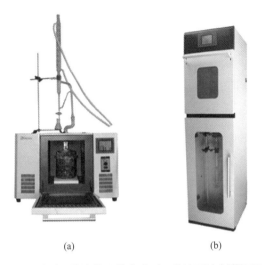

(a)　　　　　　　　　　　(b)

图 2-13　（a）微波萃取仪和（b）微波无溶剂萃取设备

在使用非脉冲微波萃取时，可以避免暴沸现象，主要是微波的连续供给，不会形成一个极大脉冲。微波萃取还有一个问题就是微波分解，因为微波不仅对溶剂而且对目标物本身也有作用；但是在实际使用中，只要微波的功率设置合理，其分解目标物的影响是在可接受范围内的。微波提取的效率需通过微波的功率、萃取的溶剂比例、萃取时间、萃取温度等来进行优化。由于是高压、高温条件，密闭微波萃取装置在萃取效率、萃取时间、消耗溶剂等方面比常压微波萃取更胜一筹，由于萃取的环境是高压、温度也是较高的，有点类似加速溶剂萃取的作用，因此，提取的效率、提取的时间和消耗的溶剂都优于常压萃取。

由于微波萃取的温度相对较高，所以对目标物而言，热不稳定性农药是不适用的；敞开式微波萃取实验的操作有些类似超声波萃取，可以分步萃取，也需要借助过滤等方式实现液固分离；微波萃取的提取效率较高，而且对样品，如植物中色素的共提现象要小一些，这样能使净化稍微容易一些。微波萃取仪适合对植物物料进行水提、醇提和其他多种溶剂萃取，对姜、蒜、洋葱等多种物料的效果良好。目前还有微波无溶剂萃取设备，它采用无溶剂萃取技术（微波水扩散重力沉降）设计而成，利用植物细胞原位水在微波场内快速升温破碎细胞，达到快速高效提取的目的，而且仪器内置程序可根据温度自动调整微波功率，防止过度升温破坏提取成分的生物活性，效率高于常规微波萃取设备。

微波具有波动性、高频性、热特性和非热特性四大特点，这决定了微波萃取具有以下特点：试剂用量少，节能，污染小；微波萃取时没有高温热源，因而可消除温度梯度，且加热速度快，物料的受热时间短，因而有利于热敏性物质的萃取；微波萃取不存在热惯性，因而过程易于控制；微波萃取的选择性较好。由于微波可对萃取物质中的不同组分进行选择性加热，因而可使目标组分与基体直接分离开来，从而可提高萃取效率和产品纯度；微波萃取的结果不受物质含水量的影响，回收率较高。徐恒振等通过优化微波萃取技术的影响因素的研究，建立了适合于沉积物样品中 16 种有机氯农药和 10 种多氯联苯的微波萃取方法。结果表明，在 600W、110℃ 的微波条件下，用 30mL 体积比为 1∶1 的 n-C_6H_{14}-CH_3COCH_3 混合液，萃取 3～5g 海洋沉积物样品 15min，16 种有机氯农药和 10 种多氯联苯的回收率为 85%～100%。

（8）浊点萃取　浊点萃取（cloud point extraction，CPE）是一种新型的液液萃取技术，由 Watanabe 等于 1976 年首次报道，主要是利用表面活性剂溶液的增溶和分相来实现溶质的富集和分离。

该技术最初是用来作为金属离子的憎水性配合物富集金属离子，但目前被广泛应用于多个领域，可用于各种食品和环境样品中农药残留分析的前处理。相对于传统的样品提取技术，CPE 不需要有机溶剂的参与，是一种绿色环保、安全低毒的萃取技术。CPE 的原理是利用表面活性剂的两个重要功能——溶解和浊点现象；即在一定的温度范围内，表面活性剂易溶于水成为澄清的溶液，而当温度升高（或降低）一定程度时，溶解度反而减小，会在水溶液中出现浑浊、析出、分层现象，利用此现象萃取的方法称为浊点萃取法。表面活性剂分子通常由疏水基和亲水基两部分组成。溶液中的疏水性物质与表面活性剂的疏水基团结合，经放置或者离心分离形成两相：一相是被萃取进入表面活性剂，形成量少且富含被萃取物的表面活性剂相；另一相是亲水性物质留在水相中，形成量大且表面活性剂胶束含量为临界胶束含量的水相。再经两相分离，就可将样品中的物质分离出来。浊点萃取过程如图 2-14 所示。

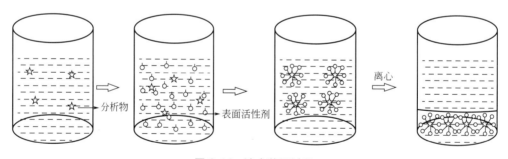

图 2-14　浊点萃取过程

影响浊点萃取效果的因素包括表面活性剂的类型及性质、平衡温度和时间、pH 值等。Zhou 等发现在溶液 pH 为 7.5～9.5 时，四种氨基甲酸酯类农药（残杀威、克百威、异丙威、仲丁威）衍生物在玉米样品中的回收率随着碱性程度的增强而增高，当 pH 在 9.5～11 范围时，回收率基本无变化。此外，还发现当平衡温度为 25～30℃ 时提取效果最好，大于 30℃ 时，提取效果明显下降。

目前，浊点萃取技术仍存在一些问题有待于研究。如浊点萃取技术与其他技术的联用及表面活性剂浊点现象产生的原因等。

2.5.2.2　提取溶剂

大多数化学农药的物理和化学性质接近，分子量大多在 150～450 之间，常用农药具有 Cl、P、N 等功能元素。含有这些元素的溶剂使用时应特别注意，为了减少对仪器和测定结果的影响，有些必须在仪器测定进样前去除。提取溶剂具备的特点如下。

（1）溶剂的纯度 溶剂的纯度对残留分析的影响很大，因此对溶剂有特殊要求，许多国家都生产农药残留与环境保护分析专用溶剂（毫微级）。残留分析提取步骤通常选用分析级或农药残留专用溶剂，也可以自行纯化处理。而流动相和配制标准品的溶剂必须是色谱级或质谱级。

（2）溶剂的极性 提取样品中的农药残留时，一般根据提取效率来选择溶剂，在测定单个农药的残留时，除根据样品的类型外，很大程度上取决于待测农药的极性，一般根据相似相溶原理，当农药极性较大时通常选用极性较强的溶剂，反之则选择极性较弱的溶剂。也可两种溶剂混合使用（图 2-15），即非水溶性溶剂（己烷、石油醚）和与水相溶的极性溶剂（丙酮、乙腈、甲醇、异丙醇等）混合使用，达到更佳的提取效果。

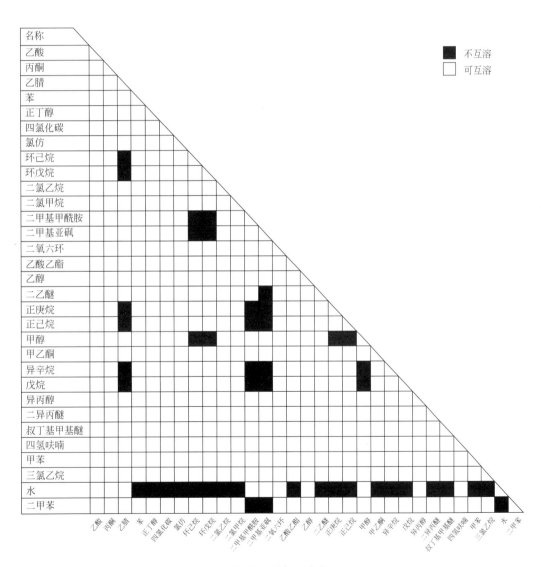

图 2-15 溶剂互溶表

（3）溶剂的沸点　溶剂的沸点对样品前处理过程的操作影响较大，因为提取液在净化和测定前需进行浓缩，低沸点的溶剂浓缩时较易蒸发；沸点过高，则不易浓缩，而且浓缩时会使一些易挥发或热稳定性差的农药受损失。一般要求提取溶剂的沸点在 45～80℃之间。

（4）溶剂的安全性　溶剂的易燃性和毒性也是必须要考虑的两个问题。除水和二氯甲烷外，常用的有机溶剂都是易燃的。以闪点表示易燃性。闪点是指可燃性液体所挥发出的蒸气和空气的混合物，与火源接触能闪燃的最低温度。

2.5.2.3　农药多残留分析方法常用的提取溶剂

（1）乙腈　沸点 80.15℃，常用的液相色谱流动相。乙腈可以溶解提取各种极性与非极性的农药，能与水混溶，与果蔬样品混合匀浆后，提取液中有水分，但比较容易用盐析出，离心或用分液漏斗后与水分离，可定量取出乙腈提取液。乙腈的极性较大，不易与非极性的溶剂混匀，一些非极性的杂质不会与农药一起提取出来。

（2）丙酮　沸点 56.2℃，易挥发溶剂，可以溶解提取极性和非极性农药，能与水、甲醇、乙醇、乙醚、氯仿等混溶，但不易与水分开，不易盐析出其中的水分，是液液分配中最常用的与水相溶的有机溶剂之一，提取出的杂质较乙腈多。

（3）乙酸乙酯　沸点 77.1℃，可提取各种极性和非极性的农药，微溶于水，其主要特点是与果蔬样品混合匀浆后，在提取液中添加无机盐类，可以盐析出乙酸乙酯层，很容易除去提取液中的微量水分，不需进行液液分配。离心可使其与水完全分离，可取出定量提取液。与乙腈、丙酮相比极性小，因此，在提取油性样品时，可提取出一些非极性亲脂性干扰物。缺点是提取出的杂质较乙腈多。

2.5.2.4　影响提取效率的因素

（1）pH 值　pH 值影响农药的离解和溶剂化作用，有时影响其稳定性。水果、蔬菜匀浆样品的 pH 范围较广，大多在 pH 2～7，许多酯类农药遇水会缓慢水解，但对 pH 特别敏感，碱性条件下会迅速水解。

（2）无机盐　使用与水互溶的溶剂如丙酮、乙腈可以从水果蔬菜中萃取极性与非极性农药。在丙酮-水或乙腈-水中加入 NaCl，通过盐析将水分从有机相中析出。为了降低极性农药在水溶液中的溶解度，加入高浓度的无机盐，以有效地降低农药对水相的亲和力；当用非极性有机相萃取时也可促使它们转移到与水不相溶的有机溶剂中。在乙腈溶液中加入 NaCl 易于与水分离，所以乙腈常作为提取溶剂。乙腈提取液经盐析后，可以加入干燥剂除去乙腈中的微量水分。

2.5.3　净化技术

常规净化方法有液液分配萃取法、柱色谱法、磺化法、凝结剂沉淀法等。净化的要求与方法在很大程度上取决于农药和样品的性质、溶剂提取方法、检测方法、分析时间和分析结果正确度的要求。

2.5.3.1　液液分配萃取法

液液分配萃取是利用样品中的农药和干扰物质在互不相溶的两种溶剂中分配系数的差

异进行分离和净化的方法。通常使用一种能与水相溶的极性溶剂和另一种不与水相溶的非极性溶剂配对来进行分配，这两种溶剂称为溶剂对。经过反复多次分配使试样中的农药残留与干扰杂质分离。前期一般按以下原则选择溶剂对：含水量高的样品，则先用极性溶剂提取；非极性和含油量高的样品，则先用非极性溶剂，或用乙腈或二甲基甲酰胺等提取。

（1）常用的溶剂对

① 高含水量样品：先用极性溶剂提取，再转入非极性溶剂中。其中适用于有机磷、氨基甲酸酯等极性略强农药的溶剂对有水-二氯甲烷，丙酮、水-二氯甲烷，甲醇、水-二氯甲烷，乙腈、水-二氯甲烷；适用于非极性农药的溶剂对有水-石油醚，丙酮、水-石油醚，甲醇、水-石油醚。

② 净化其他样品

a. 净化极性农药时，先用乙腈、丙酮或二甲基亚砜、二甲基甲酰胺提取样品，然后用正己烷或石油醚进行分配，提取出其中的油脂干扰物，弃去正己烷层，农药留在极性溶剂中，加食盐水溶液于其中，再用二氯甲烷或正己烷反提取其中的农药。常用的溶剂对有乙腈-正己烷、二甲基亚砜-正己烷、二甲基甲酰胺-正己烷。

b. 净化非极性农药时，用正己烷提取样品后，用极性溶剂乙腈多次提取农药转入极性溶剂中，弃去石油醚层，在极性溶剂中加 NaCl 水溶液，再用石油醚或二氯甲烷提取农药。

对于含胺或酚的农药或其代谢物，可通过调节 pH 以改变化合物的溶解度，从而达到分配净化的目的。

（2）液液分配萃取法的注意事项　　液液分配时的分配系数除了与选择的溶剂对、pH 有关外，还与两相溶剂的体积比、极性溶剂中的含水量、盐分有关。因此应注意以下事项。①通常极性溶剂中添加氯化钠或无水硫酸钠水溶液。水与极性溶剂的体积比为 5∶1 或 10∶1。②非极性溶剂与极性溶剂、水分配时，一般应分 2～3 次萃取。③合并萃取液。通过装有无水硫酸钠的漏斗进行脱水，浓缩后备用。

（3）液液分配萃取法净化的缺点　　①消耗溶剂量大，废溶剂处理困难。②易形成乳状液，难于分离。虽可通过改变 pH 值、加入甲醇或消泡剂、离心过滤等方法解决，但过程仍比较复杂。③使用分液漏斗提取与分配，费工费力。

2.5.3.2　常规柱色谱法

柱色谱也叫柱层析分离，是吸附色谱的一种（图 2-16）。它是利用吸附剂对不同物质吸附能力的差异，用溶剂将混合物的组分逐一洗脱分离的一种分离方法，实验室常用硅胶或者氧化铝作为固定相[43]。常规柱色谱法是以吸附剂为柱填料，对吸附剂的基本要求如下：①表面积大；②具有较大的吸附面积和吸附性，而且吸附性不可逆；③吸附剂应化学惰性；④质量差的吸附剂需要在 500～600℃重新活化 3h，放在干燥剂中避光保存。

柱色谱分离主要包括常压分离、减压分离和加压分离三种。常压分离方便简单但是洗脱时间长。减压分离能节省填料，但是由于大量的空气通过填料会导致溶剂挥发，并且有时在柱子外面会产生水汽凝结现象，以及有些易分解的化合物不易获得，而且还必须同时使用水泵或真空泵抽气。加压分离可以加快淋洗剂的流动速度，缩短样品的洗脱

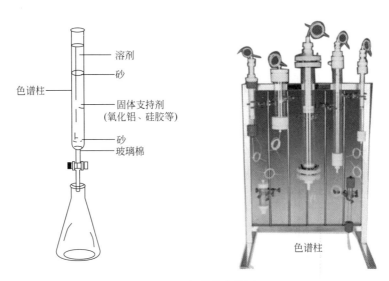

图 2-16 色谱分离装置

时间，是目前比较理想的方法。市面上有各种规格的柱层析分离柱，一般柱子越长，相应的塔板数就越高，分离就越好。柱色谱法首先要装柱，主要有干法和湿法，后者更简单易操作，一般用较少淋洗剂溶解样品，也可以用乙酸乙酯、二氯甲烷等。柱子填料需填装紧密均匀，同时避免出现大气泡和开裂现象。选择溶剂时需要考虑三个因素：溶解性（solubility）、亲和性（affinity）和分离度（resolution）。溶剂选择应遵循价廉、环保、安全的原则。上样过程，用少量的溶剂溶解样品加样，然后将底端的活塞打开，待溶剂层下降至石英砂面时，再加少量的低极性溶剂，再打开活塞，如此重复两三次，石英砂基本成白色。加入淋洗剂时，待溶解样品的溶剂和样品层有一段距离（2～4cm）时开始加压，从而避免溶剂夹带样品快速下行。对于溶解性差的样品，能使其溶解的溶剂（如 DMF、DMSO 等）又不能上柱，必须采用干法上柱。最后是淋洗液的收集和浓缩，若样品与硅胶的吸附作用比较强，就不容易流出，这时可用氧化铝作固定相。柱层析的淋洗过程由于使用了较多的溶剂，必须进行浓缩。

2.5.3.3　固相萃取法

固相萃取（solid phase extraction，SPE）是液相和固相之间的物理萃取过程（图 2-17）。在固相萃取过程中，固相对分析物的吸附力大于样品基液。当样品通过固相柱时，分析物被吸附在固体填料表面，其他样品组分则通过柱子流出，然后分析物可用适当的溶剂洗脱下来[44]。

固相萃取是利用固体填料上的键合功能团与待分离化合物之间的作用力将目标化合物与基液分离，从而达到样品净化浓缩的目的。吸附剂和分析物之间的作用力包括非极性作用力、极性作用力、离子作用力和多种作用力。非极性作用力存在于吸附剂功能团的碳氢键合分析物的碳氢键之间，即范德华力。最常见的非极性吸附剂是 C_8、C_{18}。典型的非极性萃取包括从水中萃取农药，从尿液或血清中萃取滥用药物等。极性作用力包括氢键、偶极力/偶极力、诱导偶极力、π-π 作用等。典型的极性萃取包括从花生酱中

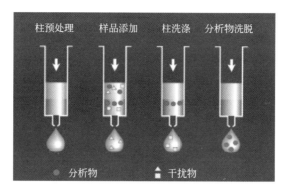

图 2-17　固相萃取基本步骤

分离黄曲霉毒素、油脂类的分离等。离子作用力是发生在具有相反电荷的分子功能团之间的作用力。在一定的 pH 条件下，有机分子可以呈离子状态，这种有机分子被称作是可生成阳离子/阴离子的功能团。典型的离子交换萃取包括从土壤中萃取除草剂，从尿液中萃取碱性药物等。多种作用力即存在于吸附剂和分析物之间的一种以上的作用力（图 2-18）。

功能团	非极性	极性	阴离子交换	阳离子交换
C_{18}	●	○		*
C_8	●	○		*
C_2	●	●		*
CH	●	●		*
PH	●	○		*
CN	●	●		*
2OH	●	●		*
SI				*
NH_2	○	●	●	*
PSA	○	●	●	*
DEA	○	●	●	*
SAX	○	○	●	*
CBA	○	○		●
PRS	○	○		●
SCX	●	○		●

● —主作用力
○ —第二作用力
* —活性硅醇基
C_{18}—十八烷基(octadecyl)
C_8 —辛烷基(octyl)
C_2 —乙烷基(ethyl)
CH—环己基(cyclohexyl)
PH—苯基(phenyl)
CN—氰基(CN)
2OH—二醇基(diol)
SI —未键合硅醇基
NH_2—丙氨基(aminopropyl)
PSA—N–丙基乙二胺(ethylenediamine-N-propyl)
DEA—丙基乙二胺(diethylaminopropyl)
SAX—三甲氨丙基(trimethylaminoprooyl)
CBA—甲酰基(carboxymethyl, hydrogen form)
PRS—丙磺酸基(sulfonylpropyl, sodium form)
SCX—丙基苯磺酸基(propylbenzenesulfonly, hydrogen form)

图 2-18　常见硅胶固相萃取柱与化合物之间的作用力[43]

固相萃取的基本步骤大致分为五步。当使用离子交换原理进行样品萃取时则需要调节萃取体系的 pH。

（1）萃取柱的预处理　为了保证良好的萃取再现性，固相柱必须用适当的溶液进行预处理（图 2-19）。对固相柱进行活化，展开碳氢链增加和分析物作用的表面积；再对固相柱进行清洗，除去柱上吸附的对分析有影响的杂质。注意在上样前保持固相柱湿润。

（2）上样　将样品加于固相柱中，用正压或负压使样品通过柱子。样品的流速需要控制，对于生物样品，一般在 $1.5\text{mL} \cdot \text{min}^{-1}$。对于以离子交换为作用机理的萃取，样品通过 SPE 柱的速度应适当降低，来保证分析物有足够的时间与柱子填料的离子交换功能团发生作用。

（3）萃取柱的洗涤　适当的洗涤剂选择性地洗脱吸附力弱的杂质而使分析物保留在柱子上。洗涤剂选择的种类取决于分析方法。

（4）萃取柱的干燥　若最后的洗脱剂为缓冲溶液或水溶性有机溶剂，而分析方法为反相 HPLC，固相柱上的残留水分对分析的影响不大。如果非水溶性有机溶剂为洗脱剂或分析方法为 GC 或 GC-MS 时，固定相的干燥就尤为重要。

（5）分析物的洗脱　选择洗脱溶剂时需要考虑以下几个因素：①洗脱剂必须有足够的洗脱强度，以最小用量将分析物洗脱下来。②洗脱剂必须有足够的选择性，只洗脱分析物，而将吸附力强的杂质保留在柱上。选择洗脱溶剂时，可以通过改变溶剂的极性指数、溶剂强度、溶剂选择性来实现最好的分离效果。极性指数是指按照一组溶剂对一组极性和非极性溶质的溶解能力的相对强弱而进行的排列。溶剂强度指优先溶解极性较强化合物的能力。溶剂的选择性是指当两个化合物的极性相近时选择性地溶解其中一个化合物的能力。洗脱强度是指溶剂从某一特定固定相洗脱分析物的强度。

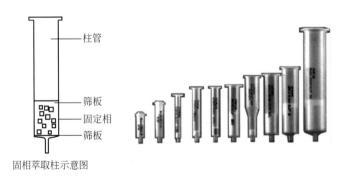

柱管
筛板
固定相
筛板

固相萃取柱示意图

图 2-19　固相萃取柱

固相萃取法根据吸附剂制备的方式又可分为固相柱萃取和固相膜萃取，虽然两种方法略有不同，但是原理大致相当。目前，商品化的固相萃取小柱种类较多，如常用于水样中农药残留萃取的吸附剂通常为键合硅胶柱（如 LC-C$_{18}$、LC-C$_8$）、萃取极性农药如有机磷中的草甘膦的离子交换柱等，此外，还有一些文献报道的吸附剂，如纳米碳、活性炭、XAD-2 等材料作反相吸附剂；正相吸附剂如弗罗里硅土等。固相萃取方法的建立至关重要，在建立过程中，主要从以下方面考虑：吸附剂的负载量（吸附容量）、穿透体积、淋洗曲线等。

负载量是指单位质量的吸附剂所能吸附的最大目标物的总质量。一般来说，吸附剂的负载量越大，能吸附的目标物总质量也越高。在进行负载量实验时，可以将空白水样中的目标物浓度配制得较高些，然后用液液萃取法分体积测定流经吸附剂后的水样中的目标物含量。

穿透体积是指吸附在吸附剂上的目标物分子被水样洗脱下来时的水样体积，即对某种吸附剂，能最大允许流经的水样体积。从某种角度上说，这是衡量吸附剂富集倍数的一个参数。穿透体积的确定至关重要。一般可以配制较低农药目标物浓度的水样（避免超过吸附剂的负载量），将水样流经吸附剂，分体积接收水样，然后用液液萃取法测定目标物农药的含量。在此操作中，一般开始时的体积可以大一些（如 100mL 接收一次），到后来接收的体积要小一些（如 50mL 接收一次）。这样就可以绘制一条穿透曲线。也可以先根据实验设计预先估计一个水样体积的值 V，然后直接接收该数值之后的水样进行萃取来确定穿透体积。

淋洗曲线是指萃取富集结束后，使用某种溶剂将所吸附的目标物能完全洗脱下来所用的最小溶剂体积，包含洗脱溶剂的种类和体积。对于不同的洗脱溶剂，所需要的淋洗体积略有差别。一般淋洗体积的确定需要对高低浓度及吸附剂上所吸附的高低含量的目标物都进行实验测定（在某些情况下，吸附剂上目标物的吸附量较大时，可能对淋洗溶剂体积的要求不同）。一般的操作是分体积接收淋洗溶剂，然后分别浓缩后用相应的仪器分析，绘制一条淋洗曲线。

目前已经研发出的全自动固相萃取仪（图 2-20）是一个大容量 XYZ 三维立体运动机械臂，可以在线自动进行样品的固相萃取，包括 SPE 柱的预处理、样品的添加、SPE 柱的洗涤、SPE 柱的干燥及样品的洗脱、在线浓缩等步骤，可实现固相萃取全程自动化，并且可以进行多步洗脱，大大节省了提取时间。

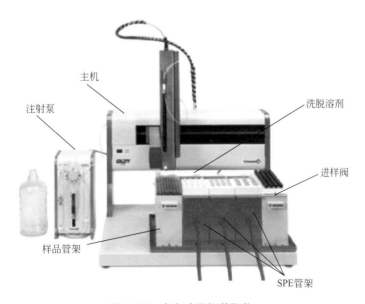

图 2-20　全自动固相萃取仪

2.5.3.4 固相微萃取法

固相微萃取法（solid-phase microextraction，SPME）是在固相萃取技术上发展起来的一种微萃取分离技术，由加拿大 Waterloo 大学 Pawliszyn 及其合作者于 1990 年提出，是一种无溶剂，集采样、萃取、浓缩和进样于一体的样品前处理新技术（图2-21）。SPME 装置的形状类似一个微量进样器，小巧，由萃取头和手柄两部分组成。萃取头有两种类型：一种由一根熔融的石英细丝表面涂渍某种色谱固定相或吸附剂做成；另一种萃取头是内部涂有固定相的细管或毛细管，称为管内固相微萃取。固相微萃取的原理是根据有机物与溶剂之间"相似相溶"的原理，利用萃取头表面的色谱固定相的吸附作用，将组分从样品基质中萃取富集起来，完成样品的前处理过程。萃取包括吸附和解吸两个过程，吸附过程中待测物在萃取纤维涂层与样品之间遵循相似相溶原则平衡分配；解吸过程随后续分离手段的不同而不同，对于气相色谱，萃取纤维直接插入进样口进行热解吸，对于高效液相色谱，需要在特殊解吸室内以解吸剂解吸。使用时，先将萃取头鞘插入样品瓶中，推动手柄杆使萃取头伸出，进行萃取。萃取方式包括两种：一种是直接插入样品中进行萃取，即浸入方式（direct immersion，DI）；另一种是将萃取头置于样品上空萃取，即顶空方式（head space，HS）。在达到或接近平衡后即萃取完成，缩回萃取头，并转移至气相色谱进样器中，推出萃取头完成解吸、色谱分析[45]。浸入方式适于气态样品和干净基质的液体样品，顶空方式适于挥发性好的气、液、固态样品。一般来说，顶空取样样品气体直接与萃取头接触，易达到平衡，在食品风味分析中较多使用，具有操作简单、所需时间短、无须溶剂、用样量少、选择性强及与色谱、电泳等高效分离检测手段联用等特点。SPME 在农药残留检测方面具有极大的优势，如 SPME-GC-MS 分析蜂蜜中的农药残留，具有快速性、简单性和有效性。

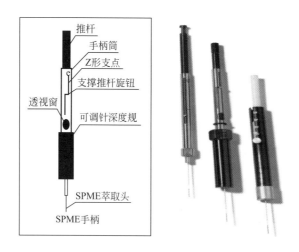

图 2-21　固相微萃取装置

2.5.3.5 基质固相分散技术

基质固相分散（matrix solid phase dispersion，MSPD）技术是 1989 年由 Barker 等

发明的一种新型样品前处理方法，它是将样品（固态或者液态）直接与适量反相键合硅胶（如 C_{18}、C_8 等）一起混合和研磨（现在已经扩大到其他材料，如硅藻土等），使样品均匀分散于固体相颗粒表面制成半固体装柱，然后采用类似 SPE 的操作进行洗涤和洗脱。MSPD 分离的原理在于分散剂对样品结构和生物组织的完全破坏和高度分散，从而大大增加了萃取溶剂与样品中目标分子的接触面积，达到快速溶解分离的目的。此外，MSPD 也具有类似色谱分离中的分离、吸附和离子对相互作用所构成的保留作用，一般可以分为研磨分散、转移、洗脱三个步骤。第一步研磨分散，将固体、半固体或黏滞性的样品（固体、半固体样品经过适当的粉碎处理）置于玻璃或玛瑙研钵中，与适量的分散剂（吸附剂）混合，手工研磨数十秒至数分钟，使分散剂与样品均匀混合；常用的分散剂有衍生化/未衍生化硅藻土、弗罗里硅土、硅胶、石英砂、C_8 和 C_{18} 填料等[46]。第二步转移，将上述研磨好的样品装入适当尺寸的色谱柱中或其他尺寸适当的柱状物中，柱底部安装了衬底，以利于萃取液与样品的分离。在色谱柱底部填充弗罗里硅土、硅土或其他吸附材料，从而对目标物进行进一步分离提纯。整个分离过程甚至可以在经过处理的注射器中进行。第三步洗脱，采用适当的溶剂对色谱柱中的样品进行洗脱，收集滤液后进行进一步处理或经过定容后直接分析。根据具体分离物质的种类和研究的需要，还可以采用一定的溶剂组合进行顺序洗脱。也可采用混合有机溶剂对样品进行洗脱（图 2-22）。

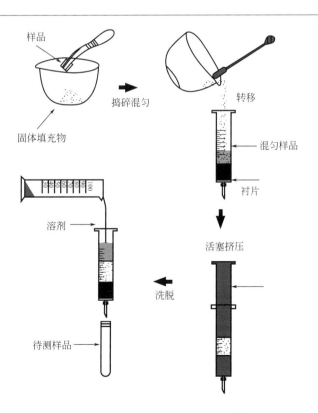

图 2-22　基质固相分散技术步骤[45]

影响 MSPD 分析效果的因素包括以下几个方面。①分散剂的尺寸。分散剂的尺寸过小（$3\sim10\mu m$）会导致洗脱剂流速的下降和洗脱剂体积的增加或压力的增加。一般来说，$40\sim100\mu m$ 的硅藻土具有良好的分散效果。②分散剂修饰的效果。③有机物-分散剂表层的键合特征。与选择的分散剂的极性有关，一般选择具有亲脂性的 C_{18} 和 C_8 填充料。④分散剂的衍生化。未经过衍生化的分散剂——如石英砂，虽然具有对基质的机械分散作用，但不具备修饰后的分散剂所具有的表面相互作用而引起的分散。在分散剂的选择上，C_{18} 和 C_8 修饰的硅藻土是应用最为广泛的亲脂性反相分散剂，这类分散剂被认为能够与细胞膜发生作用从而能够破坏细胞结构，因此，广泛应用于食物和高脂肪含量的物质中天然产物和人类污染物的提取，最近也用于环境污染物的萃取。反相分散剂处理后的样品，洗脱溶剂的选择，主要取决于基质的性质和目标物分子的极性。而矾土（alumina）和弗罗里硅土（Florisil）是常用的正相分散剂，其表面带有大量的酸碱中心，具有很强的极性和亲水性。与反相分散剂相比，这类分散剂不能够对细胞结构进行有效破坏，其主要作用是机械摩擦和对极性分子的吸附作用。正相分散剂主要用于环境样品中微量有机污染物的提取。在保证细胞破碎污染物能够与吸附剂接触的前提下，正相吸附剂也越来越多地用于植物和动物组织中污染物的提取。洗脱剂的选择取决于目标分子的极性，有时候会加入适量的反相吸附剂作为辅助。未经过衍生化的硅藻土或表面修饰了极性基团（如氨基酸）的硅藻土也是常用的正相吸附剂，这类吸附剂与基质的作用比矾土和弗罗里硅土弱得多，在农药残留检测中应用广泛。还有一些无吸附分散剂、分子印迹聚合物（MIPs）分散剂、多层碳纳米管（MWCNT）分散剂也效果显著。MSPD 的优点如下：依靠填料颗粒的机械剪切力和 C_{18} 等填料的去杂作用，使样品匀浆和提取在同一过程中完成，不需要溶剂和除杂步骤；C_{18} 等能够破坏细胞膜，使细胞成分释放并在填料中重新分布；样品基质和待测组分均匀分布在填料中，样品的各种成分按照相似相溶规律在填料表面的键合相中依极性高低进行溶解和分布；组分的保留与填料、样品基质和溶剂有关。MSPD 样品处理速度快，溶剂用量少，同时样品量也少，因此，要求检测方法（仪器）具有较高的灵敏度。

薛平等利用硅胶、中性氧化铝和弗罗里硅土作分散剂，以 0.5g 样品＋2g 硫酸钠＋2g 吸附剂，从 5 种基质（白菜、梨、鸡肉、玉米、紫甘蓝）中萃取了 19 种有机磷农药残留进行 GC 分析，发现弗罗里硅土对 19 种农药具有较好的回收率，当 19 种农药的添加量为 $0.02mg \cdot kg^{-1}$ 和 $0.05mg \cdot kg^{-1}$ 时，19 种有机磷农药的回收率在 $77.38\%\sim$ 109.16% 之间，RSD$<16.78\%$[47]。李晶等利用中性氧化铝和弗罗里硅土作分散剂，以 1.0g 样品＋2g 弗罗里硅土＋0.5g 中性氧化铝，萃取了人参中的五氯硝基苯及其代谢物五氯苯胺和甲基五氯苯基硫醚，经残留分析（GC-MS），回收率在 $85\%\sim95\%$ 之间，RSD$<11.2\%$[48]。

2.5.3.6 其他净化技术

高通量平面固相萃取（high-throughput planar solid phase extraction，HTpSPE）是由 Oellig 于 2011 年提出的净化概念，可用于农药残留检测中样品的净化，原理是通过薄层色谱（TLC）将农药与样品基质完全分离，并将其聚集到单一的目标区域，然后经 TLC-MS 萃取后进行测定分析。其中色谱板为铝箔薄层色谱硅胶板（TLC aluminium foil silica gel 60 NH_2 F254s），通过使用乙腈和丙酮为展开剂进行双向展开来更好地将待测物与干扰物分开。当前的净化方法如 GPC、SPE、dSPE 等往往存在费时、有机溶剂用量大、基质干扰的问题，而 HTpSPE 可以更好地消除基质效应，减少基质中色素、糖分、脂肪酸、酚类等物质的干扰，并且避免待测物在前处理过程中的损失。Oellig 通过 HTpSPE 净化样品，测定了番茄、黄瓜、苹果和葡萄中的 7 种农药（啶虫脒、戊菌唑、嘧菌酯、氯苯嘧啶醇、嘧菌胺、毒死蜱、抗蚜威）（过程见图 2-23），结果发现，在农药添加水平为 0.1mg・kg^{-1} 和 0.5mg・kg^{-1} 的条件下，回收率为 90％～104％，RSD 值为 0.3％～4.1％，并且与 dSPE 净化方法作比较，发现样品经 HTpSPE 净化后，7 种药剂的总离子流图受到基质干扰的程度最小（图 2-24）。HTpSPE 对今后建立除色素能力强，同时保证结果正确度，并实现样品批量化处理的农药残留检测方法起到了促进作用。

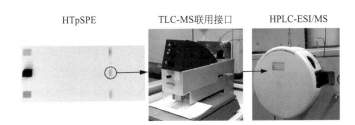

图 2-23　农药待测物测定过程图

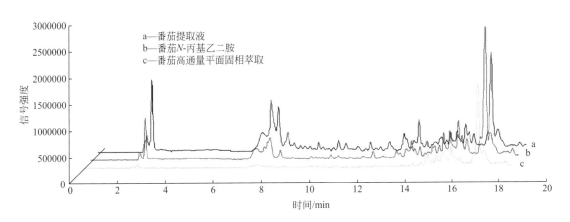

图 2-24　7 种农药在 LC-MS 上的总离子流图

2.5.4　浓缩技术

使用常规方法从样品中提取出的农药溶液，一般浓度较低，在净化或检测前，必须对提取液进行浓缩（concentration），以减少其体积、增加农药的浓度，利于进行净化步骤。在浓缩过程中，应注意防止农药的损失，特别是蒸气压高、稳定性差的农药。

（1）氮吹仪　适用于体积小、易挥发的提取液。加快蒸发有两个方法：加强周围空气流动和提取液温度。氮气是一种惰性气体，能起到隔绝氧气的作用，防止氧化。氮吹仪通过以上原理达到浓缩的目的。将氮气快速、连续、可控地吹到加热样品表面，实现大量样品的快速浓缩。该方法操作简便，尤其是可以同时处理多个样品，大大缩短了检测时间。大多仪器的气道都可以同时或独立控制，可以根据试管高度自由调节升降高度。氮吹仪包括水浴氮吹仪和干式氮吹仪（图 2-25）。氮吹仪的优点是：一次可处理多个样品，在多因素、多水平的重复实验中优势更为明显；实验操作简洁、灵活；实验中不需要操作者长时间的维护，节省人力；旋转蒸发仪在溶剂沸腾时可能会造成样品的损失，而氮吹仪在浓缩时准确、灵敏，可避免样品损失。操作过程为安装好氮吹仪，底盘支撑在恒温水浴内，打开水浴电源，设定水浴温度，水浴开始加热。提升氮吹仪，将需要蒸发浓缩的样品分别安放在样品定位架上，并由托盘托起，其中托盘和定位架高低可根据培训样品试管的大小调整。打开流量计针阀，氮气经流量计和输气管到达配气盘，配气后送往各样品位上方的针阀管（安装在配气盘上）。然后，通过调节针阀管针阀，氮气经针阀管和针头吹向液体样品试管，通过调整锁紧螺母可以上下滑动针阀管，调整针头高度，以样品表面吹起波纹、样品不溅起为宜。最后，将氮吹仪放于水浴中（干式氮吹仪不用放），直至完成蒸发浓缩。

（2）旋转蒸发仪　旋转蒸发仪主要用于在减压条件下连续蒸馏大量易挥发性溶剂（图 2-26），尤其是对萃取液的浓缩和色谱分离时接收液的蒸馏，可以分离和纯化反应产物。旋转蒸发仪的基本原理是通过真空泵使蒸发烧瓶处于负压状态，蒸发烧瓶在旋转的同时置于水浴锅中恒温加热，瓶内溶液在负压下在旋转烧瓶内进行加热扩散蒸发。结构：蒸馏烧瓶是一个带有标准磨口接口的梨形或圆底烧瓶，通过一高度回流蛇形冷凝管与减压泵相连，回流冷凝管另一开口与带有磨口的接收烧瓶相连，用于接收被蒸发的有机溶剂。在冷凝管与减压泵之间有一三通活塞。当体系与大气相通时，可以将蒸馏烧瓶、接液烧瓶取下，转移溶剂，当体系与减压泵相通时，则体系应处于减压状态。使用时，应先减压，再开动电动机转动蒸馏烧瓶，结束时，应先停机，再通大气，以防蒸馏烧瓶在转动中脱落。作为蒸馏的热源，常配有相应的恒温水槽。旋转蒸发仪通过电子控

图 2-25　氮吹仪

图 2-26　旋转蒸发仪

制，使烧瓶在最适合的速度下，恒速旋转以增大蒸发面积。旋转蒸发器系统可以密封减压至 400～600mmHg（1mmHg＝133.322Pa）；用加热浴加热蒸馏瓶中的溶剂，加热温度可接近该溶剂的沸点；同时还可进行旋转，速度为 50～160r・min⁻¹，使溶剂形成薄膜，增大蒸发面积。此外，在高效冷却器的作用下，可将热蒸气迅速液化，加快蒸发速率。

旋转蒸发仪中盛蒸发溶液的圆底烧瓶可旋转，水浴的温度可调节，在相对温度变化不大的情况下，热量传递快而且蒸发面积大，可在减压下较快地、平稳地进行蒸馏，而不发生暴沸现象。

（3）K-D 浓缩器　K-D 浓缩器是简单、高效、玻璃制的浓缩装置（图 2-27），由 K-D 瓶、刻度试管、施奈德分馏柱、温度计、冷凝管和溶剂回收瓶组成。K-D 瓶上接施奈德分馏柱，下接刻度试管，浓缩时溶剂蒸出经施奈德分馏柱通过冷凝管收集在溶剂回收瓶中，可以同时进行浓缩、回流洗净器壁和在刻度试管中定容。回流可以防止药剂被溶剂带走，直接定容减少了溶剂转移造成的损失。水浴温度应根据溶剂的沸点而定，一般在 50℃左右，不得超过 80℃。K-D 浓缩器可以在常压下也可以在减压下进行，减压是在冷凝管和溶剂回收瓶中间加一抽气接头即可。石英 K-D 浓缩器 A 型包括三球浓缩弯管 1 支，300mm 冷凝管 1 只，10mL 离心浓缩管 5 只（可选配 30mL），500mL 抽滤瓶 1 支，500mL、100mL 锥形瓶各 1 只，14 号标塞 1 支。而石英 K-D 浓缩器 B 型包括浓缩瓶（球状，尾管容积 1mL，最小分度值 0.1mL）1 支，梨形反应瓶 100mL、250mL、500mL 不同规格各 1 支，导气管长 260mm、310mm、320mm，不同长度的导气管分别与不同规格的反应瓶相匹配；分流柱 1 件，蛇形冷凝管 1 支（300mm），减压接收头 1 支，溶剂接收瓶 1 支（500mL）；温度计套管（尾长 50mm）1 支，标准接头塞 1 支，溶剂蒸馏瓶 2 支，短颈、平底烧瓶 500mL 一支。K-D 浓缩器带有回流，浓缩时样品组分损失小，特别是对沸点较低的成分，但对热敏成分不利。旋转蒸发仪浓缩速度快，但低沸点组分损失大。

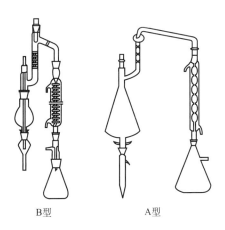

B型　　　　A型

图 2-27　K-D 浓缩器

2.5.5　QuEChERS 方法

2003 年，由 Anastassiades 和 Lehotay 等建立的分散固相萃取（dispersive SPE）样品前处理技术，因具有快速（quick）、简单（easy）、便宜（cheap）、有效（effective）、可靠（rugged）和安全（safe）等特点而得名，简称 QuEChERS 方法。近年来逐渐成为农药残留分析工作人员的一个研究热点。该方法是均质后的样品经乙腈萃取后，氯化钠和无水硫酸镁盐析分层，萃取液经无水硫酸镁和 PSA（N-丙基乙二胺填料）分散固相萃取净化后，用 GC-MS、LC-MS 等进行多残留分析（图 2-28）。QuEChERS 方法实质上是固相萃取技术和基质固相分散技术的结合和衍生。净化剂主要有 PSA、GCB、C_{18} 和 Florisil。C_{18} 具有弱极性，主要吸附脂溶性杂质；PSA 同时具有极性与弱阴离子交换功能，主要吸附有机酚类、脂肪酸等极性或弱酸性杂质；GCB 对芳香族化合物的吸附大于对脂肪族化合物的吸附，对大分子化合物的吸附大于对小分子化合物的吸附，主要吸附色素及其他环状结构物质；Florisil 主要吸附油脂类化合物。目前也有一些其他新型材料作为吸附剂，如碳纳米材料、分子印迹材料等。新型碳纳米材料（carbon nanotubes，CNTs）是由单层或多层石墨片围绕同一中心轴按一定的螺旋角卷曲而成的无缝纳米级管结构，两端通常被由五元环和七元环参与形成的半球形大富勒烯分子封住，每层纳米管的管壁是一个由碳原子通过 sp^2 杂化与周围 3 个碳原子完全键合后所构成的六边形网络平面所围成的圆柱面，具有以下特点：①官能化修饰：在表面键合特殊官能团，大大增加对色素、脂肪酸等干扰物的选择性；②表面去活：控制对药物的过分吸附力，保证回收率；③比表面积大：具有典型的层状中空结构特征，增大了其比表面积，增加了材料的负载能力。该材料的去干扰能力是传统 PSA、C_{18}、GCB 等 SPE 净化材

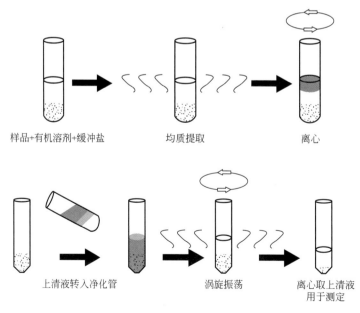

样品+有机溶剂+缓冲盐　　均质提取　　离心

上清液转入净化管　　涡旋振荡　　离心取上清液用于测定

图 2-28　QuEChERS 操作流程

料的 3～10 倍，而用量是传统 PSA、C$_{18}$、GCB 等 SPE 净化材料的 1/10～1/5，降低 1/3 的成本。根据碳纳米管中的碳原子层，可将碳纳米管分为单壁碳纳米管（single-walled carbon nanotubes，SWCNTs）和多壁碳纳米管（multi-walled carbon nanotubes，MWCNTs）两大类。由于碳纳米材料具有独特的耐热、耐压、电导的物理和化学特性，特别是极大的表面积和独特的空间状结构，使其具有优异的吸附性能。赵鹏跃利用多壁碳纳米管对多种复杂基质如韭菜、茶叶、姜等进行类型及用量的优化，建立了多种农药残留的检测方法[49]。李敏敏对比了多壁碳纳米管与 PSA、C$_{18}$、GCB、Florisil 对丁氟螨酯及其代谢物在猪肝、绿茶和大豆上的净化效果，发现 MWCNTs 比 PSA、C$_{18}$ 和 Florisil 具有更高的稳定吸附能力，且不存在干扰峰[50]。

与其他方法相比，QuEChERS 方法主要有如下优点：①作为一种多残留分析的前处理方法可测定含水量较高的样品，减少样品基质如叶绿素、油脂、水分等的干扰；②稳定性好，回收率高，对大量极性及挥发性农药品种的加标回收率均大于 85%；③采用内标法进行校正，精密度和正确度较高；④分析时间短，能在 30～40min 内完成 10～20 个预先称重的样品的测定；⑤溶剂使用量少，价格低廉，污染小且不使用含氯化物溶剂；⑥简便，无须良好训练和较高技能便可很好地完成；⑦方法的净化效果好，在净化过程中有机酸均被除去，对色谱仪器的影响较小；⑧样品制备过程中所使用的装置简单。QuEChERS 方法主要参照 AOAC 2007.01、EN 15562 和 NY/T 1380—2007，原始 QuEChERS 方法与前两者主要的区别在于样品量和净化剂用量（图 2-29）。目前 QuEChERS 方法已经在农药残留分析中广泛应用。

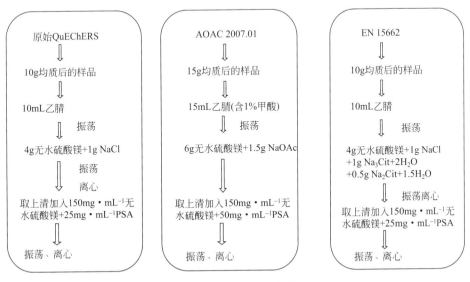

图 2-29　QuEChERS 方法比较

2.5.6　其他新技术

滤过型固相净化（multiplug filtration clean-up，m-PFC）法是将传统 d-SPE 中优化的净化剂填入 m-PFC 柱管内，通过抽拉注射器活塞的方式使提取液通过柱管内的填料层（图 2-30）。该技术无溶剂蒸发、涡旋及离心步骤，简化了净化方法。在对于多残留检测上该技术发挥了很大的优势。Qin 等比较了传统 PSA、C_{18}、GCB 与多壁碳纳米管和 m-PFC 对 25 种农药在小麦、菠菜、苹果、花生、胡萝卜和柑橘中的净化效果，发现多壁碳纳米管和 m-PFC 的效果更好[51]。同时，Qin 等发现对于叶绿素含量极高的菠菜而言，多壁碳纳米管结合 m-PFC 对于菠菜上 44 种农药残留的净化效果更为明显[52]。刘绍文采用 m-PFC 净化进样，利用 GC-MS/MS 检测，建立了灭多威、氧乐果等 111 种农药在葡萄上的多残留分析方法，同时建立了葡萄酒中 86 种农药检测的方法[53]。

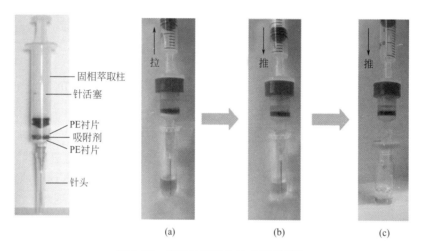

固相萃取柱
针活塞

PE衬片
吸附剂
PE衬片

针头

拉　　　　　推　　　　　推

(a)　　　　　(b)　　　　　(c)

图 2-30　样品快速净化技术原理[25]

气流吹扫-微注射器萃取（gas purge-microsyringe extraction，GP-MSE）（图 2-31）技术经历了从顶空液相微萃取（HS-LPME）到气流式顶空液相微萃取（GF-HS-LPME）技术再到 GP-MSE 的发展过程。作为一种完全的直接萃取技术，能够应用在痕量有机污染物样品前处理过程中，具有快速、一体化、集成化的优点，并且容易实现与 GC、GC-MS、HPLC 和 LC-MS 等检测仪器的串联使用。该技术由 Yang 等于 2011年提出[54]，用气流吹扫的方式，将 LPME 中微注射针尖悬挂的微滴放入注射器针筒内部，气流完全通过液层逸出萃取体系外，在此过程中，气流带动的目标物以气态分子状态持续分配到萃取溶剂中，利用萃取溶剂对分析物有极好的溶解性，目标物快速进入萃取溶剂[55]。与 GF-HS-LPME 技术相比，该萃取方式将原有针尖的萃取溶剂转移到针尖上部的针筒后，与样品相之间隔着针尖长度的距离，不再直接置于样品池中，便于对两部分分别进行温度控制，降低萃取溶剂温度可减少萃取溶剂损失，加热样品相可使分析物快速从样品相中释放，GP-MSE 技术能同时满足两相的温度要求，使整个萃取体系成为一个较为理想的体系。刘青春利用 GP-MSE 联用 GC-MS 同时检测了不同生长年限的 9 种人参样品中 30 种不同类别的农药残留，不仅能去除人参样品中的杂质，而且对农药目标物的检测没有影响，回收率达标，克服了以往用硝酸酸化法处理人参时对有机磷药物分解的困难[56]。该萃取技术可用于植物挥发性及半挥发性成分的检测，赵锦花利用 GP-MSE 联用 GC-MS 对长白山地区 11 种药用植物中的挥发性及半挥发性成分进行了定量定性分析[57]。

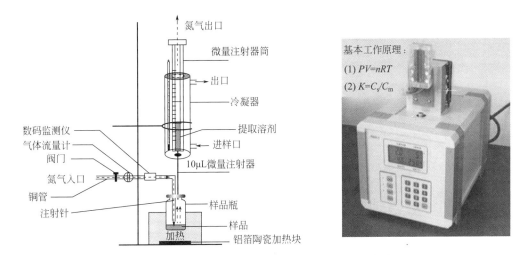

图 2-31　气流吹扫-微注射器萃取结构示意图[53]

2.6　农药残留仪器检测技术及应用

2.6.1　气相色谱技术

2.6.1.1　定义及原理

色谱法又叫层析法，是一种物理分离技术。分离原理是使混合物中各组分在两相间进行分配，其中一相固定不动，叫作固定相；另一相则是推动混合物流过此固定相的流体，叫作流动相。当流动相中所含的混合物经过固定相时，就会与固定相发生相互作用。由于各组分在性质与结构上的不同，相互作用的大小强弱也有差异。因此，在同一推动力的作用下，不同组分在固定相中的滞留时间有长有短，从而按先后顺序从固定相中流出，这种利用两相分配原理而使混合物中各组分获得分离的技术，称为色谱分离技术或色谱法；当用液体作为流动相时，称为液相色谱。当用气体作为流动相时，称为气相色谱。

气相色谱的分离原理是利用不同物质在两相间具有不同的分配系数，当两相做相对运动时，试样的各组分就在两相中经反复多次的分配，使得原来分配系数只有微小差别的各组分产生很大的分离效果，从而将各组分分离。然后进入检测器对各组分进行鉴定。气相色谱仪由五大系统组成：气路系统、进样系统、分离系统、控温系统及检测和记录系统。气路系统是指流动相-载气连续运行的密闭系统，它包括气源钢瓶、净化器、气体流速控制和测量装置。通过该系统，可以获得纯净的、流速稳定的载气。它的气密性、载气流速的稳定性及测量流量的准确性直接影响色谱结果。常用的载气有氮气和氢气，也有空气、氦气和氩气。进样系统包括进样装置和汽化室两部分。它是将液体或固体样品，在进入色谱柱之前瞬间气化，然后快速定量地转入到色谱柱中。进样器一般采用微量注射器。进样口的类型包括分流/不分流进样口（SSI）、隔垫吹扫填充柱进样口（PPI）、冷柱头进样口、程序升温汽化进样口（PTV）、顶空进样和固相微萃取进样（图 2-32）。分离系统是指把混合样品中各组分分离的装置，由色谱柱组成。色谱柱分为填充柱和毛细管柱，常用毛细管柱，它的分离效能高，分析速度快。但是受技术条件的限制，沸点太高的物质或热稳定性差的物质都难于应用气相色谱法进行分析。一般500℃以下不易挥发或受热易分解的物质可采用衍生化法或裂解法。

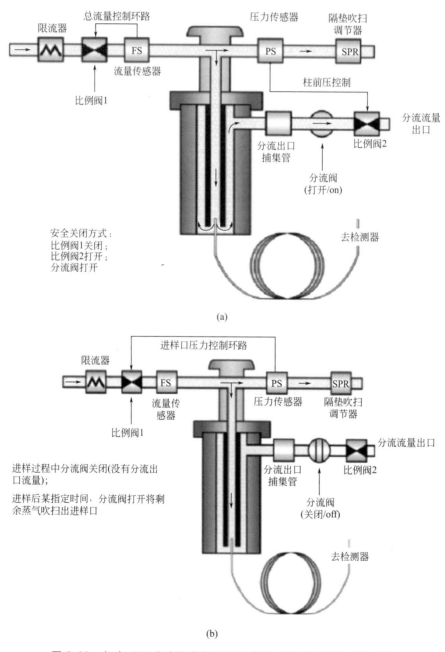

图 2-32 （a）SSI 分流模式流路图和（b）SSI 不分流模式流路图

工作流程：载气由高压钢瓶中流出，通过减压阀、净化器、稳压阀、流量计，以稳定的流量连续不断地流经进样系统的汽化室，将汽化后的样品带入色谱柱中进行分离，分离后的组分随载气先后流入检测器，检测器将组分浓度或质量信号转换成电信号输出，经放大由记录仪记录下来，得到色谱图（图2-33）。

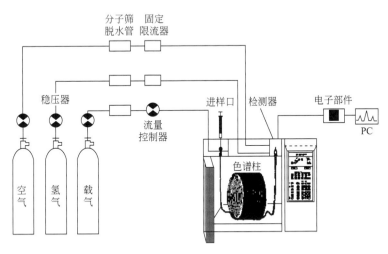

图2-33　气相色谱仪

常用的检测器包括电子捕获检测器（ECD）、火焰光度检测器（FPD）、氢火焰离子化检测器（FID）、氮磷检测器（NPD）和热导检测器（TCD）。

① 电子捕获检测器（ECD）：是一种高选择性、高灵敏度的检测器，应用广泛，只对具有电负性的物质如含卤素、S、P、O、N的物质有响应，而且电负性越强，检测的灵敏度越高，常用于有机氯、有机磷农药的检测。ECD的主要部件是离子室，离子室内装有β放射源作负极，不锈钢棒作正极，当载气（一般为高纯N_2）从色谱柱出来进入检测器时，由放射源放射出的β射线使载气电离，产生正离子和慢速低能量的电子，在恒定或脉冲电场的作用下，向极性相反的电极运动，形成电流-基流；当载气携带电负性物质进入检测器时，电负性物质捕获低能量的电子，使基流降低产生负信号而形成倒峰，检测信号的大小与待测物质的浓度呈线性关系。

② 火焰光度检测器（FPD）：燃烧着的氢焰中，当有样品进入时，则氢焰的谱线和发光强度均发生变化，然后由光电倍增管将光度变化转变为电信号，对含磷含硫化合物有很高的选择性。

③ 氢火焰离子化检测器（FID）：属于选择性检测器，只对碳氢化合物产生信号，它的特点是死体积小、灵敏度高、稳定性好，但是不能检测永久性气体H_2O、H_2S等。待测有机物在火焰中离子化，电离成的正负离子在两极间的静电场的作用下定向运动形成电流。电流的大小在一定范围内与单位时间内进入检测器的待测组分的质量成正比。

④ 氮磷检测器（NPD）：为非破坏型选择性检测器，在FID中加入一个用碱金属盐制成的玻璃珠，当样品分子含有在燃烧时能与碱盐起反应的元素时，则将使碱盐的挥发度增大，这些碱盐蒸气在火焰中将被激发电离，产生新的离子流，从而输出信号。对含

氮含磷化合物有很高的灵敏度。氨基甲酸酯类农药如异丙威、克百威等以及有机磷农药常用 NPD 检测器。

⑤ 热导检测器（TCD）：气流中样品浓度发生变化，则从热敏元件上所带走的热量也就不同，而改变热敏元件的电阻值，由于热敏元件为组成惠斯顿电桥之臂，只要桥路中任何一臂的电阻发生变化，则整个线路就立即有信号输出。

2.6.1.2 历史与发展

气相色谱是色谱领域中发展较早、相当成熟的技术。20 世纪初，科学理论的重大突破和技术基础的形成，出现了对石油、人工合成材料、分子生物学和遗传工程等高新技术的需求，人们在研究这些复杂混合物时，需要将其分离来考察其性能，因而必然要发展各种分离技术，而色谱是分离技术中效率最高的一类方法，所以在 20 世纪 40 年代末 50 年代初诞生了以气体为流动相，液体或固体为固定相的气相色谱，1955 年，PerkinElmer 公司推出了世界上第一台商品化气相色谱仪 Model 154 Vapor Fractometer（Model 154 气相色谱仪）[58]。

在当时，这一仪器的主要特点是：使用了空气恒温器（"柱箱"），可以使分离色谱柱在室温和 150℃ 之间保持恒温，配置快速蒸发器，可以用注射器通过橡胶隔垫把液体和气体样品送到载气里，以及使用热敏型热导检测器。同时，PerkinElmer 提供了具有广泛分离能力的标准色谱柱，从而借助仪器成功地分析各种样品。这一仪器立即获得了成功，在美国《分析化学》（Analytical Chemistry，AC）杂志的社论里对其评价为"一个自动分析的辉煌典范"，它得到的色谱图"赏心悦目"。在仪器推出之后不久，PerkinElmer 公司出版了宣传手册，解释气相色谱的原理和操作。AC 在新的一期社论里评价其为"一个简短而信息充实的概要"，利于"传播科学技术知识"。在推出 Model 154 之后，PerkinElmer 的研究和开发工作并未停息，在 1956 年年初又推出一个改进的型号，即 Model 154-B，将使用温度提高到 225℃，并可选择旋转阀和各种定量进样管，用于气体的进样。现在众多公司提供的多端口进样和切换阀设计都可以追溯到这一个阀的设计上。在这一装置左侧是色谱柱箱，右侧是加热控制部件，热导检测器的控制器在右下侧面板上，流量计在中间部位，左下侧是注射器的加热进样口，电位差计记录仪常放置在其他地方，Model 154 和这一仪器的外形和尺寸相同。1958 年，PerkinElmer 发明了开管柱（毛细管柱），在 1959 年匹兹堡会议上推出另一款气相色谱仪 Model 154-C，它具有使用毛细管色谱柱的功能，并可以使用新型火焰离子化检测器，在 Model 154-C 上火焰离子化检测器的放大器放在仪器主机外。而后在 1990 年的匹兹堡会议上首次亮相的 Model 154-D 型气相色谱仪把火焰离子化检测器的放大器整合到仪器内，同时，Model 154-D 还提供了更完善的毛细管色谱柱进样系统。

到了 20 世纪 70 年代中期，电子技术迅速发展，可以开发出完全用微处理器控制的气相色谱仪，技术的进步促使气相色谱仪的更新换代。之后的 30 年，PerkinElmer 开发了四种独特的 GC 系列。第一个新的气相色谱仪系列是 1975～1977 年开发出来的 Sigma 系列，新产品在 1977 年的匹兹堡会议上亮相，四个型号的组件和附件均可互换，从简单、等温的 Sigma 4 到很精密、复杂、自动化的 Sigma 1。1980 年，该系列产品进一步改进，出现了 Sigma B 系列，Sigma 1B 包括全部数据处理的功能。在此基础上，1981 年推出了 Sigma 115。1982 年，在 Sigma 2B 的基础上改进开发了多功能、高效模块化的仪器，即 Sigma 2000。直到最近仍有使用 Sigma 3B 的文章发表（J Chromatogr A，2010，1217：2918）；国内发表的气相色谱研究论文也有许多使用 Sigma 系列气相色谱仪。

20 世纪 80 年代，PerkinElmer 开发出 8000 系列 GC，这一系列新增了实时色谱图的屏幕显示和内置的方法开发，以及数据处理功能。8000 系列由 PerkinElmer 英国分公司开发，该系列第一个型号是 Model 8300，于 1983 年推出，是一款简易、单通道的气相色谱仪。此后，PerkinElmer 又把它进行改进增加其他功能，形成三个型号的新仪器：Models 8400 及 8500（1986 年推出）和 Model 8700（1987 年推出）。这三款仪器的独特性在于有滑动的柱箱门、选择安装附加进样器和检测器，以及自动流失补偿。

1990 年，PerkinElmer 推出了 AutoSystem™ GC，它整合了色谱和电子控制的最新成果，配有完全集成的自动进样器，可以处理多达 83 个样品，以及注射不同体积的样品；在 1995 年 10 月推出一个改进的型号 AutoSystem XL™ GC，把自动程序气流控制（EPC）用在温度程序的分流/不分流进样或柱头进样以及大体积进样上，而且配套一些通用和选择性检测器。

2002 年，PerkinElmer 推出型号为 Clarus® 500 GC，整合了易学、触摸式用户界面，提供一种全新的用户与仪器交流的方式，具有直观的图像用户界面、实时的信号显示和八种语言支持的特点，同时，Clarus 500 GC 保持了 AutoSystem GC 的分析功能。近年 PerkinElmer 又推出 Clarus 600 GC，其特点为柱温从 450℃ 降到 50℃ 所需时间不超过 2min，高效柱箱缩短了每次的分析周期，提高了分析效率。自动进样器在设计和功能上更具灵活性，电子气路控制提高了分析的自动化，创新的触摸屏使操作更为简单。

瓦里安是较早进入中国市场的气相色谱仪制造商，国内最早建厂的北京分析仪器厂，在 20 世纪 80 年代引进了瓦里安的气相色谱仪和液相色谱仪的制造技术，从而使北京分析仪器厂的制造技术和产品上了一个台阶，量产了 3400 系列气相色谱仪。2010 年 5 月 17 日，安捷伦宣布已完成对瓦里安公司的收购。近 30 年来，安捷伦连续创造了一系列的突破和创新，占有了中国气相色谱仪（含 GC-MS 中的气相色谱仪）进口总量的七成。

安捷伦在气相色谱仪关键部件的设计上作出了诸多革命性的突破。①20 世纪 80 年代末，把电子气路控制器（EPC）用于气相色谱仪，EPC 提高了气相色谱仪气路控制的自动化水平，它包括电子流量/压力控制模块，以闭环控制的方式通过小流量比例电磁阀、小流量和压力传感器、微型可调限流装置和颗粒过滤装置，达到控制气体流量/压力的目的。经过多年的使用和改进现在已经发展到第 5 代 EPC，最小控制精度达到 0.001psi（1psi＝6.895kPa）。②第二个创新性部件是把 Deans Switch（狄恩斯气流切换）微型化。微板流控技术是利用了 1968 年 Deans 开发的基于压力平衡的无阀气流切换方法，20 世纪 80 年代，西门子利用 Deans 无阀气流切换装置设计生产了二维气相色谱仪。1999 年，Jan Blomberg 利用 Deans 无阀气流切换装置设计了 GC-FID-MS 的无阀分流。

安捷伦 2007 年推出的 7890A GC 的柱箱内装有 Deans Switch 的微板气流控制装置，同时使用了 Deans 无阀气流切换技术，但是该技术对 Deans 无阀切换的管件装置进行了高科技的处理：使用两块特殊金属板用光化学刻蚀技术得到低死体积的流路，把两块金属板使用扩散焊接技术焊接形成整体微板流路，样品流路的所有内表面均经脱活处理，具有惰性。

安捷伦将 Deans 无阀切换装置称为"微板流控"（capillary flow control），大小如信用卡。微板流控装置加上第五代程序控制压力和流量控制装置，可应用于大多数分析中，同时，在不改变现有分析方法的前提下大大提高分析效率。微板流控技术在以下方面实现突破：①反吹——消除运行后烘烤时间，极大地减少进样间隔，同时消除样品间的交叉污染。反吹还能延展色谱柱的寿命，减少检测器的维护。②分流——可同时运行三个检测器，包括 MSD，以获得最大信息量。③中心切割——将有兴趣的色谱峰切至第二根色谱柱，这对复杂基质中的痕量检测十分有用。④全二维色谱（GC×GC）——将所有色谱峰转至第二根色谱柱而不需要昂贵的制冷剂。⑤速转换（QuickSwap）——在 GC-MS 运行中更换色谱柱而不需要断真空，每次可节约数小时。

2013 年年初，安捷伦又推出 7890B，新增集成智能功能如休眠/唤醒模式，降低了载气和能源消耗，而 7890B 和 5977A MSD 可双向直接通讯，放空时间缩短了 40%。集成在安捷伦数据系统中的 GC 计算器可进行方法优化，并且将计算值自动转移到方法编辑器中。高性能电子气路控制和数字电路为保留时间锁定精度和快速柱箱降温设定了新的标准。内置的氢气安全功能和氢气保存模式帮助实验室在分析运行上更经济。

7890B 配备了大恒温阀箱，可安装驱动阀、微型闪蒸、针型调节阀、色谱柱［包括 1/8in（1in＝0.0254m）填充柱］，只用 7890B 一个加热区，就可支持柱温箱和大阀箱独立控温（可以实现柱温箱在程序控温时，对大阀箱进行恒温控制，可用于快速全组分分析）。

岛津的气相色谱仪进入中国市场较早。1956 年，岛津生产出第一台气相色谱仪 GC 1A。1972 年，岛津在中国举办多次新技术新产品交流会。1975 年，中国许多单位引进了 GC 5A 气相色谱仪，它是一台十分全面的仪器，柱温箱和控制部件是分开的，带有各种检测器和附件，可进行填充和毛细管柱的分析，配置热导、氢火焰、电子俘获和火焰光度检测器，还带有玻璃毛细管拉制机。

20 世纪 80 年代中期，岛津把 GC 5A 升级为 GC 7A 和 GC 9A，这两款仪器都还采用整体加热单元，整体加热单元是指进样口、检测器全部或部分集中在一个大的加热块上，由一个加热棒、一个温度控制器、一个恒温块来控制温度，它的优点是结构简单、元器件少、成本低，由于储热值大，在到达温度后易于保持稳定。但是加热块上的各部件的温度必须一致，而不能有所区别，因此，限制使用的灵活性；另外，由于加热块体积大，升温降温速度缓慢，改变条件困难，升温时所有的部件都被加热，不用的部件也在升温降温过程时经受热疲劳损耗。岛津从 GC 17A 起才改为现代气相色谱仪多采用的独立单元加热模式。

在柱箱温度控制方面，GC 7A 采用机械拨盘方式，不易操作，而从 GC 9A 才开始利用电子控制，采用键盘输入参数，GC 7A 没有柱温箱排热口，使升/降温速度很慢，而在 GC 9A 上装有狭长缝形的排热口，加快了升/降温速度。

GC 7A、GC 9A 直至 GC 14A（1990 年）的气体流量和压力控制一直使用机械式表阀控制，如稳压阀、稳流阀、压力表、转子流量计等，这是早期气相色谱仪的标志。到了 1995 年，岛津推出了 GC 17A，这款气相色谱仪才使用电子气体流量/压力控制系统，并配置了化学工作站，可以很方便地进行各种参数的设定控制和数据处理，具备了现代气相色谱仪的要求。

1999 年是一个大的转折，岛津推出了全新的 GC 2010 气相色谱仪，这一款仪器体现了当时各种先进的技术：采用新一代 EPC（岛津称为 AFC 流量控制器）设计，使载气控制有更高的精度，实现了保留时间、峰面积、峰高的优良重现性。同时，GC 2010 在标准配置下即可满足快速分析所需要的高柱头压（970kPa）、高载气流速（1200mL·min^{-1}）等要求，使主机不需添加任何附件即可使用 0.1mm 甚至 0.05mm 窄口径的快速分析柱；所有检测器都进行了重新设计，达到小型化、高灵敏度的要求，均可满足快速分析的要求，其中，FPD（火焰光度检测器）采用全新镜面全光反射系统和聚光透镜，达到超高灵敏度；化学工作站 GC solution 的检测器数据采集速率高达 250Hz（4ms），保证快速分析时数据的准确性和完整性；柱温箱可达到最快的升温速率 250℃·min^{-1}，加快分析物流出，满足了快速分析所需要的升温要求。主机的大液晶显示屏 LCD 及帮助功能使操作更为简便直观，让进样口、柱温箱、检测器的所有参数、升温程序以及实时得到的色谱图都一目了然地展现在使用者面前；主机有自诊断功能，可定期针对电路、气路及各类消耗品进行自检，并生成自检报告以便进行维护。载气控制采用与分离性能具有相关性的载气线速度进行控制的方案，可以在最短时间内得到最优化分离条件；主机可安装 3 个进样口和 4 个检测器，从而省去了拆换检测器的麻烦，使用 GC solution 化学工作站可进行 4 种检测器同时检测。

2005 年 3 月，岛津推出 GC 2014 气相色谱仪和 GC/MS 2010S 气相色谱-质谱仪，这是两款低端性价比高的仪器。

2006 年是岛津推出 GC 五十周年，当年岛津推出新一代高性能气相色谱-质谱联用仪，GCMS-QP2010 Plus。

在 2009 年 9 月，岛津又推出气相色谱仪 GC-2010 Plus，新一代的 GC-2010 Plus 采用高灵敏度检测器（FPD、FID 等），以便达到高可靠性、高重现性、高精度的痕量级分析的要求。更快的柱温箱冷却速度和先进的流路技术（如反吹系统等）为缩短分析时间、提高分析效率提供了强有力的保证。

2010 年 8 月，岛津发布了新一代高性能气相色谱质谱联用仪 GC/MS-QP2010 Ultra，它能在高速扫描的同时保证仪器的高灵敏度，并且还具有一些非常实用的性能，如 Twin Line MS 系统、Easy sTop、生态模式，适合用于快速分析和全二维气相色谱等。

2013 年 2 月，岛津推出高灵敏度气相色谱仪系统 Tracera，Tracera 气相色谱仪系统配备了岛津新开发的 BID 检测器（介质阻挡放电等离子体检测器），可以满足除 He 和 Ne 之外所有有机和无机化合物 $0.1 \text{mg} \cdot \text{L}^{-1}$ 含量水平的分析需求。Tracera 适用于多种类型的高灵敏度分析，其灵敏度高于 TCD 百倍以上，高于 FID 两倍以上。

从上述三个公司的气相色谱仪产品的发展可以看出，20 世纪 90 年代中期是气相色谱仪走向现代化的转折点，进入 21 世纪，各个公司的水平趋于接近，有一些小的改进但没有大的突破。

国产气相色谱仪这几年也在突飞猛进地发展，逐步接近先进气相色谱仪的水平。在 20 世纪 50 年代，国家科委组成专题攻关组，采取专家与生产厂家相结合的方式，主要在中国科学院大连化学物理研究所以及石油部石油科学研究院、化工部北京化工研究院等研究机构展开研究。20 世纪 60 年代初，北京分析仪器厂和北京化工研究院共同研制出我国首批商品化气相色谱仪——SP-02 气相色谱仪，之后，上海分析仪器厂也有商品化气相色谱仪问世。70 年代初，北京分析仪器厂生产的 SP-2305 和上海分析仪器厂生产的 100 型气相色谱仪已逾千台，在国内达到普及应用的程度。80 年代，北京分析仪器厂引进美国 Varian 公司的 3700 和 3400 系列气相色谱仪技术组装产品，之后逐步提高国产化的程度，先后推出 3410/3420/3460 等型号色谱仪。上海分析仪器厂则生产 1001 系列气相色谱仪，并组装安捷伦的 HP-5890-Ⅱ系列气相色谱仪。改革开放之后不断有民营企业加入色谱仪研制生产的行列，1994 年成立的上海天美科学仪器有限公司和 1998 年成立的浙江温岭福立公司都有不俗的表现。上海天美的 GC7980 气相色谱仪全部采用 EPC（电子压力控制系统）控制气路，获得 2013 年 BCEIA 金奖。在 2013 年 BCEIA 展会上，温岭福立和上海天美都推出了带 EPC 控制的高端气相色谱仪，两款产品都实现了 3 个检测器 9 个气路和 3 个进样器 9 个气路共 18 路气体的 EPC 控制，上海天美的 GC7980 气相色谱仪全部采用 EPC 控制气路，性能接近国际先进水平。科技部在"十一五"国家科技支撑项目"色谱仪器关键零部件的研制与开发"项目中进行了相关立项，由上海精科和温岭福立共同研发气相色谱仪的气体压力和流量电子控制部件。我国的气相色谱厂家正奋起赶上国际先进水平。

2.6.1.3　气相色谱在农药残留检测上的应用

20 世纪 60 年代初，气相色谱开始应用于农药残留分析，许多高灵敏度检测器的使用，推动了农药残留分析技术的发展，大大提高了农药残留量的检测精度。由于气相色谱法具有分离效率高、分析速度快、选择性好、样品用量少、检测灵敏度较高等优点，广泛应用于分离气体和易挥发或可转化为易挥发的液体及固体样品。目前该方法已成为农药残留分析中最常用、最主要的方法。其中电子俘获检测器（ECD）可以实现多种有机氯、菊酯类农药的分离和测定。火焰光度检测器（FPD）对有机磷农药有很好的响应值。氮磷检测器（NPD）对氮、磷等化合物的响应大大提高，成为测定有机磷类农药的有效检测器。

气相色谱检测方法也列入国标中，如《粮食、水果和蔬菜中有机磷农药测定 气相色谱法》（GB/T 14553—2003）规定了粮食（大米、小麦、玉米）、水果（苹果、梨、桃等）、蔬菜（黄瓜、大白菜、番茄等）中速灭磷、甲拌磷、二嗪磷、异稻瘟净、甲基对硫磷、杀螟硫磷、溴硫磷、水胺硫磷、稻丰散、杀扑磷等多组分残留量的测定采用气相色谱检测。《食品安全国家标准 蜂蜜中 5 种有机磷农药残留量的测定 气相色谱法》（GB 23200.97—2016）规定了蜂蜜中敌百虫、皮蝇磷、毒死蜱、马拉硫磷、蝇毒磷农药残留量检测的气相色谱测定方法。《食品安全国家标准 可乐饮料中有机磷、有机氯农药残留量的测定 气相色谱法》（GB 23200.40—2016）规定了可乐饮料中敌敌畏、毒死蜱、马拉硫磷、对硫磷、七氯、六氯苯、六六六及其异构体（α-六六六、β-六六六、γ-六六六、δ-六六六）、五氯硝基苯等 11 种有机磷、有机氯农药残留量的气相色谱检测方法。《食品安全国家标准 蜂王浆中 11 种有机磷农药残留量的测定 气相色谱法》（GB 23200.98—2016）规定了蜂王浆中敌敌畏、甲胺磷、灭线磷、甲拌磷、乐果、甲基对硫磷、马拉硫磷、对硫磷、喹硫磷、三唑磷、蝇毒磷农药残留量的气相色谱检测方法。《食品安全国家标准 水产品中氯氰菊酯、氰戊菊酯、溴氰菊酯多残留的测定 气相色谱法》（GB 29705—2013）规定了鱼和虾可食性组织中氯氰菊酯、氰戊菊酯和溴氰菊酯残留量的气相色谱检测方法。

2.6.2 液相色谱技术

2.6.2.1 定义及原理

液相色谱法的基本原理、方法和仪器（图 2-34）的基本组成与气相色谱相同。气相色谱的流动相载气是惰性的，不参与分配平衡过程，与样品分子无亲和作用，样品分子只与固定相相互作用。而在高效液相色谱中流动相是各种溶剂，流动相与组分之间也

图 2-34 液相色谱仪

有一定的亲和力，色谱分离的实质是样品分子与流动相及固定相分子间的作用，样品分子与双方作用力的大小决定色谱保留行为，因此，分离过程可以利用样品与流动相、固定相三者之间的选择性作用完成，提高了分离的选择性。液相色谱又分为正相（normal phase）色谱和反相（reversed phase）色谱。正相色谱是流动相极性小于固定相极性的分配色谱。常用的流动相为极性小的有机溶剂，如正己烷等。而反相色谱是流动相极性大于固定相极性的分配色谱。常用的流动相为甲醇-水、乙腈-水。对于高沸点、热稳定性差、分子量大（大于 200 以上）的有机物原则上都可应用高效液相色谱法来进行分离、分析。

工作流程：高压泵将贮液瓶中的流动相经进样器以一定的速度送入色谱柱，然后由检测器出口流出。当样品混合物经进样器注入后，流动相将其带入色谱柱中。由于各组分的性质不同，它们在柱内两相间做相对运动时产生了差速迁移，混合物被分离成单个组分，依次从柱内流出进入检测器，检测器将各组分浓度转换成电信号输出给记录仪或数据处理装置，得到色谱图。

检测器的作用是将柱流出物中样品组成和含量的变化转化为可供检测的信号，常用的检测器有紫外-可见、荧光、示差折光、化学发光等。

（1）紫外-可见检测器（ultraviolet-visible detector，UVD）　紫外-可见检测器（UVD）是 HPLC 中应用最广泛的检测器之一，几乎所有的液相色谱仪都配有这种检测器。其特点是灵敏度较高，线性范围宽，噪声低，适用于梯度洗脱，对强吸收物质的检测限可达 $1ng \cdot kg^{-1}$，检测后不破坏样品，可用于制备，并能与任何检测器串联使用。紫外-可见检测器的工作原理与结构同一般分光光度计相似，实际上就是装有流动池的紫外可见光度计。

① 紫外吸收检测器。紫外吸收检测器常用氘灯作光源，氘灯则发射出紫外-可见区范围的连续波长，并安装一个光栅型单色器，其波长选择范围宽（190～800nm）。它有两个流通池，一个作参比，另一个作测量用，光源发出的紫外光照射到流通池上，若两流通池都通过纯的均匀溶剂，则它们在紫外波长下几乎无吸收，光电管上接收到的辐射强度相等，无信号输出。当组分进入测量池时，吸收一定的紫外光，使两光电管接收到的辐射强度不等，这时有信号输出，输出信号大小与组分浓度有关。如吡虫啉在269nm 处有最大吸收。

局限：流动相的选择受到一定的限制，即具有一定紫外吸收的溶剂不能作流动相，每种溶剂都有截止波长，当小于该截止波长的紫外光通过溶剂时，溶剂的透光率降至10％以下，因此，紫外吸收检测器的工作波长不能小于溶剂的截止波长。

② 光电二极管阵列检测器（photodiode array detector，PDAD）。也称快速扫描紫外-可见分光检测器，是一种新型的光吸收式检测器。它采用光电二极管阵列作为检测元件，构成多通道并行工作，同时，检测由光栅分光，再入射到阵列式接收器上的全部波长的光信号，然后对二极管阵列快速扫描采集数据，得到吸光度（A）是保留时间（t_R）和波长（λ）函数的三维色谱光谱图。由此可及时观察与每一组分的色谱图相应的光谱数据，从而迅速决定具有最佳选择性和灵敏度的波长。

单光束二极管阵列检测器，光源发出的光先通过检测池，透射光由全息光栅色散成多色光，射到阵列元件上，使所有波长的光在接收器上同时被检测。阵列式接收器上的光信号用电子学的方法快速扫描提取出来，每幅图像仅需要 10ms，远远超过色谱流出峰的速度，因此可随峰扫描。

（2）荧光检测器（fluorescence detector，FD）　荧光检测器是一种高灵敏度、有选择性的检测器，可检测能产生荧光的化合物。某些不发荧光的物质可通过化学衍生化生成荧光衍生物，再进行荧光检测。其最小检测浓度可达 $0.1\text{ng} \cdot \text{mL}^{-1}$，适用于痕量分析；一般情况下，荧光检测器的灵敏度比紫外检测器约高 2 个数量级，但其线性范围不如紫外检测器宽。近年来，采用激光作为荧光检测器的光源而产生的激光诱导荧光检测器极大地增强了荧光检测的信噪比，因而具有很高的灵敏度，在痕量和超痕量分析中得到广泛应用。

（3）示差折光检测器（differential refractive index detector，RID）　示差折光检测器是一种浓度型通用检测器，对所有溶质都有响应，某些不能用选择性检测器检测的组分，如高分子化合物、糖类、脂肪烷烃等，可用示差检测器检测。示差检测器是基于连续测定样品流路和参比流路之间折射率的变化来测定样品含量的。光从一种介质进入另一种介质时，由于两种物质的折射率不同就会产生折射。只要样品组分与流动相的折射率不同，就可被检测，二者相差愈大，灵敏度愈高，在一定浓度范围内检测器的输出与溶质的浓度成正比。

（4）电化学检测器（electrochemical detector，ED）　电化学检测器主要有安培、极谱、库仑、电位、电导等检测器，属选择性检测器，可检测具有电活性的化合物。目前它已在各种无机和有机阴阳离子、生物组织和体液的代谢物、食品添加剂、环境污染物、生化制品、农药及医药等的测定中获得了广泛的应用。其中，电导检测器在离子色谱中应用最多。

电化学检测器的优点是：①灵敏度高，最小检测量一般为 ng 级，有时可达 pg 级；②选择性好，可测定大量非电活性物质中极痕量的电活性物质；③线性范围宽，一般为4～5 个数量级；④设备简单，成本较低；⑤易于操作自动化。

（5）化学发光检测器（chemiluminescence detector，CD）　化学发光检测器是近年来发展起来的一种快速、灵敏的新型检测器，具有设备简单、价廉、线性范围宽等优点。其原理是基于某些物质在常温下进行化学反应，生成处于激发态势的反应中间体或反应产物，当它们从激发态返回基态时，就发射出光子。由于物质激发态的能量是来自化学反应，故叫做化学发光。当分离组分从色谱柱中洗脱出来后，立即与适当的化学发光试剂混合，引起化学反应，导致发光物质产生辐射，其光强度与该物质的浓度成正比。

这种检测器不需要光源，也不需要复杂的光学系统，只要有恒流泵，将化学发光试剂以一定的流速泵入混合器中，使之与柱流出物迅速而又均匀地混合产生化学发光，通过光电倍增管将光信号变成电信号，就可进行检测。这种检测器的最小检出量可达 10^{-12}g。

（6）蒸发光散射检测器（evaporative light-scattering detector，ELSD）　通用型检测器，能检测不含发色团的化合物，如：糖、类脂、聚合物、未衍生脂肪酸和氨基酸、表面活性剂、药物（人参皂苷、黄芪甲苷），并在没有标准品和化合物结构参数未知的情况下检测未知化合物。

不同于紫外检测器和荧光检测器，ELSD 的响应不依赖于样品的光学特性，任何挥发性低于流动相的样品均能被检测，不受其官能团的影响。灵敏度比示差折光检测器高，对温度变化不敏感，基线稳定，适合与梯度洗脱液相色谱联用。

2.6.2.2　历史与发展

1941 年，马丁（Matin）和辛格（Synge）使用一根装满硅胶微粒的色谱柱，成功地完成了乙酰化氨基酸混合物的分离，建立了液液分配色谱方法，也因此获得了 1952 年诺贝尔化学奖。1944 年，康斯坦因（Consden）和马丁（Matin）建立了纸色谱法。1949 年，马丁建立了色谱保留值与热力学常数之间的基本关系式，奠定了物化色谱的基础。1952 年，马丁和辛格创立了气液色谱法，成功地分离了脂肪酸和脂肪胺系列，并对此法的理论与实验做了精辟的论述，建立了塔板理论。1956 年，斯达（Stall）建立了薄层色谱法。同年，范第姆特（Van Deemter）提出了色谱理论方程，后来吉丁斯（Giddings）对此方程作了进一步改进，并提出了折合参数的概念。这一系列色谱技术和理论的发展都为 HPLC 的问世打下了扎实的基础。

HPLC 的第一个雏形是由斯坦因（Stein）和莫尔（Moore）于 1958 年开发的氨基酸分析仪（AAA），这种仪器能够进行自动分离和蛋白质水解产物的分析，由于这种研究的重要性，其他研究者也被吸引来进行这一方面的重要课题的研究，最终直接促成了 HPLC 方法的建立。在此期间，哈密顿（Hamiton）在柱效率和选择性方面的成就使得他的工作特别有价值。在 20 世纪 60 年代早期的相关进展是莫尔（Moore）发展起来的凝胶渗透色谱（GPC）。1963 年，沃特世公司（Waters）开发出了世界上首台商品化的高压凝胶渗透色谱 GPC-100，开创了液相色谱的时代，并于 1964 年 Pittcon 大会推向市场。当时仪器售价 12500 美元，当年共卖出 40 套。1968 年，Waters 于 Pittcon 大会发布全世界首台商品化 HPLC——ALC100 HPLC，并于 1969 年正式面世。该系统搭载 Milton Roy 泵、针式进样器、示差折光和紫外两台检测器。

《液相色谱的现代实践》一书的出版是 HPLC 发展史上的一个重要里程碑。该书源于三天一期的 HPLC 课程，由杜邦公司仪器产品局和特拉华色谱论坛牵头主办，于 1970 年 4 月开始，由科克兰和斯尼德等人主讲，他们于 1971 年完成了由科克兰编辑的《液相色谱的现代实践》一书，对萌芽时期的 HPLC 作了详细而准确的总结。1971 年，戴安（Dionex，后被 Thermo Fisher 收购）发布了世界首款商品化离子交换色谱，基于电荷量分离离子和极性分子。

1971 年，Cecil Instruments 发布首款商品化用于 HPLC 的可变波长检测器（VWD）——CE 212。1972 年，Waters 推出用于 HPLC 系统的 M6000 高压泵，并于 1973 年 Pittcon 大会发布。这款可精准控制 $0.1\sim9.9\text{mL}\cdot\text{min}^{-1}$ 流体的 6000psi 高压泵

的推出是 HPLC 技术史上的里程碑，使得 HPLC 仪器在全球范围内的实验室中推广开来。

HPLC 是 high pressure liquid chromatography 的缩写，即高压液相色谱。随着 M6000 高压泵、U6K 高压进样系统和 μBondapak 单官能团键合硅胶颗粒色谱柱的问世，沃特世改写了原有 HPLC 中"P"的意义，此后，HPLC 重新被定义为 high performance liquid chromatography，即高效液相色谱。

1973 年，惠普（Agilent 前身）收购 Hupe & Busch 公司进入 LC 市场。1975 年，Jasco 开始分析仪器代工生产业务。1976 年，惠普推出了全球首台微机控制的液相色谱。1978 年，Waters 推出首款商品化 SPE 产品——Sep-Pak 系列。1979 年，惠普推出用于化学分析的新二极管阵列检测器（PDA），可同时测量多波长光线，快速获得结果。终产品于 1982 年问世。20 世纪 70 年代末，全球 LC 市场据估计达 1 亿～1.5 亿美元，沃特世公司占据 50% 的市场份额。1982 年，ESA Biosciences 公司（2009 年被 Dionex 收购）开发出新型电化学检测器"Coulochem"并申请专利。1982 年，法玛西亚（Pharmacia，后被 GE 收购）开发出分离蛋白质的液相色谱方法——快速蛋白液相色谱（fast protein liquid chromatography）。1995 年，惠普发布 1100 系列液相色谱。1100 系列液相色谱是销量最好的 HPLC 产品之一，到 2006 年，1100 系列已售出 50000 余套。1996 年，分析仪器史上最成功的产品——Waters Alliance HPLC 问世。Alliance 达到了当时 HPLC 仪器所能达到的性能，并在之后几十年中一直影响着各种 HPLC 产品的演进。至今 Alliance 仍然是最受欢迎的 HPLC 仪器之一，20 多年间整体仪器无很大改动，仅在 2013 年时重新更换了外壳设计及部分内部模块。1999 年，Waters 发布 XTerra 色谱柱。XTerra 色谱柱拥有快速、峰形尖锐、pH 适用范围广等新性能，满足了当时医药研究人员的迫切需要。2002 年，JASCO 推出首款超高效 HPLC 泵。

2004 年，Waters 推出世界上首款超高效液相色谱——ACQUITY UPLC，开创了 UPLC 这个新的品类。UPLC 具有超低扩散体积（小于 $15\mu L$），可将亚 $2\mu m$ 色谱柱的性能发挥到极致。色谱工作者使用 UPLC 结合小颗粒色谱柱可以获得更好的分离度、灵敏度，更快的分析速度。2005 年，ESA Biosciences 公司推出电喷雾检测器（CAD）。电喷雾检测结果与分析物颗粒有关，信号电流与样品中分析物的质量成正比，因此，无论是何种化合物，只要进样质量相同，响应都基本一致。电喷雾检测技术是 UV 和质谱检测器强有力的补充，适用于任何非挥发性或半挥发性化合物。2006 年，Agilent 发布 1200 系列液相色谱系统，取代了之前的 1100 系列。2009 年，Agilent 1290 Infinity 液相色谱系统发布。1290 Infinity 可与非 Agilent UHPLC 和 HPLC 系统进行方法相互转移，是目前 Agilent 主推的液相色谱产品。2009 年，Dionex 宣布收购 ESA Biosciences 公司的 HPLC 相关产品线。2010 年，Phenomenex 推出 Kinetex 核壳色谱柱。核壳色谱柱将多孔硅壳熔融到实心的硅核表面制备而成，具有极窄的粒径分布和扩散路径，可以同时减小轴向和纵向扩散，允许使用更短的色谱柱和较高的流速以达到快速、高分离度分离。2010 年年底，赛默飞世尔科技（Thermo Fisher Scientific）对美国戴安公司（DIONEX）提出收购邀约，于 2011 年完成收购。20 世纪末，LC 由 HPLC

迈入 UPLC/UHPLC 时代，各仪器公司飞速发展，全球 LC 市场据估计超过 60 亿美元。2014 年，安捷伦将其前电子测量业务部分拆分为是德科技公司。安捷伦将专注于发展化学分析与生命科学、医疗诊断业务。2016 年，丹纳赫（Danaher）宣布收购分离科学耗材制造商 Phenomenex 公司，完善其在分析领域的布局。

HPLC 在我国的发展历史要追溯到 20 世纪 70 年代初期，中国科学院大连化学物理研究所开展了 HPLC 的研究，与工厂合作生产出了液相色谱固定相，并出版了高效液相色谱的新型固定相论文集，编写了高效液相色谱讲义，同时还举办了全国性的色谱学习班。80 年代初，卢佩章院士等开展智能色谱的研究，1984～1989 年间研制成功了我国第一台智能高效液相色谱仪。

2.6.2.3 液相色谱在农药残留检测上的应用

自 20 世纪 80 年代以来，高效液相色谱法在农药残留分析中广泛用于对热不稳定和离子型农药及其代谢物的分析中。液相色谱在检测农药残留时，不受待测物热稳定性和挥发性的限制，色谱的流动相和固定相选择范围大、适用种类多，对各类农药的分析优势比其他方法显著，使得高效液相色谱成为农药残留检测中普遍采用的方法。

由于部分拟除虫菊酯类农药具有挥发性及热不稳定性，而气相方法需要较高的气化温度，在进样后的气化过程中立体结构易发生变化，而用高效液相色谱方法分析拟除虫菊酯类具有一定的优势。同样，氨基甲酸酯类农药多数也是热不稳定的，因此不适合用气相色谱测定。氨基甲酸酯类化合物在 220nm 处均有强吸收，故可用紫外检测器检测。目前液相色谱法也被国标列入检测方法中。例如《食品安全国家标准　水果和蔬菜中阿维菌素残留量的测定　液相色谱法》（GB 23200.19—2016）中规定水果及蔬菜中阿维菌素检测的制样和液相色谱检测方法。《食品安全国家标准　牛奶中阿维菌素类药物多残留的测定　高效液相色谱法》（GB 29696—2013）中规定了牛奶中阿维菌素类药物残留量检测的制样和高效液相色谱测定方法。《食品安全国家标准　水果和蔬菜中唑螨酯残留量的测定　液相色谱法》（GB 23200.29—2016）中规定了水果和蔬菜中唑螨酯残留量的高效液相色谱检测方法。

2.6.3 超临界流体色谱技术

2.6.3.1 定义及原理

超临界流体色谱（supercritical fluid chromatography，SFC）由 Klesper 等于 1961 年首次提出，20 世纪 80 年代以来得到迅速发展。典型的 SFC 流程主要包括 3 个部分：①高压流动相输送系统。主要由贮槽、压力控制器和泵组成。作用是将高压气体（有时含少量改性剂）经压缩和热交换转变为超临界流体，并以一定的压力连续输送到色谱分离系统。②色谱分离系统。包括进样器、色谱柱和恒温箱 3 部分。SFC 采用高压进样器。色谱柱分为填充柱和毛细管柱两种。填充柱可使用不锈钢液相色谱柱，毛细管柱内径一般为 50～100μm，长约 2.5～20m。③检测系统。SFC 检测器分为两类：GC 型和 HPLC 型。GC 型检测器适用于毛细管柱 SFC，包括火焰离子化检测器、热离子检测器、火焰光度检测器等；HPLC 型检测器适用于填充柱 SFC，包括荧光检测器、紫外检测器等。SFC 还可以与 MS、FTIR 等联用，使其在定性、定量检测中极为方便。

在分离检测原理上，超临界流体色谱法与气相色谱法和高效液相色谱法没有多大的区别。但是同气相色谱仪相比，超临界流体色谱仪以 CO_2 为流动相，工作压力较高，一般为 $7.0\sim45.0MPa$；和高效液相色谱仪也不一样，超临界流体色谱仪的色谱柱温度较高，一般从常温到 250℃。操作过程可通过压力（或密度）的程序变化（相当于梯度洗脱）、温度程序变化（程序升温或降温）实现最佳的分离。超临界流体具有黏度小、扩散系数大、密度高等特性，因此，SFC 流动相的扩散速率、传质速率及最佳线速度都比 HPLC 高，SFC 在单位时间内能达到更高的分离度，且有机溶剂的消耗减少；同时，SFC 的分离温度通常也比 GC 低很多。

SFC 因其超临界流体自身的一些特性，使得 SFC 的某些应用方法同时具有液相（LC）、气相（GC）两者的优点，有其独到之处，但它并不能取代这两类色谱，而是它们的有力补充。SFC 与 GC 的比较：① 与 GC 相比，SFC 可以在更低的温度下实现对热不稳定化合物的有效分离。由于柱温降低，分离选择性改进，可用于分离手性化合物。②由于超临界流体的扩散系数比气体小，因此，SFC 的谱带展宽比 GC 要窄。③SFC 的溶解能力强，许多非挥发性组分在 SFC 中的溶解度较大，可分析非挥发性的高分子、生物大分子等样品。④选择性较强，SFC 可选用压力程序、温度程序，并可选用不同的流动相或者改性剂，因此，操作条件的选择范围较 GC 更广。SFC 与 LC 相比：①分析时间短。由于超临界流体黏度小，可使其流动速率比高效液相色谱（HPLC）快得多，在最小理论塔板高度下，SFC 的流动相速率是 HPLC 的 $3\sim5$ 倍左右。②总柱效高。毛细管 SFC 的总柱效可高达百万，可分析极其复杂的混合物，而 LC 的柱效要低得多。当平均线速度为 $0.6cm\cdot s^{-1}$ 时，SFC 法的柱效可为 HPLC 法的 4 倍左右。③检测器应用广。SFC 可连接各种类型的 GC、LC 检测器，如氢离子火焰（FID）、氮磷检测器（NPD）、质谱（MS）、傅里叶变换红外光谱（FTIR）以及紫外（UV）、荧光（FLD）等检测器。④流动相消耗量低，操作更安全。通常，在 SFC 中由于极性和溶解度的局限，使用单一的超临界流体并不能满足分离要求，需要在超临界流体中加入改性剂。在 SFC 中，选择性是流动相和固定相两者的函数；在 GC 中，溶质的保留受流动相压力及其性质的影响较小，故选择性基本上是固定相的函数；在 LC 中可用梯度洗脱，改变流动相的性质，从而影响溶质的保留。在 SFC 中，流动相的极性也可采用梯度技术（加入改性剂）加以调整，达到与 LC 同样的梯度效果。同时，SFC 中的压力程序（通过程序升压实现流体的密度改变，达到改善分离的目的）相当于 GC 中的程序升温技术。

2.6.3.2　历史与发展

早在 1869 年，Andrews 就发现了超临界现象。1879 年，Hannay 首次报道了超临界乙醇溶解金属卤化物。1943 年发展出一种新的分离方法——超临界流体萃取（supercritical fluid extraction，SFE），其后提出利用超临界流体密度的改变对组分进行选择性萃取的观点。1962 年，Klesper 首次报道了以超临界二氟二氯甲烷和二氟一氯甲烷为流动相，分离镍卟啉异构体的超临界流体色谱法[59]。Sie 和 Giddings 在这一时期进行了 SFC 分离高分子物质的大量研究，表明这种技术的应用前景。由于 SFC 存在一些实验技术上的困难，导致其发展缓慢。1981 年，Novotny 和 Lee 首次报道了毛细管超临界色谱技术，进而对 SFC 的理论、技术做了系统研究。1986 年，美国的 Lee 科学公司推出第一台商品化 SFC 仪。此后十多年，SFC 获得迅速发展，形成一个 SFC 浪潮，以致有人认为 SFC 会掀起分离分析方法的革命。

但 SFC 的发展并不如人们预料的乐观，20 世纪 90 年代后期，SFC 研究报告逐渐减少，其应用还是有限的，未发展成为如 GC 和 HPLC 一样的常规分离方法，一些大公司纷纷放弃进一步发展 SFC 的计划，SFC 发展趋向低落。SFC 发展的大起大落，究其原因主要有两个方面：一是分离科学发展的大环境，20 世纪 90 年代，毛细管电泳的出现和发展，提供了大量有价值的分析结果，在仪器设备和技术方面比需要高压的 SFC 简单和容易得多，从而吸引了大量分离科学工作者进入这个新领域；二是超临界流体自身物理性质带来 SFC 方法的局限性。

2011 年，沃特世公司宣布引入 ACQUITY UPSFC™ 系统，它的分析系统设计全面，融合了 sub-2μm 微粒技术的优势与超临界流体色谱（SFC）的性能。此项新系统以卓越的 UltraPerformance LC（UPLC）技术为基础，可将运行时间缩短为原来的 1/10，溶液用量减少 95%，分析成本降低 99%，同时比手性和非手性分离的正相色谱更为环保。Waters ACQUITY UPSFC 系统能够使科学家采用二氧化碳作为初级流动相进行正相色谱分离，取代了昂贵有毒的溶剂，此举可为实验室节省上万美元的费用并延长仪器的使用寿命。与传统的 HPLC 相比，它能够使许多行业的研究型或质控实验室在进行日常 UPSFC 分离时获得巨大的效益。

2.6.3.3　超临界色谱在农药残留检测上的应用

目前安捷伦公司采用超临界色谱技术（1260 Infinity Analytical SFC）和超高分辨质谱技术（iFunnel 6550 QTOF）建立了 128 种多农药残留筛查检测技术，高精确质量测定及软件数据处理系统为多农药同时快速分析提供了解决方案，同时，iFunnel 技术保障了优异的测试灵敏度；超临界色谱 SFC 及 Rx-SIL 色谱柱为多组分分离提供了有效的方案，其分离选择性与传统的 LC 形成极大的互补性，并且分析平衡速度快（10min），节省溶剂，低碳环保，SFC 作为质谱入口技术，与有机相溶剂兼容，前处理后的样品可直接上样，且梯度方法平衡快速，提高了分析通量。SFC-MS 联用技术为多农药残留分析及食品安全检测技术提供了有力的补充。

2.6.4　气质联用技术

2.6.4.1　定义及原理

质谱分析是将物质离子化，按离子的质荷比分离，然后测量各种离子谱峰的强度而实现分析目的的一种分析方法。以检测器检测到的离子信号强度为纵坐标，离子质荷比为横坐标所作的条状图就是我们常见的质谱图。二级质谱最基本的工作原理是选择合适的电离方式将目标物电离为碎片离子,从一级 MS 的碎片离子中筛选特征的碎片离子为母离子;母离子与气体进行碰撞诱导裂解,使母离子裂解产生子离子;收集子离子,得到目标物的二级质谱谱图,其分析操作模式有子离子扫描(prodcut-ion scan)、母离子扫描(precursor-ion scan)、中性丢失扫描(neutral-loss scan)和多反应检测(multireaction monitoring,MRM)。二级质谱的优势在于高选择性和高灵敏度,以及对复杂基质的抗干扰能力。按照其结构和工作原理的不同分为三重四极杆质谱(QQQ-MS/MS)、离子阱质谱(IT-MS/MS)、四极杆飞行时间质谱(Q-TOF MS)和四极杆-线性离子阱质谱(Q-trap-MS/MS)等。

气质联用(图 2-35)原理及流程主要是在气相色谱-质谱联用仪(GC-MS)进样口解析并进样,样品混合物经色谱柱分离,去掉载气进入质谱仪,在高真空的环境中,组分中的分子受到能量轰击,分子或失去一个电子成为分子离子,或被轰为碎片离子,其中带正电的碎片受电场加速进入质量分析器,质量分析器可以检测到不同质量离子的数量,以数量的质荷比对其数量(丰度)作图,即为质谱图。色谱峰所在位置的质谱图,若与谱库中的标准化合物的质谱图匹配率高,且保留时间相同,即可鉴定是该组分的化学结构。所以,物质经前处理后,进入气相色谱仪分离,然后在质谱仪中得到质谱图,经质谱图解析,结合 GC 的保留时间,来共同定性化合物的结构式。GC-MS 适宜分析小分子、易挥发、热稳定、能气化的化合物;用电子轰击方式(EI)得到的谱图,可与标准谱库对比。GC-MS 与 GC 相比,定性能力很强,可同时完成多种待测化合物的分离、鉴定和定量。褚能明等以 QuEChERS 法为前处理技术,优化净化吸附剂组合和用量,改进净化方式,并以 GC-MS/MS 法为检测手段,建立茉莉花茶中 86 种农药残留筛查检测方法[60]。程志等利用气相色谱串联质谱(GC-MS/MS)检测技术并采用 QuEChERS 法作为样品前处理方法建立了能应用于 11 种中药材中 144 种农药残留的检测方法[61]。Lee 等用 GC-MS 同时快速检测糙米、菠菜、橘子和马铃薯中 360 种农药的残留。目前 GC-MS 对于农药多残留检测应用广泛[62]。

图 2-35　气相色谱-质谱联用仪

2.6.4.2 历史与发展

在色谱联用仪中，气相色谱和质谱联用仪是开发最早的色谱联用仪器。自 1957 年霍姆斯（Holmes JC）和莫雷尔（Morrell FA）首次实现气相色谱和质谱联用以后，这一技术不断发展。气质联用的实质是在气相色谱仪后面连接了质谱议，然后去掉气相检测器，将质谱作为检测器。这样不但能将各个物质分离开来，还能通过质谱鉴别物质的种类。另外，气质联用的灵敏度更高，检测限更低，同时，对样品前处理的要求也更高。

2.6.4.3 气质联用技术在农药残留检测上的应用

气质联用具有高灵敏度、定性能力强等优点。气相色谱分离效率高，质谱鉴别能力强，两者联用，既发挥了色谱法的高分离能力，又发挥了质谱法的高鉴别能力，适用于多组分混合物中未知物的定性鉴定，可以判定化合物的分子结构，准确定量组分中化合物的含量，因此，气质联用被广泛应用到农药残留检测中。在国标中，气质联用方法也被推荐使用。如《食品安全国家标准 食品中有机磷农药残留量的测定 气相色谱-质谱法》（GB 23200.93—2016）中规定了进出口动物源食品中 10 种有机磷农药残留量（敌敌畏、二嗪磷、皮蝇磷、杀螟硫磷、马拉硫磷、毒死蜱、倍硫磷、对硫磷、乙硫磷、蝇毒磷）的气相色谱-质谱检测方法。《食品安全国家标准 水果和蔬菜中 500 种农药及相关化学品残留量的测定 气相色谱-质谱法》（GB 23200.8—2016）中规定了苹果、柑橘、葡萄、甘蓝、芹菜、番茄中 500 种农药及相关化学品残留量的气相色谱-质谱测定方法。《食品安全国家标准 粮谷中 475 种农药及相关化学品残留量的测定 气相色谱-质谱法》（GB 23200.9—2016）中规定了大麦、小麦、燕麦、大米、玉米中 475 种农药及相关化学品残留量的气相色谱-质谱测定方法。《食品安全国家标准 粮谷和大豆中 11 种除草剂残留量的测定 气相色谱-质谱法》（GB 23200.24—2016）中规定了大米、玉米、小麦和大豆中乙草胺、戊草丹、甲草胺、异丙甲草胺、二甲戊灵、丁草胺、氟酰胺、丙草胺、灭锈胺、吡氟酰草胺和苯噻酰草胺残留量的气相色谱-质谱检测方法。

2.6.5 液质联用技术

2.6.5.1 定义及原理

液质联用技术（LC-MS）（图 2-36），其分离系统为液相色谱，检测系统为质谱。样品在色谱部分经过分离之后，再经过质谱质量分析器从而将离子碎片依据质量数进行分开，通过检测器之后，便可以得到相应的质谱图。

测试样品首先通过液相色谱（LC）进行分离，然后再通过联用的接口，完成对溶液的气化和样品分子的电离过程，串联质谱在不同的操作方式下对电离的离子进行定性和定量分析。在电离产生的离子中选择响应高且稳定的离子作为先导离子，再在合适的激发电压下将先导离子进行二次电离，根据产生并收集到的离子的特征对化合物进行定性和定量分析。LC-MS 主要适用于：不挥发或难挥发化合物的分析测定；极性化合物

图 2-36　液相色谱-质谱联用仪

的分析测定；热不稳定化合物的分析测定；大分子量化合物（包括蛋白质、多肽、多聚物等）的分析测定；目前没有商品化的谱库可对比查询，需自行建库进行图谱解析。

实验室常见的液质离子源包括电喷雾电离源（ESI）和大气压化学电离源（APCI）。ESI 的特点是通常小分子得到 $[M+H]^+$、$[M+Na]^+$ 或 $[M-H]^-$ 单电荷离子，生物大分子产生多电荷离子，由质谱仪测定质荷比，因此，质量数为十几万的生物大分子可通过质量范围只有几千质量数的质谱仪测定质荷比。电喷雾电离是软电离技术，通常只产生分子离子峰，因此可直接测定混合物，并可测定热不稳定的极性化合物；其易形成多电荷离子的特性可分析蛋白质和 DNA 等生物大分子；通过调节离子源电压控制离子的碎裂（源内 CID）测定化合物结构。APCI 也是软电离技术，只产生单电荷峰，适合测定质量数小于 2000 的弱极性的小分子化合物；适应高流量的梯度洗脱/高低水溶液比例的流动相；通过调节离子源电压控制离子的碎裂。还有 NanoSpray 离子源特别适合于分析微量的生化样品，其流速范围可从 5nL·min^{-1} 到 1μL·min^{-1}。一滴样品就可做数小时的分析，可在最小的样品消耗量下获得最大灵敏度。灵敏度可高达 fmol 级，并可直接与微孔 HPLC 联用。气质一般用电子轰击源（electron impact ion source，EI），是灯丝在高真空下发射电子轰击目标物分子，形成带正电的分子离子和分子碎片离子。有水分子会使灯丝氧化，寿命迅速降低。液质一般是用 ESI（电喷雾）或 APCI（大气压化学电离），ESI 是先使样品带电然后雾化，带电样品液滴在去溶剂化过程中形成离子。APCI 是样品先雾化，然后电晕对其放电，样品被电离后，去溶剂化成离子。不挥发性盐类和一些表面活性剂不能进入液质系统。不挥发性的盐会在离子源内结晶，表面活性剂会抑制其他化合物电离。液相色谱主要是根据色谱保留时间进行定性分析，利用峰面积定量，还有紫外光谱特征图作为辅助手段。而液质可以提供分子量的信息，串联质谱还能得到一些结构方面的信息。总体来说，液质虽然能提供较准确的分子量，如 TOF 可以精确到小数点后第四位，但就定性能力来说，没有 GC-MS 强，液质定性依赖于标准品。郭立群等采用 QuEChERS 法结合超高效液相色谱-串联质谱法（UPLC-MS/MS）建立了玉米及其土壤中同时检测烟嘧磺隆、莠去津和氯氟吡氧乙酸残留的分析方法，3min 之内就实现了三种药的基线分离[63]。Chen 等利用 UPLC-MS/MS同时检测茶叶中的 65 种农药残留，且 12min 内所有化合物基线分离[64]。

2.6.5.2 历史与发展

1977 年，LC-MS 开始投放市场。1978 年，LC-MS 首次用于生物样品分析。1989 年，LC-MS/MS 研究成功。1991 年，API LC-MS 用于药物开发。1997 年，LC-MS/MS 用于药物动力学高通量筛选。2002 年，美国质谱协会统计的药物色谱分析各种不同方法所占的比例中，1990 年 HPLC 高达 85%，而 2000 年下降到 15%，相反，LC-MS 所占的份额从 3% 提高到大约 80%。2002 年，J. B. Fenn 和田中耕一因 ESI 质谱和基质辅助激光解析电离（matrix-assisted laser desorption ionization，MALDI）质谱获诺贝尔化学奖。

2.6.5.3 液质联用在农药残留检测上的应用

目前液质联用的检测技术已经在农药残留检测中广泛使用，能够快速检测出多种农药。国标中也推荐使用液质联用完成多残留检测工作。如《食品安全国家标准　茶叶中 448 种农药及相关化学品残留量的测定　液相色谱-质谱法》（GB 23200.13—2016）中规定了绿茶、红茶、普洱茶、乌龙茶中 448 种农药及相关化学品残留量的液相色谱-质谱测定方法。《食品安全国家标准　果蔬汁和果酒中 512 种农药及相关化学品残留量的测定　液相色谱-质谱法》（GB 23200.14—2016）中规定了橙汁、苹果汁、葡萄汁、白菜汁、胡萝卜汁、干酒、半干酒、半甜酒、甜酒中 512 种农药及相关化学品残留量的液相色谱-质谱测定方法。《食品安全国家标准　食用菌中 440 种农药及相关化学品残留量的测定　液相色谱-质谱法》（GB 23200.12—2016）中规定了滑子菇、金针菇、黑木耳和香菇中 440 种农药及相关化学品残留量的液相色谱-质谱测定方法。《食品安全国家标准　食品中井冈霉素残留量的测定　液相色谱-质谱/质谱法》（GB 23200.74—2016）中规定了大米、卷心菜、葱、胡萝卜、番茄、黄瓜、菠菜、木耳、梨、柠檬、杏仁、茶叶、猪肉、猪肝、罗非鱼、虾中井冈霉素残留的液质检测方法。液质与液相相比，灵敏度更高，检测范围更广，检测时间大大缩短。

2.6.6 超高效合相色谱质谱联用技术

2.6.6.1 定义及原理

超高效合相色谱质谱联用（ultra performance convergence chromatography tandem mass spectrometry，UPC^2-MS）结合了成熟的 UPLC 技术以及在流体传输设计、温度和压力控制方面的专业技术和创新，实现了 SFC 从未达到的效果。UPC^2 可以和不同类型的 MS 系统联用（图 2-37），解决了过去由于接口和软件造成的质谱无法与 SFC 系统或正相色谱兼容的问题。此外，ACQUITY UPC^2 系统的溶剂加载量小，分辨率高，峰形窄，分离快，因此是 MS 的最佳接入口。UPC^2 兼容了反相 LC 的易用性与正相 LC 的强大功能，实现结构相似的非手性和手性化合物的选择性分离，可以用它来分离、分析 LC 和 GC 技术无法处理的物质，包括疏水性和手性化合物、脂质、热不稳定样品、聚合物。UPC^2 的主要特征是：①主要的流动相为压缩二氧化碳（CO_2），与液体流动相或载气相比，降低了成本和毒性；②色谱柱快速再平衡和更短的运行时间，提高了样品处理效率；③共同溶剂和色谱柱转换功能，可以快速地筛选溶剂和色谱柱，提高了方法开发的灵活性。

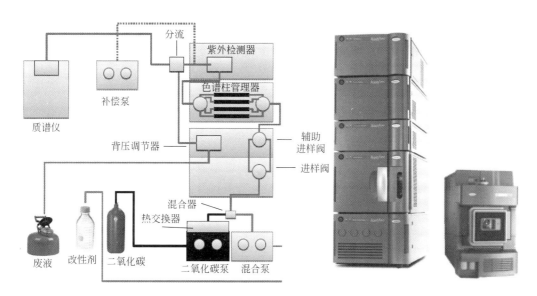

图 2-37　超高效合相色谱串联三重四极杆质谱仪

压缩 CO_2 是 UPC^2 的主要流动相，具有以下优点：①其单独或与少量共溶剂共同作为流动相，流体黏度小，比 HPLC 中所使用的液体流动相的扩散率更高，更有利于传质；②与 GC 相比，UPC^2 可在更低的温度下实现分离；③以成本低且无毒的压缩 CO_2 作为主要流动相，将挥发性有毒溶剂的使用和废液处理降至最低水平，极大地降低了成本，同时保护了环境和实验人员的健康。基于 CO_2 的流动相，不仅可以与极性/非极性的多种固定相兼容，还可以使用相同的质谱兼容的助溶剂，结合各种色谱柱进行溶剂梯度调控，优化色谱分离。由于同反相 LC 的正交性，UPC^2 分离通常按照相反的顺序洗脱待分析物。将这种正交性与各种检测技术相结合，对于确证复杂基质中的分析物非常有价值。

物质经前处理后，进入合相色谱仪分离，然后在质谱仪中得到质谱图，即为合相色谱质谱联用技术。物质会根据温度和压力的不同呈现出气态、液态和固态的变化，具有三相点和临界点。当温度高于某物质的临界温度时，任何大的压力均不能使该纯物质由气相转化为液相。在临界温度下，气体能被液化的最低压力为临界压力。在临界点附近，流体的密度、黏度、溶解度等物理性质会发生急剧变化。当物质所处的温度和压力高于临界温度和临界压力时，液相与气相之间的界限消失，该物质处于超临界状态，这种状态下的物质称为超临界流体。例如，CO_2 的温度和压力升到临界点（临界温度 31℃、临界压力 7.4MPa）以上时即处于超临界状态。Xiao Gong 等利用 UPC^2-MS/MS 检测发酵食品中的精胺、亚精胺等 8 种生物胺类物质，能够在 7min 之内实现基线分离，且峰形好[65]。

2.6.6.2 历史与发展

2012 年，沃特世开辟了分离科学的一种分析类别——超高效合相色谱，以无与伦比的分析速度，带来前所未有的精准结果，突破了液相色谱与气相色谱的分离局限，成为下一代分离技术的代表。超高效合相色谱基于超临界流体色谱原理，极大地改进了原有超临界流体色谱仪的各项硬件，其快速、便捷、高效、环保的卓越性备受认可，并推动 SFC 技术纳入 2015 年版《中华人民共和国药典》二部附录。

超临界流体色谱是分离结构类似物的最佳选择，如手性异构体、位置异构体、顺反异构体等；在脂溶性化合物的分离技术上，基本完全代替液相色谱，获得更好的分离效果；对于热不稳定的挥发性化合物，不需要衍生化，从分析放大到制备超临界色谱突破了气相色谱不能制备的瓶颈。

2.6.6.3 超高效合相色谱质谱联用技术在农药残留检测上的应用

目前已经开发出利用超高效合相色谱-四极杆飞行时间质谱法测定水果和茶叶中手性农药顺式-氟环唑对映体残留，样品采用乙腈提取，Cleanert TPT 或 Pesti-Carb 柱净化，Chromega Chrial CCA 柱进行分离，以 CO_2/异丙醇（95∶5，体积比）为流动相，流速 2.0mL・min^{-1}，动态背压 13.79MPa，柱温 30℃，离子化辅助溶剂为含 2mmol・L^{-1}甲酸铵的甲醇-水（1∶1，体积比）[66]。以及采用超高效合相色谱-四极杆飞行时间质谱，建立了手性农药腈菌唑对映体在苹果、葡萄和红茶中的对映体拆分与残留分析方法[67]。同时还有利用超高效合相色谱串联三重四极杆质谱仪测定斑马鱼和水样品中三唑类化合物残留的方法[68]。

2.6.7 毛细管电泳色谱技术

2.6.7.1 定义及原理

毛细管电泳（capillary electrophoresis，CE）（图 2-38）是在电泳技术上发展起来的一种分离技术，在高压场作用下，毛细管内的不同带电粒子以不同的速度在背景缓冲液中定向迁移，从而进行分离。由于 CE 设备简单、经济、溶剂用量少、分析速度快，成为农药残留分析的实用性分析技术。CE 与 MS 联用技术解决了灵敏度问题，也使前处理省去了浓缩过程，使分析速度大为提高。CE 现有六种分离模式，分述如下。

（1）毛细管区带电泳（capillary zone electrophoresis，CZE）　又称毛细管自由电泳，是 CE 中最基本、应用最普遍的一种模式。

（2）胶束电动毛细管色谱（micellar electrokinetic capillary chromatography，MECC）　是把一些离子型表面活性剂（如十二烷基硫酸钠，SDS）加到缓冲液中，当其浓度超过临界浓度后就形成有一疏水内核、外部带负电的胶束。虽然胶束带负电，但一般情况下电渗流的速度仍大于胶束的迁移速度，故胶束将以较低的速度向阴极移动。溶质在水相和胶束相（准固定相）之间产生分配，中性粒子因其本身的疏水性不同，在两相中分配就有差异，疏水性强的胶束结合牢，流出时间长，最终按中性粒子疏水性不

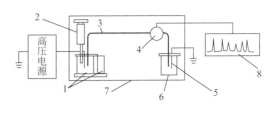

图 2-38 毛细管电泳仪结构图

1—高压电极槽与进样机构；2—填灌清洗机构；3—毛细管；4—检测器；5—铂丝电极；

6—低压电极槽；7—恒温机构；8—记录/数据处理机构

同得以分离。MECC 使 CE 能用于中性物质的分离，拓宽了 CE 的应用范围，是对 CE 极大的贡献。

（3）毛细管凝胶电泳（capillary gel electrophoresis，CGE）　是将板上的凝胶移到毛细管中作支持物进行的电泳。凝胶具有多孔性，起类似分子筛的作用，溶质按分子大小逐一分离。凝胶黏度大，能减少溶质的扩散，所得峰形尖锐，能达到 CE 中最高的柱效。常用聚丙烯酰胺在毛细管内交联制成凝胶柱，可分离、测定蛋白质和 DNA 的分子量或碱基数，但其制备麻烦，使用寿命短。如采用黏度低的线性聚合物如甲基纤维素代替聚丙烯酰胺，可形成无凝胶但有筛分作用的无胶筛分（non-gel sieving）介质。它能避免空泡形成，比凝胶柱制备简单，寿命长，但分离能力比凝胶柱略差。CGE 和无胶筛分正在发展成第二代 DNA 序列测定仪，将在人类基因组计划中起重要作用。

（4）毛细管等电聚焦（capillary isoelectric focusing，CIEF）　是将普通等电聚焦电泳转移到毛细管内进行。通过管壁涂层使电渗流减到最小，以防蛋白质吸附及破坏稳定的聚焦区带，再将样品与两性电解质混合进样，两端贮瓶分别为酸和碱。加高压（6～8kV）3～5min 后，毛细管内部建立 pH 梯度，蛋白质在毛细管中向各自等电点聚焦，形成明显的区带。最后改变检测器末端贮瓶内的 pH 值，使聚焦的蛋白质依次通过检测器而得以确认。

（5）毛细管等速电泳（capillary isotachor-phoresis，CITP）　是一种较早的模式，采用先导电解质和后继电解质，使溶质按其电泳淌度不同得以分离，常用于分离离子型物质，目前应用不多。

（6）毛细管电色谱（capillary electrochromatography，CEC）　是将 HPLC 中众多的固定相微粒填充到毛细管中，以样品与固定相之间的相互作用为分离机制，以电渗流为流动相驱动力的色谱过程，虽柱效有所下降，但增加了选择性。此法有发展前景。

对于常规液相色谱方法难以分离的离子型农药，毛细管区带电泳（capillary zone electrophoresis，CZE）的分离能力强、效率高、操作简单，且有较大的灵活性（缓冲液的组成、pH、毛细管的类型及所用电场的波形都可以调节）。另外，CZE 所需样品量极少，只需几纳升（nL），但缺乏灵敏度很高的检测器。因此，只有研究开发出灵敏度高的检测系统，其优势才能充分发挥出来。

2.6.7.2 历史与发展

早在 1807 年，俄国莫斯科大学的 Ferdinand Frederic Reuss 在湿黏土中插上带玻璃管的正负两个电极，施加电压后发现正极玻璃管中原有的水层变浑浊，即由带负电荷的黏土颗粒向正极移动引起，首次发现了电泳现象，并命名为 cataphoresis。电泳作为一种技术的出现，已有近百年的历史，但真正被视为一种在生物化学中有重要意义的技术，是由 Tiselius 在 1937 年首次提出的。传统电泳最大的局限是难以克服由高电压引起的焦耳热，1967 年，Hjerten 最先提出在直径为 3mm 的毛细管中做自由溶液的区带电泳（CZE），但是未完全克服传统电泳的弊端。现在所说的毛细管电泳技术是由 Jorgenson 和 Lukacs 在 1981 年首先提出的，使用了 75mm 的毛细管柱，用荧光检测器对多种组分实现了分离。1984 年，Terabe 将胶束引入毛细管电泳，开创了毛细管电泳的重要分支——胶束电动毛细管色谱（MEKC）。1987 年，Hjerten 等将传统的等电聚焦过程转移到毛细管内进行。同年，Cohen 发表了毛细管凝胶电泳的工作。近年来，将液相色谱的固定相引入毛细管电泳中，又发展了电色谱，扩大了电泳的应用范围。

2.6.7.3 毛细管电泳技术在农药残留检测中的应用

Schmitt 等用毛细管胶束电动色谱法，在添加 100mmol·L^{-1} SDS、40mmol·L^{-1} 二甲基-β-环糊精（DM-β-CD）、pH＝9 的 20mmol·L^{-1} 硼酸缓冲溶液中，在 200nm 紫外光下，同时分离并检测了育畜磷、异柳磷、氯亚胺硫磷、苯线磷和马拉硫磷[69]。Karcher 等在 pH＝7 的 50mmol·L^{-1} 磷酸缓冲溶液中采用毛细管区带电泳分离模式，以 7-氨基萘-1,3-二磺酸（ANDSA）衍生，用紫外检测器和激光诱导荧光检测器检测了氯菊酯、苯醚菊酯、氟硅菊酯、氯氰菊酯、甲氰菊酯 5 种拟除虫菊酯农药。因百草枯和敌草快是离子型除草剂，毛细管电泳是比较适合的检测方法[70]。Kim 等采用 MEKC 电泳方法，对饮用水中的百草枯和敌草快进行了定量分析[71]。Galceran 等研究了缓冲液的 pH 值、温度、应用电压缓冲液中阳离子种类和浓度及进样模式等因素对百草枯、敌草快和野燕枯的分离影响[72]。Galceran 等通过毛细管区带电泳（CZE）分离，间接紫外检测法，分析了水样中的百草枯、敌草快、野燕枯、矮壮素和甲哌鎓[73]。

2.6.8 全二维气相色谱-飞行时间质谱串联技术

2.6.8.1 定义及原理

全二维气相色谱（two-dimensional gas chromatography，GC×GC）是 20 世纪 90 年代发展起来的分离复杂混合物的一种全新手段。它是由分离机理不同而又相互独立的两支色谱柱通过一个调制器以串联方式连接起来的二维气相色谱柱系统。与通常的一维气相色谱相比，全二维气相色谱具有分辨率高、灵敏度好、峰容量大、分析速度快以及定性更有规律可循等特点。由于调制器的捕集、聚焦、再分配作用，单个化合物被分割成若干个碎片峰通过检测器检测。数据处理时需要把这些峰碎片重新组合起来成为一个峰，最理想的方法是借助于质谱对碎片的识别。数据采集系统会采集到每一个碎片的质谱信息，通过软件的比对把谱图相似的碎片峰合在一起定性定量。由于采集速度和容量的限制，传统的四极杆质谱不能满足GC×GC的分析要求。飞行时间质谱（TOF-MS）是20世纪90年代以来应用最广的质谱分析技术之一。它是利用动能相同而质荷比不同的离子在恒定电场中运动，经过恒定距离所需的时间不同的原理对物质成分或结构进行测定的一种分析方法。飞行时间质谱分析技术的优点在于理论上对测定对象没有质量范围限制、极快的响应速度以及较高的灵敏度。它采用高采集频率，每秒能产生1～500个谱的谱图，能够精确处理GC×GC得到的碎片峰，并得到较为精准的质谱信息。全二维气相色谱和飞行时间质谱的联用（图2-39）更加适合复杂体系的定性定量。利用GC×GC的正交分离和TOF-MS的快速检测是复杂环境毒物分析方向非常有前途的技术手段，可在最低程度样品制备、最高分析通量的前提下实现样品中痕量、多种毒物残留分析的要求。

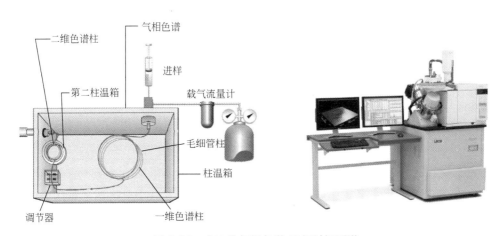

图 2-39　全二维气相色谱-飞行时间质谱

全二维气相色谱（GC×GC）的分离机理是将两根不同且互相独立的色谱柱串联，由调制器连接，调制器起捕集、聚焦和再传送的作用。经第一根色谱柱分离后的每一个色谱峰，都经调制器调制后再以脉冲方式送到第二根色谱柱进行进一步分离。组分在第二维的保留时间非常短，出峰速度很快，能被飞行时间质谱（TOF-MS）快速采集。GC×GC的优势在于最大最有效的峰容量；提高灵敏度；改善分离度，有效解决共流出问题；结构谱图特征，有助于化合物定性。而TOF-MS的特点在于全质量谱图采集，有强大的化合物鉴定能力；以及全质量范围内的高灵敏度，大多数化合物可以低至pg级（GC×GC可以达到fg级）；同时有高采集速率，最高可达到500spectra·s^{-1}；还有高样品通量，免清洗，免维护离子源。杨菁等建立了GC×GC-TOF-MS分析卷烟主流烟气中中性化学成分的方法。该方法以较长的弱极性柱HP-5MS作为第一维柱，较短的薄液膜中等极性柱DB-17MS作为第二维柱，对优质烟叶单料卷烟烟气的中性成分进行定性分析，用常规的一维GC-MS进行中性物质的检测，能分辨出374个色谱峰。

采用全二维气相色谱时，组分在二维平面上得到了很好的分离，共检测到 2275 个峰[74]。Jitka Zrostliková 等利用 GC×GC-TOF-MS 同时检测水果中的甲胺磷、乐果等 20 种农药，与一维 GC-TOF-MS 相比，检测能力增强了 1.5～50 倍[75]。

2.6.8.2 历史与发展

1984 年，Giddings 阐述了传统二维色谱的基本理论。1990 年，Jorgenson 等提出全二维液相色谱-毛细管电泳联用的方法，强调了二维正交分离的重要性。1991 年，Liu 和 Phillips 利用其以前在快速气相色谱中用的调制器开发出全二维气相色谱法（GC×GC）。1999 年，Phillips 和 Zeox 公司合作生产了第一台商品化的全二维气相色谱仪器——LECO。全二维技术是在传统二维技术的基础上发展起来的新技术，具有峰容量大、分辨率高、族分离和瓦片效应等特点[76]。

1953 年，由鲍尔（Paul）和斯坦威德尔（Steinwedel）提出四级滤质器，同年，由威雷（Wiley）和麦克劳伦斯（Mclarens）设计出飞行时间质谱仪原型。1955 年，由威雷（Wiley）和麦克劳伦斯（Mclarens）开发出飞行时间质谱仪。

2.6.8.3 全二维气相色谱-飞行时间质谱串联技术在农药残留检测中的应用

全二维气相色谱-飞行时间质谱（GC×GC-TOF-MS）在农药残留分析中也有应用。全二维气相色谱-飞行时间质谱把分离机理不同而又互相独立的两根色谱柱以串联方式结合成二维气相色谱。其能够提供更高的峰容量，对于化合物具有良好的组分分离能力，极大地提高了检测的灵敏度。同时，可以采用适当的色谱操作条件，得到包含结构信息的二维结构谱图，辅助定性的完成。由于其具有二维分析能力，全二维气相色谱-飞行时间质谱提供了灵敏度较高的全扫数据，主要表现为高分辨率和高质量精确度。Fernandes 等比较了 GC-MS/MS、LC-MS/MS 及 GC×GC-TOF-MS 在草莓和土壤中农药残留分析中的区别，结果表明，GC×GC-TOF-MS 不仅能进行定量，而且具有很强大的定性功能。Mackintosh 等利用 GC×GC-TOF-MS 通过非目标化合物的鉴定检测到加利福尼亚州南部宽吻海豚体内存在 DDT 及其降解物质。

2.6.9 大气压气相色谱-质谱串联技术

2.6.9.1 定义与原理

大气压气相色谱-四极杆飞行时间质谱（atmospheric pressure gas chromatography quadrupole-time-of-flight mass spectrometry，APGC-QTOF-MS）（图 2-40）配备的大气压气相色谱离子源是一项全新电离技术，类似于大气压化学电离（APCI）。APGC 离子源是一种可产生较少碎片的软电离技术，可产生较强丰度的分子离子或准分子离子，由于存在较强的分子或准分子离子，在农药残留分析过程中有助于产生高选择性和高灵敏度的通道，因此，为定性和定量分析提供了理想的条件，基于离子源结构的设计理念，从 UPLC 到 GC 的切换只需要在很短的时间内即可完成。APGC 并不是一种真空技术，因此，这两种技术切换后的平衡时间可以压缩到最短。很多分析都需要交叉使用到

LC 和 GC，四极杆飞行时间质谱可通过 UPLC 和 GC 分离，对样品进行完整的筛查，同时也能够满足鉴定与定量同步进行。

图 2-40　大气压气相色谱-质谱串联仪

为了增加每一个样品的进样数据信息，四极杆飞行时间质谱配备了一种 MS^E 的数据采集模式，这种数据采集模式包括两个碰撞电压模式：低碰撞电压模式和高碰撞电压的范围变化模式。在低碰撞电压下的质谱数据能够通过精确质量数来确定可能的化合物。化合物的最终确定需要通过高碰撞电压范围变化模式获得的碎片离子来进行匹配。另外一个优势在于精确质量数的确定能够在样品中鉴定出非目标化合物，即使没有标准品，由 MS^E 提供的化合物的相关信息也能够对化合物进行初步鉴定。MS^E 可以提供样品中每一种可检测成分的母离子和碎片离子的精确质量谱图，简化了成分鉴定的过程，快速简单地提供高质量、清晰的子离子扫描、母离子扫描、中性丢失扫描的全部质谱信息。飞行时间质谱在 APGC 离子源下具有两种离子化机制：分子离子化机制和质子离子化机制。分子离子化机制主要是氮气输入进离子源以及电晕针放电效应从而产生氮等离子体（N_2^+ 和 N_4^+），发生分子离子化反应从而促进分子离子的形成。质子离子化机制主要是由于在系统中质子给予体的存在与氮等离子体发生反应从而促进质子离子的形成。

在大气压气相电离源的软电离模式下能够产生响应强度较高的分子离子或质子离子，选择分子离子或质子离子作为前体离子，相应的灵敏度和选择性也会增加。这个优势结合高分辨飞行时间质谱能够充分的使其应用于农药残留分析中目标化合物的筛查。对于高分辨飞行时间质谱，获取精确质量数的特点给分析研究人员分析目标化合物和非目标化合物带来了便利。单四极杆质谱的全扫模式利用反褶积报告软件能够有效地进行蔬菜和水果中非目标化合物的分析。然而，在食品安全领域，飞行时间质谱展现了新的功能特性，并且能够增加分析化合物的数量。这些特性主要是由于高分辨率以及精确质量数保证的较好的灵敏度，这大幅度地改善了化合物鉴定的特性。

2.6.9.2　历史与发展

沃特世公司 2013 年推出的大气压气相色谱电离源（APGC）为当今先进的 MS 技术增添了新的气质功能，为质谱仪提供电离源。它可以帮助 GC 用户实现高效、便捷地提高分析通量、超痕量定量、高质量的 MS 和 MS/MS 数据、高分辨离子淌度分离。高效、易用的 APGC/MS 系统可以让用户对需求作出快速的反应、增加分析通量并获得正确的结果，完全不会影响 GC/MS 的数据质量。

2.6.9.3　大气压气相色谱-质谱串联技术在农药残留检测中的应用

Portolés 等比较了 APGC 与 EI 在分析菊酯类农药方面的区别，大气压气相离子源展现出很多的优势，研究表明，APGC 展现了较强的选择特异性[77]。Cheng 等利用 APGC-QTOF-MS 同时检测苹果、梨、番茄、黄瓜和卷心菜中 15 种有机磷农药的残留，灵敏度要比 GC-EI-MS 高出 1.0～8.2 倍[78]。程志鹏研究了 15 种有机氯农药在大气压气相色谱-四极杆飞行时间质谱与传统气质在灵敏度上的差异，研究发现，相比于传统气质，大气压气相色谱-四极杆飞行时间质谱的灵敏度提高 7～305 倍，最低检测浓度可达 $0.26\mu g \cdot kg^{-1}$[79]。

2.6.10　离子淌度谱分析技术

2.6.10.1　定义与原理

离子淌度光谱法（ion mobility spectrometry，IMS）是根据离子在电场和气流的共同作用下的迁移率不同而对样品的不同组分进行分离检测的。它与飞行时间质谱法类似，但它是在常压或低真空条件下进行的，不需要昂贵的真空系统。和质谱法相比，离子淌度光谱法是根据样品离子在电场和气流形成的漂移区内的迁移率不同而分离的，需要有反向移动的漂移气体。分离的方式通常有两种，即时间分离方式（separation of ions in time，SIT）和空间分离方式（separation of ions in space，SIS）。时间分离方式是 IMS 最常用的分离方式，但空间分离方式可以提供比带有脉冲高压的时间分离方式更稳定的电场，使得检测或联用时产生较少的干扰，空间分离对几十到几百纳米粒径的气相离子有较好的分离效果和灵敏度；对小粒径的样品，则时间分离 IMS 更有优势。

时间分离式离子淌度光谱法的分析过程如下：被测样品蒸气通过进样装置被输送到离子反应区，在电离源的作用下，样品被离子化；然后通过脉冲电压门的操作把样品离子传送到离子漂移区的起始区域，不同样品离子在受到漂移区电场和反向气流的共同作用下，由于迁移率不同，将在不同的时间到达检测器（法拉第盘），所收集到的离子形成电流，经过信号放大和模拟数字转换处理，最后即可在监视器上显示出来。常用的时间分离式离子淌度光谱仪的基本结构如下。它主要包括进样和离子化系统、离子漂移区、检测及信号放大处理系统、电路系统、气路系统及加热温控系统（图 2-41）。

空间分离式离子淌度光谱法是根据离子在相互垂直的电场和气流作用下形成的空间分布来检测的（图 2-42）。离子通过进样口进入漂移区，在 X 和 Y 极板形成的电场中受到垂直的作用力，而在漂移气流的作用下，受到与电场方向垂直的作用力。不同质量的离子加速度不同，空间结构和体积不同，所受到漂移气碰撞的力也不同。由于这两个力的作用，结果在稳定的气流和不变的电场下只有某种特定的样品离子可以通过检测口被检测到。若做成专用仪器，则可以在优化的情况下固定电压条件，使只有特定的样品离

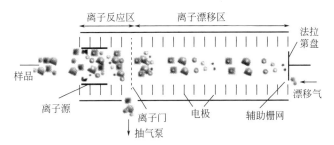

图 2-41　时间分离式离子淌度法原理示意图[48]

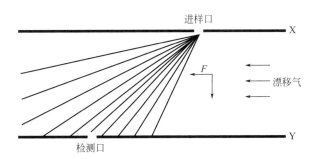

图 2-42　空间分离式离子淌度法原理示意图

子通过检测口，这样不仅简化了电路和软件系统，也提高了仪器的稳定性；若做成通用仪器，可以通过对 X 和 Y 极板间的电压扫描来控制不同的离子通过检测口。

由于离子淌度光谱法所具有的特点而经常被用于联用仪器，最常见的就是离子淌度谱和质谱联用，离子淌度谱作为质谱的进样和预分离装置，可以对复杂的体系进行检测分析，从而省去了和质谱联用的色谱。用结构简单的 IMS 代替色谱不仅简化了仪器，而且大大缩短了检测时间，分析时间从色谱质谱联用仪器的几十分钟缩短到了几十秒钟，甚至几秒钟，因此，IMS-MS 还可以用于色谱质谱联用仪器难以完成的实时监控等领域。IMS 也可以和色谱联用，包括液相色谱（LC）、气相色谱（GC）、超临界色谱（SFC）等。液相色谱分离后的样品，通过 ESI 离子源电离后由 IMS 检测，由于液相色谱的流速较高，中间可采用分流阀调节进入 ESI-IMS 的样品流量；IMS 对很多有机物的灵敏度很高，适合做气相色谱的检测器，而且通过 IMS 的二次分离可以把气相色谱没有分开的物质进一步分离，提高了仪器的分辨率。

2.6.10.2　历史与发展

20 世纪 80 年代后，由于各种软电离技术相继问世，质谱的应用拓展到对高极性、难挥发和热不稳定的生物大分子的分析研究，发展成为生物质谱。离子淌度光谱技术出现于 20 世纪 70 年代，由于其具有多样性的分析能力、良好的检测限及实时的检测能力，在当时备受关注。但由于 IMS 分辨率较低且不能给出离子质谱信息，加之当时人们对离子组成的重要性缺乏理解，因此，在 1976 年以后，有关离子淌度的研究逐渐减少。直到 20 世纪 80 年代末，特别是以 MALDI 和 ESI 为代表的各种软电离方法应用以来，IMS 在化合物异构体分离方面具有独到的优势，因此又引起了人们的关注，相继推出配备各种新型离子源的 IMS-MS 联用技术，精确的离子几何形状和淌度计算方法得到飞速发展。离子淌度质谱技术已经用来检测爆炸物、环境污染、麻醉剂、半导体及生物大分子等，显示出强大的分析能力。离子淌度质谱仪与常规质谱仪的主要区别在于前者在离子源和质量分析器之间增加了一个离子漂移管。离子漂移管通常由不导电的高纯度氧化铝制成，中间镶嵌若干不锈钢环，不锈钢环之间以高温电阻相连，两端不锈钢环之间施加驱动离子前进的电场[80]。沃特世公司从 2001 年开始研发离子淌度质谱，从最初的线性离子淌度质谱（linear field IMS）到 2003 年的行波离子淌度质谱（T-wave IMS），终于在 2006 年成功推出了全球第一台商业化的淌度质谱 SYNAPT HDMS，至今 SYNAPT 系列已经更新到 Synapt G2-Si HDMS。在 2015 年的 ASMS 会议上，沃特世公司又推出了新型的淌度质谱 VION IMS QTof，使淌度质谱不再神秘，可以应用到每一个实验室的常规分析中。除了更新淌度质谱的硬件外，沃特世还在不断更新处理淌度数据的软件，从原来的手动处理软件 DriftScope 升级为自动批处理的软件 UNIFI，大大提高了淌度数据的处理速度，同时也促进了淌度质谱的应用。

2.6.10.3 离子淌度谱分析技术在农药残留检测中的应用

农药筛查的基质复杂，所分析的目标化合物常常会受到基质的干扰，从而降低了筛查的可信度。使用淌度质谱，不仅可以将目标物与基质干扰有效地分开，而且还可以将目标离子的 CCS（collision cross section）值作为筛查的参数之一应用到筛查领域（常规的是保留时间、质荷比和碎片离子）。淌度质谱有非常好的稳定性和重现性。Regueiro 等利用 UHPLC 串联 TWIMS-QTOF-MS 建立了大西洋鲑鱼饲料中 156 种农药的检测方法[81]。Goscinny 等利用 UHPLC 串联 TWIMS-QTOF-MS 建立了 100 种农药在蔬菜和水果上的残留分析方法[82]。

2.6.11 现场实时分析技术

2.6.11.1 定义与原理

Cody 等在 2005 年开发使用实时分析技术（direct analysis in real time，DRAT），DRAT 是一种开放型的质谱技术，主要是通过亚稳态氦原子和氮气来促进离子化发生[83]。DRAT 在很多领域获得了广泛的应用，并且具有广阔的应用前景。DART 可以与飞行时间质谱、四极杆质谱、离子阱质谱等多种质谱仪相连。2008 年，实时分析技术第一次被用在谷物中筛查甲氧基丙烯酸酯类杀菌剂，获得了比欧盟设置的最大残留限量值更低的检测限[84]。实时分析技术通过结合表面取样技术，能够检测蔬菜和水果基质中较低浓度水平的多残留农药[85]。随着检测技术的快速发展，实时分析技术结合静电轨道阱质谱能够在不需要前处理步骤的情况下检测蔬菜中的异型生物质杀真菌剂、抗氧化剂和糖类物质[86]。美国 FDA 建立了以高分辨精确质量数-碎片离子数据库为基础的实时分析技术检测蔬菜和水果表面农药残留并对实际样品进行筛查研究[87]。DRAT 还可与其他的仪器联用，从而获得更强的功能，例如结合 LC-MS 获得更高的离子化效率，并且相对于大气压化学电离和电喷雾电离产生更少的碎片离子，提高了化合物分析的灵敏度和选择性。

DART 电离源的工作原理（图 2-43）：气体（He、Ar 或 N₂）进入放电室与放电室中的放电针接触后形成辉光放电，产生气体氦原子、氩原子或激发态的氮气分子，在腔室内形成离子、电子和激发态气体分子，随后流动到可进行加热的第二个室中，然后经格栅电极过滤，最后从离子源中喷出。从 DART 离子源喷出的等离子体进一步与环境中的介质作用或直接与待测物作用，将待测物进行解吸附离子化。其中，激发态氦原子电离环境中的水分子，形成水合离子。该水合离子与脱附至气相中的待测物分子发生质子交换，产生待测物质子化离子（正电荷方式）或待测物去质子化离子（负电荷方式）。

（1）正离子电离模式　正离子模式下，最有可能发生的反应包括彭宁离子化、质子转移和电荷转移。彭宁离子化是指当一种气体的亚稳态原子同另一种气体的原子和分子碰撞时，只要前者的激发能大于后者的电离能，后者就能被电离，前者返回基态。惰性气体的亚稳态原子具有较大的激发能，且惰性气体的激发能顺序为 $He^* > Ne^* > Ar^* > Kr^*$ [88]。相对于其他惰性气体，处于电子激发态的氦原子（2^3S）具有最高的内能（19.8eV），所以 DART 离子源一般采用氦气作为离子化气体。绝大多数有机物的离子化能约为 10eV，稍小于激发态的氦原子内能（19.8eV），所以能够使有机物分子电离而不产生很多碎片离子[89~91]。

$$He + 能量 \longrightarrow He^* \tag{2-1}$$

$$He^* + M \longrightarrow M^+ \cdot + e^- + He \tag{2-2}$$

环境中的少量水分子导致了离子化过程中的另一个反应——质子转移。水分子的离子化能约为 12.6eV，所以激发态的氦原子能够高效地将水分子电离，产生水分子阳离子，水分子阳离子进一步与其他水分子作用，形成水分子簇阳离子 $[(H_2O)_n H]^+$。当分析物（M）的质子亲和能大于水分子的质子亲和能时，就会发生质子转移，产生 $[M+H^+]$ [88,92]。

$$He^* + H_2O \longrightarrow H_2O^+ \cdot + e^- + He \tag{2-3}$$

$$H_2O^+ \cdot + H_2O \longrightarrow H_3O^+ + OH \cdot \tag{2-4}$$

$$H_3O^+ + nH_2O \longrightarrow [(H_2O)_n + H]^+ \tag{2-5}$$

$$M + [(H_2O)_n + H]^+ \longrightarrow [M+H]^+ + nH_2O \tag{2-6}$$

电荷交换是形成分子离子峰的另一种生成途径。氧分子的电离能约为 12.07eV，所以激发态的氦气使空气中的氧分子电离生成氧正离子自由基，氧正离子自由基夺取分析物的电子，形成分析物阳离子[90,93]。

$$He^* + O_2 \longrightarrow O_2^+ \cdot + e^- + He \tag{2-7}$$

$$O_2^+ \cdot + M \longrightarrow M^+ \cdot + O_2 \tag{2-8}$$

正离子模式下，彭宁离子化和电荷交换能生成 $M^+ \cdot$，而质子转移能够形成 $[M+H]^+$，在 DART 离子源中 $M^+ \cdot$ 和 $[M+H]^+$ 可能会同时存在，其比例并非取决于空气中的水分含量或 He^* 与样品之间的距离，而主要受化合物的气相酸碱度和电离能的影响，较低的电离能容易产生 $M^+ \cdot$，而高气相碱度容易生成 $[M+H]^+$ [94]。但是，当这两种离子同时出现在质谱上时，就会对元素的同位素峰产生干扰。针对这一问题，部分研究采用氩气替代氦气作为离子化气体，氩气的激发态内能为 11.55eV（$^3P_2$）和 11.72eV（$^3P_0$），不能使水分子（$IE=12.65eV$）电离，所以能够避免产生 $[M+H]^+$ 干扰，但其灵敏度也随之下降[95,96]。

在中等极性分析物的 DART 质谱图中，经常能观察到铵离子 $[M+NH_4]^+$ 产生。铵离子可能是源于样品中普遍存在的杂质，或者是实验室微量的氨气。实验过程中在电离区准备一瓶 $10\%\sim25\%$ 的氨水能够增加 $[M+NH_4]^+$ 的产生。

$$M+[NH_4]^+ \longrightarrow [M+NH_4]^+ \tag{2-9}$$

（2）负离子电离模式 负离子模式下，激发态的氦气能够与大气中的氮气发生彭宁离子化，产生热电子。大气中的氧气捕获热电子形成氧负离子，氧负离子与分析物反应生成分析物与氧气的加合负离子；或者形成的加合负离子解离形成分析物负离子。

$$He^* + N_2 \longrightarrow N_2^+ \cdot + e^- + He \tag{2-10}$$

$$O_2 + e^- \longrightarrow O_2^- \cdot \tag{2-11}$$

$$O_2^- \cdot + M \longrightarrow [M+O_2]^- \cdot \tag{2-12}$$

$$[M+O_2]^- \cdot \longrightarrow M^- \cdot + O_2 \tag{2-13}$$

根据分析物的性质，分子物可以直接捕获电子，或者解离后捕获电子形成分析物负离子。同时，也可以通过脱质子作用或者与负离子加合形成分析物负离子[92,97]。

$$M + e^- \longrightarrow M^- \cdot \tag{2-14}$$

$$MX + e^- \longrightarrow M^- + X \cdot \tag{2-15}$$

$$MH \longrightarrow [M-H]^- + H^+ \tag{2-16}$$

$$M + X^- \longrightarrow [M+X]^- \tag{2-17}$$

另外，环境大气中产生的离子包括 $O_2^- \cdot$、$NO_2^- \cdot$、$CO_3^- \cdot$ 以及痕量有机溶剂产生的 CN^-、Cl^-、OH^- 都有可能与分析物结合形成加合物负离子[98]，DART 电离源示意图见图 2-43。

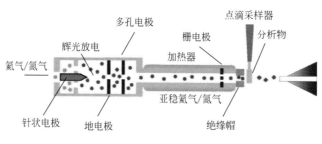

图 2-43 DART 电离源示意图

这种电离技术不需要对样品进行复杂的前处理，能在几秒钟时间内分析存在于气体、液体、固体或材料表面的化合物，对样品的消耗量较低，而且分析过程中不需要引入大量的有机溶剂。DART® SVP 实时直接分析系统见图 2-44。

2.6.11.2 历史与发展

2001 年年初，为了拓展可调谐能量电子单色仪（tunable energy electron monochromator，TEEM）的使用范围[99]，Laramee 和 Cody 在美国 JEOL 公司实验室研究了与 TEEM 具有类似功能的常压热电子源的潜在应用价值，试图开发出一种安全的放射性材料替代品，用于化学试剂监测和有毒工业化学传感器制造，如：镍 63 或镅 241。

图 2-44　DART® SVP 实时直接分析系统

几种相应的方案设计和离子光学模型应运而生，在大气压下利用氮气和氦气放电提供电子是最早提出的概念之一。基于这一理念，在 2013 年实现了常压热电子源与飞行时间质谱的联用。对所产生的离子的检验结果显示，电子激发态的氦或振动激发态的氮是产生样品离子化的主要原因。实验发现，这种电子源对远离实验室的痕量级蒸气具有非常高的灵敏度，例如施工工地打开的胶水产生的气体；对化学试剂如丙酮、乙酸、乙腈、吡啶和硝酸同样具有高灵敏度，例如在一个房间打开化学试剂瓶盖，几百毫秒内就能在另一个房间检测到。由于具有多种样品采集功能，这种大气压电子源能够与质谱或离子迁移光谱联用。随后该成果受到美国军方的重视，主要在佛罗里达州的埃奇伍德化学生物中心用于化学战剂的现场测试[100]。

在得到初步的实验结果之后，发明者决定推迟发表结果，并在分别位于马萨诸塞州的 JEOL 公司实验室和佛罗里达州的埃奇伍德化学生物中心两个实验室同时独立开展重复性验证实验。DART 成功地对数百种化学物质进行了样品采集测定，包括化学战剂、药物制剂、代谢物、氨基酸、多肽、低聚糖、合成有机物、有机金属化合物、毒品、爆炸物、工业有毒材料。这些化合物来源于不同的物质表面，包括多孔混凝土、沥青、人体皮肤、货币、航空公司登机证、名片、水果、蔬菜、香料、饮料、体液、园艺植物叶片、鸡尾酒杯、普通实验室设备和服装。2005 年，DART 离子化技术文章在 "Analytical Chemistry" 杂志发表，同年，JEOL 公司的 DART 商品化设备问世。JEOL 公司的 AccuTOF DART 问世以来，被用于各种小分子样品的分析检测，具有分辨率高、分析速度快、样品损耗低、绿色环保等优点，可以轻松实现高通量检测和样品筛选[100]。自 2005 年 DART 离子化技术发表以来，每年关于 DRAT-MS 的出版文章数量快速增加。在 "Web of Science" 上以 DART-MS 为关键词检索，从 2005～2017 年共发表了 623 篇文章，到 2018 年 7 月共发表了 660 篇文章。

2.6.11.3　现场实时分析技术在农药残留检测中的应用

DART-MS 作为一种高性能的敞开式直接离子化质谱技术，能够满足对样品无损、快速、环保、原位分析的高通量需求，DART-MS 既可以对原始或者经简单处理的样品直接检测分析，也可以与复杂的前处理过程相结合。目前，DART-MS 已经逐渐成为农药残留分析的热点研究技术。Yong 等利用 DART-QqQ 法建立了红葡萄酒和白葡萄酒中 31 种农药的快速直接检测方法，无须样品制备和色谱分离，在多反应检测模式下，分析物在 $10\sim1000ng\cdot mL^{-1}$ 范围内线性良好；与传统的 QuEChERS 方法相比，分析效率提高一倍；同时，作者还证明了 DART-QqQ 比 DART-TOF 具有更高的灵敏度[101]。Farré 等采用直接实时分析-高分辨质谱（DART-Orbitrap）建立柑橘和苹果果皮上的农药实时检测方法，利用镊子夹住 1cm×3cm 果皮直线低速通过 DART 离子源，对果皮上的农药进行直接分析，其精密度良好（RSD ＜ 14％）；通过此方法测得的农药浓度与将样品通过溶剂萃取然后进行 UHPLC-Orbitap 检测的结果一致，该方法在农药快速实时检测和保证食品安全方面具有重要意义[102]。

目前，极性农药的分析检测存在较多的困难，一个是从极性溶剂中提取极性农药容易产生共流出杂质从而抑制质谱信号；另一个是极性化合物在反相色谱中的保留效果较差。Lara 团队针对这一问题采用快速极性农药提取法（QuPPe）结合 DART 建立了 7 种极性农药在莴苣和芹菜中的残留分析方法，方法回收率在 71％～115％之间，符合残留分析检测的要求。DART-MS 技术既能用于原始样品原位检测，又能准确定量经复杂处理后的样品[103]。实验过程中需要根据样品的特点和分析物的性质选择合适的检测方法。

DART-MS 在农药残留方面发展迅速，已经在直接分析方面展现了巨大的优势，是一种高效的实时无损分析方法。随着 DART-MS 的逐步发展，它将在农药残留分析领域发挥更重要的作用。尽管 DART-MS 比传统的 LC-MS 具有快速、直接、原位等优势，但该分析方法在某些方面还需要进一步提高，例如目前只能实现样品表面的农药残留定量分析，如何实现样品内部化学成分的直接、快速准确定量分析将是未来发展的重要方向。

2.6.12　样品无损分析技术

2.6.12.1　定义与原理

无损检测技术是建立在现代科学技术基础之上的一门应用性技术学科，它是在不损伤被检测物体的前提下，应用物理方法，如声、光、磁和电等特性，研究其内部和表面有无缺陷的手段，进而评价结构异常、缺陷存在和损伤程度。无损检测技术是现代工业发展必不可少的有效工具，近年来无损检测技术有了飞速的发展，世界各国积极地将不同学科的最新成果应用于无损检测领域，大力开展无损检测技术的研究工作。如近红外光谱分析技术具有分析时间短、无须样品预处理、非破坏性、无污染以及成本低等特点。目前近红外光谱分析技术在水果、鱼类、畜肉类、牛奶、谷物和奶酪酒精发酵上都开发出在线品质检测、监控仪器，如表面增强拉曼光谱技术。

表面增强拉曼光谱（surface enhanced Raman spectroscopy，SERS）是一项新型的快速检测技术，随着纳米技术和材料表面科学的发展而迅速发展。拉曼散射的原理如图

2-45 所示，当使用一束激光照射样品时，光子将会被样品分子吸收，使靠近原子核的电子云极化，分子跃迁到一个虚能级（virtual energy states）。这一虚能级的寿命极短，分子将会向基态（ground state）跃迁，同时重新释放光子[104]。当被分子释放出的光子能量与入射光的光子能量相同时，散射光被称为瑞利散射（Rayleigh scattering）。瑞利散射在散射光中占绝大部分，这部分散射没有发生能量的转移。而当处于基态的分子被激发到虚能级，然后返回到激发态（excited state）时发生的是斯托克斯散射（Stokes scattering）。这一过程伴随着能量从光子向分子的转移。同样，当处于激发态的分子吸收光子的能量跃迁到虚能级然后返回到基态并释放出一个能量更大的光子，这种散射被称为反斯托克斯散射（anti-Stokes scattering）。这一过程伴随着能量从分子到光子的转移。斯托克斯散射与反斯托克斯散射都属于拉曼散射（Raman scattering）。由于反斯托克斯散射相比于斯托克斯散射非常微弱，因此，我们平时提及的拉曼散射一般都是指斯托克斯散射。普通的拉曼散射信号很弱，通常是入射光强度的百万分之一，所以不能用于分析和检测微量物质。

拉曼信号的增强是一种现象，当待测样品吸附于具有纳米量级粗糙度的金属结构表面时，样品分子的拉曼信号可增强 6～10 个数量级。这种现象与一种小金属或其他物体周围的电磁场增强有关，该物体是由密集而尖锐（高 Q 因子）的偶极共振激发的，具有扩展特性的金属基底表面上的局部表面等离子体激发的电磁增强是 SERS 的核心。

SERS 除了具有样品制备简单、分析过程快速的优点，还具备和水相良好的相容性，以及光谱强度与分析浓度之间的线性关系，所以拉曼光谱可以用于定量检测。拉曼光谱仪见图 2-46。

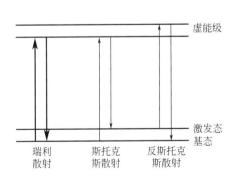

图 2-45　拉曼散射与瑞利散射

图 2-46　拉曼光谱仪

2.6.12.2　历史与发展

Fleischman 等在 1974 年对光滑银电极表面进行粗糙化处理后，首次获得吸附在银电极表面上的单分子层吡啶分子的高质量的拉曼光谱。随后 Van Duyne 等通过系统的实验和计算发现吸附在粗糙银电极表面上的每个吡啶分子的拉曼散射信号与溶液相中的吡啶的拉曼散射信号相比，增强约 6 个数量级，指出这是一种与粗糙表面相关的表面增强效应，被称为 SERS 效应。SERS 发现后很快在表面科学、分析科学和生物科学等领域得到广泛应用[104]。SERS 技术存在一些缺点，如仅有金、银、铜三种金属和少数不常用的碱金属（如锂、钠等）具有强的 SERS 效应，将 SERS 研究拓宽到金银铜以外的金属体系的研究长期没有取得具有实际意义的进展。而且金、银、铜三种金属尚需表面粗糙化处理之后才具有高 SERS 活性，所以表面科学界所常用的平滑单晶表面皆无法用 SERS 研究。SERS 的这些缺点最终导致其研究自 20 世纪 80 年代后期起逐渐走向低潮。直到 20 世纪 90 年代后期才取得一些突破性进展。最为重要的是将 SERS 发展为单分子科学的研究手段之一。其次是在一系列纯过渡金属（第Ⅷ副族元素）体系观察到 SERS 效应。

2.6.12.3 拉曼光谱在农药残留检测上的应用

国外应用拉曼光谱技术在粮食、水果、蔬菜上的农药检测中取得了一定的进展。Shende 等通过使用表面增强拉曼光谱法检测到食品中的农药残留，其检测限达到 10^{-6}[105]。Lee 等采用共聚焦表面增强拉曼光谱，对甲基对硫磷杀虫剂进行定量检测，检测限达到 10^{-7}[106]。国内对于拉曼光谱在农药残留上的研究也有相关报道[107]。朱春艳等利用傅里叶变换红外光谱（FTIR/ATR）检测蔬菜上的有机磷农药，其原理是通过激光照射获得入射光的干涉图，并通过数学算法（傅里叶变换）把干涉图转换为红外光谱图，找出有机磷农药的特征峰，以确定其农药成分[108]。李文秀等利用红外光谱法（IR）对蔬菜汁溶剂中的敌敌畏和敌百虫高残农药进行了研究，结果表明，在中红外波段，蔬菜叶的色素几乎没有吸收，检出限为 0.015mg，应用红外光谱技术可以直接对蔬菜上的农药残留进行检测[109]。

2.6.13 其他新技术

2.6.13.1 分子印迹技术

（1）定义与原理　分子印迹技术（molecular imprinting technology，MIT）是指为获得在空间结构和结合位点上与某一分子（印迹分子）完全匹配的聚合物的实验制备技术。通过分子印迹技术合成的具有分子识别功能的聚合物称为分子印迹聚合物（MIPs）。由于分子印迹聚合物具有亲和性并且具有较高的选择性，对环境影响因素的耐受能力较强，储存多年识别能力无明显下降，分子印迹聚合物有稳定的物理化学性质。近年来，分子印迹技术在越来越多的领域得到应用，在农药残留检测应用中，分子印迹技术可用于多数杀虫剂、植物生长调节剂和一部分除草剂的残留检测。分子印迹技术在样品基质的前处理过程中也有很高的应用价值，主要利用在分离技术和固相萃取技术两个方面，特别是分子印迹固相萃取技术，由于其既弥补了传统方法选择性差、专一性不强等缺点，又保留了原有的操作简单、省时省力等优点，因而得到了广泛的应用。而近年来发展起来的以 MIPs 为识别元件，结合不同种类转换器制得的分子印迹传感器（molecularimprinted polymer sensors）既具有生物传感器的专一识别性，同时又具有化学传感器的机械稳定性及热稳定性。其工作原理是：模板分子经扩散进入敏感层，与 MIPs 上的印迹位点发生特异性结合，经过换能器将敏感识别膜上感知到的信号转换成可记录的信号（如电位变化、电流变化、荧光强度变化、频率变化和吸光度变化等），从而完成传感器的传感过程（图 2-47）。通过分子印迹传感技术专一性地检测目前农业生产中广泛使用的有机氯类、有机磷类、拟除虫菊酯类及氨基甲酸酯类杀虫剂，各类除草剂以及植物生长调节剂等主要种类的农药。

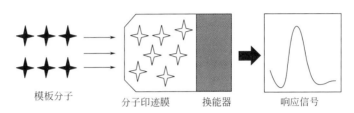

模板分子　　　　分子印迹膜　换能器　　　响应信号

图 2-47　分子印迹传感器的传感原理[110]

（2）历史与发展　分子印迹技术起源于免疫学的发展，20 世纪 40 年代，著名的诺贝尔奖获得者 Pauling 试图用锁匙理论解释免疫体系。尽管他的理论经后人的实践证明是不可行的，但是受错误理论中假设（生物体所释放的物质与外来物质有相应的结合位点并且在空间上相互匹配）的启发，化学家们发展了一项有效的分析技术：分子印迹技术（molecular imprinting technology，MIT），在国内也有人把它称为“分子烙印”。1949 年，Dickey 实现了染料在硅胶中的印迹，首次提出了“分子印迹”的概念，但在很长一段时间内并没能引起人们的重视。直到 1972 年，由 Wulff 研究小组首次成功制备出对糖类化合物有较高选择性的共价型的分子印迹聚合物，使这方面的研究有了突破性的进展，这项技术才逐渐为人们所认识，并于近 40 年内得到了飞速的发展。分子印迹技术自 20 世纪 70 年代以来发展十分迅猛。特别是 1993 年 Mosbach 等在 Nature 上发表有关茶碱分子印迹聚合物（molecular imprinted polymers，MIPs）的报道后，每年公开发表的论文数几乎直线上升。而 1997 年成立的分子印迹协会（Society of Molecular Imprinting，SMI）的统计表明，全世界至少有 100 个以上的学术机构和企事业团体在从事 MIPs 的研究及开发工作。目前主要从事 MIT 研究工作的国家有瑞典、日本、德国、美国、英国、中国等十多个国家。国内主要研究单位有大连化物所、南开大学、兰州化物所、上海大学、军事科学院毒物所、湖南大学、东南大学、防化研究院等。MIT 之所以发展如此迅速，主要是因为它有三大特点：即预定性（predetermination）、识别性（recognition）和实用性（practicability）[111]。迄今，在印迹机理、制备方法以及在各个领域的应用研究都取得了很大的进展，尤其是在分析化学方面的应用更是令人瞩目。

（3）分子印迹技术在农药残留检测中的应用　分子印迹技术在固相萃取、固相微萃取以及化学传感器等方面被应用于农药残留分析中。基于分子印迹聚合物作为吸附剂的分子印迹固相萃取将分子印迹技术的亲和性与专属性引入固相萃取技术中，成为目前检测领域前沿的样品处理技术之一[112]。Men 等利用 KH-570 硅烷偶联剂修饰磁性

Fe_3O_4/SiO_2 纳米微粒的复合微球，制备出莠去津磁性分子印迹聚合物，用于玉米种的莠去津分析[113]。

2.6.13.2 凝胶渗透色谱

（1）定义与原理 凝胶渗透色谱（gel permeation chromatography，GPC）是根据溶质分子量的不同，通过具有分子筛性质的凝胶固定相使溶质分离。目前用于农药残留分析中的凝胶种类主要有多孔交联葡萄糖凝胶（SePhadex LH-20）和交联聚苯乙烯凝胶（Bio-Beads S-X），可根据被测农药及需分离的杂质的分子量来选择不同孔径规格的凝胶。GPC 的净化容量大，可重复使用，单一淋洗剂，适用范围广，使用自动化装置后净化时间缩短，组分的保留时间提供它们的分子大小信息，简便准确。但对于分子大小相同的混合物不易分开，分离度低。凝胶渗透色谱（图 2-48）的分离原理与通常使用的柱色谱的区别主要是：通常柱色谱是利用填充物、样品和淋洗剂之间极性的差别来达到目的的，而凝胶渗透色谱仪则是利用化合物中各组分分子大小不同而淋出顺序先后不同的规律来达到分离目的的，淋洗溶剂的极性对分离的影响并不起决定作用。凝胶渗透色谱净化技术用于农药残留样品的前处理，具有省时、方便、环境污染少、有效去除色素和脂肪等大分子杂质的特点。

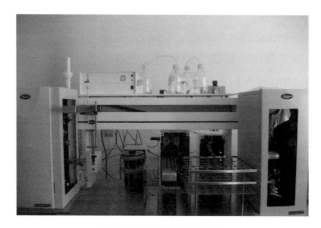

图 2-48 凝胶渗透色谱

（2）历史与发展 凝胶渗透色谱是 1964 年由 Moore 首先研究成功的。常规的净化方法消耗有机溶剂量大，操作过程较为烦琐，分析误差较大。如对于含油脂较高的样品（如玉米、芝麻），采用常规的液液萃取或固相萃取等方法不能将油脂彻底除去。GPC 分离样品的过程是一个物理过程，能够很好地分离蛋白质、色素、脂肪等大分子物质和农药等小分子物质，并且 GPC 的有机溶剂消耗量正随着柱子的发展而减少，操作简单，分析误差小。中国农业大学已研制出自动凝胶色谱净化仪。2005 年 9 月 27 日，科技部委托国家质检总局组织召开了中国农业大学承担的"快速样品净化仪器的研制"（课题号：2001BA80417-11-01）项目鉴定，结果表明该仪器取样准确，分析重复性和精密度、仪器稳定性、分离效果等主要指标达到了国外仪器的技术水平，填补了国内空白。

（3）凝胶渗透色谱在农药残留检测中的应用 油脂、蜡质严重干扰农药残留分析。

GPC 自动凝胶色谱仪可去除油脂、蜡质和部分干扰色素[114,115]。早在 1972 年，Johnson 等提出在鱼样品的农药残留分析中，使用凝胶渗透色谱提纯 7 种有机氯农药、多氯联苯等，方法的回收率大于 95%[116]。李樱等以糙米为研究对象，利用凝胶渗透色谱-气相色谱，建立了一种可同时测定糙米中 35 种拟除虫菊酯、有机氯农药和多氯联苯的方法[117]。

2.6.13.3　微流控技术

（1）定义与原理　微流控芯片技术（microfluidic chip）是由瑞士的 Manz 于 1990 年提出的，是把生物、化学实验室分析过程的样品制备、反应、分离、检测等操作单元微缩、集成到一张几平方厘米的芯片上，通过对微通道网络内流体的操纵和控制，自动完成分析过程。微流控芯片主要以分析化学和分析生物化学为基础，以微机电加工技术为依托，以微管道网络为结构特征，是当前微全分析系统发展的重点。它把整个化验室的功能，包括采样、稀释、加试剂、反应、分离、检测等集成在微芯片上，且可多次使用，因此具有更广泛的适用性。与传统的分析方法不同的是，微流控芯片技术具有微型化、集成化、高通量和低成本的显著优点，能够获得较低的假阳性现象。微流控芯片上微通道的加工有多种方法，但多以微电子器件加工的光刻法（photolithography）为基础。微流控分析芯片的构造一般为两片平板玻璃或高分子材料，其中一片刻有细微通道。两片平板封合后，形成具有封闭通道网络的芯片。在任意一片上还有通道的进出口。芯片面积一般为数平方厘米，通道尺寸为 $20\sim100\mu m$ 宽，$10\sim30\mu m$ 深，液体的总体积多在 nL（10^{-9}L）水平，最常用的控制液流的手段是在通道两端的电极上施以电压，通过产生的电渗流驱动液流。通过电场强度和方向的控制可以灵活、重现地控制液体流动的方向和速度，从而实现试样的计量、混合、反应、加温、分离与转移等几乎分析实验室中的所有常规操作。微加工技术能在芯片上制作出极为精细复杂的通道几何结构，因此，在数平方厘米的小面积上仍可完成十分复杂的操作和功能。如精确的定量进样、汇流技术、各种毛细管电泳分离技术、在线试样前处理、柱前或柱后衍生，甚至同时在芯片上进行微量反应，如有机合成、PCR（聚合酶链反应）等。

（2）历史与发展　微全分析系统的概念是 1990 年首次由瑞士 CibaGeigy 公司的 Manz 与 Widmer 提出的，当时主要强调了分析系统的"微"与"全"及微管道网络的 MEMS 加工方法，而并未明确其外形特征。次年，Manz 等即在平板微芯片上实现了毛细管电泳与流动注射分析，从而把微系统的主要构型定位为一般厚度不超过 5mm，面积为数平方厘米至十几平方厘米的平板芯片。1994 年始，美国橡树岭国家实验室 Ramsey 等在 Manz 的工作基础上发表了一系列论文，改进了芯片毛细管电泳的进样方法，提高了其性能与实用性，引起了更广泛的关注。在此形势下，该年首届 μTAS 会议以工作室的形式在荷兰 Enchede 举行，起到了推广微全分析系统的作用。1995 年，美国加州大学 Berkeley 分校的 Mathies 等在微流控芯片上实现了高速 DNA 测序，微流控芯片的商业开发价值开始显现，而此时微阵列型的生物芯片已进入实质性的商品开发阶段。同年 9 月，首家微流控芯片企业 Caliper Technologies 公司在美成立。1996 年，

Mathies 等又将聚合酶链反应（PCR）扩增与毛细管电泳集成在一起，展示了微全分析系统在试样处理方面的潜力。次年，他们又实现了微流控芯片上的多通道毛细管电泳DNA 测序，从而为微流控芯片在基因分析中的实际应用提供了重要基础。1999 年 9月，惠普与 Caliper 联合研制的首台微流控芯片商品化仪器开始在欧美市场销售，至2000 年 8 月，已可提供用于核酸及蛋白质分析的 5～6 种芯片。2000 年 5 月，第 4 届μTAS 会议的召开是对微全分析系统发展的一次全面检阅，预示着微全分析系统的一个更大的发展高潮即将到来[118,119]。

（3）微流控技术在农药残留检测中的应用 苑宝龙等研制出一种用于农药残留现场快速检测的微流控芯片（图 2-49），可以实现对有机磷、氨基甲酸酯类农药的现场、低成本、快速、准确的检测。结果表明，通过在芯片内部固定存储生化试剂，只需一次进样，7min 内即可实现对克百威和乐果的快速检测[120]。Wang 等将微流控芯片用于检测水中的有机磷农药残留，对氧磷、甲基对硫磷和杀螟松的检测极限分别为 $0.21\mu g \cdot mL^{-1}$、$0.4\mu g \cdot mL^{-1}$、$1.06\mu g \cdot mL^{-1}$，检测时间均小于 $140s^{[121]}$；Lee 等在聚二甲基硅氧烷微流控通道上使用共焦增强拉曼光谱对甲基对硫磷进行检测，检测限为 $0.1\mu g \cdot mL^{-1}{}^{[122]}$。Smirnova 等在硅芯片上集成水解、偶氮衍生、液液萃取、胶束电色谱分离、热透镜检测四种氨基甲酸酯类农药（西维因、克百威、残杀威和噁虫威），检测限（$0.5\mu mol \cdot L^{-1}$）比常规电泳-紫外吸收检测（$10\mu mol \cdot L^{-1}$）显著降低[123]。

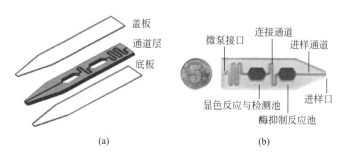

（a）   （b）

图 2-49 （a）农药检测微流控芯片结构示意图和（b）实物图片[120]

2.6.13.4 电子鼻技术

（1）定义与原理 电子鼻（electronic nose）主要构造的原理是通过传感器呈现某种气味，传感器将化学输入的信号转换成电信号，通过多个传感器对某一种气味的响应从而构成了传感器阵列对该气味的响应谱。显然，气味中的各种化学成分均会与敏感材料发生作用，所以这种响应谱为该气味的广谱响应谱。理论上，每种气味都会有它的特征响应谱，根据其特征响应谱可区分不同的气味。同时，还可利用气敏传感器构成阵列，对多种气体的交叉敏感性进行鉴定，通过适当的分析方法，实现混合气体分析，可用于检测、分析和鉴别简单或复杂的气味。

（2）历史与发展 人类对化学传感器的探索已有久远的历史，最早可追溯到 19 世纪末。国际上最早的嗅觉学术交流会是 1962 年在瑞典的斯德哥尔摩召开的，以后每三年举行一次。最大规模的一次会议是 1997 年在美国的圣地亚哥召开的。会议的主题是加强国际间多学科之间的国际交流与合作，鼓励在嗅觉化学感觉方面的基础和应用方面的研究。20 世纪中叶，各种化学传感器的基本理论和实际应用研究均取得了长足的进展。1967 年，日本 Figaro 公司率先将金属氧化物半导体（SnO₂）气体传感器商品化。而认识到单个传感器的作用十分有限，从而开展电子鼻研究则是近十几年的事。80 年代初期，在科技文献中出现了"电子鼻"这个技术术语。"电子鼻"的概念，最早是 1982 年英国 Warwick 大学的 Persand 和 Dodd 教授模仿哺乳动物嗅觉系统的结构和机理，对几种有机挥发气体进行类别分析时提出来的[124,125]。1989 年，在北大西洋公约组织（North Atlantic Treaty Organization，NATO）的一次关于化学传感器信息处理会议上对电子鼻做了如下定义："电子鼻是由多个性能彼此重叠的气敏传感器和适当的模式分类方法组成的具有识别单一和复杂气味能力的装置"。随后，于 1990 年举行了第一届电子鼻国际学术会议。电子鼻是目前世界上的热点研究课题。第一台商业化的"电子鼻"于 1994 年诞生。从事电子鼻开发研究的机构欧洲有 17 家，美国和加拿大有 9 家，世界上电子鼻商业产品的供应商已达到 18 家。代表性电子鼻产品如法国 Alpha-MOS 的桌面型 FOX、美国加利福尼亚 Cyranosciences 公司的 Cyranose 等。电子鼻可以广泛用于工业生产的各个部门，如烟草业、化妆品、食品工业、石油化工、粮食储存与加工、酒类和饮料、环保监测、临床诊断[126]。此外，电子鼻还用于商检、微生物的鉴别、药物的分类与判别、宇航等部门，以及检查（旅客）行李中的爆炸物品、枪支弹药、毒品与其他违禁物品等[127]。

（3）电子鼻技术在农药残留检测中的应用　王昌龙等基于特征比值法的电子鼻农药识别系统，选取不同浓度的常用农药等 10 种气体用径向基神经网络进行模拟和识别试验，气味识别的正确率达到 83.3%[128]。Ortiz 等利用电子鼻来检测水果中的有机氯农药，能够对不同的化学物质进行快速的区分和鉴定[129]。Canhoto 等利用电子鼻系统检测水中的滴滴涕（DDT）和狄氏剂[130]。He HP 等通过电子鼻技术结合顶空固相微萃取气相色谱串联质谱技术检测海水中的有机氯农药[131]。徐茂勃等通过电子鼻在定位传感器响应起始点的基础上，以面积斜率比值法检测蔬菜中的辛硫磷和乙酰甲胺磷[132]。

2.6.13.5 量子点技术

（1）定义与原理　随着纳米科学的迅速发展，量子点技术（quantum dots，QDs）近年来已成为一种新型的农药残留检测方法，具有简单、快速、灵敏度高等优点。量子点作为一种与传统荧光染料不同的新型荧光探针，具有独特的光谱特性和优良的光化学稳定性，已广泛应用于环境和食品安全检测领域。

量子点是由无机核和有机分子组成的纳米晶体，包裹在核的表面，大小在 1～10nm 之间。当量子点尺寸小于某个临界值时，将显示其量子特性。与常规有机荧光团相比，量子点具有以下独特的光学性质：①量子点的荧光发射波长可以通过控制其化学组成和粒径来调节；②量子点具有宽泛的吸收光谱和对称的荧光发射光谱；③量子点由惰性无机材料组成，具有良好的光化学稳定性；④量子点具有较大的吸收截面，可大幅提高检测的灵敏度，使量子点用于单粒子光学示踪成像；⑤量子点具有更长的荧光寿命。

传感器通常由两部分组成：①识别元素，识别元素具有很高的特异性，如酶、抗体、核酸等，因此可以提高检测的灵敏度；②传感器，传感器一般是单独的化学或物理传感元件，基于电化学、光学、热敏和电压等原理工作。其中基于量子点的光学传感器通过比色技术或者荧光变化实现传感；基于量子点的电化学传感器通过物理吸附、化学共价结合、电沉积、和氧化还原聚合物电聚合等方法将量子点固定在工作电极上，利用循环伏安法、线性扫描伏安法、差示脉冲伏安法和溶出伏安法等电化学分析的基本方法来达到分析的目的。基于量子点的传感技术与传统的检测技术相比，具有较高的反应特异性和检测灵敏度，并且便于大量生产，适用性较强。

（2）历史与发展　1983 年，贝尔实验室的科学家 Brus 首次提出胶状量子点（colloidal quantum dot）的概念。1993 年，麻省理工学院的 Bawendi 教授领导的科研小组第一次合成出了大小均一的量子点。1996 年，美国芝加哥大学的 Hines 成功合成了 ZnS 包覆的 CdSe 量子点[133]。2002 年，Libchaber 和 Wu 使用疏水相互作用制得水溶性量子点。2003 年，汉堡大学的 Weller 小组将量子产率提高到 80%～90%。2006 年，多伦多大学的 Chan 小组合成制得三元量子点。2007 年，新加坡生物工程和纳米技术研究所 Ying 小组在水相中制得三元量子点[134～136]。2010 年，华东理工大学宗钟华在水相中合成掺杂 Mn^{2+} 的量子点。2012 年，浙江大学彭笑刚小组发现闪锌矿-CdSe/CdS 量子点合成结构控制方法。2015 年，深圳市金准生物医药工程有限公司的首个量子点标记技术的体外诊断试剂获 CFDA 批准，通用名是降钙素原（PCT）定量测定试剂盒（量子点免疫荧光色谱法）。未来将开发出更绿色、更低毒、兼容性更强、发光率更高的量子点技术。

（3）量子点技术在农药残留检测上的应用　在检测农药残留时，量子点通常用作光信号源和化学发光增强剂。当用作信号源时，它们可以直接使用或与其他材料结合成复合探针[137]。量子点的信号类型包括直接荧光、间接荧光、荧光猝灭、共振瑞利散射（resonance Rayleigh scattering，RRS）和荧光共振能量转移（fluorescence resonance energy transfer，FRET）。当量子点用作复合探针时，与量子点结合的材料包括抗体、酶、适体（aptamers，APTs）和分子印迹聚合物（molecular imprinted polymers，MIPs）。

直接使用量子点本身检测，当量子点直接与分析物相互作用时，它们的荧光会被动态猝灭，猝灭度可用于检测农药残留。

量子点荧光免疫分析（QD fluorescence immunoassay，QD-FLISA）是一类使用复合探针缀合 QD 与抗体或抗原的方法。FLISA 是免疫测定中应用较早的方法之一。在 FLISA 中，荧光物质与抗体或抗原分子结合，并且通过测量由抗原和抗体之间的特异性反应引起的荧光强度的变化来确定分析物。

量子点生物传感器（图 2-50）是指其表面通过酶、抗体、APT、生物组织或其他生物活性物质固定的传感器。传感器可以将被分析物和活性物质之间特定反应产生的信号（如电、光、热、质量等）转换为可识别信号，以确定分析物的含量或浓度。

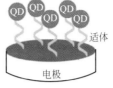

量子点酶传感器　　　　量子点抗体传感器　　　　量子点适体传感器　　　　量子点分子印迹传感器

图 2-50　量子点生物传感器示意图

基于酶抑制作用的传感器主要用于检测有机磷农药（organophosphorus pesticides，OPs）。OPs 能与乙酰胆碱酯酶（acetylcholinesterase，AChE）活性位点上的丝氨酸共价结合，导致酶失活，使 AChE 催化乙酰胆碱生成的乙酸和胆碱发生变化，这种变化可通过光电化学传感器检测到，据此原理检测 OPs。Zheng 等利用层层组装技术将聚烯丙基胺盐酸盐、碲化镉（CdTe）量子点与 AChE 结合，制成光学传感器[138]。根据农药对 AChE 的抑制机理，检测对氧磷和对硫磷，检出限分别低至 1.05×10^{-11} mol·L^{-1} 和 4.47×10^{-12} mol·L^{-1}，且具有较好的重现性和准确度。Zheng 等利用石墨烯纳米片（graphene nanosheets，GNs）固定 CdTe 量子点，显著放大电化学发光（electrochemiluminescence，ECL）的信号[139]。ECL 负极为功能性 AChE-GNs-QDs 复合物修饰的 GCE（玻碳电极），这是第一次报道使用 AChE-GNs-QDs 传感平台检测 OPs。根据 OPs 对 ECL 信号的影响，结合酶促反应和溶氧作为共反应剂来检测甲基对硫磷，检出限为 0.06ng·mL^{-1}。基于酶联免疫反应建立起来的量子点传感系统主要通过特定的农药抗体与抗原特异性识别、结合，根据竞争性抑制原理检测样品中的农药残留。抗原与抗体之间的特异性识别以及量子点优良的光电特性使这种检测方法具有较高的选择性和灵敏度。Wang 等利用 CdS/ZnS QDs 标记分别对磷酸丝氨酸和抗原性 AChE 有很强的免疫亲和力的 2 种抗体，二者协同作用形成酶的加成物，然后被双对氯苯基三氯乙烷还原，最大限度地暴露出磷酸丝氨酸部分，通过方波伏安法直接分析用磁性分离方法处理的样品，检测 OPs 残留[140]。

基于分子印迹聚合物的量子点传感系统是将分子印迹技术和纳米技术结合，分子印迹的纳米材料具有尺寸小、反应表面积大的特点，能够对被测物进行快速、特异性分析。Zhao 等采用通用的超声方法，依靠范德华力和疏水作用力，成功合成了 QDs-MIP 复合纳米微球[141]。ZnS：Mn^{2+} 量子点的小尺寸和聚苯乙烯-甲基丙烯酸共聚物富含的羧基使复合纳米微球在水溶液中具有良好的分散性和稳定性。ZnS：Mn^{2+}（供体）激发态能量转移到二嗪农（受体）上，二嗪农重结合到聚合物的识别空腔上，导致荧光猝灭，最低检出限为 50ng·mL^{-1}。

还有基于主-客体系统的量子点传感系统。主-客体指一些小分子（客体）处在大分子（主体）所形成的空腔中，彼此形成的主体与客体之间的关系。将主体化合物固定在弯曲平面的纳米材料上，通过独特的主客体互相作用，将会对被测物显示出很好的捕获或传感能力。Qu 等利用磺化杯芳烃检测螨胺磷和啶虫脒，螨胺磷选择性猝灭游离的 CdTe，在 pH 值为 6 的条件下，啶虫脒电离为带正电荷的铵盐，嵌入到磺化杯芳烃的腔形成超分子复合物，而磺化杯芳烃在水溶液中可通过—SO_3^-基团连接到量子点表面，因此，复合物会被逐渐吸收到量子点表面[142]。啶虫脒选择性地增强 QDs 的荧光强度，具有浓度依赖性的螨胺磷和啶虫脒的检出限分别为 $1.2 \times 10^{-8}\,mol \cdot L^{-1}$ 和 3.4×10^{-8} $mol \cdot L^{-1}$。

此外还有基于核酸适配子的量子点传感系统。核酸适配子是功能性的单链寡核苷酸序列，是通过指数富集过程，从配体的系统演化中选择出来的，具有识别多种目标分子的能力，并且这种识别具有很高的亲和性和特异性，易于制备和修饰。核酸适配子技术在食品安全领域有很大的应用潜力，克服了很多现存的食品检测方法中的缺点，如检测时间长、灵敏度低和抗体制备成本高等。Guo 等建立了一种新型的检测小分子啶虫脒的方法，啶虫脒结合的适配子（aptamer，ABA）一方面通过协调作用吸收金纳米粒子表面的负电荷，保护金纳米粒子免受盐的干扰，使 CdTe QDs 的荧光猝灭；另一方面，与啶虫脒的特异性结合又会把 ABA 从金纳米粒子上释放出来，使 CdTe QDs 的荧光重新恢复，荧光增强的效率依赖于啶虫脒的浓度。对啶虫脒的最低检出限为 $7.29nmol \cdot L^{-1}$ [143]。

2.7　免疫分析技术

免疫分析（immunoassay，IA）是指利用抗原抗体特异性结合反应来检测各种物质（药物、激素、蛋白质、微生物等）的分析方法，被广泛应用于大量化合物的检测。

20 世纪 50 年代，Rosalyn Sussman Yalow 和 Solomon Berson 首次开发了免疫分析方法。1977 年，Yalow 因其在免疫分析方面的突出贡献而获得诺贝尔奖，成为第二位获此殊荣的美国女性[144]。20 世纪 60 年代后期，科学家发现酶与抗体可以进行化学结合，使得免疫分析技术变得更为简单，受到了更热烈的欢迎[145]。1983 年，卡迪夫大学的 Anthony Campbell 教授用一种吖啶酯替代了免疫分析技术中使用的放射性碘，出现了发光现象：化学发光。现在，在全球范围内，这种类型的免疫分析技术每年在约 1 亿次的临床试验中被运用，用于检测血液样本中的各种蛋白质、病原体和其他分子。20 世纪 90 年代以来，在检测粮食、水果、蔬菜、肉、奶、水和土壤中农药的残留分析上得到迅速发展。到 2012 年，商业免疫分析检测行业的收入达到 17 亿美元[146]。

免疫分析法的建立是以抗原与抗体的交互作用为基础，即抗原决定簇与抗体连接位点。抗原涉及多聚物，如蛋白质、多肽、多糖或核蛋白，它们刺激免疫响应，并且与免疫生成物（例如抗体）结合在一起。尽管存在不同的结合类型，然而所有的免疫分析法都是基于相似的原理。分析物样品（溶液或基质）与抗体一起培养，通过抗原发生结合反应，形成了分析物-抗体复合物。然后可以直接或间接地通过示踪剂进行标记和测定。大部分用于检测兽药残留的免疫分析法都属于此种类型。通过标记抗原或抗体，可以提高免疫分析方法的灵敏度，这种标记可以是放射性的、荧光的或化学的发光物。免疫反应涉及抗原与抗体分子间高度互补的立体化学、静电、氢键、范德华力等的综合作用，因而具有任何一种单独理化分析技术难以达到的选择性和灵敏度，尤其适用于复杂基质中痕量组分的分离和检测。

农药残留的免疫分析方法开发过程复杂，周期较长（一般一年以上），但是一经开发成功，就表现出简单、快速、灵敏的优势。整个测定反应过程可以在试管及微孔板上进行，在 96 孔板上能够同时制作标准曲线，测定对照样品和测试样品，最后用比色法定量，还可以用试剂盒装备成便携式速测箱，解决现场农药残留测定问题。目前的农药残留免疫分析方法只能检测单一农药或结构近似的少数几种农药，不能解决农药多残留分析问题。另外，检测样品的多样性，即背景的干扰，也限制了该方法的应用范围。免疫分析技术主要分为两大类：其一，作为相对独立的分析方法，即免疫测定法，如放射免疫分析（RIA）、酶联免疫吸附测定法（ELISA）、固相免疫传感器等，其中以 ELISA 方法应用最为广泛；其二，将免疫分析技术与常规理化分析技术联用，如利用免疫分析的高度选择性，将其作为理化测定技术的样品净化方法，典型方式为免疫亲和色谱（IAC）。

免疫分析可以以多种不同的形式进行。一般来说，主要根据其结合方式进行分类，主要有以下几类。①竞争性均相免疫分析。在竞争性均相免疫分析中，样品中未标记的分析物和标记的分析物竞争结合抗体，通过检测未与抗体结合的标记物的量来确定未标记物的含量。理论上，未标记物的量越多，被取代的标记物越多。因此，未结合的标记物的量与样品中待测物的量成正比（反应原理见图 2-51）。②竞争性非均相免疫分析。在竞争性非均相免疫分析中，样品中未标记的分析物与标记的分析物竞争结合抗体，然后分离或洗去未结合的标记物，通过检测结合的标记物来对未标记物进行定量。③单位点非竞争性免疫分析。样品中未知待测物与标记抗体进行结合，洗去未结合的标记抗体后测量结合的标记抗体。信号强度与未知待测物的量成正比。④双位点非竞争性免疫分析。未知样品中的分析物与抗体位点结合，然后标记的抗体与分析物结合，然后检测位点上标记抗体的量。标记抗体与分析物的浓度成正比，因为如果未知样品中不存在分析物，则标记抗体将不会与之结合。这种类型的免疫分析也称为双抗夹心免疫分析（反应原理见图 2-52）。

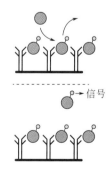

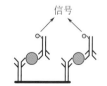

图 2-51　竞争性均相免疫分析反应原理图　　图 2-52　双位点非竞争性免疫分析原理图

免疫分析的主要优点是价格便宜、快速、简单，适合于高通量筛选。此外，无须高科技设备或专门的操作人员，被认为是现场监测最适合的技术。常用的免疫分析法有酶联免疫吸附测定法（ELISA）、胶体金免疫测定法（GICA）、量子点荧光免疫分析法

（QIA）、荧光偏振免疫分析法（FPIA）、化学发光免疫分析法（CLIA）、电化学免疫分析法（EIA）以及免疫传感器与微阵列技术等[147]。

2.7.1 酶联免疫技术

酶联免疫吸附测定（enzyme linked immunosorbent assay，ELISA）技术是在免疫酶技术的基础上发展起来的一种新型的免疫测定技术，利用抗体分子能与抗原分子特异性结合的特点，将游离的杂蛋白和结合于固相载体的目的蛋白分离，并利用特殊的标记物对其进行定性或定量分析。因其特异性强、灵敏度高而被广泛应用于生物、化工、医学、环境、农业等诸多领域。其原理是：抗原或抗体能物理性地吸附于固相表面，并且保持其免疫活性；抗原或抗体能与酶通过共价键形成酶结合物，同时保持各自的免疫活性或酶活性；酶结合物与相应的抗原或抗体结合后，能通过加入底物的颜色反应来确定免疫反应的发生，反应颜色的深浅与标本中相应抗原或抗体的量成正比[148]。

ELISA 的核心技术是抗原抗体的特异性反应。抗原有两个特性，即免疫原性和反应原性。既具有免疫原性又具有反应原性的抗原称为完全抗原，而只具有反应原性没有免疫原性的抗原称不完全抗原，也称半抗原。ELISA 法是在荧光免疫分析和放射免疫分析的基础上发展起来的，它利用具有高度特异性的抗原抗体反应结合酶对底物的高度催化效应，对受检样品中的酶标免疫反应的试验结果采用现代光学分析仪器进行吸光度测定。在 ELISA 检测过程中，酶催化具有高度的放大作用，许多种酶分子每分钟能催化生成 10 分子以上的产物，不仅可以定性分析而且可以进行定量分析[149]。ELISA 常用的测定方法主要有直接法和间接法两种：直接法是酶标记抗体与待检测样本中的固相抗原直接作用，加入底物后，显色（其颜色深浅与样本中的抗原量成正比）；间接法是使已知抗原吸附在固相载体上，与待检测样本中的抗体作用，再加入酶标记抗同种动物抗体的免疫球蛋白（二抗），使与特异抗原-抗体复合物中的抗体作用，加入酶底物，显色（颜色深浅与样本中的抗体量成正比）[150]。影响 ELISA 测定结果的因素主要包括以下几点。

① 抗原：在 ELISA 中，包被于固相载体表面的抗原或抗体的来源和制备方法对试验结果都有影响。包被所用的抗原必须是可溶性的，而且要求是优质和稳定的制剂，纯度和免疫原性要高。如果纯度不够，抗原中所含杂质就会竞争固相载体上的有限位置，降低敏感性和特异性。此外，还应考虑到制备包被抗原不应破坏其免疫学活性。②固相载体：可溶性抗原或抗体吸附于固相载体而成为不溶形式，这是进行酶标记测定的基本条件。许多物质可作为固相载体，如纤维素、交联右旋糖苷、琼脂糖珠、聚丙烯、聚苯乙烯等。

在开发 ELISA 之前，进行免疫测定的唯一选择是放射免疫测定，这是一种使用放射性标记抗原或抗体的技术。在放射免疫测定中，放射性信号指示样品中是否存在特定抗原或抗体。Radimn Sussman Yalow 和 Solomon Berson 于 1960 年出版的科学论文中首次描述了放射免疫测定法[151]。由于放射性对健康构成潜在威胁，因此需要寻求更安全的替代方案，用非放射性信号替代放射性信号。后来研究发现，当酶（例如辣根过氧化物酶）与适当的底物（例如 ABTS 或 TMB）反应时，会发生颜色变化，可用作指示信号。但是信号必须与抗体或抗原相关，这就是酶必须与合适的抗体连接的原因，这个连接过程由 Stratis Avrameas 和 Pierce 开发出来[145]。由于分析过程必须洗去未结合的抗体或抗原，必须将抗体或抗原固定在容器的表面上，必须制备免疫吸附剂，Wide 和 Jerker Porath 于 1966 年使这一技术得以实现[152]。1971年，瑞典斯德哥尔摩大学的 Peter Perlmann 和 Eva Engvall 以及荷兰的 Anton Schuurs 和 Bauke van Weemen 发表文章，开发了系统的 EIA/ELISA 方法[153,154]。

　　20 世纪 80 年代以来，免疫学技术在农药残留检测中的应用越来越深入，其中 ELISA 技术测定农药残留表现最为活跃，主要以食品、环境中的农药和动物饲料中的兽药作为主要检测对象。已有大量文献报道了杀菌剂、杀虫剂、除草剂和一些植物（昆虫）生产调节剂的 ELISA 检测技术方法的建立，其检测水平可达到 ng 级，甚至 pg 级。美国环境保护局（EPA）、农业部食品安全检验司和 AOAC 分别制定了有关农药残留的免疫检测试剂盒的评定和许可准则。目前针对杀虫剂，成功的方法主要是采用单抗 ELISA 法检测谷物中的杀螟松、右旋反苄呋菊酯、苯醚菊酯、氯菊酯，奶、肉、肝中的涕灭威，水中的克百威（呋喃丹），谷物中的甲萘威（西维因）及其加工产品中的甲基嘧啶硫磷、对氧磷、硫丹；针对除草剂，主要有多抗 ELISA 检测农产品中的百草枯、2,4-D、阿特拉津、苯丙酸甲酯、去草净、扑草净等；针对植物（昆虫）生长调节剂，主要是采用单抗 ELISA 检测土豆中的抑芽丹，采用多抗 ELISA 检测奶中的伏虫脲、谷物及加工品中的甲氧保幼激素[155]。农药 ELISA 检测技术现状见表 2-6。

表 2-6　农药 ELISA 检测技术现状

农药名称	抗体类型	检测样品	检出限/μg·kg^{-1}
百菌清	M，P	番茄	100
噻菌灵	M	肉类	20
	P	土豆、香蕉、苹果、橙、梨	10
多菌灵		牛肉、牛肝、猪油	5
		葡萄酒、水果汁	0.4～10
		葡萄酒、苹果、梨、土豆	350
克菌丹	P	草莓、木莓、樱桃、油桃、桃子、杏、李子、苹果、葡萄、番茄	670
二甲菌核利	P	葡萄酒	5
异菌脲	P	黄瓜、葡萄、番茄、草莓	30
甲霜灵	P	黄瓜、土豆、鳄梨	100.64
三唑酮	P	苹果、梨、菠萝、葡萄	100
杀螟硫磷	M，P	谷物及加工制品	80～100
右旋反苄呋菊酯 苯醚菊酯 氯菊酯	M	谷物及加工制品	10～80

农药名称	抗体类型	检测样品	检出限/$\mu g \cdot kg^{-1}$
七氯 艾氏剂 氯丹	M，P	奶、肉、鱼	100
涕灭威	M，P	土豆、水果、蔬菜	4～380
克百威	P	奶、肉、水、食品	100 1
硫丹 狄氏剂 异狄氏剂	P	番茄、苹果、蔬菜	10～30
甲萘威	P	奶、蜜蜂、谷物	30～100
甲基氯嘧啶硫磷	P	谷物及碾磨加工制品	30
甲基毒死蜱	P		200
对氧磷	P M		275 1
莠去津	P	奶、果汁、糖蜜、软饮料、玉米、玉米油、玉米粉、菠萝、马铃薯	0.5～2
2,4-D 苯丙酸甲酯	P	黄豆、小麦、甜菜、牛奶	115～230
百草枯	P	奶、牛肉、马铃薯	2.5
2,4-D	P	食品、牛肉、牛肝、猪油、奶	1.14 50
甲草胺	P	牛肉、牛肝、猪油、玉米	1 7～10
抑芽丹	M	马铃薯	100
吲哚乙酸甲酯	M		44
伏虫脲	P	奶	2
甲氧保幼激素	P	谷物及碾磨加工制品	60
baySIR 8514	P	奶	40

注：M—单抗，P—多抗。

2.7.2 荧光免疫技术

时间分辨荧光免疫分析（time-resolved fluoroimmunoassay，TRFIA）是一种非同位素免疫分析技术，利用镧系元素标记抗原或抗体，根据镧系元素螯合物的发光特点，用时间分辨技术测量荧光，同时检测波长和时间两个参数进行信号分辨，可有效地排除非特异荧光的干扰，极大地提高了分析灵敏度，是一种新型的超微量分析技术[156]。它具有高精度、自动化、大样本快速测定等技术优点，其在灵敏度和准确性方面明显高于ELISA，特异性又明显高于聚合酶链反应（PCR）[157]。TRFIA采用具有独特荧光特性的镧系元素及其螯合物为示踪物，代替荧光物质、酶、同位素、化学发光物质，标记抗体、抗原、激素、多肽、蛋白质、核酸探针及生物细胞，待反应体系（如：抗原抗体反应、核酸探针杂交、生物素亲和素反应以及靶细胞对效应细胞的杀伤反应等）发生后，用时间分辨荧光免疫分析检测仪测定反应产物中的荧光强度[158]。根据产物荧光强度和相对荧光强度的比值，判断反应体系中分析物的浓度，从而达到定量分析的目的。在通常的荧光测定中，由于测试样品中含有多种荧光成分，背景荧光（来自样品中的胶体颗粒和溶剂分子引起的散射光以及血清中蛋白质和其他化合物发出的非特异性荧光）强度大、干扰强，因此成为大范围推广使用荧光分析法的瓶颈，而 TRFIA 巧妙地利用镧系元素的荧光特点：首先，镧系离子螯合物的荧光衰变时间极长，是传统荧光的 $10^3 \sim 10^6$ 倍；其次，激发光与发射光之间的 Stokes 位移大，可达 290nm，而普通荧光素的 Stokes 位移仅为 28nm。这样就几乎完全消除了背景荧光的干扰，继而通过时间延迟和波长分辨，强特异性荧光和背景荧光分辨开（故称为时间分辨），干扰基本为零。基于上述特点，TRFIA 具有很高的分析灵敏度、宽阔的测量范围、优良的分析精密性和对多个待测物同时检测的能力，成为方法学上最具优势的非放射免疫分析技术之一。

1979 年，芬兰 Wallac 公司研发部的 Soini 和 Hemmila 首次提出了建立稀土离子标记物的时间分辨免疫分析理论。1983 年，Soini 和 Kojola 首先开发出以镧系元素为示踪物的时间分辨荧光测量仪，建立了新的非放射性微量分析检测技术——解离增强镧系元素荧光免疫分析（dissociation enhanced lanthanide fluoroimmunoassay，DELFIA）。解离增强镧系元素荧光分析系统利用聚氨基多羧酸类双功能螯合剂将镧系元素标记在抗原或抗体上，完成免疫反应后，用酸性增强液解离镧系元素，并与增强液中的另一种螯合剂（如：β-萘酰三氟丙酮）形成强荧光螯合物，再通过仪器测定。此系统灵敏度高，是最经典的检测系统[159]。1984 年，Hemmila 确定了 DELFIA 这种时间分辨免疫分析技术方案，从而使 DELFIA 成了 Wallac 公司的专利技术。1988 年，加拿大 CyberFluor 公司的 Diamandis 创立了不同于 DELFIA 的时间分辨荧光免疫分析，即 FIAgen。FIAgen 分析系统利用一种新型的双功能螯合剂 4,7-二(氯磺酰基苯基)-1,10-菲咯啉-2,9-二羧酸，并将生物素-亲和素系统引入 TRFA（时间分辨荧光分析）系统，实现固相测量的目的[160,161]。2003 年，"镧系元素时间分辨荧光分析技术及仪器的配套研究"获 2003 年度国家科技进步二等奖。十几年以来，TRFIA 技术又取得了新的进展，如基于荧光共振能量转移的 TRFIA 技术、均相 TRFA 技术、酶扩大 TRFIA 和基于纳米颗粒的荧光检测方法等。

目前，TRFIA 技术主要被广泛应用于医学、食品检测和兽药残留检测领域。如在临床医学中用于先天性甲状腺功能低下症和唐氏综合征的检测，肿瘤学方面的应用和病原微生物抗原抗体的检测等；在食品中主要用于致病微生物、生物毒素和有害金属物质等的检测；在兽药检测领域，TRFIA 用于促生长繁殖类、瘦肉增产类和杀菌驱虫类等兽药的残留检测，并有望取代传统检测方法成为兽药残留检测的常规方法。近年来，TRFIA 技术用于农药残留检测的研究也有报道，但是相对较少。马明[162]基于氯噻啉单克隆抗体（Mab）建立了时间分辨荧光免疫分析方法，并对包被抗原、铕标抗体的工作浓度和工作缓冲液进行了优化。王耘等[163]以同源蛋白为模板对单链抗体进行建模，并进行了 Cry2Aa 毒素与单链抗体的分子对接模拟，确定关键结合位点，以此为基础将单链抗体作为检测抗体，建立了时间分辨荧光免疫分析方法，对大米样品中的新型生物农药 Cry2Aa 毒素进行了检测。另外，李明等[164]以铕离子（Eu^{3+}）作为荧光标记物，建立了一种基于多克隆抗体检测农业样品中噻虫胺残留的时间分辨荧光免疫分析方法，实际样品的检测结果表明，TRFIA 与气相色谱法具有高度的相关性（$R^2 = 0.9902$）。研究说明，建立的 TRFIA 能够高灵敏地检测农业样品中噻虫胺的残留。随着人们对食品安全关注度的提高，高灵敏度的 TRFIA 技术作为食品中农药残留的检测方法对于保障食品安全具有重要的意义。

2.7.3 免疫传感器

利用抗体与相应抗原识别和结合的双重功能，将抗体和抗原的固化膜与信号转换器组合而成，用于测定抗原（抗体）的传感器称为免疫传感器（immunosensor）[165]。免疫传感器的工作原理和传统的免疫测试法相似，都属于固相免疫测试法，即把抗原或抗体固定在固相支持物表面，来检测样品中的抗体或抗原。不同之处在于，传统免疫测试法的输出结果只能定性或半定量地判断，且一般不能对整个免疫反应过程的动态变化进行实时监测，而免疫传感器具有能将输出结果数字化的精密换能器，不但能达到定量检测的效果，而且由于传感与换能同步进行，能实时监测到传感器表面的抗原抗体反应，有利于对免疫反应进行动力学分析[166]。

1990 年，Henry 等提出了免疫传感器的概念[167]。由于免疫传感器技术具有分析灵敏度高、特异性强、使用简便及成本低等优点，目前其应用已涉及临床医学与生物检测、食品工业、环境监测与处理等领域。由于免疫传感器的检测结果最终还需换能器转换成输出信号，其检测效果往往也取决于所用换能器的精确度和稳定性，因此，换能器的种类对传感系统来说尤为重要。免疫传感器的种类一般也都根据换能器来划分，可将其分为以下几类。

① 电化学免疫传感器。电化学免疫传感器主要包括电位型免疫传感器和电流型免疫传感器。电位型免疫传感器是基于测量电位的变化进行免疫分析的生物传感器。其原理是将抗体结合在载体上，当样品中的抗原选择性地与固定抗体结合时，膜内离子载体的性质发生变化，导致电极上电位的变化，由此测得抗体浓度。1979 年，Aizawa 第一次报道了检测免疫化学反应的电流型免疫传感器，用于检测人绒毛膜促性腺激素（hCG）[168]。1980 年，Schasfoort 将先进的离子敏感性场效应转换器（ISFET）技术改进后引入到免疫传感器中，用于检测抗原-抗体复合物形成后导致的电荷密度与等电点变化，检测下限达到了 $(1\sim10)\times10^{-8}\ mol\cdot L^{-1}$[169]。而电流型免疫传感器是将酶底物浓度的变化或其催化产物浓度的变化转变成电流信号，此类系统有高度的敏感性以及与浓度线性相关性等优点（比电位型免疫传感系统中的对数相关性更易换算），很适于免疫化学传感。

② 光纤免疫传感器。在光纤上固定相应的 Ab，待检测的物质，即相应的 Ag 与 Ab 结合，形成 Ag-Ab 复合物时，可得到一个稳定的光信号，根据光信号的大小与底物浓度的函数关系，得到底物的浓度，一般情况下，光信号大小与底物浓度成正比。按照

换能器能量转换方式的不同，分为化学发光型、光吸收型、荧光淬灭型、指示剂型及生物发光型。

③ 压电晶体免疫传感器。常见的一种质量测量式免疫传感器。压电现象是 Curies 于 1880 年发现的，其理论基础是：非均质的天然晶体（无对称中心）中产生的电偶极受到机械压力的作用，会在 $9\sim14\mathrm{MHz}$ 的频率之间来回振动。基本原理是在晶体表面包被一种抗体或抗原，样品中若有相应的抗原或抗体，则与之发生特异性结合，从而增加了晶体的质量并改变振荡的频率，频率的变化与待测抗原或抗体的浓度成正比（见图 2-53）。1959 年，Sauerbrey 提出了质量与频率的平衡方程：$\Delta F = -KF^2\Delta M/A$，式中，$\Delta F$ 为晶体吸附外来物质后振动频率的变化，Hz；K 为常数，等于 2.26×10^{-6}；ΔM 为晶片的质量变化值，g；A 为有效压电面积，cm^2；F 为晶片的基础频率，Hz。该方程的提出简化了对样品的定量测定，不过仅限于气相中的检测。1972 年，Shons 等首次在石英晶体表面涂覆一层塑料薄膜以吸附蛋白质，成功制备了用于测定牛血清蛋白抗体的压电晶体免疫传感器，从而使压电现象用于免疫测试的想法成为现实[170]。

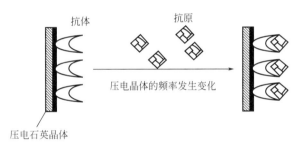

图 2-53　压电晶体免疫传感器原理

利用农药与特异性抗体结合反应特性研制免疫传感器，可用于对相应农药残留进行快速定量定性检测。抗体是上百个氨基酸分子高度有序排列而成的高分子，当免疫系统细胞暴露在抗原物质或分子（如有机污物）上时，抗体中有对抗原结构进行特殊识别、结合的部位，根据"匙-锁"模型，抗体可与其独特的抗原高度专一地可逆结合，其间有静电力、氢键、疏水作用和范德华力，将抗体固定在固相载体上，可从复杂的基质中富集抗原污染物，达到测定污染物浓度的目的[171]。国外有研究学者研制了便携式的光纤免疫传感器检测对硫磷，其最低检测限为 $0.1\mathrm{ng}\cdot\mathrm{mL}^{-1}$[172]。

2.7.4　胶体金免疫色谱技术

胶体金免疫色谱技术（colloidal gold immunochromatography assay，GICA）是一种将胶体金标记技术、免疫检测技术和色谱分析技术等多种方法有机结合在一起的固相标记免疫检测技术，是继三大标记技术（荧光素、放射性同位素和酶）之后发展起来的固相标记免疫测定技术。该方法的最大特点是简单快速、灵敏、无需仪器设备，几分钟就可以用肉眼观察到颜色鲜明的检测结果，并可保持其检测结果。近年来，胶体金免疫色谱技术已成为当今最快速的免疫学检测技术之一，尤其适用于残留监测中现场的快速筛选检测技术[173]。

胶体金（colloidal gold）是由金离子还原而成的许多单个金颗粒组成的悬浮液。胶体金溶液是分散相粒子直径在 1～150nm 之间的金溶液，颜色呈橘红色到紫红色。膜为固相载体的胶体金免疫色谱技术的基本原理是以微孔膜为固相载体，包被已知抗原或抗体，加入待测样品后，经微孔膜的渗滤作用或毛细管虹吸作用使标本中的抗原或抗体与膜上包被的抗原或抗体结合，通过胶体金标记物与之反应形成红色的可见条带或斑点。GICA 试纸（结构见图 2-54）由样品垫、胶体金结合垫、色谱膜、吸收垫组成[174]。当样品加入到试纸条下端的样品垫上后，样品通过毛细管作用沿试纸条向吸水垫方向移动，被溶解的金标抗体与样品中的抗原结合，当样品和金标抗体的混合液移到检测线时，未与样品中抗原结合的金标抗体与检测线上的抗原结合，金标抗体堆积形成红色 T 线，而未与检测线上的抗原结合的金标抗体继续移动到质控线并与上面的第二抗体结合，堆积形成红色 C 线，若检测过程中 C 线没有出现颜色，表明检测无效，样品中抗原含量越高，T 线的颜色越浅。目前食品中致病菌超标、农药兽药等的残留、违禁物质的添加等问题层出不穷，胶体金免疫色谱技术操作简单、检测时间短、便于现场操作，可作为现场执法的科学依据。

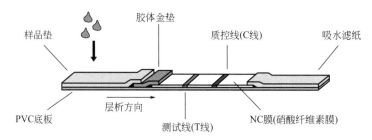

图 2-54　胶体金免疫色谱试纸条的结构示意图

胶体金免疫色谱技术的发展经历了漫长的过程。1939 年，Kausche 等把烟草花叶病毒吸附到金颗粒上，在电子显微镜下观察到金离子呈高电子密度状态。1962 年，Feldorr 等首次介绍了胶体金作为电镜下的示踪标记物。1971 年，Faulk 和 Taylor 利用胶体金溶液与兔抗沙门菌血清结合，作为标记探针，用免疫组织化学技术检测沙门菌的表面抗原，开创了胶体金在免疫分析领域应用的先河。1974 年，Romano 将胶体金标记到 IgG 上，实现了间接免疫金染色法。1983 年，Holgate 等创立了免疫金银染色法，极大地提高了检测的灵敏度。而免疫色谱快速诊断试纸条是 Beggs 等最先用于人绒毛促性腺激素的测定。1990 年，Beggs 和 Osikowicz 相继建立了人绒毛促性腺激素定性检测的胶体金免疫色谱技术，带动了诊断试剂的一次革命，从而也掀起了胶体金免疫色谱技术研究与应用的热潮。

目前，胶体金免疫色谱技术主要应用于医学领域。有研究学者利用双抗体夹心法检测大肠杆菌 O157，胶体金标记的 EHEC O157 单抗作为一抗包被于结合垫，EHEC O157 抗血清作为二抗固相化于硝酸纤维素膜的检测带上，质控带上固相化的是羊抗鼠 IgG。此方法的检测时间为 15min，大肠杆菌 O157 的最低检出浓度为 1×10^5 CFU·mL^{-1}[175]。近年来，食品中农兽药残留的胶体金免疫色谱技术也逐渐发展。食品中残留的农药、兽药和生物毒素大多为小分子物质，属于半抗原，制备抗体时需要将其与大分子蛋白（如人血白蛋白、卵清白蛋白等）进行偶联，制备人工抗原。张明等研制出磺胺甲噁唑快速检测试纸条，检测其在稀释后的牛奶中的残留量[176]。肖琛等利用胶体金标记快速检测技术，开展了氰戊菊酯农药残留快速检测方法的研究。通过优化各项试验参数，以氰戊菊酯农药与包被在硝酸纤维素膜上的氰戊菊酯人工合成抗原竞争结合胶体金标记的氰戊菊酯单克隆抗体，通过胶体金显色条带的颜色深浅来表征氰戊菊酯农药的残留量，达到快速检测样品中氰戊菊酯残留的目的[177]。

2.7.5　仿生免疫技术

分子印迹技术（molecular imprinting technology，MIT）（也称分子烙印）是近年来发展起来的一门结合高分子化学、材料科学、化学工程及生物化学的交叉学科技术，是为获得在空间结构和结合位点上与某一分子（模板分子）完全匹配的聚合物的实验制备技术。它最早可以追遡到 Fischer 的"锁-匙"理论[178]。此后，Pauling 提出了抗原使抗体的三维结构发生变化形成了多重作用点，抗原作为模板被"铸造"在抗体结合部位的识别理论，即"模板学说"[179]。后来发现"克隆选择"理论比"模板学说"更合理。分子印迹的第一个例子是 M. V. Polyakov 于 1931 年研究的硅酸钠与碳酸铵聚合反应，当在聚合过程中加入添加剂苯时，发现最终形成的二氧化硅颗粒对苯的吸收率较高[180]。1949 年，Dickey 等[181]首先实现了染料在硅胶中的印迹，并提出"分子印迹"的概念。1972 年，Wulff 等[182]首次成功制备出对糖类化合物有较高选择性的共价型分子印迹聚合物（MIPs）。Mosbach 等创立了非共价型 MIPs 的制备方法[183]，引起了许多研究者的关注。由于 Wulff 和 Mosbach 的开拓性工作，这项技术才逐渐为人们所认识，并得到迅速发展。

分子印迹技术通过以下方法实现：首先以具有适当功能基的功能单体与模板分子结合形成单体-模板分子复合物；然后选择适当的交联剂将功能单体互相交联起来形成共聚合物，从而使功能单体上的功能基团在空间排列和空间定向上实现固定；最后通过一定的方法脱去模板分子，从而在高分子共聚物中留下一个与模板分子在空间结构上完全匹配，并含有与模板分子专一结合的功能基的三维空穴（分子印迹过程见图 2-55）。这

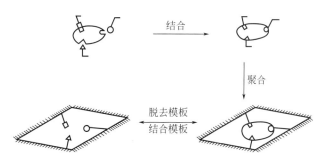

图 2-55　分子印迹过程示意图

个三维空穴可以选择性地重新与模板分子结合，即对模板分子具有专一性识别作用。三维空穴的空间结构和功能单体的种类是由模板分子的结构和性质所决定的。由于用不同的模板分子制备的分子印迹聚合物具有不同的结构和性质，因此，一种印迹聚合物只能与一种分子结合，即印迹聚合物对该分子具有选择性结合作用。迄今报道过的绝大多数工作都获得了较高的选择性，这也是分子印迹聚合物最大的优点。

分子印迹技术广泛应用于固相萃取、色谱、传感器及免疫分析中。在色谱分析中，分子印迹聚合物可作为吸附剂用于试样的前处理。Sellergren[184]于1994年首先报道了以他合成的戊烷脒（pentamidin，一种抗原虫菌药）为模板的印迹聚合物，该聚合物作为吸附剂完成了对生物液体试样尿中戊烷脒的提取、纯化和浓缩，其浓度可直接被检出。另外，分子印迹技术可用于化合物手性拆分工作中，而且其拆分方法已不仅局限于HPLC，所研究的拆分对象包括药物、氨基酸及衍生物、肽及有机酸。20世纪90年代，分子印迹技术兴起，人们开始将其应用于农药领域。三嗪类除草剂莠去津是早期被应用于农药分子印迹的模板分子之一[185]。目前，已有一些农药可以使用分子印迹技术制得相应的印迹聚合物，如硫丹[186]、三嗪类除草剂[187]、有机磷酸酯类杀虫剂[188]等。有研究将苯磺隆（TBM）作为模板分子，甲基丙烯酸（MAA）作为功能单体，乙二醇二甲基丙烯酸酯（EDMA）作为交联剂，采用本体聚合法制备了对TBM具有选择识别性能的分子印迹聚合物膜，并对其进行性能表征，将该印迹聚合物膜作为仿生抗体建立了苯磺隆分子印迹仿生酶联免疫分析方法[189]。

迄今为止，分子印迹聚合物的制备大多集中在小分子化合物上，对于生物大分子化合物如蛋白质、糖蛋白，甚至整个细胞的研究较少。生物大分子不仅结构庞大，而且其本身的物理化学性质也有其独特之处，传统的聚合方法面临着挑战，比较看来表面印迹方法似乎更适合于生物大分子。另外，对于气态小分子的研究也很少有人尝试过。这可能是由于气体分子本身体积太小，常温时呈气态，操作中无法控制等原因所致。随着分子印迹技术研究的不断深入和应用领域的不断扩展，人们越来越清楚地认识到分子印迹技术具有广阔的应用前景和深刻的理论意义，如模拟酶的研究远不止制备酶本身，更重要的是通过模拟酶的研究，可以发现酶催化的机理，从而认识生命自身的化学和生物学过程，继而有助于解决诸如寿命的延长、疾病的防治等一系列重大问题。

2.7.6　流动注射免疫技术

流动注射免疫分析（flow injection immunoassay，FIIA）技术是将速度快、自动化程度高、重现性好的流动注射分析与特异性强、灵敏度高的免疫分析集为一体的分析方法。自从丹麦分析化学家Ruzicka和Hansen于1975年提出流动注射分析（FIA）概念以来，FIA就迅速发展起来，1980年，Lim CS等创立了流动注射免疫分析法（FIIA）。1992年，Pollema等[190]提出的FI可更新表面测定（flow injection renewable surface immunoassay，FIRSI）实现了非均相FIIA的全自动化，并大大提高了测定速度。1996年，Singh A K等[191]研究发现，在FIIA测定中，脂质体标记抗体的检测灵敏度高于荧光素直接标记抗体，其最低检测浓度（MDC）可降低至1/120，测定信号可放大1个数量级。

　　FIIA 具有分析时间短、需要样品量小和操作简便等特点，利用 FIIA 对一些样品进行分析，测定耗时不足 1min。FIIA 有两大类型。均相 FIIA 是最简单的一种流动注射免疫法，反应器中发生抗原抗体的结合反应。抗原抗体的结合会改变抗体标记物的信号，信号的变化由检测器记录，从而得到样品量的信息。荧光分光光度法均相 FIIA 就是利用标记物的荧光变化定量的。非均相 FIIA 采用固相分离方式，可充分地将未结合的标记物和样品中的杂质成分快速除去，测定的灵敏度和重复性均可提高。能作为固相载体的物质很多，如葡萄糖、琼脂糖和可控多孔玻璃微粒等，毛细管、薄膜和聚丙乙烯珠等具有较大面积的材料也可作为载体。制备固相抗原（抗体）的方法是先用活化剂使载体表面带上活性基团，然后用共价键的方式与抗原（抗体）结合。固相抗原（抗体）装于一个体积很小的流通池内，免疫反应在池内进行。非均相的一般操作过程为：待测试样、标记抗原（抗体）及其他反应试剂注入蠕动泵驱动的免疫反应缓冲液中并被带进免疫反应池中，根据示踪标记物的不同再加入相应的反应试剂，发出的信号再由对应的检测器检出。转动流动注射装置上的转换阀，接上碱性洗脱液，使固相载体上的抗原与抗体间的键断开，这一过程称为反应池的再生。再通过免疫缓冲液，反应池平衡一段时间，以利于下一个样品的测定[192]。有研究学者将毛细管柱技术引入到流动注射脂质体免疫分析体系中，测定池塘水样中的咪唑乙烟酸除草剂。固定抗体的毛细管作为免疫反应池。用包裹有羟基荧光染料的脂质体标记抗体。将含有 1mL 咪唑乙烟酸样品的 TBS 缓冲液注入免疫反应柱，接着注入标记抗体的脂质体，正辛基-β-D-吡喃葡萄糖破裂脂质体分子，释放出包裹的荧光染料，产生分析信号。其检测限明显低于用色谱法的检测限（5ng·mL^{-1}）[193]，批内变异系数 <3%[193]。

　　FIIA 是一种集流动注射的重现性好和免疫分析的特异性强、灵敏度高等优点于一体的现代医药检验方法，随着流动注射分析技术、免疫柱制备技术和抗原、抗体标记技术的日臻成熟，其分析灵敏度、重现性和特异性将大大提高，既节约了分析时间，又降低了成本。目前，随着其他现代分析技术的不断发展，FIIA 涌现出许多新技术、新方法，尤其是自动化程序控制技术[194]及传感器技术[195,196]，可使 FIIA 具有更广泛的应用前景。

2.7.7　免疫 PCR 技术

　　聚合酶链反应（polymerase chain reaction，PCR）是一种在体外模拟体内 DNA 复制的核酸扩增技术，以少量的 DNA 分子为模板，经过变性—退火—延伸的多次循环，以接近指数扩增的形式产生大量的目标 DNA 分子。目前定量 PCR 技术的方法有很多种，主要包括 PCR 产物的直接定量、有限稀释法、外对照 PCR 定量、内对照 PCR 定量、竞争性 PCR 定量以及荧光定量 PCR，其中以荧光定量 PCR（fluorescent quantitative PCR，FQ-PCR）方法应用最为广泛[197]。

　　1992 年，Sano 等[198]将免疫测定技术与 PCR 结合，建立了一种全新的极其敏感的抗原分子检测技术——免疫 PCR（immunopolymerase chain reaction，IPCR）。IPCR

综合了抗原抗体反应的特异性和 PCR 扩增技术的高效性，具有取样量小、前处理简单、可达到 ng 级或 pg 级的优点[199]。IPCR 的基本原理与 ELISA 基本相似，不同之处在于该技术可将一段可扩增的 DNA 分子代替 ELISA 中的酶促反应信号，用一段特定的双链或单链 DNA 来标记抗体，并且通过抗体-生物素-亲和素桥梁将 DNA 标记物与目的蛋白连接起来，用荧光定量 PCR 扩增抗体所连接的 DNA，在 PCR 扩增后，借助 ELISA 反应原理，使用酶标抗体，在微孔板上进行固相杂交来实现定量[200~202]。免疫 PCR 方法的成功建立取决于三个关键因素：抗体和 DNA 的交联、扩增 DNA 的检测、不同抗原/半抗原超灵敏检测分析中本底信号的扣除。免疫 PCR 反应体系通常由四个子系统组成，即包被载体、桥联系统、指示系统和检测系统。

（1）包被载体　包被载体是指用来包被被测抗原或抗体的载体。1992 年，Sano 等首次将牛血清白蛋白（bovine serum albumin，BSA）直接包被在酶联板上，利用抗 BSA 的抗体与之反应。随后发展出双抗原夹心和双抗体夹心的抗原抗体反应系统。免疫 PCR 利用的是抗原抗体反应体系，所以对整个体系的要求比较高，抗原或抗体需要被均匀稳定地包被在固相载体上面。因此，固相载体需要有很好的导热、耐高温以及液面不易挥发的特性。目前常用的固体载体有聚苯乙烯微孔板、聚氯乙烯微孔板、聚丙烯 PCR 管和聚碳酸酯微孔板等。其中聚碳酸酯微孔板不仅可以以共价的形式稳定地结合蛋白，而且耐高温，因此是目前免疫 PCR 技术中最有前景的固相载体。

（2）桥联系统　桥联系统是指连接抗原抗体反应系统与 DNA 分析指示系统之间的连接分子或复合物。常用的桥联系统除了 Sano 等建立的链亲和素化抗体/蛋白 A-生物素化 DNA 系统外，还有抗体-叶绿素-DNA 系统和抗体-DNA 系统等；其中，链亲和素化抗体/蛋白 A-生物素化 DNA 系统是最早被采用的，但是这种方法的连接较为复杂。此外，某些桥联分子与抗原抗体结合不均一，导致了体系的准确性和可重复性下降；而另一些桥联分子则因为使用时步骤烦琐或者需要特别的试验条件，增加了系统误差。为了优化 IPCR 技术，很多新型的连接分子相继被使用以提高抗原抗体反应系统与 DNA 分析指示系统之间的连接效率。例如利用抗体分子和 DNA 分子的结构特点，用碳化二亚胺将单链 DNA（ssDNA）与抗体连接，能够避免 DNA 和抗体的预处理，而且不会影响 DNA 引物结合区及抗体的免疫活性。此外，利用聚乙烯亚胺（PEI）将抗体与 DNA 共价结合，同样可以保证抗原抗体的特异结合，又不影响 PCR 反应中 DNA 的扩增。最重要的是，这种方法打破了以往免疫 PCR 中生物素化抗体-亲和素-生物素化 DNA 连接模式的局限，降低了试验的复杂性，减少了试验步骤中的误差[203]。而利用叶绿素分子共价连接 DNA 和甲胎蛋白（AEP）抗体，还可以保证连接后复合分子性质的稳定[204]。

（3）指示系统　指示系统是指免疫 PCR 体系中采用的 DNA 分子可以分为双链 DNA 和单链 DNA。一般来说，合成的单链 DNA 均一性好，但是成本比较高；而双链 DNA 可以增加标记物的稳定性；双链中未与抗体结合的链在 PCR 的第一个循环变性阶段可以从抗体上脱落下来，消除了对 PCR 扩增的位阻，而且双链 DNA 便于检测。在选择 DNA 作为指示分子的时候，指示分子 DNA 需要具有较高的纯度和合理的碱基分布，同时，与待检样品中可能存在的 DNA 分子也不能具有同源性等[205]。

（4）检测系统 免疫 PCR 作为定量检测方法，体系最终需要用检测系统来显示检测结果。常用的检测系统有紫外透射法、放射自显影法、标记探针杂交法和实时荧光测定法，这些检测系统各自具有不同的特点。紫外透射法和放射自显影法可以在大多数实验室中实施，但是前者存在溴化乙啶污染的问题，后者则存在同位素污染的危险。标记探针杂交法是利用酶底物显色的原理，把标记生物分子的扩增产物与标有碱性磷酸酶、辣根过氧化物酶或 β-半乳糖苷酶的寡聚探针混合，继而温育、显色、观察结果。这个方法操作步骤烦琐，不适合于基层临床实验室和普通的生物化学实验室。相比之下，实时荧光测定法利用荧光定量 PCR 仪检测指示分子，可以避免溴化乙啶和同位素等物质的污染，又可以实现实时分析报告，但这种方法对仪器的要求较高，一般实验室不具备实时荧光测定的条件[206]。

目前 IPCR 主要用于检测肿瘤标志物、细胞因子、神经内分泌活性多肽、病毒抗原、细菌、酶、支原体等微量抗原，在农药残留领域的应用相对较少，有待于进一步进行方法开发。

2.7.8 蛋白质芯片技术

蛋白质芯片又称蛋白质阵列或蛋白质微阵列，最早由 Roger Ekin 在 20 世纪 80 年代提出。蛋白质芯片技术是指把制备好的已知蛋白质样品（如酶、抗原、抗体、受体、配体、细胞因子等）固定于经化学修饰的玻璃片、硅片等载体上，蛋白质与载体表面结合，同时仍保留蛋白质的物理性质和化学性质[207]。根据这些分子的特性，通过蛋白质芯片技术可以高效大规模地俘获能与之特异性结合的待测蛋白质，经洗涤、纯化后，再进行确认和生化分析。蛋白质芯片分析本质上就是利用蛋白质之间的相互作用，对样本中存在的特定蛋白质进行检测。其原理是将位置和序列已知的蛋白质以预先设计的方式固定在尼龙膜、玻璃、硅片等载体上，组成密集的分子排列，当荧光、免疫金等标记物的靶分子与芯片上的探针分子结合后，通过激光共聚焦扫描或光耦合元件（CCD）对标记信号的强度进行检测，从而判断样本中靶分子的数量，以达到一次试验同时检测多种疾病或分析多种生物样品的目的。

固定在芯片上的蛋白质可以是抗原、抗体、小肽、受体和配体、蛋白质-DNA 复合物和蛋白质-RNA 复合物等。而抗体芯片是蛋白质芯片的主要类型，它的称谓来源于免疫学，由于其在微生物感染检测中巨大的潜在应用价值而引起人们广泛的关注，是蛋白质芯片研究中进展速度较快的一个分支。其主要检测方法有双抗体夹心法、样品标记法。蛋白质芯片的制备过程包括以下几个步骤。

① 载体的制备。载体一般分两类，一类是膜载体，另一类是载玻片载体。膜载体主要指 PVDF 膜，载玻片载体是指经过特殊化学修饰或加工的载玻片。目前，玻璃、多孔硅胶、云母、硅片等都是常用的载体材料。

② 蛋白质的预处理。制作过程中保持蛋白质的生物活性，成为蛋白质芯片发展的瓶颈技术。通常点样前必须选择合适的缓冲液将蛋白质溶解，以防止溶液蒸发，使蛋白

质在芯片的整个制作过程中保持水合状态，防止蛋白质变性。

③ 芯片的点印。目前利用机械带动的点样头进行，点样头为不锈钢针头。为防止芯片表面蒸发，点样应在密闭且保持一定湿度的空间进行，有时还需加甘油到蛋白质溶液中。

④ 蛋白质的固定。蛋白质芯片是在一定的孵育条件下利用探针俘获配体，以达到固定蛋白质的目的。芯片固定时放入湿盒中，37℃恒温 1h 即可。

⑤ 芯片的封阻。以防止待测样品中的蛋白质与之结合形成假阳性。

关于蛋白质芯片的检测，其直接检测方法是将待测蛋白质用荧光素或同位素标记，结合到芯片的蛋白质就会发出特定的信号，检测时用特殊的芯片扫描仪扫描和相应的计算机软件进行数据分析，或将芯片放射显影后再选用相应的软件进行数据分析。间接检测模式类似于 ELISA 方法，标记第二抗体分子。以上两种检测模式均基于阵列为基础的芯片检测技术。该法操作简单、成本低廉，可以在单一测量时间内完成多次重复性测量。国外多采用质谱分析基础上的新技术，如表面加强的激光离子解析-飞行时间质谱技术（SELDI-TOF-MS），可使吸附在蛋白质芯片上的靶蛋白离子化，在电场力的作用下计算出其质荷比，与蛋白质数据库配合使用，来确定蛋白质片段的分子量和相对含量，可用来进行检测蛋白质谱的变化[208]。光学蛋白质芯片技术是基于 1995 年提出的光学椭圆生物传感器的概念，利用具有生物活性的芯片上的靶蛋白感应表面及生物分子的特异性、结合性，可在椭偏光学显微成像观察下直接测定多种生物分子。

蛋白质芯片技术具有可直接用粗生物样品（血清、尿、体液）进行分析，可同时快速发现多个生物标记物，在同一系统中集发现和检测为一体，特异性高，利用单克隆抗体芯片可鉴定未知抗原/蛋白质，以减少测定蛋白质序列的工作量等优点，但是也面临着诸多挑战，如需要大量的蛋白质探针，检测的稳定性和质量的稳定性等。目前，蛋白质芯片技术可用于疾病的诊断、新药的筛选及蛋白质组学方面，也可用于农药的检测，军事医学科学院已成功地对农药阿特拉津半抗原进行了衍生化，制作了检测小分子污染物的蛋白质芯片，最低检测限为 $0.001\mu g \cdot mL^{-1}$ [209]。

2.7.9 纳米生物技术

近年来，纳米技术得到快速发展，利用金纳米粒子（goldnano-particles，AuNPs）、量子点（quantumdots，QDs）和多壁碳纳米管（multiwalledcarbonnanotubes，MWC-NTs）等纳米材料的物理学、生物学特性进行农药残留的检测不断被报道。AuNPs 的光学特性不仅与其尺寸大小、形状、包覆剂、介质折射率相关，而且受其聚集态的影响。基于罗丹明 B-金纳米粒子（RB-AuNPs）溶液的比色和荧光特征，可以用于有机磷和氨基甲酸酯类农药的检测，原理是这些农药通过抑制乙酰胆碱酯酶（AChE）的活性，阻止硫代胆碱的生成（硫代胆碱使 RB-AuNPs 溶液变为蓝色并同时使 RB 显示绿色荧光），从而使 RB-AuNPs 溶液保持红色并使 RB 的荧光猝灭[210,211]（见图 2-56）。有学者利用沙蚕毒素会引起 AuNPs 发生聚集这一特性，对沙蚕毒素类杀虫剂进行检测[212]。其原理是基于沙蚕毒素中带正电的氨基通过静电吸附酸性介质中带负电的 AuNPs；另外，沙蚕毒素中的巯基能替代 AuNPs 表面上的柠檬酸。因此，在静电和

Au—S 共价键的共同作用下，AuNPs 形成交联和聚集，产生颜色的变化，其聚集度与沙蚕毒素的浓度相关。研究结果表明，在茶叶、大米、猕猴桃和卷心菜中的加标回收率为 61.1%～105%。Liu 等[213]也利用 AuNPs 的光学特性对黄瓜中的灭蝇胺杀虫剂进行了检测。AuNPs 在盐的作用下很容易发生聚集，发生等离子体共振耦合，颜色产生由红到蓝的变化。

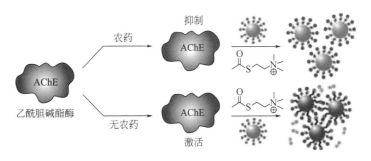

图 2-56　纳米金粒子技术测定农药原理示意图

　　QDs 是在把导带电子、价带空穴及激子在三个空间方向上束缚住的半导体纳米结构，基于 QDs 的荧光标记技术已广泛用于检测领域。Lin 等[214]通过水热法制备的 ZnS：Mn 荧光碳量子点，用啶虫脒适配体修饰后形成荧光探针，MWCNTs 可以猝灭荧光探针。在待测啶虫脒农药存在时，由于 ZnS：Mn-适配体与啶虫脒发生特异性的结合，荧光被"打开"，从而实现靶标农药的量化和成像检测。另外，MWCNTs 表面化学性质优异，已用于农药快速多残留检测的分散固相萃取[215]。

　　目前，农药残留检测通常依赖于气相色谱法、高效液相色谱法、气/液相色谱-质谱联用法等，涉及的仪器贵重，样品处理费时以及需要专业的技术人员操作。但随着全球农产品进出口贸易的发展及人们对农产品农药残留重视程度的提高，亟待开发建立快速、高灵敏度、高选择性、简单高效、低成本的农药残留快速检测方法。农药残留快速分析技术也将会朝着检测仪器的小型化和集成化、多通道检测、无线通信方向发展，提高检测速度和仪器的稳定性及可靠性是以后研究的必然趋势。目前，农药残留快速检测方法有着各自的使用范围，但同时存在一些缺点。宏观层面上，尽管《食品中农药最高残留限量》新国标大幅增加了农药检测品种和残留限量指标，但与之相配套的一些关于农药残留快速检测的现行国家标准和行业标准，并未随着检测技术的发展而进行及时更新和补充，因此无法很好地适应行业的要求。从技术层面讲，免疫分析法只能检测单一农药或结构近似的少数几种农药，因此需要事先明确待检农药对象。不能对一些未知农药样品进行检测，广谱性很难实现。农药抗体的制备比较复杂，费用较高，而且不同批次的抗体在特异性和性能方面可能会有所差别，从而影响检测结果的重复性。不同种类的生物传感器各自有其特点和应用局限。同时，也存在生物物质的有效性和重复性等技术难题，其中最大的挑战来自生物识别元件的灵敏度和稳定性。市场上比较成熟的生物传感器的应用主要集中在医疗、环境监测领域，例如对葡萄糖、生化耗氧量的测定等，而在农药残留领域内性能完善的商品化的生物传感器检测设备较少[216]。

2.8 手性农药残留分析方法

手性是指实物与其镜中的影像相似但不能重合的性质，如人的左右手，互为影像但不能重合。如果一个化合物的实物与其镜像不能重合，则这个化合物也具有手性，为手性分子。相反，如果一个化合物的实物与其镜像能够相互重合，该化合物是非手性化合物，无旋光活性。自然界中最为常见的碳元素为正四面体结构，若其连有的四个基团各不相同，则称这个碳为手性碳。例如乳酸的中心碳原子所连的四个基团互不相同，致使实物与其镜像不能重合，因此乳酸具有手性。总之，若一原子连接的四个原子或基团（其中也包括孤对电子）互不相同时，这个原子即为中心手性原子，除了碳原子外，氮、磷、硫等也可作为中心手性原子。是否具有手性可重点考察如下几个因素：①分子中存在手性原子，包括 C、P、N、S 等；②分子具有手性轴、手性中心或手性平面；③分子具有拓扑性、非对称性；④分子具有扭转手征性；⑤分子具有如蛋白质、多糖、核酸的螺旋性。

手性化合物中互为镜像的一对分子称为对映异构体，其中使平面偏振光右旋（dextro-rotation）的称为右旋体，用（+）表示；而使平面偏振光左旋（levo-rotation）的称为左旋体，用（-）表示。目前，获取单一光学纯异构体手性农药主要通过天然提取法和外消旋体拆分法两条途径。前者的依据是：某些生物体内存在有特定的生物化学反应，这种反应能产生氨基酸、糖类、生物碱等单一异构体，可以利用萃取、重结晶、柱色谱等手段获得这些光学活性物质。由天然资源获得手性化合物，原料丰富，价廉易得，生产过程简单，产品旋光纯度高，因而许多手性药物最初都是用此法生产的。但由于手性农药多数并非天然产物，利用天然提取法制备单一异构体手性农药鲜有报道。

通常，用化学合成制备的手性药物往往是外消旋体（也有一对非对映异构体的情况），通过拆分外消旋体得到单一异构体已成为单体农药制备的主要方法。

2.8.1 色谱方法

对于对映体的分离而言，色谱法和电迁移技术是最重要和应用最广的方法。色谱分析技术主要包括薄层色谱（TLC）、气相色谱（GC）、高效液相色谱（HPLC）、超临界流体色谱（SFC）。毛细管电迁移技术包括毛细管电泳（CE）、毛细管电动色谱（EKC）、胶束电动色谱（MEKC）、微乳胶束电动色谱（MEEKC）、毛细管电色谱（CEC）。对映体的分离方法可以分为间接法和直接法。间接法中，分析物的对映体与光学纯的试剂反应，通过共价键形成一对非对映异构体，随后，这对非对映异构体在非手性条件下被分离开。直接法指的是在手性环境中分离分析物的对映体。该方法要求必须有手性选择剂的存在，这些手性选择剂可以被固定在固定相上，也可以作为添加剂加入流动相或背景电解质溶液中。这种分离方式基于热力学平衡过程中暂时性的非对映异构体复合物的形成。

薄层色谱是最容易直接拆分外消旋体的有效方式，它具有各种特点，如简单、灵活和较低的成本。而且，薄层色谱可以在相同的色谱条件下同时拆分多种不同的分析物，使得薄层色谱能够迅速地获得大量的结果。

　　自从 1966 年被 Gil-Av 发现以来，运用气相色谱进行对映体分离的方法在学术界和工业领域已经建立完善。气相色谱主要用于挥发性和热稳定的手性化合物对映体的分离，被广泛地应用于一些杀虫剂和环境污染物的对映体分离中，尤其是对于一些拟除虫菊酯类手性农药，相对于其他分离手段，GC 具有较高的灵敏度。

　　在所用对映体拆分的色谱法中，LC 尤其是 HPLC，在手性分离领域获得了很高的评价，具有迅速和非破坏性等特点。HPLC 可以用于拆分大多数的手性化合物的对映体，尤其是离子化的、极性的或者热不稳定的手性化合物。用于 HPLC 色谱柱中的手性选择剂包括多聚糖、大环的糖肽抗生素、环糊精、蛋白质、冠醚和配体交换剂。除了分析外，HPLC 同时还是制备光学纯对映体的一种很好的方法，为进一步地从对映体水平上研究手性化合物提供了材料。早期用 HPLC 进行对映体拆分时，常用的是紫外检测器（UV、DAD）和荧光检测器（FLD）。陈秀利用正相色谱在正己烷-乙醇-甲醇（85：5：10）的条件下 10min 内拆分呋虫胺[217]。李晶利用正相色谱在 1h 内拆分苯醚甲环唑及其代谢物[218]，20min 内拆分四氟醚唑[219]。呋虫胺、苯醚甲环唑及其代谢物、四氟醚唑的色谱图见图 2-57。

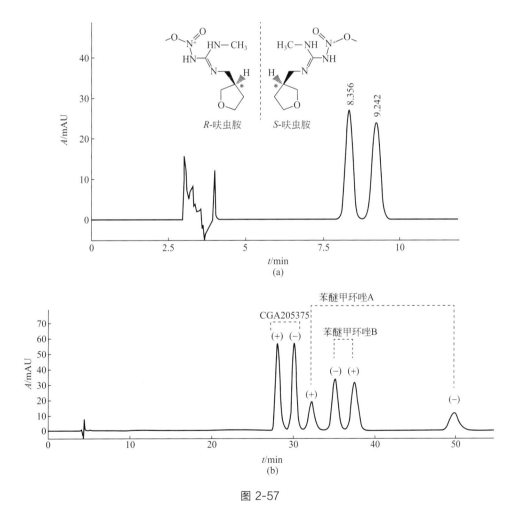

图 2-57

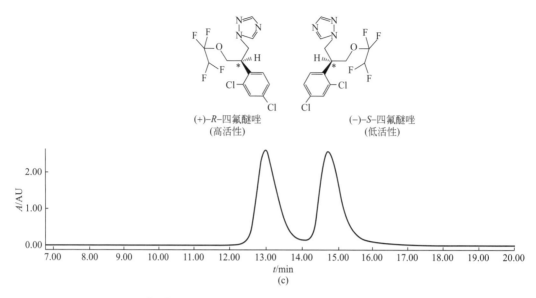

图 2-57 （a）呋虫胺[217]、（b）苯醚甲环唑及其代谢物[218]和（c）四氟醚唑[219]色谱图

2.8.2 色质联用方法

随着分析技术的不断发展，MS 与 HPLC 相结合被用于手性化合物对映体的分离中。HPLC-MS 对映体分离技术将 HPLC 的分离能力与 MS 检测器的灵敏度和特异性相结合，大大提高了对映体分离及检测性能。目前相继报道了很多运用 HPLC-MS 进行手性拆分的研究，Dong 等利用 HPLC-MS/MS 开展了腈菌唑在黄瓜和土壤中的对映体选择性研究[220]，及 Li 等运用 HPLC-MS/MS 同时拆分 9 种手性化合物、腈苯唑及其代谢物的对映体[221,222]，也有报道采用 HPLC-MS/MS 对三唑酮和三唑醇的对映体进行了拆分[223]，均具有很好的灵敏度，且缩短了拆分时间（图 2-58）。

2.8.3 毛细管电泳法

1985 年，首次报道了 CE 对于对映体拆分的巨大潜力，其在手性研究领域的应用迅速崛起。CE 技术作为 HPLC 技术和 GC 技术的补充，而且由于该方法具有仪器简单、操作方便、容易实现自动化、分离效率高、分离时间短、样品和电解液消耗量少、应用范围广、高效、简便、快速等特点同样被广泛地运用到手性对映体的拆分。另外，CE 技术由于它多样的分离模式，因此是一种万能的分离技术，并且能被运用到各种类型的被分析物上。到目前为止，用于手性拆分并成功分离对映体的 CE 分离模式主要有 6 种：毛细管区带电泳（CZE）、毛细管凝胶色谱（CGE）、胶束电动毛细管色谱（MEKC 或者 MECC）、毛细管等电聚焦（CIEF）、毛细管等速电泳（CITP）、毛细管电色谱体系（CEC）。分离原理是对映体混合物与手性移动相形成非对映体混合物。CE 拆分化合物的分离策略是手性消除和构建手性环境。手性消除即采用柱前反应法，与手性试剂进行化学反应，转化成非对映异构体，利用淌度和/或分配行为的差异实现分离。构建

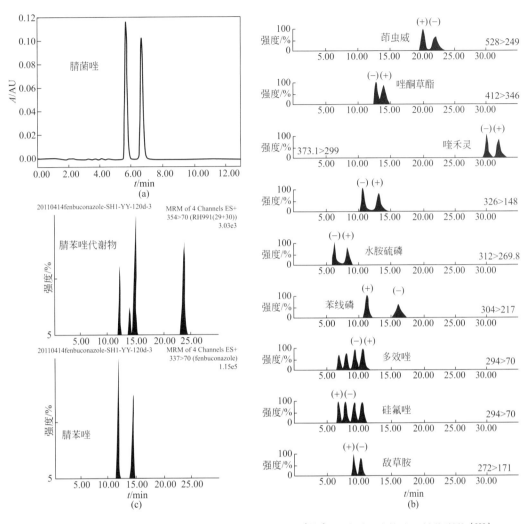

图 2-58　（a）腈菌唑[220]、（b）9 种手性化合物[221] 和（c）腈苯唑及其代谢物[222]

手性环境是指手性添加剂、手性填充毛细管柱和手性涂层毛细管柱。手性消除形成的非对映异构体的理化性质差异大，适合色谱分析；但消除反应需要昂贵的高纯度的手性反应试剂，反应降低了分析方法的快速性、准确性和简便性，而且产物的手性不得恢复，故多采用构建手性环境的方法。其中手性填充或手性涂层毛细管需要特别的制作技术，推广有一定的难度，而且重现性较差。

采用毛细管电泳技术分离手性 OPs 对映体，以环糊精衍生物为手性选择器的胶束电泳模式最为有效。张梦薇等采用 γ-CD、β-CD 以及改性后溶解性好的 2-HP-β-CD 作为手性选择剂，进行苯氧羧酸类除草剂农药的毛细管电泳手性拆分[224]。另外还有两种常见的手性添加剂，分别是大环抗生素即万古霉素和手性冠醚。Polcaro 等采用万古霉素和 γ-CD 作为手性选择剂分离 2,4,5-涕丙酸、2-(2-甲基-4-氯苯氧基)-丙酸、吡氟氯禾灵和吡氟禾草灵的对映体[225]。Zhou 等采用手性冠醚作为手性选择剂，成功分离了 20 种常用的手性药物，并从理论上初步探索了分离机理[226]。

2.8.4 超临界流体法

利用超临界状态的 CO_2 作为主要的流动相溶剂，集速度、效率和环保等优点于一体，同时可充分利用 HPLC 中种类繁多的手性固定相。超临界状态的 CO_2 具有低黏度和高扩散性能使得 SFC 能使用较高的流速以获得更加快速的分离效果，比 HPLC 快 3～5 倍。较高的扩散性同时也降低了传质阻力，因此，超临界流体表现出更尖锐的峰形和更好的柱效。目前已有研究学者利用合相色谱串联质谱方法拆分三唑类、新烟碱类化合物及啶菌噁唑，发挥了快速、节约溶剂、绿色环保、高灵敏度的优势（表 2-7）。

表 2-7 UPCC-MS/MS 拆分手性化合物的优势

化合物	样品	拆分条件	仪器分析时间	分析效率提高倍数	节省溶剂（每一针样品）	参考文献
戊唑醇	鱼、水	流动相：CO_2/甲醇＝83∶17 流速：2mL·min^{-1} 色谱柱：Chiralpak IA 柱温：30℃ 背压：2200psi 补偿泵流速：0.15mL·min^{-1}	5min	2.2～12.2 倍	12～59mL	[68，227]
氟环唑	鱼、水	流动相：CO_2/异丙醇＝80∶20 流速：2mL·min^{-1} 色谱柱：Chiralpak IA 柱温：30℃ 背压：2200psi 补偿泵流速：0.15mL·min^{-1}	5min	2.4～3.2 倍	7.5mL	[227]
烯效唑	鱼、水	流动相：CO_2/异丙醇＝70∶30 流速：2mL·min^{-1} 色谱柱：Chiralpak IB 柱温：30℃ 背压：2200psi 补偿泵流速：0.15mL·min^{-1}	5min	10 倍	12.5mL	[227]
粉唑醇	土壤、蔬菜、水果	流动相：CO_2/异丙醇＝88∶12 流速：2.2mL·min^{-1} 色谱柱：Chiralpak IA 柱温：30℃ 背压：2200psi 补偿泵流速：0.10mL·min^{-1}	5min	6 倍	16.7mL	[228]
苯醚甲环唑	稻田水、水稻土、水稻植株、稻壳、糙米	流动相：CO_2/（甲醇∶正丁醇1∶9）梯度洗脱 流速：2.0mL·min^{-1} 色谱柱：Chiralpak IB 柱温：30℃ 背压：2200psi 补偿泵流速：0.10mL·min^{-1}	8.5min	7 倍	约46mL	[229，230]
丙环唑	稻田水、水稻土、水稻植株、稻壳、糙米、葡萄、小麦	流动相：CO_2/乙醇＝93∶7 流速：2.2mL·min^{-1} 色谱柱：Chiralpak AD 柱温：40℃ 背压：2500psi 补偿泵流速：0.10mL·min^{-1}	5min	6 倍	29.3mL	[231～233]

化合物	样品	拆分条件	仪器分析时间	分析效率提高倍数	节省溶剂（每一针样品）	参考文献
氟啶虫胺腈	土壤、蔬菜	流动相：CO_2/（异丙醇：乙腈 3：2）梯度洗脱 流速：2mL·min^{-1} 色谱柱：Chiralpak IA 柱温：25℃ 背压：2200psi 补偿泵流速：0.10mL·min^{-1}	7min	5 倍	约 33.5mL	[234]
呋虫胺	水、土壤、花粉、蜂蜜	流动相：CO_2/0.2％甲酸甲醇梯度洗脱 流速：1.9mL·min^{-1} 色谱柱：Trefoil AMY1 柱温：26℃ 背压：2009.8psi 补偿泵流速：0.1mL·min^{-1}	4.5min	2 倍	约 14.3mL	[235～237]
啶菌噁唑	土壤、蔬菜	流动相：CO_2/甲醇＝75：25 流速：2.0mL·min^{-1} 色谱柱：Chiralpak IA 柱温：35℃ 背压：2400psi 补偿泵流速：0.40mL·min^{-1}	5min	2 倍	2.25mL	[238]

注：1psi＝6894.76Pa。

2.9　农药残留分析质量控制

2.9.1　线性关系

线性关系是指两个变量之间存在一次方函数关系，就称它们之间存在线性关系。线性范围是指通过校准曲线考察，表达被分析物质不同浓度与测量仪器响应值之间的线性定量关系。

2.9.2　灵敏度

灵敏度（sensitivity）是指某仪器或方法对单位浓度或单位量待测物质变化所致的响应量变化程度，也就是仪器或方法测量最小量被测量物或浓度的能力，即所测的最小量或浓度越小，该仪器的灵敏度就越高。

在农药分析领域，仪器的灵敏度根据检测器类型的不同表示方法不同，通常分析检测器分为质量型和浓度型。对质量型检测器，灵敏度的单位通常用质量单位来表示，如 ng；对浓度型检测器，灵敏度单位通常用浓度单位来表示，如 mg·kg^{-1}、$\mu g·kg^{-1}$。

在实际仪器分析应用中，分析方法的灵敏度通常用检测限（limit of detection，LOD）和定量限（limit of quantitation，LOQ）两个主要参数来表示，根据国际分析组织 FAO 认为，LOD 和 LOQ 分别指仪器或分析方法产生 3 倍和 10 倍信号的某物质的浓度，LOD 是用于定性分析的限度，LOQ 是用于定量分析的限度，可用 mg·kg^{-1}、μg·kg^{-1} 等单位表示。方法的灵敏度包括样品前处理过程的浓缩倍数或稀释倍数，如果样品处理过程没有浓缩倍数或稀释倍数，那么仪器的灵敏度就是方法的灵敏度，该表示方法在国内期刊科技论文中大量使用。

关于灵敏度计算，有一种叫外推法灵敏度，即通过测定浓度除以信噪比/3、信噪比/10 的倍数获得，该数值为理论灵敏度，其往往与真正的最低检测浓度存在一定的差别，往往理论灵敏度比实际灵敏度的数值小。这与选择的测定浓度有关，选择测定浓度越低，理论灵敏度与真实灵敏度越接近。因此，应该尽量选择低测定浓度去获得真实灵敏度。

为了避免混淆概念，农药残留登记试验准则明确规定，LOD 指使分析仪器系统产生 3 倍噪声信号所需测定物的质量（质量型仪器的灵敏度），用 ng 为单位表示；LOQ 指用添加回收率方法能检测出待测物在样品中的最低含量（方法的灵敏度），以 mg·kg^{-1} 为单位表示。

通常而言，高灵敏度的仪器和方法受到青睐和关注，经常作为一个分析方法学质量保证和控制的重要参数进行比较。然而，仪器的灵敏度也不是越高越好，因为灵敏度越高，测量时的稳定性就越差，甚至不易测量，即正确度就差。因此，在保证测量准确性的前提下，对灵敏度的要求也不宜过高。

2.9.3　正确度

正确度（accuracy）是用一个特定的分析程序所获得的分析结果（单次测定值和重复测定值的均值）与假定的真值之间符合程度的度量。它是反映分析方法或测定系统存在的系统误差和随机误差两者的综合指标。正确度用绝对误差和相对误差表示。

评价正确度的方法大多数情况下是用加标回收率来表征，即在样品中加入标准物质，测定其回收率，以确定正确度，多次回收试验还可发现方法的系统误差，这是目前常用而方便的方法，其计算式是：

$$回收率 = \frac{实测值\ c_1 - 背景值\ c_0}{添加值\ c_T} \times 100\%$$

添加标准物质的量应与待测样品中存在的分析物质的浓度范围相接近。一般设高、中、低 3 个浓度梯度，最高浓度不应超过标准曲线的线性范围。最低浓度也可按最低定量限（LOQ）设。每个浓度的样品重复数视要求而定，一般在 3～12 之间。加标和未加标试样分析期间必须进行相同处理，以免出现试验偏差。

2.9.4　精确度

精确度（precision）是在指定的相同条件下，各个独立试验的结果间的一致程度，其量值用检测结果的标准差来表示。

在农药分析中，通常用统计添加回收率方法的符合程度来计算，用相对标准偏差来表示。而不同添加回收率浓度要求的精密度也不一致，根据我国农药残留分析方法标准要求，具体见表 2-8。

表 2-8　不同添加回收率浓度要求的相对标准偏差

添加浓度 $c/\text{mg} \cdot \text{kg}^{-1}$	相对标准偏差（RSD）/%
$c>1$	10
$1 \geqslant c>0.1$	15
$0.1 \geqslant c>0.01$	20
$0.01 \geqslant c>0.001$	30
$0.001 \geqslant c$	35

方法的精密度又分为重复性和再现性。

重复性：在同一实验室，由同一个操作者使用相同的仪器设备，按相同的测定方法，并在短时间内从同一被测对象取得相互独立测试结果的一致性程度。重复性要做 3 个水平的试验，每个水平的重复次数不少于 5 次，通常实验室内相对标准偏差的要求见表 2-9。

表 2-9　实验室内要求的相对标准偏差

添加浓度 $c/\text{mg} \cdot \text{kg}^{-1}$	相对标准偏差（RSD）/%
$c>1$	$14 \geqslant$
$1 \geqslant c>0.1$	$18 \geqslant$
$0.1 \geqslant c>0.01$	$22 \geqslant$
$0.01 \geqslant c>0.001$	$32 \geqslant$
$0.001 \geqslant c$	$36 \geqslant$

再现性：在不同实验室，由不同的操作者按相同的测试方法，从同一被测对象取得相互独立测试结果的一致性程度。

试验应在不同实验室间进行，实验室个数不能少于 3 个，再现性需要做 3 个添加水平试验，其中一个水平必须是定量限，每个水平不少于 5 次重复，实验室间的相对标准偏差应该符合要求，具体要求见表 2-10。

表 2-10　实验室间要求的相对标准偏差

添加浓度 $c/\text{mg} \cdot \text{kg}^{-1}$	相对标准偏差（RSD）/%
$c>1$	$14 \geqslant$
$1 \geqslant c>0.1$	$18 \geqslant$
$0.1 \geqslant c>0.01$	$22 \geqslant$
$0.01 \geqslant c>0.001$	$32 \geqslant$
$0.001 \geqslant c$	$36 \geqslant$

2.9.5　重现性

重复性指由同一操作者采用相同的方法，在同一实验室，使用同一设备，在短时间间隔的独立试验中对同一样品测定结果的一致性，称实验室内标准差。

重现性指由不同操作者，采用相同的方法，在不同实验室，使用不同设备，在不同时间的独立试验中对同一样品测定结果的一致性，称实验室间标准差。相对标准偏差是标准差在平均测定值中所占的百分率，也叫变异系数。

2.9.6　基质效应

基质是指样品中被分析物以外的组分，由于基质常常对分析物的分析过程有显著的干扰，并影响分析结果的准确性，这些影响和干扰被称为基质效应。产生基质效应是由分析物的共流出组分影响电喷雾接口的离子化效率所致的，表现为离子增强或抑制作用。基质效应由形成带电雾滴时非挥发性的基质组分与分析物离子竞争产生。基质效应主要来源于生物样品的内源组分和生物样品之外的外源组分。内源组分包括电解质、盐类、酚类、色素、糖类、脂类、磷脂。外源组分有塑料和聚合物残留、有机酸、缓冲液。基质效应的存在降低了分析方法的精密性和定量的准确性，从而给准确的农药风险评估带来了一定的困难。最常用的消除基质效应的方法是，通过已知分析物浓度的标准样品，同时尽可能保持样品中基质不变，建立基质校正曲线进行校正。目前还有报道表明添加同位素内标物也可以消除基质效应。Pan 研究了氯虫苯甲酰胺和溴氰虫酰胺同位素内标物在前处理之前添加能够补偿目标物在前处理中的损失，使用同位素内标物可以很好地补偿基质效应，原因是同位素内标物和目标物具有相同的保留时间、相同的离子抑制率，因此，不论在哪一种基质中，（目标物/内标物）比值是不会变的，从而能够补偿基质效应[239]。

2.9.7　数据统计方法

以标准品的浓度为横坐标，目标化合物峰面积为纵坐标做出溶剂标准曲线。利用 SPSS、origin 等数据分析软件来进行数据处理，计算样品的浓度及实验的误差。在残留分析检验中，对同一个公式，选用的统计方法不同，其结果往往也不一样。所以统计方法将影响着对检验结果的判定，从而影响着检验结论是否正确。在现行的国家和专业的标准中，一个检验项目多数只给出一个公式或者一个指标，而不指定检验数据的统计方法。因此，在正确的概念基础上，规范检验数据的统计方法十分重要。现行的统计方法主要包括算数平均数统计计算、百分率统计计算、均方根差统计计算。

2.9.7.1　添加回收率

在测定未知样品时，由于无法判断测定值与真实值的偏差程度，通常需要算出拟定方法的添加回收率（spike recovery）及其偏差程度，以判断该方法的可行性。添加回收率是衡量定量分析方法正确度和可行性的指标。

通常在某空白样品中加入一定量已知浓度的某物质，经过样品方法制备和分析后，对比样品中测定浓度与已知添加浓度的比值，即为该方法的添加回收率。

比如，在空白黄瓜样品中加入已知浓度（c_1）的吡虫啉后，经过样品制备和分析，测定黄瓜样品中吡虫啉的测定浓度为 c_2，测定浓度与添加浓度之间的比值 F 即为该方法的添加回收率 $\left(F=\dfrac{c_2}{c_1}\times100\%\right)$，通常用百分比表示。

通常添加回收率以接近 100% 为最好，但由于方法步骤多，在进行样本提取、净化和测定过程中，往往不可避免的存在损失和误差，因此，一般添加回收率在一定的范围即可。

分析目的不同，添加回收率要求的水平不一样。对农药残留分析，通常添加回收率范围要求在 $70\%\sim110\%$ 即可。同时，不同的添加浓度，回收率的要求也不一样，根据我国农药残留分析方法标准要求，具体见表 2-11。

表 2-11 不同添加浓度要求的回收率

添加浓度 c/mg·kg^{-1}	平均回收率/%
$c>1$	$70\sim110$
$1\geqslant c>0.1$	$70\sim110$
$0.1\geqslant c>0.01$	$70\sim110$
$0.01\geqslant c>0.001$	$60\sim120$
$0.001\geqslant c$	$50\sim120$

但就农药常量分析而言，通常添加回收率在 $95\%\sim105\%$，有时要求在 $98\%\sim102\%$。

2.9.7.2 单残留分析

单残留分析（single-residue analysis）是在农药分析中，一次只能测定一种农药组分的分析方法。该分析方法往往局限于分析对象农药具有特殊的性质，如不稳定、溶解性差、无紫外吸收，但残留分析往往难度更大，使人们不得不针对性地开发单一组分分析方法，该分析方法相对于多残留分析方法，分析效率较低。

目前国内外单残留分析方法的标准很多，如美国官方分析家协会杂志发布的溴苯腈辛酸酯等农药，以及我国的《植物性产品中草甘膦残留量的测定 气相色谱-质谱法》（GB/T 23750—2009）。

随着仪器和前处理技术的发展，单残留分析方法将逐步被淘汰，被合并到相应的多残留分析方法中。

2.9.7.3 多残留分析

多残留分析（multi-residue analysis）是在农药分析中，一次测定样品中多种农药组分的定性定量的分析方法。测定的多组分农药往往物理化学性质相似，样品前处理和分析可以批量同时进行，该方法具有分析测定效率高的特点，是目前检测分析人员常用的农药测定方法。

目前国内外多残留分析方法的标准很多，如美国官方分析家学会的 QuEChERS 方法和我国的《食品安全国家标准 水果和蔬菜中 500 种农药及相关化学品残留量的测定气相色谱-质谱法》（GB 23200.8—2016）和《食品安全国家标准　粮谷中 475 种农药及相关化学品残留量的测定　气相色谱-质谱法》（GB 23200.9—2016）。随着仪器和前处理技术的发展，将有更多的多残留分析方法被开发和利用。

2.9.8　内标法与外标法

内标法是色谱分析中一种比较准确的定量方法，尤其是在无标准物对照时，此方法的优越性更为明显。内标法是将一定量的纯物质作为内标物添加到一定量的被分析样品混合物中，然后对含有内标物的样品进行色谱分析，分别测定内标物和待测组分的峰面积（或峰高）及相对校正因子，按公式即可求出被测组分在样品中的百分含量。

外标法是以待测成分的对照品作为对照物质，比较以求得供试品含量。

2.9.9　不确定度

不确定度是指由于测量误差的存在，对被测量值的不能确定的程度，也表明该结果的可信赖程度。它是测量结果质量的指标。不确定度越小，所述结果与被测量的真值越接近，质量越高，水平越高，其使用价值越高；不确定度越大，测量结果的质量越低，水平越低，其使用价值也越低。在报告物理量测量的结果时，必须给出相应的不确定度，一方面便于使用人员评定其可靠性，另一方面也增强了测量结果之间的可比性。

参 考 文 献

[1] 钱传范. 农药残留分析原理与方法. 北京：化学工业出版社，2011.

[2] GB 2763—2016　食品安全国家标准　食品中农药最大残留限量.

[3] 杨克武，莫汉宏，徐晓白. 农药环境化学论文集. 北京：中国科学技术出版社，1994：1-20.

[4] 王晨. 几种农药生物富集和消解行为的动力学模型研究 [D]. 北京：中国农业大学，2014.

[5] 包国章，李向林，谢忠雷，等. 中国环境管理，2001（3）：10-12.

[6] 李雪梅，张庆华，甘萍，等. 应用与环境生物学报，2007，13（6）：901-905.

[7] 丘耀文，张干，郭玲利，等. 中国环境科学，2006，26（6）：685-688.

[8] 薛佳莹，单炜力，刘丰茂，等. 农药学学报，2013，15（1）：1-7.

[9] United States Environmental Protection Agency. Residuechemistry test guidelines OPPTS 860. 1500 crop field trials. Washington D. C：USEPA，1996.

[10] Organization for Economic Co-operation and Development（OECD）. Crop field trial test guideline 509. Paris：OECD，2009.

[11] 王俊，张干，李向东，等. 环境科学，2007，28（3）：478-481.

[12] 刘文杰，陈大舟，刘咸德，等. 环境科学研究，2007，20（4）：9-14.

[13] 王俊，张干，李向东，等. 环境化学，2007，26（3）：395-398.

[14] 韩张雄，李慧慧，宋琼，等. 安徽农业科学，2016，44（25）：1-6.

[15] NY/T 5344.6—2006　无公害食品　产品抽样规范　第 6 部分：畜禽产品.

[16] NY/T 5344.7—2006　无公害食品　产品抽样规范　第 7 部分：水产品.

[17] 王平平. 水/沉积物中氟虫双酰胺的生物有效性及其评价方法研究 [D]. 北京：中国农业科学院，2017.

[18] Huckins J N，Tubergen M W，Manuweera G K. Chemosphere，1990，20（5）：533-552.

[19] Luthy R G，Cho Y M，Ghosh U，et al. Field Testing of Activated Carbon Mixing and In Situ Stabilization of

PCBs in Sediment. 2009.

[20] Huckins J N，Prest H F，Petty J D，et al. Environmental Toxicology & Chemistry，2010，23（7）：1617-1628.

[21] 王子健，吕怡兵，王静荣. CN 1395983 A，2003.

[22] Cornelissen G，Pettersen A，Broman D，et al. Environ Toxicol Chem，2008，27：499.

[23] Friedman C L，Burgess R M，Perron M M，et al. Environ Sci Technol，2009，43：2865.

[24] Tomaszewski J E，Luthy R G. Environ Sci Technol，2008，42：6086.

[25] Hale S E，Meynet P，Davenport R J，et al. Water Res，2010，44：4529.

[26] Tomaszewski J E，McLeod P B，Luthy R G. Water Res，2008，42：4348.

[27] Vinturella A E，Burgess R M，Coull B A，et al. Environ Sci Technol，2004，38：1154.

[28] Wang F，Bu Q，Xia X，et al. Environ Pollut，2011，159：1905.

[29] Adams R G，Lohmann R，Fernandez L A，et al. Environmental Science & Technology，2007，41（4）：1317-1323.

[30] Jonker M T O，Koelmans A A. Environ Sci Technol，2001，35：3742.

[31] Kupryianchyk D，Reichman E P，Rakowska M I，et al. Environ Sci Technol，2011，45：8567.

[32] Arthur C L，Pawliszyn J. Anal Chem，1990，62：2145.

[33] Hu G D. Chinese Journal of Chromatography，2009，27（1）：1.

[34] Wang J C，Jin J，Xiong L，et al. Chinese Journal of Chromatography，2010，28（1）：1.

[35] Jiang S X，Feng J J. Chinese Journal of Chromatography，2012，30（3）：219.

[36] You J，Harwood A D，Li H，et al. J Environ Monit，2011，13：792.

[37] Xu Y，Spurlock F，Wang Z，et al. Environ Sci Technol，2007，41：8394.

[38] 李慧珍，游静. 色谱，2013，31（7）：620-625.

[39] 夏玉宇. 化学实验室手册. 北京：化学工业出版社，2004：774-777.

[40] 陶锐. 中国卫生检验杂志，1999，9（1）：74-79.

[41] 冯楠，王鹏，周志强. 农药与环境安全国际会议论文集［D］. 北京：中国农业大学出版社，2005：254-258.

[42] Dal Ho Kim，Gwi Suk Heo，Dai Woon Lee. Journal of Chromatography A，1998，824：63-70.

[43] 马建明，龚文杰. 中国卫生检验杂志，2008，18（4）：745-762.

[44] 陈小华，汪群杰. 固相萃取技术与应用. 北京：科学出版社，2010.

[45] 刘源，周光宏，徐幸莲. 食品与发酵工业，2003，29（7）：83-87.

[46] Barker SA. J Biochem Biophys Methods，2007，70：151-162.

[47] 薛平，史惠娟，杜利君，等. 食品科学，2010，31（18）：227-231.

[48] Li J，Dong F，Liu X，et al. Chromatographia，2009，69：1113-1117.

[49] 赵鹏跃. 基于多壁碳纳米管的农药多残留前处理方法的开发与应用［D］. 北京：中国农业大学，2015.

[50] Li M，Liu X，Dong F，et al. Journal of Chromatography A，2013，1300：95-103.

[51] Qin Y，Zhao P，Fan S. Journal of Chromatography A，2015，1385：1-11.

[52] Qin Y，Huang B，Zhang J，et al. Journal of Separation Science，2016，39（9）：1611-1791.

[53] 刘绍文. 葡萄及相关基质中农药残留分析方法建立与应用研究［D］. 北京：中国农业大学，2016.

[54] Yang C，Piao X，Qiu J，et al. Journal of Chromatography A，2011，1218：1549-1555.

[55] 何苗. 气流吹扫-微注射器萃取技术在痕量有机污染物检测中的应用研究［D］. 延吉：延边大学，2015.

[56] 刘青春. 气流吹扫微注射器萃取联用色谱-质谱同时检测多种农药［D］. 延吉：延边大学，2013.

[57] 赵锦花. 药用植物挥发性/半挥发性成分的 GC-MS 分析比较［D］. 延吉：延边大学，2014.

[58] 傅若农. 色谱，2009，27（5）：584-591.

[59] 陈青，刘志敏. 分析化学，2004，8.

［60］褚能明，孟霞，康月琼，等 . 食品科学，2016，37（24）：239-246.

［61］程志，张蓉，刘韦华，等 . 色谱，2013，32（1）：57-68.

［62］Lee J，Kim L，Shin Y，et al. Journal of Agricultural and Food Chemistry，2017，65（16）：3387-3395.

［63］郭立群，徐军，董丰收，等 . 农药学学报，2012，14（2）：177-184.

［64］Chen G，Cao P，Liu R. Food Chemistry，2011，125（4）：1406-1411.

［65］Xiao Gong，Ningli Qi，Xiaoxi Wang，et al. Food Chemistry，2014，162：172-175.

［66］赵悦臣，张新忠，罗逢健，等 . 分析化学，2016（8）：1200-1208.

［67］张新忠，赵悦臣，罗逢健，等 . 分析测试学报，2016，35（11）：1376-1383.

［68］Liu N，Dong F，Xu J，et al. J Agric Food Chem，2015，63（28）：6297-6303.

［69］Schmitt P，Garrison A W，Freitag D，et al. J Chromatography，1997（792）：419.

［70］Karcher A，El Rassi Z. Electrophoresis，1997（18）：1173.

［71］Núñez O，Kim J B，Moyano E，et al. J Chromatogr A，2002，961：65-75.

［72］Galceran M T，Carneiro M C，Puignou L. Chromatographia，1994，39（9-10）：581-586.

［73］Galceran M T，Carneiro M C，Diez M，et al. J Chromatogr A，1997（782）：289-295.

［74］杨菁，谢雯燕，陈磊，等 . 分析测试学报，2012，31（3）：255-260.

［75］Jitka Zrostliková，Jana Hajšlová，TomášCajka. Journal of Chromatography A，2003，1019：173-186.

［76］许国旺，叶芬，孔宏伟，等 . 色谱，2001，19（2）：132-136.

［77］Portolés T，Mol J G，Sancho J V. Analytical Chemistry，2012，84（22）：9802-9810.

［78］Cheng Z，Dong F，Xu J，et al. Food Chemistry，2017，231：365-373.

［79］程志鹏 . 大气压气相色谱四极杆飞行时间质谱在农药残留分析中的应用研究［D］. 北京：中国农业科学院，2017.

［80］王海龙，魏开华 . 军事医学科学院院刊，2004，28（6）：585-589.

［81］Regueiro J，Negreira N，Hannisdal R，et al. Food Control，2017，78：116-125.

［82］Goscinny S，Joly L，De Pauw E，et al. Journal of Chromatography A，2015，1405：85-93.

［83］Robert B Cody，J A L，Durst H. Analytical Chemistry，2005，77（8）：2297-2302.

［84］Schurek J，Vaclavik L，Hooijerink H. Analytical Chemistry，2008，80（24）：9567-9575.

［85］Kern S E. Journal of The American Society for Mass Spectrometry，2014，25（8）：1482-1488.

［86］Farré M，Picó Y，Barceló. Analytical Chemistry，2013，85（5）：2638-2644.

［87］Fernandes V C，Lehotay S J，Geis-Asteggiante L，et al. Food Additives & Contaminants Part A Chemistry A-nalysis Control Exposure & Risk Assessment，2014，31（2）：262-270.

［88］Hiraoka K，Ninomiya S，Chenl C，et al. Analyst，2011，136：1210-1215.

［89］Andrade F J，Shelley J T，Wetzel W C，et al. Analytical Chemistry，2008，80：2646-2653.

［90］Cody R B. Analytical Chemistry，2008，81：1101-1107.

［91］Furuya H，Kambara S，Nishidate K，et al. Journal of the Mass Spectrometry Society of Japan，2010，58：211-213.

［92］Song L，Dykstra A B，Yao H，et al. Journal of the American Society for Mass Spectrometry，2009，20：42-50.

［93］Jorabchi K，Hanold K，Syage J. Analytical and Bioanalytical Chemistry，2013，405：7011-7018.

［94］Rummel J L，Mckenna A M，Marshall A G，et al. Mass Spectrom，2010，24：784-790.

［95］Dane A J，Cody R B. Analyst，2010，135：696-699.

［96］Yang H，Wan D，Song F，et al. Analytical Chemistry，2013，85：1305-1309.

［97］Mcewen C N，Larsen B S. Journal of the American Society for Mass Spectrometry，2009，20：1518-1521.

［98］Cody R B，Dane A J. Journal of the American Society for Mass Spectrometry，2013，24：329-334.

［99］ Laramee J A，Cody R B，Deinzer M L. Discrete energy electron capture negative ion mass spectrome try. Encyclopedia of Analytical Chemistry：Applications，Theory and Instrumentation，2006.

［100］ Cody R B，Laramee J A，Durst H D. Analytical Chemistry，2005，77：2297-2302.

［101］ Yong W，Guo T，Fang P，et al. International Journal of Mass Spectrometry，2017，417：53-57.

［102］ Farre M，Pico Y，Barcelo D. Analytical Chemistry，2013，85：2638-2644.

［103］ Lara F J，Chan D，Dickinson M，et al. Journal of Chromatography A，2017，1496：37-44.

［104］ 任斌，田中群. 现代仪器，2004，5：1-8，13.

［105］ Shende C，Gift A，Inscore F，et al. International Society for Optics and Photonics，2004，5271：28-35.

［106］ Lee D，Lee S，Seong G H，et al. Applied spectroscopy，2006，60（4）：373-377.

［107］ 欧阳思怡，叶冰，刘燕德. 食品与机械，2013（1）：243-246.

［108］ 朱春艳，李伟凯，李艳梅. 科技创新导报，2008（2）：108.

［109］ 李文秀，徐可欣，汪曣，等. 光谱学与光谱分析，2004，24（10）：1202-1204.

［110］ 杨眉，陈学敏，李钰. 农药学学报，2016，18（2）：151-157.

［111］ 赖家平，何锡文，郭洪声，等. 分析化学，2001，7.

［112］ 张庆庆，孟品佳，孟梁. 合肥工业大学学报：自然科学版，2013，36（6）：740-747.

［113］ Men HF，Liu HQ，Zhang ZL，et al. Environmental Science and Pollution Research，2012，19（6）：2271-2280.

［114］ 赵子刚，吕建华，王建. 粮油食品科技，2010，18（2）：47-50.

［115］ 刘咏梅，王志华，储晓刚. 分析测试学报，2005，24（2）：123-127.

［116］ Johnson J L，Stalling D L，Hogan J W. Bulletin of environmental contamination and toxicology，1974，11（5）：393-398.

［117］ 李樱，储晓刚，仲维科，等. 色谱，2004，22（5）：551-554.

［118］ 方肇伦. University Chemistry，2001，16（2）：1-6.

［119］ 杨蕊，邹明强，冀伟，等. 生命科学仪器，2004，2（6）：41-44.

［120］ 苑宝龙，王晓东，杨平，等. 食品科学，2016，37（2）：198-203.

［121］ Wang J，Chatrathi PM. Analytical Chemistry，2001，73（8）：1804-1808.

［122］ Lee D，Lee S，Seong GH，et al. Applied spectroscopy，2006，60（4）：373-377.

［123］ Smirnova A，Shimura K，Hibara A，et al. Journal of separation science，2008，31（5）：904-908.

［124］ 张红梅，何玉静. 科技信息，2008（27）：12-13.

［125］ 王平. 人工嗅觉与人工味觉. 北京：科学出版社，2007.

［126］ 吴守一，皱小波. 江苏理工大学学报，2000，21（6）：13-16.

［127］ 高大启，杨根兴. 传感器技术，2001，20（9）：1-5.

［128］ 王昌龙，黄惟一. 传感技术学报，2006，19（3）：573-576.

［129］ Ortiz J E，Gualdron O，Duran C M. Information and Communication Technologies，2015：679-683.

［130］ Canhoto O，Magan N. Sensors & Actuators B Chemical，2005，106（1）：3-6.

［131］ He H P，Zhou J，Zhang C D，et al. Oceanologia et Limnologia Sinica，2013，44（6）：1544-1549.

［132］ 徐茂勃，殷勇，于慧春. 传感器与微系统，2009，28（9）：25-27.

［133］ Hines M A，Guyot-Sionnest P. The Journal of Physical Chemistry，1996，100（2）：468-471.

［134］ Murray C B，Norris D J，Bawendi M G. Journal of the American Chemical Society，1993，115（19）：8706-8715.

［135］ Mekis I，Talapin D V，Kornowski A，et al. The Journal of Physical Chemistry B，2003，107（30）：7454-7462.

［136］ Jiang W，Singhal A，Zheng J，et al. Chemistry of Materials，2006，18（20）：4845-4854.

[137] 张雪瑾，马学彬，熊晓辉，等. 食品与发酵工业，2016，42（10）：262-267.

[138] Zheng Y，Yang Z，Ying J Y. Advanced Materials，2007，19（11）：1475-1479.

[139] Zheng Z，Zhou Y，Li X，et al. Biosensors and Bioelectronics，2011，26（6）：3081-3085.

[140] Wang H，Wang J，Timchalk C，et al. Analytical chemistry，2008，80（22）：8477-8484.

[141] Zhao Y，Ma Y，Li H，et al. Analytical chemistry，2011，84（1）：386-395.

[142] Qu F，Zhou X，Xu J，et al. Talanta，2009，78（4-5）：1359-1363.

[143] Guo J，Li Y，Wang L，et al. Analytical and bioanalytical chemistry，2016，408（2）：557-566.

[144] Rall J E，Solomon A. Biographical Memoirs National Academy of Sciences，1990，59：54-71.

[145] Lequin R M. Clinical Chemistry，2005，51（12）：2415-2418.

[146] Carlson B. Genetic Engineering & Biotechnology News Gen，2014，34（4）：12-13.

[147] 吕珍珍，蒋小玲，刘金钏，等. 农产品质量与安全，2012（09）：76-79.

[148] 李卫霞，王素娟. 贵州农业科学，2009，37（8）：241-243.

[149] 张也，刘以祥. 食品科学，2003，24（8）：200-204.

[150] Goldys E M. Fluorescence Applications in Biotechnology and Life Sciences. 2009.

[151] Berson S A，Yalow R S. Journal of Nuclear Medicine，1960.

[152] Wide L，Porath J. BBA-General Subjects，1966，130（1）：257-260.

[153] Engvall E，Perlmann P. Immunochemistry，1971，8（9）：871-874.

[154] Van Weemen B K，Schuurs A H. Febs Letters，1971，15（3）：232-236.

[155] 周培，陆贻通. 环境污染与防治，2002，24（4）：248-251.

[156] 沈健，林德球，徐杰. 生命科学，2004，16（1）：55-59.

[157] 杭建峰，吴英松，李明，等. 热带医学杂志，2004，4（3）：340-343.

[158] 金晶，赖卫华，涂祖新，等. 食品科学，2006，27（12）：886-889.

[159] 辛甜甜，郭松林，王艺磊，等. 理化检验——化学分册，2017，53（1）：112-118.

[160] Chan M A，Bellem A C，Diamandis E P. Clinical Chemistry，1987，33（11）：2000-2003.

[161] Diamandis E P，Christopoulos T K. Analytical Chemistry，1990，62（22）：1149A.

[162] 马明. 氯噻啉免疫分析方法研究［D］. 南京：南京农业大学，2016.

[163] 王耘，武爱华，张存政，等. 现代食品科技，2017（6）：309-312.

[164] 李明，盛恩泽，袁玉龙，等. 农业样品中噻虫胺残留时间分辨荧光免疫分析研究［C］. 全国农药学教学科研研讨会. 南京：2013.

[165] North J R. Trends in Biotechnology，1985，3（7）：180-186.

[166] 温志立，汪世平，沈国励. 生物医学工程学杂志，2001，18（4）：642-646.

[167] 范瑾瑾. 国际检验医学杂志，1995（4）：159-160.

[168] Aizawa M，Morioka A，Suzuki S，Nagamura Y. Analytical Biochemistry，1979，94（1）：22-28.

[169] Schasfoort R B，Kooyman R P，Bergveld P，et al. Biosensors & Bioelectronics，2017，5（2）：103-124.

[170] Shons A，Dorman F，Najarian J. Journal of Biomedical Materials Research Part A，1972，6（6）：565-570.

[171] 乌日娜，李建科. 食品与机械，2005，21（2）：54-56.

[172] Anis N A，Wright J，Rogers K R，Thompson R G，Valdea J J，Eledefrawi M E. Analytical Letters，1992，25（4）：627-635.

[173] 宁欢欢. 中国化工贸易，2015（20）：167.

[174] 吴刚，姜瞻梅，霍贵成，等. 食品工业科技，2007（12）：216-218.

[175] Sun Y，Feng S Z，Guo X J，et al. Chinese Journal of Zoonoses，2008，24（4）：356-359.

[176] 张明，吴国娟，沈红，等. 中国兽药杂志，2006，40（4）：17-19.

[177] 肖琛. 氰戊菊酯残留胶体金免疫层析试纸条的研制［D］. 重庆：西南大学，2011.

［178］ Fischer E. European Journal of Inorganic Chemistry，2010，23（1）：370-394.

［179］ Pauling L. Journal of the American Chemical Society，1940，62（10）：2643-2657.

［180］ Alexander C，Andersson H S，Andersson L I，et al. Journal of Molecular Recognition，2006，19（2）：106-180.

［181］ Dickey F H. Proc Natl Acad Sci U S A，1949，35（5）：227-229.

［182］ Wulff G，Sarhan A，Zbrocki K. Tetrahedron Letters，1974，5（7）：4329-4332.

［183］ Vlatakis G，Andersson L I，Muller R，et al. Nature，1993，361（6413）：645-647.

［184］ Sellergren B. Analytical Chemistry，1994，66（9）：1578-1582.

［185］ 王颖，李楠. 化工进展，2010，29（12）：2315-2323.

［186］ 韩建光，姚伟，李国良，等. 化工进展，2009，28（3）：437-440.

［187］ See H H，Marsin S M，Ibrahim W A，et al. Journal of Chromatography A，2010，1217（11）：1767-1772.

［188］ Xie C，Li H，Li S，et al. Analytical Chemistry，2010，82（1）：241-249.

［189］ 时辰. 基于仿生酶联免疫分析技术快速检测有机磷农药多残留研究［D］. 泰安：山东农业大学，2015.

［190］ Pollema C H，Ruzicka J，Christlan G D，et al. Analytical Chemistry，1992，64（13）：1356-1361.

［191］ Singh A K，Kilpatrick P K，Carbonell R G. Biotechnology Progress，1996，12（2）：272-280.

［192］ 李方实，祝清兰. 环境工程学报，2005，6（1）：8-13.

［193］ Lee M，Durst R A. Journal of Agricultural & Food Chemistry，1997，44（12）：2553-2563.

［194］ Hitzmann B，LÖHN A，Reinecke M，et al. Analytica Chimica Acta，1995，313（1-2）：55-62.

［195］ Bauer C G，Eremenko A V，Eherntreich-FÖRSTER E，et al. Analytical Chemistry，1996，68（15）：2453-2458.

［196］ Wilson R，Barker M H，Schiffrin D J，et al. Biosensors & Bioelectronics，1997，12（4）：277-286.

［197］ 曹雪雁，张晓东，樊春海，等. 自然科学进展，2007，17（5）：580-585.

［198］ Sano T，Cantor C R. Bio/technology，1991，9（12）：1378-1381.

［199］ 刘军安，高美虹，黄运丽. 湖北农业科学，2010，49（6）：1481-1483.

［200］ 尹军霞，林德荣，钱伟平. 绍兴文理学院学报，2001，21（10）：51-54.

［201］ 张青霞. 北华大学学报（自然），2003，4（3）：204-208.

［202］ 刘京，许杨，王丹，等. 食品工业科技，2013，34（1）：377-380.

［203］ 周芸，吴自荣，戚蓓静，等. 现代免疫学，1998（2）：117-118.

［204］ 乔生军，吴自荣，戚蓓静，等. 中国科学：生命科学，1998（1）：77-82.

［205］ Niemeyer C M，Adler M，Wacker R. Nature Protocols，2007，2（8）：1918-1930.

［206］ Ruzicka V，Marz W，Russ A，et al. Science，1993，260（5108）：698-699.

［207］ 陈玮莹. 国际检验医学杂志，2002，23（1）：5-6.

［208］ Frears E R，Stephens D J，Walters C E，Davies H，Austen B M. Neuroreport，1999，10（8）：1699-1705.

［209］ 曹巧玲. 检测五种小分子化学物质的蛋白芯片技术研究［D］. 北京：中国人民解放军军事医学科学院，2007.

［210］ Liu D，Chen W，Wei J，Li X，Wang Z，Jiang X，Chem A. Analytical Chemistry，2012，84（9）：4185.

［211］ Sun J，Guo L，Bao Y，Xie J. Biosensors & Bioelectronics，2011，28（1）：152-157.

［212］ Liu H，Hanchenlaksh C，Povey A C，Vocht F D. Environ Sci Technol，2015，49（1）：562-569.

［213］ Liu J，Bai W，Zhu C，Yan M，Yang S，Chen A. Analyst，2015，140（9）：3064-3069.

［214］ Lin B，Yu Y，Li r，Cao Y，Guo M. Sensors & Actuators B Chemical，2016，229（5）：100-109.

［215］ Zou N，Gu K，Liu S，Hou Y，Zhang J，Xu X，Li X，Pan C. Journal of Separation Science，2016，39（6）：1202-1012.

［216］ 蒋雪松，王维琴，许林云，等. 农业工程学报，2016，32（20）：267-274.

[217] Chen X，Dong F，Liu X，et al. J Sep Sci，2012，35：200-205.

[218] Li J，Dong F，Cheng Y，et al. Anal Bioanal Chem，2012，404：2017-2031.

[219] Li J，Dong F，Xu J，et al. CHIRALITY，2012，24：294-302.

[220] Dong F，Cheng L，Liu X，et al. J Agr Food Chem，2012，60（8）：1929-1936.

[221] Li Y，Dong F，Liu X，et al. J Hazard Mater，2013，250：9-18.

[222] Li Y，Dong F，Liu X，et al. Environ Sci Technol，2012，46（5）：2675-2683.

[223] Liang H，Qiu J，Li L，et al. J Sep Sci，2012，35（1）：166-173.

[224] 张梦薇. 毛细管电泳在苯氧羧酸类除草剂手性分离中的应用［D］. 杭州：浙江工业大学，2012.

[225] Polcaro C，et al. Electrophoresis，2005，20：2420-2424.

[226] Zhou L，et al. Electrophoresis，2007，28：2658.

[227] 刘娜. 戊唑醇等3种典型三唑类手性农药在斑马鱼中的选择性富集及生物毒性差异［D］. 沈阳：沈阳农业大学，2016.

[228] Tao Y，Dong F，Xu J，et al. J Agr Food Chem，2014，62（47）：11457-11464.

[229] 贺敏. 苯醚甲环唑手性异构体活性差异及其在稻田的立体环境行为［D］. 北京：中国农业科学院，2016.

[230] 李晶. 三唑类手性杀菌剂苯醚甲环唑的立体选择性生物活性与环境行为研究［D］. 北京：中国农业科学院，2012.

[231] Cheng Y，Zheng Y，Dong F，et al. J Agr Food Chem，2016.

[232] Cheng Y，Dong F，Liu X，et al. Analytical Methods，2013，5（3）：755-761.

[233] 程有普. 手性农药丙环唑立体异构体稻田环境行为及其生物活性、毒性研究［D］. 沈阳：沈阳农业大学，2014.

[234] Chen Z，Dong F，Xu J，et al. Analytical & Bioanalytical Chemistry，2014，406（26）：6677-6690.

[235] Chen Z，Dong F，Xu J，et al. Chirality，2014，26（2）：114.

[236] Chen X，Dong F，Liu X，et al. Journal of separation science，2012，35（2）：200-205.

[237] Chen X，Dong F，Xu J. Chirality，2015，27（2）：137-141.

[238] Pan X，Dong F，Xu J，et al. Journal of hazardous materials，2016，311：115-124.

[239] Pan X，Dong F，Xu J，et al. Analytical and bioanalytical chemistry，2015，407（14）：4111.

第 3 章
农药残留化学测试方法

2017 年 4 月修订后的《农药管理条例》于 2017 年 6 月 1 日起实施。随着条例的实施，相关配套新登记政策陆续出台，对农药风险评估的要求更加严格规范。为了适应当前我国农药风险评估和登记管理的新要求，根据 OECD 化学品测试准则的内容，本章重点收录了关于农药在后茬作物中的残留化学测试、农药在家畜体内残留化学测试、农药在农产品中的储藏稳定性，以及农药在加工农产品中的残留分析等内容的化学测试方法，该方法是目前国际组织开展农药残留化学测试的主要依据，对读者理解农药典型环境归趋及开展残留风险评估，具有重要的参考价值。

3.1 后茬作物中的残留化学测试(限制性田间试验)

OECD 化学品测试准则规定对在实际农业生产中，后茬作物通过吸收土壤中的农药残留的途径产生残留农药风险开展的化学测试方法。试验所得到的数据应用于膳食风险评估，是否需要在后茬作物制定最大残留限量值，是否限制某类后茬作物种植。

该试验通常从根茎类蔬菜、叶类蔬菜和小粒谷物类作物中，选取三种代表性作物进行后茬作物残留量检测。试验设计应包含三种不同的后茬时间间隔。后茬作物的种植应选择适当的时间间隔，如选择 7~30d 的后茬时间间隔种植后茬作物，来证明后茬头茬作物的残留情况。选 270~365d 代表次年的后茬作物种植时间间隔。同时还应当选择在两个具有明显不同气候的地理区域开展后茬残留田间试验。测试农药可在前茬作物或裸露土壤中使用，按照标签所规定的最严 GAP（最高推荐剂量和最多使用次数）开展试验。样品必须在收获后 30d 内进行分析（并应进行冷贮稳定性分析）。

3.1.1 引言

后茬作物是指在收获使用过农药的前茬作物的农田中种植的所有作物（有时也可以

是因农药处理不当导致作物种植失败后而重新种植的作物）。如果后茬作物代谢试验的结果（参见 OECD 化学品测试准则 502——在后茬作物中的代谢研究）证明农药可通过土壤吸收方式从而导致在食物或饲料产品中产生明显的残留蓄积结果，则要进行限制性田间残留试验。相关试验设计及关注的化合物种类，可参考 OECD 化学品测试准则文件中的化学品残留试验概述和残留定义开展研究[1,2]。

3.1.2　目的

限制性后茬作物农药残留田间试验是对在农业生产中通过土壤吸收方式而在后茬作物产生的农药残留累积，对其残留量进行测试的试验。试验数据将被用于制定后茬作物种植限制措施，制定后茬作物种植时间间隔，为膳食风险评估提供数据，如果需要，可制定后茬作物中农药最大残留限量。

3.1.3　试验内容与参数

试验设计要点：选择代表性农药制剂产品进行限制性后茬作物残留试验。试验设计包括试验地点、施药量、施药时间、农药剂型、前茬作物的种类（如种植有前茬作物）、后茬作物的种类及种植时间、典型的农事措施等内容，从而来揭示后茬作物从土壤中吸收农药残留量最高的主要因素，包括施药方式、土壤类型、土壤温度、农药持久性，以及环境因素或农业措施等。

3.1.3.1　作物

农药残留田间试验的后茬作物的选择，不应是多年生或半多年生作物，如以下作物（不仅限于此清单）：芦笋，鳄梨，香蕉，浆果类作物，柑橘类，椰子，酸果蔓，枣，无花果，人参，朝鲜蓟，葡萄，番石榴，猕猴桃，芒果，蘑菇，橄榄，番木瓜，西番莲，菠萝，大蕉，仁果类，大黄，核果类，坚果类作物。

如果开展水稻后茬作物残留试验，需设置对照性试验，并了解前茬作物水稻中的农药使用及残留降解情况[3]。

3.1.3.2　试验地点

限制性残留田间试验应在两个不同的气候区域中开展，且该试验区域须是使用该农药的作物主产区。如果前茬作物只在一个限制性区域内种植，同样也应在该区域内选择 2 个以上的田间试验点开展试验，且其中一个田间试验点的土壤类型是沙壤土。但是如果农药标签规定其使用的土壤类型不能是沙壤土，那么应该遵循农药标签的要求选择合适的土壤开展试验。

如果在水稻收获后开展后茬作物残留试验时，应选择合适的土壤类型（如黏土或黏壤土）和试验地点。每个试验点应设置不用药的空白对照区，保证对照小区在试验前没有使用过试验用药。

3.1.3.3　农药的施用

试验设计应能反映出农药在代表性后茬作物中的真实残留情况。为保证后茬作物与实际生产一致，应在试验地中种植前茬作物，在收获前进行施药，收获后再轮植后茬作物。如果试验地中不种植前茬作物，则需在种植后茬作物前，对裸露土壤进行施药，并保证土壤中的农药有合适的消解代谢过程。如果主要前茬作物是水稻，还应开展农药在灌溉条件下的消解过程研究。

按照农药标签或最严 GAP（标签推荐的农药最高使用量和最大用药次数）进行施药（使用于前茬作物或裸露土壤中）。如果农药使用于前茬作物，则应该按照典型的农事操作来管理并收获前茬作物。

试验应选择代表性农药剂型产品开展试验。如果有多种剂型产品，选择时应考虑以下几个因素：选择剂型能产生理论上残留最严重的农药产品；选择使用量明显高于其他剂型产品；如果多种剂型的使用量相近，选择能明显在环境中有更长的半衰期的制剂农药产品，如缓释剂。

如果不同土壤中的农药残留量会影响到后茬作物的残留结果，则应选择合适的施药方式，选择用最大季节用药量。为了增加试验的可操作性，对于每季度农药标签所规定的多次用药的剂量，在不产生药害的情况下可以一次使用。

3.1.3.4 用于试验的后茬作物

每个试验点应该选择 3 种合适的代表性作物种植后茬作物，并按良好农业规范操作进行试验，测定后茬作物吸收的农药残留量。3 种代表作物应从根茎类蔬菜、叶菜类蔬菜以及像小麦、大麦等小粒谷物类中选择。如果除了以上 3 类作物以外的某类后茬作物更具有代表性，则也应选为代表性后茬作物进行试验。例如，大豆在美国是一类非常典型的后茬作物，它不属于上述 3 类代表性作物，而属于豆类/油籽类作物组代表性作物。

另外，如果由于气候或其他农事操作原因，不能在同一个试验点同时种植以上 3 种代表作物时，应该另选增加相关试验地点。

3.1.3.5 后茬作物种植时间

限制性残留田间试验通常要求选使用三个轮作间隔期。后茬作物应在以最短的符合农事生产实际轮作间隔期进行种植，例如，选用 7～30d 时间间隔来评价前茬作物种植失败或短期后茬作物的试验情况；选用 270～365d 时间间隔来评价后茬作物的次年轮植情况。另外增加一个轮作间隔期来反映农业上农药使用后以典型的收获间隔期收获的情况（如 60～270d）。对于短期轮作的用于进出口贸易的蔬菜，更应特别重视。如果试验少于 3 个轮作间隔期，试验人员需对试验设计是否满足要求做出判断，并给出合理的原因说明。

如果在 7～30d 轮作间隔期内，因农药使用（如某些除草剂）引起后茬作物严重药害的，则应对第一个轮作间隔期进行调整，并提供导致药害问题的涉及限制种植方面的信息。

3.1.3.6 试验管理

田间试验应按照常规的农业规范进行管理。在限制性后茬作物残留试验中使用农药时，应避免使用干扰农药，以免影响残留试验的正确度。

试验管理要遵循农业规范，对有关耕地、取样等操作的异常情况发生，应该对是否影响试验给予判定。

3.1.3.7 取样

所有定义为初级农产品（RAC）的植物体部位，包括根茎类蔬菜的叶部，都要进行分析［可参考 OECD 关于残留化学品试验综述的指导文件中的附录 3 部分，提供了特定作物中需要进行分析的 RAC 列表］，包括对与后茬作物有关的初级农产品残留分析，对后茬作物中的代谢残留物组成进行定性定量分析，如果需要，应对后茬作物制定相应的残留定义[1]。

规范田间试验应该使用标准采样方法（见 FAO 手册 2002，附录 V 和 VI 中关于样品采集和缩分部分，这些采样方法标准也适用于后茬作物田间试验的样品采集）[4]。

无论是人们（类）直接食用的农产品还是家畜饲料，初级农产品中的残留物都应进行检测。如果某些作物在还未成熟时被采收食用（如幼嫩的菠菜叶和蔬菜色拉），那么，还需采集其未成熟及成熟的样本，同时进行分析。

土壤样品的农药残留分析及采样为非强制性要求内容，由申请者自行决定是否采集和分析。

3.1.3.8 样品分析

后茬作物的农药残留分析方法应该包含目标农产品中的所有农药残留组分分析，遵循农药残留分析准则，保证样品的添加回收试验符合方法的正确度要求，残留值不能采用回收率进行校正。后茬作物的最低检测浓度（LOQ）应该与前茬作物的相近，而且通常要求在 $0.01 \sim 0.05 \mathrm{mg} \cdot \mathrm{kg}^{-1}$ 范围内或更低。如果使用的分析方法为标准化或通过实验室验证的分析方法，应该提供方法的参考文献。选择的非标准化方法应该作为单独的研究文件进行提交。

3.1.3.9 贮存稳定性

样本应该在采集后 30d 内进行分析（分析前应在＜－18℃的条件下冷冻储藏）。如果样本存储更长的时间，那么应该有相关的冷冻贮存稳定性试验数据来证明在取样至分析期间，样本中的农药残留物没有发生显著性降解。

贮存稳定性试验数据应包括后茬作物中的所有分析农药目标化合物。贮存稳定性试验不仅包括对残留物总量进行分析，还应尽可能包括对残留定义中单个化合物进行单独分析。

3.1.4 试验报告

试验报告应该包括以下内容。

——测试农药有效成分（a.i.）的鉴别，包括化学名，通用名［美国国家标准学会（ANSI）、英国国家标准学会（BSI）或国际标准化组织（ISO）］，公司开发或试验名称，CAS 名称和登记号，IUPAC 化学名。

——选择该试验用农药剂型的依据。

——选择试验地点、前茬作物（如有）及后茬作物的基本依据。

——说明每个试验点土壤的特性［包括砂粒（％）、粉粒（％）、黏粒（％）、有机质含量（％）、pH 值、阳离子交换容量、湿度］。

——记录整个试验期间各个试验点的温度监测数据以及主要气候条件。

——试验小区的地理绘图，包括其位置、地形、大小，以及空白对照区的位置和大小。

——土壤或前茬作物中农药的施药量、施药方法、施药次数和施药时间。

——轮作间隔及依据。

——对前茬作物（如果有）的种植、管理、收获等过程，对后茬作物的灌溉、肥料和其他农事化学品的使用情况等给予描述。

——后茬作物初级农产品的采样时间（作物生长日期），每个采样点对应的作物生长阶段，例如在草料、干草、谷粒阶段，样本采集量及重复次数。

——从后茬作物中农药代谢试验结果讨论本研究中选择测定的目标物的理由。

——详细的分析方法，包括仪器设备、试剂和仪器操作条件。

——描述方法中样本的制备和处理过程，复杂方法的提取、净化过程需要提供流程图。

——每种作物基质的残留分析数据。空白样本、添加样本（包括储藏稳定性数据）及试验样本的原始数据如样本称样量、提取液最终体积、峰高/峰面积等数据必须提供，用于支持残留结果及回收率报告。

——标样的响应值（校正曲线）。

——方法确证数据、回收率以及方法灵敏度数据。

——提供每种作物基质的空白对照、添加回收及试验样本的典型色谱图。

——进行样本添加、提取以及提取物分析的日期，如果提取物未能在处理的当天进行分析，则需要注明提取物的储藏条件。

——冷贮稳定性数据（如果需要）。

——不同种植间隔的后茬作物中所有分析目标物的残留数据。

——应该对后茬作物是在哪个种植间隔期内对残留物有吸收；是作物的哪个部位吸收；吸收量是多少；多长的种植间隔期后，检测不到后茬作物的农药残留等情况做出讨论。

——必须对农药以最大的季施药量和施药次数施药后，在后茬作物中是否能检测到残留量做出结论。如果后茬作物基质中的残留量高于检测限，应对检测结果进行详细表述，最好以表格的形式来表示每个作物样本中的残留值范围或最大残留量[5~10]。

3.2　农药在家畜体内残留化学测试

家畜中残留试验旨在定量研究在使用农药之后，在肉、奶、蛋和可食用肉类副产品（如反刍动物的脂肪、肝、肾）中的残留水平。在作为饲料的初级农产品（RAC）及其副产品中使用过农药、农药可能直接应用于家畜及厩舍用药的情况下要进行家畜中残留试验。

家畜中残留试验的主要目的是：为建立最大残留限量（MRL）提供基础数据；为保证消费者安全，开展膳食摄入评估试验，提供相关基础数据。一般使用泌乳期反刍动物（泌乳奶牛）和家禽（蛋鸡）分别进行饲喂试验。供试农药应在至少 28d 内连续给药，优先选用胶囊给药。每组家畜中残留试验通常设 1 倍、3 倍和 10 倍三种不同剂量水平。每一剂量组采用 3 头反刍动物（对照组 1 头），或 9～10 只蛋鸡（对照组 3～4 只）。试验报告应包括给药前后每日饲料消费量、体重、奶或者蛋产量以及结果分析，细节观察（健康问题等）以及组织分析。

3.2.1 试验概述

家畜残留试验提供了肉、脂肪、奶、蛋和可食用肉类副产品中残留的定量转移数据。转移因子（Tf）计算方法如下：

Tf＝可食用农产品（奶、蛋或组织）的残留水平/日粮中的残留水平

典型的家畜残留试验采用反刍动物（牛）和家禽（产蛋母鸡）。一般而言，用牛的饲喂试验结果可以推断其他家畜（反刍动物、马、猪、兔及其他）的残留试验结果，对蛋鸡的试验可以推断其他家禽（火鸡、鹅、鸭子及其他）的残留试验结果。

如果农药在啮齿动物（代表动物如大鼠）体内的代谢途径与反刍动物（代表动物山羊）明显不同，那么必须进行猪体内代谢的试验。如果在猪体内的代谢途径与在反刍动物试验中的结果不同，除非期望的猪摄入是不重要的，否则应该进行猪饲喂试验，以获取第 2 段研究目的要求的必要信息。在特定情况下，对反刍动物和家禽的家畜饲喂试验可以不做。

在直接对家畜使用农药的情况下，建议申请者咨询登记国管理机构，确定这种使用是按农药还是按兽药管理。对于直接使用的农药，残留试验应按照指定的使用方法（浸泡、喷雾、浇注法、注射）对指定的畜种用药，使用指定的剂量和停止给药时间对被测试的家畜进行可食用畜产品中的残留水平测定。

当在饲养场使用农药（像牲畜的厩舍）时，标签指定用药不能排除农药可能在肉、蛋或奶中残留，残留试验应该在反映最大暴露的情况下进行。试验应该反映所有可能的残留转移途径，像直接吸收、直接摄入或直接污染，例如挤奶器械直接污染奶。

鼓励申请者在开始试验之前参考动物保护和处理、采样，特别是屠宰的法定要求。

不必进行残留试验的情况如下。

当按照推荐使用模式［即最大剂量，最多使用次数，最小安全间隔期（PHI）］使用农药后，田间试验结果证实饲料中残留水平低于检测限时，传统家畜残留试验可以不做，除非家畜代谢试验显示在动物产品中存在显著的农药生物富集趋势。然而，当在饲料品种中出现可定量检测的农药残留时，则必须考虑家畜预期日粮负担以及家畜代谢试验结果。

在相当于 10 倍给药（将预期的日粮负担作为 1 倍剂量）的代谢试验时，如果所有

可食用的畜产品中的残留水平结果均低于定量限（LOQ，典型的为 $0.01\text{mg}\cdot\text{kg}^{-1}$），则认为在推荐用药条件下将不会在家畜产品中产生可检测到的农药残留。在这种情况下，代谢试验也可以充当饲喂试验。当家畜残留试验无残留结果时，登记机构将考虑用经确证的测定奶、肉和蛋中残留的分析方法的定量限（LOQ）作为建立适当的最大残留限量（MRL）的基础。所以，鼓励申请者建立实用的畜产品农药残留检测方法用于监督检查。

在厩舍处理情况下，申请者可以根据直接动物处理、一般操作方法和饲养实践的数据，提出不需要进行专门的饲喂试验。这个申请是可接受的，例如，当剂型与已有数据一致或可比时。此外，可以编制适当的标签限制，来排除肉、奶或蛋出现残留的可能性。

3.2.2　试验实施

3.2.2.1　家畜饲喂试验

（1）试验物质的特性　试验中用的试验物质应当能代表农药在作物或饲料中的残留。

用定义的饲料中的代表性残留物成分对家畜用药，这些残留定义来源于作物代谢试验、下茬作物和加工试验结果。农药残留的定义可能由母体化合物加上一个或多个代谢产物、或单一或几个代谢物或降解产物组成。如果母体化合物是饲料/作物中的主要残留物，并且当它在家畜中的代谢与在作物中一样时，仅用此化合物给动物饲喂即可。如果一个唯一的代谢产物是饲料和作物中的主要残留物，仅用此代谢物给动物饲喂即可。通常不推荐用混合物饲喂，如是，则需要给出特定的理由。

（2）给药方式　试验物质应当通过适当的方式给药，最好用胶囊来模拟残留物在饲料中的浓度并保证在整个试验期间的持续暴露。如果将试验物质直接加入饲料中，则试验物质必须和饲料彻底混合，并且必须定期分析检验，以保证整个试验期间药物在饲料中的浓度和稳定性。

在进行过腹给药产品（feed-through product）的试验中，如果制剂是用来改变在消化系统中的吸收特性而特别设计的，应该使用这个制剂进行饲喂试验。

（3）给药水平　家畜残留试验通常包含三个不同的给药水平：1 倍（1×）、3 倍（3×）和 10 倍（10×）。为了确定 1 倍给药水平，需要估计每种饲料中的残留对日粮负担的贡献。这涉及每种初级农产品或饲料在日粮中的百分比以及其中的最高残留值（HR）。对于加工的农产品和副产品（例如果浆/果渣、油料种子粕、谷物组分等）以及多种谷物的混合谷粒或种子来说，这些农产品的残留试验中值（STMR）可能比最高残留值（HR）更具代表性。

在某些情况下，试验中还需要第四个小于 1× 的给药水平，这个给药水平反映了较低的家畜日粮负担情形。要考虑的可能因素包括加工后饲料中残留减少，使用残留消解动态资料模拟实际的暴露，或作物用药百分比的考虑等。

需要进行各个给药水平的试验，来提供给药水平和家畜产品残留浓度关系的资料。这些资料使用如下。

——在进行试验的过程中，没有预计到额外的使用，导致日粮负担量比 1×给药水平计算得到的预计值高，这时可能需要修改现行的最高残留限量和膳食暴露评估。如果动物暴露水平是在试验的给药水平之间，可通过给药水平和残留的线性内插法计算得到更高的最高残留限量。

——当给药水平和残留水平没有线性关系时，推断残留水平时应该格外小心；不能用反刍动物推断其他喂饲不同饲料的家畜的残留。

最大日粮负担的估计/计算，应适当地反映最好的喂饲实践，以使计算结果基于一个营养均衡的适当的家畜日粮。

在"OECD 化学品测试准则文件概述"（Overview of Residue Chemistry Studies Guidance Document）中的饲料表给出了家畜日粮中各种饲料的百分比，随着更多有用新资料的产生，表格可能更新。应该用以干重计算、以 mg·kg⁻¹ 表示药物在饲料中的残留浓度。家畜给药水平应该用 mg·kg⁻¹ 体重（bw）表示。此外，应报告实验动物在试验前和试验过程中的体重[1]。

（4）给药水平的计算 "OECD 化学品测试准则文件概述"的饲料表包含四类饲料：草料，谷粒和作物种籽，根和块茎，以及"植物副产品"。这些表格比较了美国、加拿大、欧盟和澳大利亚的家畜饲喂数据。

一般认为每类中的各饲料品种间可以互换，所以假定家畜同一时间只取食每类中的一种饲料。从每类中选出认为可导致最高日粮负担的饲料。在进行饲喂试验前应该已有作物残留试验数据。从这些试验得到初级农产品（RAC）的最高残留值（HR），或对来源于多种饲料的饲喂试验，得到各饲料最高残留值的平均值（HAFT），或加工产品的规范残留试验中值（STMR-P），这些数值将被用来确定家畜的日粮负担。

不同区域饲喂方法和良好农业规范（GAP）的差异可能导致不同的残留值，因此，选择导致最高残留值的喂饲方法和 GAP 作为最低给药水平方法。每千克体重的最大日粮负担是针对不同地区、各种家畜计算的。具体例子见"OECD 化学品测试准则文件概述"（Overview of Residue Chemistry Studies Guidance Document）的附录 4。

用确定的每个家畜组（牛、羊、猪或家禽）的最大日粮负担作为 1×给药水平。由于对反刍动物以及家禽和/或猪（根据情况而定）的饲喂试验仅做一次，试验中用任何一个动物组的最高日粮负担作为 1×给药水平。例如，如果肉牛的最高日粮负担比奶牛的高，尽管在试验中用到的是奶牛，仍然使用肉牛的最高日粮负担作为 1×给药量。

（5）供试动物 只要残留可能出现在反刍动物和家禽的饲料中，则应当对这些动物分别进行饲喂试验。这些饲喂试验所选择的试验对象是泌乳期的奶牛和产蛋期的母鸡。

牛奶中的残留数据一般也用于山羊奶中。在大多数情况下，牛饲喂试验的结果可用于建立山羊、猪、绵羊和马的动物产品最高残留限量（MRL）。

在家禽组中，通常将鸡的数据用于其他家禽，例如火鸡、鹅和鸭子。

在过腹给药情况下，应该选择适当体重范围的动物（参考产品标签）来反映建议最高每日给药量。

（6）供试动物数量

① 反刍动物和单胃动物：每个试验要有 1 只未处理的（对照）动物以及每个给药组要有 3 只动物。在有生物富集物的情况下，最高给药组至少再加 3 只动物。

② 母鸡：每个试验有 3~4 个给药水平，每个给药水平要有 1 只未处理的（对照）动物，每个给药水平要有 9~10 只处理动物。在有生物富集物的情况下，最高给药水平至少再加 9 只。

（7）对照动物的使用　从建立适应期开始，对照动物应该与处理或给药动物一起饲养到试验结束。这是十分必要的，因为对照动物的价值是观察饲喂试验过程中的变化。也必须用对照动物来确定在试验中是否存在任何对产蛋、奶产量和动物一般健康的副作用。对照动物也提供了充足的方法验证试验所需的样品材料。

（8）动物状况　整个试验期间（包括适应期和给药阶段）动物的状况都应该记录，还应同时记录动物的年龄和每个动物的体重、每日饲料的消耗量（各个动物或每组动物的平均量）、产奶量或产蛋量。牛应该是在适合商业产奶期的泌乳期母牛并能达到平均产奶量。开始给药时，母鸡应处于产蛋盛期。应当注意的是，如果饲料消耗是按照每个组的平均量而不是按照单个动物的消耗量记录的，由于一些动物可能没有消耗与其他动物一样多的饲料而造成给药不精确，并且得不到适当的记录。

动物的身体状况可以提供关于供试药物的吸收率和净化率的重要信息。应该报告任何健康问题、反常行为、进食量低或不寻常的动物处置，并且在必要时讨论这些情况对试验结果的影响。

（9）试验持续时间　推荐开始给药前有一个适当的适应期。例如饲料消耗量达到正常水平、体重稳定或奶和蛋产量达到平均水平等情况，可以显示对环境的适应。

动物一旦适应环境，应每日给药维持最少 28d，如果 28d 内在奶和蛋中的残留没有达到坪值，那么直到残留水平达到坪值后再停止给药。

如果在 1× 水平下的给药终点在反刍动物和蛋鸡样品（牛奶、肉、脂肪或鸡蛋）中出现可定量的残留，有些登记管理机构要求根据净化试验资料来确定什么时候产品中的残留量将降到执行方法的 LOQ 水平。在给药阶段之后可以有一个净化阶段（作为饲喂试验的延续），或在确定牛奶是化合物主要消除途径的情况下，在对非泌乳动物进行饲喂试验之后，可做一个单独的净化试验。登记管理机构可建议开展基于现有试验和其他相关信息的净化试验计划。申请者可咨询登记管理部门是否需要开展净化试验。

（10）净化试验　因为净化试验的目的在于提供消解速率的资料，因此，用最高剂量给药组进行净化试验足以涵盖所有 GAP 条件下饲喂水平的净化试验。至少应该在最高剂量给药组动物停止给药后取 3 个时间点，例如停止给药的零点和 3 个其他的时间点，每个时间点至少宰杀 1 只反刍动物和 3 只母鸡。应该选择适当的时间点数，以便能用这些时间点计算出肉/脂肪、奶或蛋中净化的半衰期（half-life）。因为时间点的选择依赖于残留物以及它在组织、奶和蛋中的行为特征，很难为所有化合物规定适当的净化时间。建议申请者在设计试验前先与本国登记管理机构就时间点选择问题进行协商。

在某些情况下，比如化合物比较优先富集在脂肪中，申请者应该考虑用肉牛（而不是奶牛）进行一个独立的净化试验，因为牛奶仅作为一个额外的化合物消解途径，净化速率可能不同。一般每个净化时间点应该有 3 只动物。在这种情况下，建议申请者在试验前先与本国登记管理机构进行协商。

（11）脂溶性化合物和附加考虑事项　确定残留物的"脂溶性"或者"非脂溶性"对农产品贸易和执行检验标准很重要。脂溶性是用于确定 MRL 或 STMR 等残留物的重要特性，在代谢试验和家畜残留试验中，通过观察残留物在肌肉和脂肪中的分配可以初步判断残留物的脂溶性。残留物的脂溶性决定了动物产品的采样方法（参考 FAO 手册，2002）。

在任何家畜饲喂试验设计时都要涉及确定残留物的脂溶性问题。家畜试验（放射性标记或转化产物）得出的数据必须充分证明试验中考虑到化合物和/或代谢物的脂溶性。如果试验设计不充分，并且采集的样品不适当，那么很难确定残留物是脂溶性或非脂溶性的。

对于认为是脂溶性的残留物，家畜残留试验（不包括家禽）应该提供按规定使用后农药可能在脂肪体中的残留水平资料。在这种情况下，不同类型的脂肪应该分别进行分析，因为混合脂肪体分析可能导致低估残留水平。对于每种脂肪体，对脂肪的描述应包括：脂肪的属性（例如肾周的，肠的，皮下的）；在动物体内的位置（如果多于一种可能性）；脂质含量（精制的或萃取的脂肪可以假定为 100% 脂质）或文献得来的脂质含量。

（12）取样　表 3-1～表 3-3 给出了反刍动物、家禽和猪样品的详细采样方法资料。要分析的组织至少应该包括骨骼肌、肾周脂肪、皮下脂肪或背膘、肝脏和肾脏。应该报告各个样品的残留数据。对一些脂溶性的化合物，各部分的脂肪不能够混在一起，要分别进行分析。

动物直接用药试验如下。

当农药直接用于饲喂动物时，残留数据可表明使用药剂所导致的残留程度。直接使用包括可作为 back-line 处理、喷雾、浸渍、泼浇、撒粉、粉袋、back-rubbers、耳标和喷射处理应用的产品。试验处理要尽可能接近地反映出农药在商业上使用时的条件，尤其要注意建议使用剂量、常规动物管理、动物性别和成熟程度。所有可能导致动物产品中残留水平发生变化的因素在制定和实施试验计划的时候都要考虑到。

不同的处理方法使用不同的产品，包括可湿性粉剂、悬浮剂、乳油、可直接使用的液体和粉剂。当一种农药以一种以上的剂型或施药方式使用时，则要另行进行组合用药方式试验。

一般情况下，对于每种受试家畜都要进行独立的试验。在对牛或猪试验时需要考虑的因素与对羊考虑的因素不同。例如，对羊进行试验时要考虑羊是否刚刚剪过羊毛（未剪毛的、短毛的、长毛的），是通过浸泡还是喷雾的方式接触药剂的，另外，还要考虑动物种类、品种和环境条件。

（1）处理方式和剂量　试验方案要确保受试动物得到了推荐使用农药最高暴露剂

量，也就是说，要使用可以达到最大药剂量的处理方式：

——最长暴露时间（浸泡或喷洒的最长时间，"彻底浸透"）；

——基于动物的体重，每个动物得到最大量的暴露（泼浇、撒粉、back-line 处理）；

——动物自由接触药物，加上正确的放置和及时加药（back-rubbers and dust-bags）。

在多次处理方式中，应选择最短处理间隔，以及使用推荐的一季或一年中处理最多次数。

对于单个动物给药的处理而言，给药剂量要以动物体重表示。如果药剂要用于动物身体的表面，那么既要以动物体重又要以动物身体的表面积表示用药量。不经稀释产品的有效成分浓度应该是产品规格中的最大或接近最大值的产品。浸泡的浓度要选择标签中允许的最大浓度，试验过程中要一直保持这个浓度。第一组被浸泡的受试动物还要被再次浸泡，该组的动物要作为试验的一部分进行分析。要特别注意根据标签的指示补充药浴液、使用正确的喷施方法、选择正确的喷嘴类型、合适的喷施压力和药液流速。

（2）供试动物的选择　对供试动物的选择要特别注意一些非常重要的因素，例如牛奶的产量和动物的品种。考虑到动物个体差异，从有代表性的供试动物群体选择实验动物是很重要的。在残留消解试验中，建议选择泌乳早期的高产奶量奶牛和泌乳晚期的低产奶量奶牛。这样至少能够在一定程度上保证试验中涵盖了动物个体间差异。

（3）供试动物的数量　在进行组织中残留试验时，需要由 20 只动物的组织残留结果来提供足够的试验数据，在 4 个均等分布的采样时间点中，每个采样点要有 5 只动物被宰杀取样。在使用低产量的羊做试验时例外，每个采样点要用 6 只动物。要有备份动物以弥补在试验过程中供试动物的损失。在处理后的初次采样时间点（或之前）至少宰杀一个未经处理的对照动物。

在进行奶中残留试验时，需要对 20 只试验动物在均匀的时间间隔采集奶样。

处理动物和对照动物要分隔饲养和放养以避免交叉污染。供试动物，尤其是牛，经常会互相舔毛，因此，处理动物要尽量圈养在一起并提供足够大的空间以最大限度地保证动物的正常行为。

（4）试验持续时间　试验持续的时间取决于屠宰的次数，以取得合适的残留消解数据。屠宰间隔的选择要能说明最大残留的出现和持续时间及之后消解的时间。供试动物要在产品标签所建议的屠宰间隔期（PSI）内屠宰，必要时，与相关登记管理机构协商确定 PSI 的长度，并据此设计试验方案。有观察到组织中的残留在用药后一周左右不会达到峰值，这就需要额外延长 PSI 获得支持建立 MRL 的数据。和前面饲喂试验部分的描述一样，延长屠宰间隔（除设置 PSI 外）也用于脂溶性化合物净化试验。

（5）取样　表 3-1～表 3-3 给出了反刍动物、家禽和猪样品的详细采样方法资料。组织分析至少应该包含骨骼肌、肾周脂肪、皮下脂肪或背膘、肝脏和肾脏。需要特别注意在样品的采集过程中不能让皮毛中的农药残留污染组织样品。应该单独报告各动物个体的残留数据。对一些脂溶性的化合物，各部分的脂肪不能够混在一起，要分别进行分析。然而，如果没有足够的背膘进行分析，背部脂肪可以由其他皮下脂肪进行补充，最好使用胸部脂肪，其来源要在试验报告中注明。

3.2.2.2 家畜既直接处理又饲喂给药的情况

在特殊情况下，除了通过饲喂含有药物残留的饲料外，还需要用该产品直接处理家畜。在这种情况下，残留试验需要反映出这种组合暴露时的残留水平。如果对饲喂和直接处理的残留分别进行了试验，就可以把两种情况的残留量相加以确定适当的限量。但是，这样会导致所得到的结果比合理的动物产品最大残留限量（MRL）偏高。

在控制蝗灾的试验中，可能出现这种情况，动物可能在推荐用药量下直接暴露，同时也在放牧时在药剂处理过的草地上取食。组合试验要在一个试验中考虑两种药剂处理方式，提供了比把两种单独试验结果相加更接近实际的暴露情景。建议申请者在决定进行特定组合试验之前与相关的登记管理机构协商。

3.2.2.3 饲养设施用药的试验

如果标签推荐的农药用于农用建筑物时不能排除药剂会残留于肉、奶、蛋中，则要进行反映农药对动物最大暴露条件下的残留试验。对动物的饲养设施进行药剂处理时，申请者可申请不再进行相关试验，而是用常规饲养条件下直接动物处理得来的残留数据，同时提供科学依据。

在许多情况下，进行药剂处理时让动物离开它们的厩舍是不现实的，当然挤奶棚除外。试验要在动物厩舍中进行操作，要保证厩舍的条件和用药方式产生对动物的最大潜在暴露量。对反刍动物（牛）、非反刍动物（猪）及家禽（鸡）要分别进行独立的试验，试验要反映出所有可能的残留转移途径。

——通过喷雾、弥雾、烟雾处理直接吸收（经皮或吸入）。

——直接摄入（例如通过糖饵使动物舔毛时摄入，使家禽啄食饵粒，或者在饲料、饲料槽或水槽中沉积药剂）。

——牛奶通过在挤奶设备、挤奶房等中的沉积直接污染。

药剂处理应该在两个独立的厩舍中或者在同一厩舍的两个独立的区域中，以最高处理剂量和1.5～2倍的剂量，按照标签上建议使用的方法进行处理。在第三个独立的区域中，饲养对照动物。三个区域的供试动物要具有相同的品种、性别、龄期、体重及身体状况。要对试验中的厩舍特征和药剂处理进行适当详细的报告。

在采用多次药剂处理方式时，在所有的药剂处理完成后，试验应按计划继续进行，直至完成动物的屠宰采样及蛋/奶样品的采集。

3.2.2.4 奶和蛋的样品采集

在处理之前，先从所有动物中采集奶和蛋样品作为对照样品测定残留。从给药开始，奶和蛋样品一周至少要采两次样（每隔3～4d）。在采集样品的当天，牛奶要采集两次（上午和下午各一次）。如果采样时间和给药时间在同一天，那么要在给药之前采样。样品要先采集对照组，然后再采集药剂处理组。

3.2.2.5 样品的合并

牛奶样品每头牛每天要采集两次。每头牛的两个样品合并为一个具有代表性的样品进行分析，但是采自不同牛的样品不能够合并。

蛋样品每天要采集两次。任何粘在蛋上的排泄物都要去除掉。如果需要的话，采自同一剂量组的蛋可以合并，以达到足够的样品量来进行分析和保留样品，在每个采样时间点都要对 3 个独立的蛋样品进行分析。

3.2.2.6　屠宰及肉制品和可食用组织样品的采集

反刍类动物要在最后一次给药后 24h 之内屠宰，用于家畜残留消解试验的除外。在直接处理试验中，最后一次药剂处理后的第一次屠宰或停药期要间隔 8～12h 之间，鸡要在最后一次给药后 6h 之内屠宰。屠宰动物时，要确保组织样本没有被血、尿、粪便和其他体液所污染。

关于要采集样品的详细资料见表 3-1～表 3-3。

表 3-1　反刍动物

样品材料	采样方法	分析样品制备	（匀浆）实验室样品重量/kg
肉	收集近似大小的腰部、腰侧面的肌肉或者后腿肌肉	经过初步切碎后，在绞肉机中打碎，混合均匀	0.5
脂肪	收集近似大小的皮下、隔膜、肾周脂肪	经过初步切碎后，在绞肉机中打碎，混合均匀①	0.5
肝脏	收集整个器官或者肝片四分取样	经过初步切碎后，在绞肉机中打碎，混合均匀	0.4
肾脏	从双肾中进行二次取样	在绞肉机中打碎，混合均匀	0.2
鲜奶②	分别从每个动物收集鲜奶		0.5L③

① 对脂溶性的化合物，来自反刍动物皮下、隔膜、肾周的脂肪样品需单独分析，而不能混合分析。

② 对脂溶性的化合物，乳脂中药物残留检测除了在坪值时进行检测外，还应在给药结束时进行检测。运用物理手段比用化学溶剂萃取能更好地将脂肪从牛奶中分离出来，因为在溶剂萃取中脂肪是从水相和油脂相中被萃取出来的。采用这种方式获得的是奶油（40%～60%脂肪），而不是 100%的牛奶脂肪；奶油中的油脂也应该被报告。试验包括净化试验的话，在给药结束后，建议在至少 4 个时间点进行样品采集。

③ 如有必要进行中间冷冻储存，在冷冻储存前，采集的混合奶样品可以缩分到满足一个分析样品需要的大小。

来自不同动物的样品不能混合或合并。

表 3-2　家禽

样品材料①	采样方法	分析样品制备	（匀浆）实验室样品重量/kg
肉	收集近似大小的胸部和腿部的肌肉	将来自于 3 只母鸡的肉块在绞肉机中打碎，混合均匀	0.5
皮和脂肪	收集至少 3 只母鸡腹部的脂肪	将 3 只母鸡的脂肪剁碎②	0.05
肝脏	收集整个器官	将 3 只母鸡的肝剁碎②	0.05
蛋		清洁蛋壳，将来自于 3 只母鸡的鸡蛋去壳后合并蛋清或者蛋黄③，有些化合物需要对蛋清和蛋黄分别进行限量分析③·④	3 枚蛋

① 对带皮食用的家禽，皮也要分析。

② 每个剂量组至少 3 个样本，所以每个剂量组至少需要 9 只动物。

③ 样本可在到达实验室前或者之后进行处理。分析时，加入溶剂把蛋混匀。

④ 蛋清和蛋黄合并在一起分析。但是对某些脂溶性残留可分开蛋黄、蛋清分析，以确定残留物在蛋黄、蛋清中的分配关系。假如分配系数已知，可由此计算全蛋的 MRL 值。蛋黄和蛋清分离应在样品储存前进行。

表 3-3　猪

样品材料①	采样方法	分析样品制备	（匀浆）实验室样品重量/kg
肉	收集近似大小的腰部、腰侧面的肌肉或者后腿肌肉	经过初步切碎后，在绞肉机中打碎，混合均匀	0.5
脂肪	收集近似大小的皮下、隔膜、肾周脂肪	经过初步切碎后，在绞肉机中打碎，混合均匀	0.5
肝脏	收集整个器官或者其中具有代表性的一部分	经过初步切碎后，在绞肉机中打碎，混合均匀	0.4
肾脏	从双肾中进行二次取样	在绞肉机中打碎，混合均匀	0.2
皮	收集近似大小的背部、腹部、侧面的皮	经过初步切碎后，在绞肉机中打碎，混合均匀	0.5

① 对带皮食用的猪，皮也要分析。

3.2.2.7　样品分析

包括样品提取和净化过程的分析方法需要详细描述或注明出处。添加回收试验需要和实际样品同步进行以保证方法的有效性。畜产品所要求的定量限（LOQ）和化合物的毒性有关，需要从膳食风险评估的角度考虑，一般情况下在 $0.01\sim0.05\mathrm{mg\cdot kg^{-1}}$ 或更低。

（1）奶和蛋　要求在第 0 天就对每一组样品进行分析，以后每隔 3～4d 分析一次，直到残留量达到坪值。当残留量达到坪值后，蛋和奶样品就可以一周分析一次（例如在第 14 天、第 21 天、第 28 天进行分析）。在每个取样时间点都需要对每个剂量组的奶样品和蛋样品取 3 个平行样进行分析。如果在高剂量组没有检测到残留，那么就不需要对低剂量组的样品进行检测。

所得到的信息可以用于最大残留限量的制定及精确的膳食风险评估。

（2）肉及可食用的组织　建议从高剂量组开始样品分析。如果在高剂量组的组织中没有检测到可定量的农药残留，那么就不需要再对低剂量组的样品进行检测。

在饲喂试验中需要分析的产品包括可作为食物的以下组织：肌肉、脂肪、家禽的肝脏、反刍动物和猪的肾脏。对经皮给药的家禽或猪，也要对皮进行分析。

像在奶、蛋部分注释的一样，每一个给药剂量水平都要取 3 个独立样本来对可食用的组织进行分析，以表明不同动物个体中的残留变化。对牛和猪来说，这通常意味着在每个给药水平上从一只动物中取一个样品，每个给药水平 3 只动物。而对家禽来说，每个剂量组的组织样品需要从 3～4 只上面来取，合并并分成 3 份"独立"样品。

（3）家畜的经皮处理　直接药剂处理的动物组织、奶样品的采集与分析和上面所提到的饲喂试验一样。然而，建议申请者在进行试验之前与登记管理机构商定。

3.2.2.8　储藏稳定性数据

需要提供合适的代表性畜产品的储藏稳定性数据。如果样本在 30d 之内没有进行分析，储藏稳定性数据需要提供足够的证据证明在样品采集到分析之间没有发生明显的降解。

3.2.3　试验报告

试验报告应该包括如下几方面的信息。

——对供试动物及其体重、日常饲料消耗、产蛋/产奶情况及任何健康问题的描述。

——供试化合物的制备和使用，包括服用浓度或者是供试化合物的应用浓度、药物储藏条件，如有必要，添加后饲料的分析、化合物的给药方法、使用或者给药的频率次数和停药情况、每实验组每个剂量的动物数量。

——奶、蛋样品的样品采集、合并、储藏，对于过腹给药还包括尿液、粪便和笼子清洗的描述。

——屠宰、样品采集的描述，包括从最后一次给药、用药或者停药到屠宰、组织收集（重量、多个动物样品的合并）的间隔期。

——样品从采集到分析期间的处置和储藏情况的描述。

——样品的提取和净化的描述。

——对所使用的残留检测方法的讨论，包括方法的确证及通过添加得到的灵敏度。

——提供相关测定结果，包括各添加样品如肉、奶、禽、蛋不同动物介质中的回收率，不同介质中残留随时间变化的储藏稳定性，每个用药水平或者是停药后的每个组织、奶、蛋中所关注的残留物的浓度，对于蛋、奶还应提供在不同时间间隔的停药期残留结果。

——对结果进行讨论，包括农药残留是否转移到奶、蛋、肌肉、脂肪、肝脏和/或者肾脏，如果服用或直接处理后残留物在奶、蛋中出现最高浓度状态，残留物在停药后是否会消除，与家畜代谢试验的结果进行比较。

——为每一用药水平下所关注的化合物转移到脂肪、肌肉、肾脏、肝脏、奶和蛋中的程度作出结论[1~2,11~29]。

3.3　农产品中农药残留储藏稳定性

目的是研究代表性农产品中农药残留在储藏时期的稳定性。冷冻储藏稳定性研究必须有足够的样品储藏量且样品中农药残留物的浓度应足够高，以便在储藏过程中农药残留量发生显著降解而能够对该农药进行定量检测。储藏稳定性的样品可以来自大田中施过农药的农作物（或动物产品），或者来自对于空白农产品中添加已知量的明确农药残留定义的样品。每次从冰箱中取出储藏稳定性样品进行检测时都应该同时进行相同控制样品的检测。作为每次添加回收率检测的样品必须与储藏稳定性样品相同。储藏稳定性检测必须有一定的时间间隔（至少2个，原始沉积量及其他间隔时间检测），根据农药残留稳定性决定检测间隔期。每次进行储藏稳定性检测必须同时检测含有同样残留定义的重复样品。储藏稳定性报告必须包括农药残留及统计结果。

当汇总农作物、农产品和动物性农产品中的农药残留量数据时，要明确农产品采样/收获到进行农药残留分析的间隔时间，这些农产品中的所有化合物必须有明确的残留定义（包括用于风险评估和执法）。如收获的样品不能及时进行农药残留量检测，农药组分会发生化学变化而导致分析结果不准确。如果 MOR 样品不能在采收后立即检测，则应将样品储藏在 0℃ 以下直至进行分析，因此，需对储藏稳定性的储藏条件进行研究。

研究目的是通过对有代表性的农产品和动物性产品中农药残留储藏稳定性的研究，外推至加工的农产品和动物性产品中。因此，申请者必须保证残留试验样品在已知的储藏稳定时期最短时间内进行检测。残留样品研究包括但是不局限于以下方面：田间试验、特定区域内的后茬作物研究、动物饲喂试验研究和加工过程研究。

3.3.1　概述

在多数农药残留试验研究中，样品在分析前会被储藏一段时间。在此储藏期间，农药残留和/或其代谢物（残留界定）可能因挥发或酶解等过程而减少。因此，为保证样品中农药残留水平在分析时与采样时相同，需进行对照实验来评估储藏对样品农药残留量的影响。或者说，申请者需证明农药残留在待分析的样品冷冻储藏是稳定的，或者说明在储藏期间农药残留量的减少程度。

如果残留试验样品在冷冻储藏 30d 内分析，申请者可以不进行农药储藏稳定性研究。如果已有证据，比如基本物化性质数据表明该农药是不易挥发或不容易分解的，则表明该项检测不需要。通常，残留试验样品应该在采样或收获 24h 内冷冻。然而，当不能做到时，冷冻之前的冷藏时间也应在储藏稳定性研究计划中加以考虑。

通常情况下，储藏稳定性试验可以使用代表作物（见表 3-4 中作物分类）的储藏稳定性数据，而不需要所有作物都进行储藏稳定性试验，这一观念已经被接受。如果农药残留在储藏作物中比较稳定，则在不同时期和独立冷冻条件下的储藏稳定性研究（尤其是温度和样品的状态，例如：匀浆样品）可视为与相应样品的储藏稳定性相同。

对残留已知或怀疑不稳定或易挥发（包括熏蒸剂）的农药，应考虑在对残留试验样品研究前对所有残留界定的化合物的储藏稳定性进行研究，以便在处理残留样品储藏前，决定合适的储藏条件和最长储藏时间。否则，可能要求同时进行储藏稳定性研究，来确保残留界定的化合物数据的可靠性。

3.3.2　测试程序

3.3.2.1　简介

储藏稳定性研究需要有足够的样品量，且样品中农药残留浓度有足够的量，以便在储藏过程中，农药残留量发生显著降解后，仍能剩余有一定的农药残留量进行定量测定，便于对稳定性进行分析评价。样品可以用采集于大田施过药的农作物（或动物），也可用空白农产品样品添加了一定量的农药量。每次从冰箱中取出储藏样品进行检测分析时，应同时进行质控样品的检测，从而明确是否因储藏条件和时间导致农药残留量减少。保证每个环节使用的添加回收率检测样品与储藏稳定性样品相同。对于田间含农药残留量的样品，应在收获后最短时间内进行检测分析，从而获得储存起点时刻的农药残留量水平。

3.3.2.2　测试物

一般来说，在冷冻条件下，农药剂型对农作物中农药残留储藏稳定性的影响不大。然而，在特殊情况未必如此，那么申请者应该提供合理有效的储藏稳定性结果。如果储藏稳定性研究需要，则在残留试验样品中必须有所有残留界定的组分，而且保证有足够的残留量，以便能发现到残留量的变化。

如果在空白样品中添加实验室检测物质，通常应为活性物质和/或相关的明确代谢物。当残留界定范围包括多种化合物的研究时，需要设计出一套方案研究每种成分的稳定性。因而不建议使用混合标准溶液进行添加，因为它可能掩盖潜在的化合物间的转化。所以，储藏稳定性研究应该在每个样品中单独加入残留界定中的每个化合物，以进行独立研究。

3.3.2.3　分析方法

储藏稳定性样品应用的分析方法应该是通用的残留分析方法，如果不是，则需要进行充分的验证。

共同基团/共同降解基团分析法不能测定残留定义中每种单独化合物的稳定性。另外，一些情况下用共同基团/共同降解基团分析法检测到的相关基团可能是由其他化合物产生的，而不是要检测的有残留定义的化合物。这种情况可能掩盖实际已经发生或还未发生的残留农药的降解。因此，共同基团/共同降解基团分析法不是农药储藏稳定性研究的常规检测方法。然而在一些特殊情况下，也可以用共同基团/共同降解基团分析法，例如，当 MOR 研究已经用共同基团/共同降解基团分析法对农药残留进行定量，则这种方法可以用于储藏稳定性研究中。

3.3.2.4　添加水平

样品中农药的添加水平应为 10 倍的各组分分析方法的定量限，以保证在储藏条件下可以检出农药残留。避免因回收率范围而影响残留稳定性研究。添加回收率试验是残留试验的典型研究内容，以此来表明该分析方法的适用范围。农药添加过程就是确认分析方法的过程。如：回收率数据。如果没有添加回收率，则应提供一份证明适用性的有效数据。

当田间试验样品中没有检测出农药残留，或农药残留水平接近检测方法的最低定量限时，就需要对照样品添加试验来进行储藏稳定性研究，而不是实际采收的样品。

3.3.2.5　样品形式

样品的形式可以为以下几种，如匀浆、粗切、整个样品、提取物。冷冻储藏稳定性研究的样品应与相应残留试验研究的样品尽量相同。在某些情况下，储藏稳定性研究由于存在多种样品储藏形式，所以需要研究多种样品处理方式的储藏稳定性。例如：如果田间试验样品先匀浆后储藏，然后在提取之后检测之前再将提取物储藏一段时间，则储藏稳定性需要进行同样的处理。

在某些情况下，残留试验样品需要整个储藏，而储藏稳定性样品却以匀浆状态保存，这样可以保证添加样品的均匀性。如果已知残留物在储藏条件下是稳定的，虽然将样品匀浆储藏的方式没有整个样品储藏好，但是这种样品处理方式通常是可接受的。

如果储藏稳定性研究的样品不是以样品提取物形式进行储藏，则储藏稳定性研究数据不能反映最终分析前残留试验样品分析提取物的储藏稳定性，整项研究不需要再重复。但需要对空白样品提取物进行农药添加，将添加样与残留试验样品提取物保存相同的时间和相同的储藏条件，然后再分析提取物中农药残留的储藏稳定性。为了避免这种额外的研究，建议申请者在进行试验时例行地将样品提取物储藏稳定性研究包括进来，除非其实验室标准操作方法是在得到提取物的同一天就进行检测。对样品提取物残留稳定性的信息也可以从其他研究获取，例如方法验证或代谢物的研究。

3.3.2.6 储藏条件

残留试验样品需要在储藏前从田间试验研究地点运到实验室，直到进行残留分析。在此过程中，应尽量保持样品在运输过程中冷冻，例如：与干冰一起包装，并保证运输期越短越好。储藏稳定性研究应该保证残留试验样品在运输时的条件。例如：温度。储藏温度应该是-18℃或更低，且样品应在黑暗中保存，以消除可能的光化学反应。对已知不稳定的农药，减少农药残留不稳定的方法可包括存储在较低的温度，或冷冻储存溶剂中的提取物。此外，残留试验样品可以通过在匀浆时加入酸或碱或通过低温磨碎保持其农药残留的稳定。所有这些额外的步骤，也可应用于冷冻储藏稳定性的研究。

储藏条件应持续监测和记录，以保持在合适的储藏温度。如果储藏条件变化很大，例如因停电而导致储藏温度上升，则应提供全部细节资料，且应该关注研究中不同时间点的温度数据，以确定是否能保持研究的完整性。

储藏稳定性研究中储藏样品的容器应尽可能与残留试验研究中使用的样品容器一致，都为含惰性成分的容器。然而，只要农药是不挥发性的，研究报告中使用不同的容器也可以。

3.3.2.7 采样频率和间隔

建议在研究开始时，就保证有足够的储藏样品量，以便残留试验样品能够满足储藏稳定性研究在不同时间点取样次数的需要。建议保留备份样品以防遇到问题而需要重复检测，或者储藏期比预期要长。在所有情况下，采样点应包括零时间（即作物上施药后的时间/起始时间），并检测样品储藏开始时的残留水平。储藏稳定性最少检测点数会有所不同，这取决于残留农药的稳定性及残留试验样品的最长储藏期。

储藏稳定性试验中申请人可以选择只检测2次：从零时间/起始时间直至例如12个月或24个月各检测一次。不过，这样申请人需承担风险，因为不能建立降解率与时间的坐标图，不能进行线性外推，从而影响农药残留研究。当残留农药比较稳定时，典型的取样检测间隔应该是0个月、1个月、3个月、6个月及12个月，但如果样本保存较长时期，如长达2年则可延长。相反，如果怀疑残留农药降解较快，则可以选择取样检测时间为 0 周、2 周、4 周、8 周和 16 周。如果预先不知道农药的稳定性情况，则时间间隔应综合上述两种情况选择。

每个样品的重复样也应该在每个时间点进行所有残留界定的化合物的检测。但是，如果同一时间重复样品的结果间存在显著性差异（大于 20%），应加以判断并考虑额外分析这个时间点的样品。个别样本重复分析取决于申请人。在添加农药之前，建议找到对此样品的干扰因素或对于检测样品的污染原因，因此，在某种情况下，需要重复检测。

申请人应确保所有残留试验样本中残留界定的化合物在经证实的储藏稳定期内进行分析。然而，如果不能做到时，也不影响使用农药残留的数据。在特殊情况下，进行外推的时间点并不在所做的储藏稳定性试验的时间段之内，在这段时间内农药不发生显著降解。然而，任何外推的范围应视实际情况同管理机构进行讨论。

3.3.3　植物性产品中农药残留的检测

涉及作物的样品储藏稳定性研究中，建议对特定种类的作物使用外推法原则，特定商品类别如下：高水分含量的作物；高酸含量的作物；高油含量的作物；高蛋白质含量的作物；高淀粉含量的作物。有些作物属于多个类别，但由于这些储藏稳定性研究是模式研究，各类别分别已被指定出代表性作物。

如果残留农药在所有样品储藏稳定性研究中显示出稳定性，对 5 个类别中任一类别的样品储藏稳定性研究都是可以接受的。在这种情况下，所有其他样品（见表 3-4）中的残留农药储藏将被认为在同一时长、相同的储存条件下稳定。

如果农药只在 5 个类别中 1 种作物上使用，则需要 1 种以上此类代表性作物的储藏稳定性数据（除了高蛋白质类，在本准则中这类作物只有 1 种代表性作物）。对相应类别的作物的研究依照下列规定进行。

高含水量类：如果已经证明了农药在此类 3 种不同的作物中的储藏稳定性，对属于这一类的其他农作物的储藏稳定性研究就不必要了。

高油含量类：如果已经证明了农药在此类 2 种不同的作物中的储藏稳定性，对属于这一类的其他农作物的储藏稳定性研究就不必要了。

高蛋白含量类：如果已经证明了农药在干豆/豆类中的储藏稳定性，对属于这一类的其他农作物的储藏稳定性研究就不必要了。

高淀粉含量类：如果已经证明了农药在此类 2 种不同的作物中的储藏稳定性，对属于这一类的其他农作物的储藏稳定性研究就不必要了。

高酸含量类：如果已经证明了农药在此类 2 种不同的作物中的储藏稳定性，对属于这一类的其他农作物的储藏稳定性研究就不必要了。

如果农药残留在 5 种作物中都没有显著的下降，则将不需要具体的加工食品中的储藏稳定性数据。不过，如果农药经过一定时间的储藏表现出不稳定的结果，申请人应确保任何农产品（初级农产品或加工农产品）在储藏稳定性的时间内被分析。

代表性的农作物是指具有相同或相似农药残留稳定性规律的某一或某几种作物代

表。多数农药只施用于列表作物类别中的某一作物。当农药在 2 个或 2 个以上类别的作物上使用，代表性作物上所需数据取决于作物类别以及在每类作物中该类农药的使用情况。不可能对每个作物类别作物都制定导则。申请者应自己判断使用哪种代表性作物来进行储藏稳定性研究。例如，假设一种农药只用于坚果类果树（属于高油含量类作物）和核果类果树（属于高含水量类作物），应提供至少一种树生坚果农产品，如核桃、杏仁和一种核果类果树的农产品，例如桃、樱桃的储藏稳定性的数据。如果这种农药扩大使用范围在其他高含水量的作物上使用，如叶菜类蔬菜和葫芦类蔬菜，则需要关注高含水量作物中的蔬菜和水果与高含油量作物的储藏稳定性结合，即这 3 种作物中，尤其是在 2 种高含水量作物中都需要储藏稳定性试验。

如所有五类代表作物中每类作物都有储藏稳定性的数据，则一种作物中可能包括一种以上农产品（例如，禾谷类作物包括有谷物、秸秆和饲料）。不过，如果只有谷类植物的数据，则谷粒和饲料（代表高淀粉和高含水量的作物）也应被包括在内。

储藏稳定性研究也可以通过在农产品中加入放射性同位素标记过的农药，通过研究标记过的农药的代谢研究而获得。在这种情况下，农药残留物（根据残留定义）的检测应在提取后进行，且这种提取方法应该为在农药残留量检测中使用的农药提取方法或是其他已经验证过的方法，将这种方法与针对用于检测目标化合物放射性化学物质的检测方法相结合检测农药残留量。换言之，储藏稳定性试验数据不应该仅基于总放射量的检测，还应该注意农药残留量检测的提取步骤（注：本段中讨论的，不是用于其他方面的代谢物研究，而是指用于支持储藏稳定性数据的代谢物研究）。

3.3.4 动物性产品中农药残留的检测

研究动物性产品（例如家畜喂养研究或皮肤处理研究）时，可以根据动物选择以下几项：

——肌肉，如牛和/或家禽；

——肝，如牛和/或家禽；

——奶；

——蛋。

如果残留农药在所有动物性产品的研究中都很稳定，那么农药在以上任何一种动物性产品中的研究都是可以接受的。在这种情况下，就可以认为其他所有动物日用品中的残留在同样的条件下都是稳定的。申请者必须保证动物日用品中所有 MOR 样品在最短的时间内得到检验，以保证上述稳定性。

3.3.5 其他相关因素

在冷贮稳定性研究中，为了保证每次分析都能获得好的回收率，储藏的样品在从储藏条件取出进行分析时必须同时进行空白样品添加试验。空白样品的添加试验将能够说明残留农药是否会发生降解。就其本身而言，如果添加回收率都接近 100％，但是储藏样品的回收率较低，则说明农药在储藏期间发生降解。然而，如果储藏样品和检测过程每一步的添加回收率都接近和都较低，则说明农药不是由于储藏而发生的降解。

冷贮稳定性研究数据表明残留农药的部分降解不影响残留试验数据的使用。对农药降解多少做限制和对其是否可接受进行判定是不合适的。农药降解和其是否重要取决于以下因素：农药降解速度和其能否在一个阶段相对稳定，风险评估，分析步骤的添加回收率变化和储藏稳定性研究中试验样品与农药残留试验中农作物的接近程度。总之，试验研究是否可接受必须是在考虑以上因素的前提下，不同情况不同分析。

如果要衡量农药残留降解的情况，提供充分的数据点就可以做合适的图表，通过内插补点原理可以根据图表得出任意一个时间点上残留量的多少。任何农药的降解都必须纳入储藏稳定性和分析程序的添加回收率研究中去。如果确有农药降解，则申请人应该确保其所有的农药残留样品是在所要分析的农药稳定的时间阶段内完成的。

3.3.6　数据报告的要点

储藏稳定性研究报告应包括对储藏样品的详细描述：是否为初级农产品或加工农产品、检测的化合物、试验设计和储藏条件（如：冷冻温度、储藏时间、储藏容器）、残留量检测方法和仪器、储藏稳定性结果和数据报告、统计结果分析（满意度分析）、质量控制/以保证试验方法的有效性，所有上述步骤必须注明试验日期。对申请者来说，残留样品预处理（粗切、匀浆、储藏前加水或缓冲液）的描述是非常重要的。

如果多个农产品在同一时间都进行分析，每种农产品的添加回收率和每个步骤的添加回收率都应该提供，而不是仅仅提供一个回收率的平均值。检测结果应该表述为绝对残留量而且不可以用添加回收率来折合（单位为 $mg \cdot kg^{-1}$），也可以表述为添加值的百分数。每个分析步骤的添加回收率也同样必须给出每个样品的添加回收率，包括从储藏稳定性试验起始时间的样品。起始时间样品中的农药残留量就是分析步骤添加回收率的初始点。

当通过研究有代表性的商品来推断其他同种类农产品的残留稳定性时，必须作出判断，例如，选择单香料或蛇麻草进行含油类商品的研究是不适当的。

表 3-4　用于测定在谷类农产品中农药残留稳定性的作物分类

商品种类	每个种类包含商品	典型代表性商品
高水含量	仁果 核果 鳞茎蔬菜 果类蔬菜/葫芦 芸薹类蔬菜 叶菜和新鲜香草 茎秆类蔬菜 草料/饲料作物 新鲜豆类蔬菜 根叶和块茎蔬菜 甘蔗 新鲜绿茶 菌类	杏，樱桃，桃子 鳞茎洋葱 番茄，胡椒，黄瓜，（各种）瓜 花椰菜，球芽甘蓝，卷心菜 生菜，菠菜 韭，芹菜，芦笋 小麦和大麦草料，紫花苜蓿 新鲜的有豆荚的豆子，青豌豆粒，嫩豌豆，蚕豆，红花菜豆，矮四季豆 甜菜和饲料甜菜根

商品种类	每个种类包含商品	典型代表性商品
高油含量	树生坚果 含油种子 橄榄 鳄梨，蛇麻草 可可豆 咖啡豆 香料	胡桃，榛子，栗子 花生油菜，向日葵，棉花，大豆，花生
高蛋白含量	干豆类蔬菜/豆类	野生豆，干蚕豆，干扁豆（黄色，白色/藏青色，棕色，有斑的）
高淀粉含量	谷类 根叶和块茎蔬菜的根 淀粉块根农作物	小麦，裸麦和燕麦 甜菜和饲料甜菜的根，胡萝卜 马铃薯，甜马铃薯
高酸含量	柑橘类水果 浆果 葡萄干 奇异果 凤梨 大黄	柠檬，澳洲蜜橘，橘子，橙 草莓，蓝莓，红莓 红醋栗，红葡萄干，白葡萄干

表 3-4 所列的农产品并不是完整的农产品分类，还可能有其他农产品未包括在内。申请者如用到其他农产品，应该参考登记管理部门的规章制度[30~34]。

3.4 加工农产品中农药残留分析

初级农产品在消费前往往需要进行加工，农药残留量在加工过程中往往发生变化，有时增加，有时降低，与加工方式密切相关。因此，开展农药残留在加工产品中测试分析具有重要意义，为制订加工产品中农药残留限量标准提供基础数据，为农药膳食摄入风险评估提供科学依据。

3.4.1 概述

初级加工商品是经过物理、化学、生物处理过程或者多个过程处理而形成的食品，它们可以直接卖给消费者直接使用或者进行深加工。初级加工商品来自初级农产品的机械或者化学加工，不是多成分的产品。加工过程研究测定在残留定义中所包括的代谢物、降解产物，包括测定加工商品残留特性研究——高温水解研究中所鉴定的降解产物，主要是指那些残留水平高和有毒理学效应的具有重要意义的降解产物。

研究过程应尽可能模拟商业或者家庭实际处理过程。研究的初级农产品应含有田间处理样品，具有足够的残留量水平以保证在各种消费产品和非消费的中介产品（比如，用于煮食物的水）因浓缩或稀释效应还能够被检测到。这需要在田间处理时选择最严GAP操作去处理。加工过程研究是不允许使用添加样品来进行的。

加工因子（Pf）的计算方法（同一单一化合物在初级农产品中的残留）如下：

Pf＝加工商品中的残留量/处理前的初级农产品或商品中的残留量

对于每一个采样的田间试验点，在加工商品中的残留水平是跟该处的初级农产品中的残留水平相比，根据两个相对独立的用于加工研究的田间试验点初级农产品中的处理结果，将两个试验点的处理因子取平均值，对于多于 3 个或者更多的加工处理试验，加工因子是每一个试验中所获得的加工因子的中值。如果加工处理产品中的残留定义与初级农产品中的有所差异，处理因子的计算就应该考虑不同化合物的分子量。

FAO 手册中规定，"如果两个试验点的加工处理因子有大差异，比如 10 倍的差异性，那么取它们的平均值是不妥的，因为平均值哪一点也不能代表。在这种情况下，选择其中一个更具有代表性的值可能是更可取的，如果没有特殊原因就要选择最大的加工因子作为默认值（保守值）。另外，该种情况要重点审核研究结果是否是有效的"。

加工过程研究中的两个试验所获得的结果如果存在较大的差异，那就需要针对这一加工过程另外再进行一个试验，众所周知，两个处理试验的结果会在一定范围内波动，50％的差异性是作为评判两个试验点结果差异的最大经验值。如果从两个试验点所获得的加工因子（针对主要的加工产品）数据的差异性超过了 50％，那么就需要进行第三个试验来获得一个可供判断的加工因子，50％的差异性按照下面的公式计算：

$$\frac{\text{Pf(高值)} - \text{Pf(低值)}}{\text{Pf(高值)}} \geqslant 0.5$$

在设定第三个试验前，对前两个已有的试验应该进行充分的探讨，确定是哪些因素影响了加工商品中的残留量，从而在第三个试验中选择最差的实际条件。

关于活性成分或者代谢物在处理过程中的重要结论可以从正辛醇/水分配系数、水解稳定性、热稳定性以及溶解性等因素进行判断。例如，如果 $\lg P_{ow}$ 大于 3，那就可以假定残留更容易被浓缩到油中或者膳食粗纤维等固体中，相反，如果具有高水溶性，残留就有可能易被转移到汁液中。柑橘油（Pf＝1000）和薄荷油（Pf＝330）等具有极端高浓缩因子，应予以考虑。

对于那些需要初级农产品经过脱水过程而得到的加工商品，基于失水量计算获得的加工因子，它代表了理论上转移到干燥产品中的残留量的最大值，实际上这种转移比理论值要小。虽然这些因子可用于初级的膳食暴露风险评估，但不可以作为有效手段来建立加工商品的最大残留限量［基于默认的脱水因子（％干物质或者％去水物质）］。

默认因子在加工处理过程产生代谢物的情况下用于初级膳食暴露评估也是不可取的，在加工过程能够产生相关化合物的情况下［比如，二硫代氨基甲酸酯在初级农产品的脱水过程中能够产生亚乙基硫脲（ETU）］，需要对于由母体化合物产生的代谢物/降解物的产生量进行评估。

3.4.2　加工方法及外推建议

产品是根据加工程序进行分类的，这些产品的种类可以与田间试验作物的分类一致，也可以不一致，另外，还要进行种类外推修正。

对于属于相同的产品类型要经过相同的加工过程的产品，可以认为该类产品具有相同的农药残留变化规律，直接外推使用。包括同种程序所有的相似加工产品，例如，从橘子加工成橘子汁和橘子渣的研究结果可以外推到其他柑橘类水果的加工。

油料种子可以被划分为两种类型：低含油量（大约20%）和高含油量（含油量大约50%），不同油料种子的含油量可以在OECD加工产品残留指南中查找。当加工来自使用了脂溶性化合物的作物的初级农产品时，将含油量50%的油料种子的加工因子通过缩小至1/5这种关系而直接用于含油量10%的油料种子，理论上可能低估了低含油量种子的浓缩效应。但是，从含油量低的油料种子向含油量高的油料种子外推通常是可接受的，虽然可能会造成估计过高。

另外，在一些情况下，在使用同一种加工程序时建议可将在一种作物上的加工研究结果外推到其他作物组的作物。如前面的例子，从橘子向橘子汁的加工过程研究结果可以转换到其他热带水果汁的加工。在这些情况下，在相同的加工过程中外推到其他产品可能可以，也可能不可以。外推是否可以应用应重点查看相关结论。表3-5中列出了可能的外推情况。

表3-5中列出了两种加工程序类型。类型1程序包括有明确定义的程序，大规模商业范围内的主要商品典型实践加工过程，这些基本程序的研究是非常重要的。相应程序也可能存在家庭使用途径，都归类为商业用途。类型2的程序主要指那些商业和家庭都有使用的程序，这些类型的加工过程研究是可选做的，研究对于精制膳食的风险评估有用。

在最严GAP条件下，各个试验点的初级农产品中的残留如果没有高于定量限（LOQ），表3-5中的类型2中程序的加工过程研究是不需要的，同样情况下，如果知道在加工食物中没有显著的浓缩效应发生，表3-5中的类型1的程序也不需要进行加工过程研究。浓缩效应的可能性基于下面三点考虑。

① 农药本身的特性。这些特性能够反映该农药（以及代谢物）在加工商品中不会发生浓缩，例如一个水溶性的农药（例如，水中的溶解度大于$0.5mg \cdot L^{-1}$），预测它不会在油料种子加工成油的过程中转移至油中，但它会在橘子加工中由橘子转移至橘子汁中。

② 理论浓缩因子。加工产品中农药残留占加工前产品中的相对比例。

③ 极端高浓缩因子。在最严GAP条件下，对于没有量化残留的产品（具有极大浓缩因子）的加工过程研究很重要，包括薄荷到薄荷油，柑橘到柑橘油，谷物到谷物油。在一些情况下，比如根据推荐用量的5倍用量后在柑橘的表皮的残留检出量低于LOQ，在柑橘油加工残留因子研究可不进行。

如果农药的特性（和/或者代谢物）显示它有可能在某一特定的加工部分容易浓缩，那么针对这个加工过程的研究是必要的。应用到农作物上的农药应该是一个增大的量，最大至5倍，目的是为了所生产的产品具有可测定到的残留，但是如果有植物药害发生就可以不做。产品如果含一定量的残留物，那么就需要进行加工研究，如果不含一定量的残留物，就不需要进行加工过程研究。

在最严GAP条件下，产品中没有发现检测到残留物，是否需要进行表3-5中类型

1 产品的加工过程研究依据不同国家或地区政府而定，各国和地区的要求不一，应对管理机构进行咨询，根据当地的实际情况开展相关研究试验。

表 3-5 中第四栏所列出的作物仅仅是相应加工程序处理的一些重要作物的代表，作物/初级农产品的选择是基于农药的使用方式、在一些国家登记使用的作物的范围以及影响上面所提的行为的理化性质。

表 3-5 加工方法类别及使用典型的初级农产品的推荐外推法

种类	处理过程	注释	典型的代表性作物/RAC	外推	家庭或商业
类型 1（主要商业程序）					
II	果汁的加工制备	同时也包括作为动物饲料的果渣或者干果肉及副产物	橘子 苹果 葡萄	橘子→柑橘类水果（果汁、饲料），热带水果（仅包括果汁） 苹果→梨果，核果（果汁、饲料） 葡萄→小型浆果（果汁、饲料）	家庭/商业
V	含酒精饮料的加工	发酵 麦粒发芽处理 酿造 蒸馏	葡萄（葡萄酒） 稻米 大麦 啤酒花 其他谷物（小麦、玉米、裸麦） 甘蔗	葡萄[①]外推至所有葡萄酒生产的初级原料，除了稻米 稻米（啤酒、白酒）不能外推至其他品种 大麦[②]→所有的啤酒生产的原材料（除了大米和啤酒花） 大麦可外推至所有威斯忌生产的初级产品	家庭/商业
VII	蔬菜汁的加工制作	包括各种浓汁的加工，例如番茄浓汁或番茄酱	番茄 胡萝卜	番茄可外推至所有的蔬菜	家庭/商业
X	油的加工制作	压榨或者提取，包括作为动物饲料的残渣或者压制后的压缩饼	油菜籽（菜籽油） 橄榄 玉米	溶剂提取（压碎） 橄榄无法外推至其他产品 棉花籽与大豆可互相外推，方法可外推至油菜籽（菜籽油）及其他的油料种子 低温压榨 橄榄无法外推至其他产品 棉花籽与大豆可互相外推，方法可外推至油菜籽（菜籽油）及其他的油料种子 粉碎（湿、干） 玉米不能外推至其他产品	商业
XI	粉碎	包括用于动物饲料的糠和麸皮，及其他用于饲料的谷物的成分	小麦 稻米 玉米（谷物）	小麦可外推至所有小颗粒的谷物（燕麦、大麦、黑小麦、裸麦），除了稻米 稻米可外推至野生稻米 玉米（谷物、干磨粉）可外推至高粱属的粮食	商业
XIV	储藏饲料产品	重要的动物饲料	甜菜 牧草/苜蓿	甜菜（果肉）可外推至根茎类和块茎类 牧草/苜蓿青贮饲料可外推至所有绿色植物青贮饲料	商业

种类	处理过程	注释	典型的代表性作物/RAC	外推	家庭或商业
XII	糖的加工	糖蜜和甘蔗渣（用于动物饲料）可能产生残留富集效应的，其他的加工处理商品如糖，也应该进行评价	甜菜 甘蔗 糖果 甜高粱	甘蔗可外推至甜菜（仅用于精制糖）	商业
类型2（其他商业程序和家庭制作过程）					
XIII	浸泡 提取	浸泡，包括绿茶和黑茶 烤和提取（包括速溶茶）	茶叶 可可 咖啡	不能外推	家庭/商业
III	水果罐头的加工		罐头： 苹果/梨 草莓/桃子 菠萝	任何带皮装罐头可外推至所有罐头装水果	家庭/商业
IV	其他水果产品的加工（仅仅指初级加工过程）	包括橘子或柠檬等的果酱、其他果酱、果冻、沙司、浓汤	梨果 核果 葡萄 柑橘类（橘子）	任何一种水果都可以外推至其他主要水果	家庭/商业
VI	蔬菜烹饪，水中的豆类和谷物（包括蒸）		胡萝卜 豆/豌豆（干） 豆/豌豆（多汁） 菠菜 马铃薯 稻米［精制（白色）或者糙米（褐色）］	菠菜可外推至叶菜、芸薹属蔬菜（加工时间小于20min） 马铃薯可外推至根茎、块茎、鳞茎类蔬菜、新鲜的豆类（加工时间大于20min） 稻米可外推至所有谷物	商业
VIII	蔬菜罐头的加工		常见的豆类（绿色或者干菜） 玉米（甜玉米） 豌豆 马铃薯 菠菜 甜菜 番茄 豆类（豌豆、豆类）	豆类、谷物、豌豆或者菠菜可以外推至所有的蔬菜 马铃薯可外推至甜马铃薯	家庭/商业
IX，XVIII	其他蔬菜产品的混合加工过程	煎制 微波 烘烤	马铃薯	马铃薯可外推至所有其他的蔬菜（微波） 马铃薯可外推至所有其他的蔬菜（煎制、烘焙）	家庭/商业
XV	动物初级产品的加工，包括肉和鱼[3]	搅乳 煮沸/水煮 烘烤/烟熏 煎制 发酵	奶 蛋 肉 鱼	不能外推	家庭/商业
XVI	脱水处理	去掉水分	水果（尤其是葡萄、李子） 蔬菜 马铃薯 草	不能外推	商业

种类	处理过程	注释	典型的代表 性作物/RAC	外推	家庭或商业
XVII	大豆、稻米及其他产品的发酵（除了酒精饮料）	发酵	卷心菜 大豆（黄豆） 大米	不能外推	家庭/商业
XIX	泡制	将食物在盐水溶液中厌氧发酵的加工过程	黄瓜、卷心菜	黄瓜可以外推至所有的蔬菜	家庭/商业

① 红葡萄和白葡萄的加工过程研究都是必需的。

② 虽然啤酒不认为是一种初级加工的产品，但含有多种成分，需要进行的加工步骤加多，它是一种重要的加工产品，加工生产程序应该包括在类型 1 中。

③ 动物初级农产品的加工过程研究只有当兽用时（直接动物处理）才要求。

加工研究的田间试验应遵循 OECD 田间试验指南，加工研究的分析阶段要遵循 OECD 农药残留分析方法指南文件。

3.4.3　试验测试要点

3.4.3.1　测试条件

对于每一个加工程序（家庭或工业）研究至少需要两个独立的试验点，具有两个独立的田间试验点的初级农产品。某些情况下两个试验点是不够的，比如对某一商品的加工，两个或更多不同的重要商业程序可能都会用到。例如，在酒、谷物的粉碎以及油的生产中两个独立的田间试验点不够，白葡萄酒加工与红葡萄酒加工存在差异，因为红葡萄酒生产需要加热而且要带皮，所以白葡萄酒和红葡萄酒加工过程需要分开做，各需要至少两个试验。谷物粉碎涉及两个完全不同的程序，湿法粉碎和干法粉碎，湿法和干法分别需要进行两个试验。油的生产，如溶剂提取和低温压榨程序是某作物的常用方法，则两个程序都各需要两个试验。

3.4.3.2　测试物质

加工过程研究的初级农产品样品应该是含有一定量残留物的样本［≥LOQ（最小定量限）］，至少含有 $0.1mg \cdot kg^{-1}$ 或者是 10 倍 LOQ 的量，才可保证不同加工产品的加工因子能够得以检测。只有含有残留物的初级农产品才用于加工。在加工处理前，样本中的残留必须马上检测，至少对两个重复的初级农产品样本进行分析检测。

3.4.3.3　加工方式

加工研究中所使用的技术应与实际加工中所使用的一致，家庭和工业加工程序的差异应该明确体现，家庭制备的加工产品（例如烹煮的蔬菜）应该使用家庭通常使用的设备和加工技术，工业生产的加工产品（比如麦片、蜜饯、果汁、糖、油）应该使用具有代表性的工业化生产技术，包括净化步骤。

3.4.3.4　加工产品

原则上，对于每一种含有残留物并要进行加工的作物都需要进行一套加工研究。将某一农药的加工因子外推到经过相同的加工程序的所有同类组内的所有作物，将加工因子外推到使用同一加工程序的其他作物是否可以要经过仔细的审核并与相关管理部门进行讨论（见表 3-5），加工产品残留指南的目的是向使用者提供加工产品的估算信息，对于人及动物的膳食风险暴露评估是非常重要的。

3.4.3.5　样品采集

初级农产品样本须取自于即将进行加工的大量样品，分析之前要保存到冷冻环境中。样本应该在加工程序完成后进行采集，如需要存起来，要保存到惰性密封的容器中并放在冷冻条件下。如果中间样本需要采集用于加工因子测定，应该在加工过程中合适的时间点取样并保存冷冻。对于一些非均匀一致的样本，比如葡萄酒加工中的葡萄干，要进行重复取样以保证样品的典型代表性。每一个加工部分的总重量应该在研究报告中体现。

3.4.3.6　样品分析

包括样本提取、净化程序在内的分析方法都应该详细描述，应与 OECD 残留物分析方法指南一致。添加样本试验要与加工试验同步进行以保证方法的可靠性，分析方法的验证应该重点关注 LOQ 值，其对残留定义中各种成分的毒性考虑及膳食风险暴露评估所需要的数据具有重要作用。

3.4.3.7　储藏稳定性

对于收获前使用的产品，样品应该在收获后马上就进行加工，以保证初级农产品的完整性。对于收获后使用的产品，比如谷物，应该在一定的时间间隔后（模拟商业存储的时间）进行加工，例如，3～6 个月后，这样可以使得残留"老化"，这可能影响到加工产品中的残留情况。如《OECD 储存产品中农药残留稳定性测试指南》中提到，如果在五大类不同的作物（还包括动物基质）的初级农产品的储藏稳定性研究中没有发现残留降解，那么针对加工食物的专门冷冻稳定性试验就可不做。但是，如果在一段时间的储存后，发现残留物不稳定，申请者就应该保证在储存阶段的一定时间点对任何产品（初级农产品、动物组织或者加工产品）都要进行分析。如果在所建议的储存时间间隔点没有对代表性的初级农产品的样本进行分析，那么就要出具足够的证据来证明在取样和分析之间残留物成分不会发生明显的降解[13,35～42]。

参 考 文 献

[1] OECD Guidance Document on Overview of Residue Chemistry Studies，2006.

[2] OECD Guidance Document on the Definition of Residue，2006.

[3] Japan Ministry of Agriculture，Forestry，and Fishing（MAFF）. Data Requirements for Supporting Registration of Pesticides，3-2-2，Studies of residues in succeeding crops. Notification No. 12-Nouan-8147，24 November，2000.

[4] Food and Agriculture Organisation of the United Nations. Submission and Evaluation of Pesticide Residues Data for the Estimation of Maximum Residue Levels in Food and Feed，Rome. 2002.

［5］ U. S. Environmental Protection Agency. OPPTS Harmonized Test Guideline 860. 1850. Confined Accumulation in Rotational Crops. EPA Report No. 712-C-96-188，August 1996.

［6］ U. S. Environmental Protection Agency. OPPTS Harmonized Test Guideline 860. 1900. Field Accumulation in Rotational Crops. EPA Report No. 712-C-96-189，August 1996.

［7］ U. S. Environmental Protection Agency. OPPTS Harmonized Test Guidelines OPPTS 860. 1300. Nature of the Residue-Plants，Livestock. EPA Report No. 712-C-96-172，August 1996.

［8］ Canada Pest Management Regulatory Agency（PMRA）. Residue Chemistry Guidelines，Directive 98-02. 1998.

［9］ European Commission. Appendix C - Testing of plant protection products in rotational crops. Document 7524/Ⅵ/ 95 rev. 2，22/7/97，Directorate General for Agriculture Ⅵ B Ⅱ -1. 1997.

［10］ Food and Agricultural Organization of the United Nations（FAO）. Guidelines on Pesticide Residue Trials to Provide Data for the Registration of Pesticides and the Establishment of Maximum Residue Limits，Section 2. 1 Radiolabelled Studies（Metabolism Studies），Rome. 1986.

［11］ European Community. The Rules Governing Medicinal Products in the European Community，Volume 8：Notice to Applicants and Note for Guidance：Establishment of maximum residue limits（MRLs）for residues of veterinary medicinal products in foodstuffs of animal origin. June 2003.

［12］ Food and Agriculture Organisation of the United Nations. Guidelines on Pesticide Residue Trials to Provide Data for the Registration of pesticides and the Establishment of Maximum Residue Limits，Food and Agriculture Organisation of the United Nations，Rome. 1986.

［13］ Food and Agricultural Organization of the United Nations（FAO）. Submission and evaluation of pesticide residues data for the estimation of maximum residue levels in food and feed. Rome. 2002.

［14］ European Community. Conduct of Pharmacokinetic Studies in Animals，September 1992，Directive 81/852/EEC： 7AE3a. 1992.

［15］ European Community. Conduct of Bioequivalence Studies in Animals，May 1993，Directive 81/852/EEC： 7AE4a. 1993.

［16］ Craigmill A L，Cortright K A. AAPS PharmSci，2002，4（4）：article 34.

［17］ The European Agency for the Evaluation of Medicinal Products. Note for Guidance For the Determination of Withdrawal Periods For Milk，Committee for Veterinary Medicinal Products，Evaluation of Medicines for Veterinary Use. EMEA/CVMP/473/98-Final. 2002.

［18］ The European Agency for the Evaluation of Medicinal Products. Note for Guidance：Approach Towards Harmonisation of Withdrawal Periods，January 1997. Committee for Veterinary Medicinal Products，Evaluation of Medicines for Veterinary Use. EMEA/CVMP/036/95/Final. 2002.

［19］ United States Environmental Protection Agency. OPPTS Test Guidelines，Series 860：Residue Chemistry Test Guidelines. . EPA Report 712-C-96-182，Washington，D. C. . 1996. http：//www. epa. gov/pesticides/science/ guidelines. htm.

［20］ Canada Pest Management Regulatory Agency. Dir98-02 Regulatory Directive. Residue Chemistry Guidelines. Section 8 Meat/Milk/Poultry/Eggs. 1998.

［21］ Food and Agriculture Organization of the United Nations/World Health Organization. Evaluation of Certain Veterinary Drug Residues in Food，WHO Technical Report Series 815. 38th Report of the Joint FAO/WHO Expert Committee on Food Additives，Geneva. 1991.

［22］ Food and Agriculture Organization of the United Nations/World Health Organization. Evaluation of Certain Veterinary Drug Residues in Food，WHO Technical Report Series 851. 42nd Report of the Joint FAO/WHO Expert Committee on Food Additives，Geneva. 1995.

［23］ United States Food and Drug Administration，Center for Veterinary Medicine. Guideline 3. Ⅰ. Guideline For

Metabolism Studies And For Selection Of Residues For Toxicological Testing. http：//www. fda. gov/cvm/.

[24] United States Food and Drug Administration，Center for Veterinary Medicine. Guideline 3. Ⅵ. Guideline For Establishing A Withdrawal Period. www. fda. gov/cvm/guidance/guideline3pt6. html.

[25] Food and Agriculture Organisation of the United Nations. Guidelines on Producing Pesticide Residues Data from Supervised Trials；Part 4 Metabolism Studies and Supervised Residue Trials in Animals，Rome. 1990.

[26] Australian Pesticides and Veterinary Medicines Authority. Veterinary Requirements Series，Part 5A，Residue Guidelines，Guideline No. 27 Ectoparasiticide Residues in Sheep Tissues. http：//www. apvma. gov. au/.

[27] Australian Pesticides and Veterinary Medicines Authority. Veterinary Requirements Series，Part 5A，Residue Guidelines，Guideline No. 31 Residues in Poultry Tissues and Eggs. http：//www. apvma. gov. au/guidelines/guidln31. pdf.

[28] Australian Pesticides and Veterinary Medicines Authority. Veterinary Requirements Series，Part 5A，Residue Guidelines， Guideline No. 23 Data Requirements for Animal Tissue Residue Trials. http：// www. apvma. gov. au/guidelines/guidln23. shtml.

[29] European Community，Guidance document Part C Livestock feeding studies（Unpublished draft 23-November 2003）. Guidelines for the generation of data concerning residues as provided in Annex Ⅱ part A，section 6 and Annex Ⅲ，part A，section 8 of Directive 91/414/EEC concerning the placing of plant protection products on the market：Appendix G-Livestock feeding studies，(Doc. 7031/Ⅵ/95)，22 July 1996.

[30] U. S. Environmental Protection Agency. OPPTS 860. 1380，1996，Residue Chemistry.

[31] EU. Guidance document Appendix H Storage Stability of Residues Samples 7032/Ⅵ/95 rev. 5 22/7/97. 1997.

[32] United Nations Food and Agricultural Organization（FAO）. Stability of Pesticide Residues in Stored Analytical Samples. 1994 draft prepared by Codex Committee on Pesticide Residues Working Group on Methods of Analysis and Sampling. 1994.

[33] United Nations Food and Agricultural Organization（FAO）. Guidelines on Pesticide ResidueTrials to Provide Data for the Registration of Pesticides and the Establishment of Maximum Residue Limits-Part 1 - Crops and Crop Products. 1986.

[34] Canadian Pest Management Regulatory Agency. Regulatory Directive 98-02. Residue Chemistry Guidelines. 1998.

[35] OECD. Guidance Document for Residues in Processed Commodities，Health and Safety Publications. In preparation. 2008.

[36] OECD. Guidance Document on Pesticide Residue Analytical Methods. Environment，Health and Safety Publications. Series on Testing and Assessment No. 72 and Series on Pesticides No. 39，OECD，Paris 2007.

[37] http：//europa. eu. int/comm/food/plant/protection/resources/publications _ en. ht.

[38] OECD. Guidance Document on Overview of Residue Chemistry Studies. Environment，Health and Safety Publications，series on Testing and Assessment No. 64 and Series on Pesticides No. 32，OECD，Paris 2006.

[39] OECD. Guidance Document on Definition of the Residue. Environment，Health and Safety Publications，series on Testing and Assessment No. 63 and Series on Pesticides No. 31，OECD，Paris 2006.

[40] OECD. OECD Guidelines for the Testing of Chemicals. - Stability of Pesticide Residues in Stored Commodities. No. 506，OECD，Paris 2007.

[41] OECD. OECD Guidelines for the Testing of Chemicals - Metabolism in Crops. No. 501，OECD，Paris 2007.

[42] OECD. OECD Guidelines for the Testing of Chemicals - Metabolism in Livestock. No. 503，OECD，Paris 2007.

第4章
农药残留分析方法标准

目前，农药在农产品、水产品、畜产品及产地环境中的残留问题已成为全球的关注焦点和研究热点。2010 年，Clara Coscollà 等[1]通过分析 2006～2008 年法国中心农村社区在农药施用期间的室外空气样本，以调查大气中农药残留水平随时间的变化规律和不同年龄段人体的农药吸入暴露情况。结果显示，检出率最高的农药种类是除草剂（氟乐灵、二甲戊灵）、杀真菌剂（百菌清）和杀虫剂（林丹和 α-硫丹）。熊婧等[2]开展了农药与帕金森病的相关性研究，指出农药可能是帕金森病发病的重要诱发因素。另外，农药中有些品种被认定为是持久性有机污染物，通过空气、水和迁徙物种等途径跨越国际边界，沉积在远离其排放地点的地区，随后在该地区的陆地生态系统和水域生态系统中蓄积。为了减小化学品尤其是有毒化学品引起的危害，国际社会达成了一系列多边环境协议，如《斯德哥尔摩公约》。各签约国在持久性有机污染物防治工作中，要以改善大气、水、土壤环境质量为重点，解决损害人类健康的环境问题。

中国自加入 WTO 以后，与世界各国贸易往来频繁，但在世界各国采用技术性贸易壁垒措施推行贸易保护主义的大背景下，中国的出口贸易受到严重影响，尤其是在农产品方面受到的影响最为严重。进入 21 世纪后，世界各国特别是发达国家纷纷把农药残留标准作为技术壁垒来控制进出口贸易。2017 年 6 月 1 日起，我国开始执行新的《农药管理条例》，此条例在农药登记、农药使用范围、禁限用农药等方面做出了明确的规定，极大地加强了对农药的监督管理力度，而这些政策的实施必然需要高正确度、高灵敏度、高效率的农药残留检测技术的支持。

同时，随着人们对食品安全认识的提高和进出口农产品农药残留量检测的需要，农药残留检测分析技术已受到越来越多的重视。为限制滥用农药，各国政府不断制定日益要求严格的农药残留限量标准。因此，方便、快捷、准确的农药残留分析检测方法对于保障食品安全具有重要意义。我国农药限量标准逐年在增加，《食品安全国家标准　食品中农药最大残留限量》2016 版正式颁布实施，在标准数量和覆盖率上都有了较大的突破，规定了 433 种农药在 13 类农产品中 4140 项残留限量，较 2014 版增加 490 项，基本涵盖了我国已批准使用的常用农药和居民日常消费的主要农产品。目前，我国农药残留膳食风险评估原则、方式、数据量需求等方面已与国际接轨。据悉，"十三五"农药残留标准制定已列出明确的任务和规划——新制定 6000 项农药残留限量标准，重点解决蔬菜水果和我国特色农产品的限量标准问题，完善与农药残留限量标准配套的检测方法；逐步实施"进口限量标准"和"一律限量标准"，扩大我国限量标准的覆盖面。同时，将以我国自主创新农药为重点，积极参与制定国际食品法典标准。

由于目前农药品种多、化学结构和性质各异、样品待测组分复杂（往往存在类脂、色素、氨基酸衍生物、糖等多种干扰物质），会对农药的检测结果造成一定的影响。因此，要根据农药的理化性质和样品基质的特点，选择合适的前处理方法和检测技术对农药进行检测。同时，农药残留检测需要进行定性、定量分析，因此，农药残留检测对检测方法和仪器也都有很高的要求。农药多残留分析技术作为农药残留分析的一个重要分支，代表着当代农药残留分析的一种新的发展方向。由于各类蔬菜食品样品组成成分复杂，且不同农药品种的理化性质存在较大差异，因而没有一种多组分残留分析方法能够覆盖所有的农药品种。从 20 世纪 60 年代后期开发的 Mills 多残留测定方法，到 20 世纪 70 年代开发的 Luck 多残留分析方法，再到 20 世纪 80 年代初期开发的 DFG S19 多残留分析方法，这些传统的农药多残留分析方法样品处理过程较为复杂，检测成本高，需要大量的溶剂，会对环境造成污染，并且无法满足多种农药的分析检测。而随着人们对健康和环境越来越重视，简单、快速、灵敏、多残留、低成本、易推广、对人体和环境友好的农药残留检测技术是开发农药残留分析方法的方向。2003 年开发的 QuEChERS 方法相比传统的农药多残留分析方法，简化了提取步骤，可以满足大批量农药残留样品检测的需要，成本低，操作简单，回收率高，检测结果更加准确，减少了溶剂的使用，更加清洁环保。经过验证和优化，该方法目前已成为应用非常广泛的分析方法。

本章将具体阐述农药在植物源食品、动物源食品和环境中的残留分析方法标准。

4.1 植物源食品中农药残留分析方法

4.1.1 粮谷类

粮谷作物占全球农业生产的 60％以上，其中稻米、小麦和玉米是三种最重要的作物。稻米是世界 60％以上人口的主要粮食作物，小麦是人类食物中植物蛋白的主要来源之一，玉米在全世界也广泛种植。为了确保谷物的高产量，化肥和农药被大量使用。针对食品安全和环境问题，国际组织和各个国家（如美国、中国和日本）立法规定了食品中包括粮谷类在内的农药残留限量（MRL）。据中国建立的最新 MRL［《食品安全国家标准　食品中农药最大残留限量》（GB 2763—2016）］，粮谷中农药残留量在 10～1000$\mu g \cdot kg^{-1}$之间。因此，对粮谷中农药残留进行监测是十分重要的。

粮谷中淀粉、脂肪含量较高，导致农药的提取和净化困难较大，特别是在利用气相色谱检测过程中，高淀粉含量的样品易产生信号抑制效应，且容易损伤色谱柱、污染检测器，某些样品的高脂含量也可能会干扰分析。谷物具有相似的结构，它们具有外部保护——麸皮、胚乳和胚芽，麸皮和胚芽均有较高的脂质含量，对亲脂性杀虫剂的检测造成一定的困难。因此，前处理技术对谷类作物样品中的农药残留检测显得尤为重要[3]。前处理过程应尽可能地除去基质中的淀粉、脂肪、色素及其他高分子量的物质，并尽量富集痕量残留物质，降低检出限。近年来，QuEChERS 方法逐渐成为检测粮谷基质中农药残留的主要前处理方法，其他方法如超声辅助提取（UAE）、超临界流体萃取（SFE）和加压液体萃取（PLE）或基于吸附剂的方法例如固相萃取（SPE）、基质固相分散萃取（MSPD）、搅拌棒吸附萃取（SBSE）或固相微萃取（SPME）也各有其固有的优点。这些技术可分为两类：溶剂萃取方法和吸附剂萃取方法[4~6]。

溶剂萃取方法是基于简单溶剂萃取的一种方法，已被广泛用于从小麦、大米、玉米中提取农药。固体样品经切碎与溶剂混合后辅助以超声波提取。乙酸、正己烷和二氯甲烷可用于提取弱极性农药，乙腈、乙酸乙酯、甲醇和乙醇经常用于提取强极性农药。在某些情况下，为了去除可能干扰色谱分析的共提取化合物，需要进行额外的净化步骤。Hiemstra 等、Choi 等和 Guler 等在溶剂萃取后使用液液分离程序，增加了有机溶剂的使用量和样品预处理程序。在一些情况下，凝胶渗透色谱（GPC）也用于额外的净化，例如，Uygun 等[7]用 GPC 净化从谷物中提取了 5 种有机磷农药（马拉硫磷、杀螟硫磷、马拉氧磷、异马拉硫磷和氧化杀螟松）。

吸附萃取方法如固相萃取（SPE）、基质固相分散萃取（MSPD）、搅拌棒吸附萃取（SBSE）和固相微萃取（SPME）等方法被用于从粮谷中萃取农药[8,9]。在大多数情况下，吸附萃取需要农药处于液体环境中，由于粮谷是固体或半固体基质，因此，需要先用有机溶剂进行萃取。在吸附萃取方法中，固相萃取应用较多，并且通常采用无机材料如弗罗里硅土、氧化铝、硅藻土或石墨化炭黑（GCB）作为正相固相吸附剂。

在迄今为止开发的分析方法中，QuEChERS 方法在粮谷类农药残留分析领域变得尤为重要，已多次应用于谷物，特别是玉米中农药的检测，与小麦面粉和大米相比，玉米中脂肪酸含量较高，提取过程最为困难，共提物较多（见图 4-1，突出显示区域主要

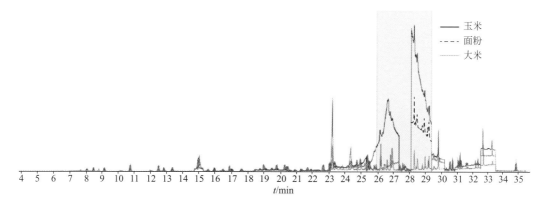

图 4-1　玉米、 小麦面粉和水稻提取物的总离子色谱图

为脂肪酸），虽然脂肪酸在这个保留时间内没有干扰大多数农药的测定，但是对 GC 端口和色谱柱可能是有害的。He 等[10]开发了一种简单、高通量的多残留农药分析方法，利用 QuEChERS 结合三重四极杆质谱（GC-MS/MS）检测粮谷中 219 种农药的残留量，在改进 QuEChERS 方法中比较了不同的缓冲系统（乙酸盐和柠檬酸盐缓冲）和样品与溶剂比以获得更好的回收率和净化结果，方法的回收率在 70%～120%，定量限在 5～50μg·kg^{-1} 之间。

4.1.1.1 粮谷中 475 种农药及相关化学品残留量的测定(气相色谱-质谱法) (GB 23200.9—2016)[11]

此标准规定了大麦、小麦、燕麦、大米、玉米中 475 种农药及相关化学品残留量的气相色谱-质谱测定方法，适用于大麦、小麦、燕麦、大米、玉米中 475 种农药及相关化学品残留量的测定。其他粮谷可参照执行。试样在加速溶剂萃取仪中用乙腈提取，提取液经 Envi-18 固相萃取柱净化后再经 Envi-Carb 与 Sep-Pak NH$_2$ 串联柱，用乙腈＋甲苯（3＋1）净化洗脱，经溶剂交换后与内标液混匀，用于气相色谱-质谱测定。

（1）测定方法

① 农药及相关化学品标准溶液

a. 标准储备溶液。准确称取 5～10mg（精确至 0.1mg）农药及相关化学品各标准物分别置于 10mL 容量瓶中，根据标准物的溶解度和测定的需要选择甲苯、甲苯＋丙酮混合液、二氯甲烷等溶剂溶解并定容至刻度（溶剂选择可参见原标准附录 A）。

b. 混合标准溶液。按照农药及相关化学品的性质和保留时间，将 475 种农药及相关化学品分成 A、B、C、D、E 五个组，并根据每种农药及相关化学品在仪器上的响应灵敏度，确定其在混合标准溶液中的浓度，475 种农药及相关化学品的分组及混合标准溶液浓度参见原标准附录 A。依据每种农药及相关化学品的分组号、混合标准溶液浓度及其标准储备液的浓度，移取一定量的单个农药及相关化学品标准储备液于 100mL 容量瓶中，用甲苯定容至刻度。混合标准溶液应避光保存，可使用一个月。

c. 内标溶液。准确称取 3.5mg 环氧七氯于 100mL 容量瓶中，用甲苯定容至刻度。

d. 基质混合标准工作溶液。将 40μL 内标溶液和一定体积的混合标准溶液（分别为 A、B、C、D、E 五个组）分别加到 1.0mL 的样品空白基质提取液中，混匀，配成基质混合标准工作溶液 A、B、C、D 和 E。基质混合标准工作溶液应现用现配。

② 试样制备与保存。按 GB 5491 扦取的粮谷样品经粉碎机粉碎，过 425μm 的标准网筛，混匀，制备好的试样均分成两份，装入洁净的盛样容器内，密封并标明标记。

③ 提取。称取 10g 试样（精确至 0.01g）与 10g 硅藻土混合，移入加速溶剂萃取仪的 34mL 萃取池中，在 10.34MPa、80℃ 条件下，加热 5min，用乙腈静态萃取 3min，循环 2 次，然后用池体积 60% 的乙腈（20.4mL）冲洗萃取池，并用氮气吹扫 100s，萃取完毕后，将萃取液混匀，对含油量较小的样品取萃取液体积的 1/2（相当于 5g 试样量），对含油量较大的样品取萃取液体积的 1/4（相当于 2.5g 试样量），待净化。

④ 净化。用 10mL 乙腈预洗 Envi-18 柱，然后将 Envi-18 柱放入固定架上，下接梨

形瓶，移入上述萃取液，并用 15mL 乙腈洗涤 Envi-18 柱，收集萃取液及洗涤液，在旋转蒸发器上将收集的液体浓缩至约 1mL，备用。

在 Envi-Carb 柱中加入约 2cm 高无水硫酸钠，将该柱连接在 Sep-Pak NH₂ 柱顶部，用 4mL 乙腈-甲苯（3∶1）预洗串联柱，下接梨形瓶，放入固定架上。将上述样品浓缩液转移至串联柱中，用 3×2mL 乙腈-甲苯（3∶1）洗涤样液瓶，并将洗涤液移入柱中，在串联柱上加上 50mL 贮液器，再用 25mL 乙腈-甲苯（3∶1）洗涤串联柱，收集上述所有流出物于梨形瓶中，并在 40℃ 水浴中旋转浓缩至约 0.5mL。加入 2×5mL 正己烷进行溶剂交换两次，最后使样液体积约为 1mL，加入 40μL 内标溶液，混匀，用于气相色谱-质谱测定。

⑤ 气相色谱-质谱法测定（EI）

a. 条件

色谱柱：DB-1701（30m×0.25mm×0.25μm）石英毛细管柱或相当者；

色谱柱温度：40℃保持 1min，然后以 30℃·min⁻¹ 升温至 130℃，再以 5℃·min⁻¹ 升温至 250℃，再以 10℃·min⁻¹ 升温至 300℃，保持 5min；

载气：氦气，纯度≥99.999%，流速为 1.2mL·min⁻¹；

进样口温度：290℃；

进样量：1μL；

进样方式：无分流进样，1.5min 后打开分流阀和隔垫吹扫阀；

电子轰击源：70eV；

离子源温度：230℃；

GC-MS 接口温度：280℃；

选择离子监测：每种化合物分别选择一个定量离子，2～3 个定性离子。每组所有需要检测的离子按照出峰顺序，分时段分别检测。每种化合物的保留时间、定量离子、定性离子及定量离子与定性离子丰度的比值，参见原标准附录 B。每组检测离子的开始时间和驻留时间参见原标准附录 C。

b. 定性测定。进行样品测定时，如果检出的色谱峰的保留时间与标准样品相一致，并且在扣除背景后的样品质谱图中，所选择的离子均出现，而且所选择的离子丰度比与标准样品的离子丰度比相一致（相对丰度＞50%，允许±10%偏差；相对丰度＞20%～50%，允许±15%偏差；相对丰度＞10%～20%，允许±20%偏差；相对丰度≤10%，允许±50%偏差），则可判断样品中存在这种农药或相关化学品。如果不能确证，应重新进样，以扫描方式（有足够灵敏度）或采用增加其他确证离子的方式或用其他灵敏度更高的分析仪器来确证。

c. 定量测定。此方法采用内标法单离子定量测定。内标物为环氧七氯。为减少基质的影响，定量用的标准溶液应采用基质混合标准工作溶液。标准溶液的浓度应与待测化合物的浓度相近。此方法的 A、B、C、D、E 五组标准物质在粮谷基质中选择离子监测 GC-MS 图参见原标准附录 D。

（2）结果　气相色谱-质谱测定结果可由计算机按照内标法自动计算，也可按公式计算：

$$X = c_s \times \frac{A}{A_s} \times \frac{c_i}{c_{si}} \times \frac{A_{si}}{A_i} \times \frac{V}{m} \times \frac{1000}{1000}$$ (4-1)

式中　X——试样中被测物残留量，$mg \cdot kg^{-1}$；

　　　c_s——基质标准工作溶液中被测物的浓度，$\mu g \cdot mL^{-1}$；

　　　A——试样溶液中被测物的色谱峰面积；

　　　A_s——基质标准工作溶液中被测物的色谱峰面积；

　　　c_i——试样溶液中内标物的浓度，$\mu g \cdot mL^{-1}$；

　　　c_{si}——基质标准工作溶液中内标物的浓度，$\mu g \cdot mL^{-1}$；

　　　A_{si}——基质标准工作溶液中内标物的色谱峰面积；

　　　A_i——试样溶液中内标物的色谱峰面积；

　　　V——样液最终定容体积，mL；

　　　m——试样溶液所代表试样的质量，g。

注：计算结果应扣除空白值。

此标准方法的检出限为 $0.025 \sim 1.6 mg \cdot kg^{-1}$，每种农药的检出限可参见原标准附录 A；此标准方法的精密度数据参见原标准附录 E。

4.1.1.2　粮谷中 486 种农药及相关化学品残留量的测定(GB/T 20770—2008)[12]

此标准规定了粮谷中 486 种农药及相关化学品残留量的液相色谱-串联质谱测定方法，适用于大麦、小麦、燕麦、大米、玉米中 486 种农药及相关化学品残留的定性鉴别，376 种农药及相关化学品残留量的定量测定。试样经乙腈均质提取，提取液经凝胶渗透色谱净化，液相色谱-串联质谱仪测定，外标法定量。

（1）测定方法

① 农药及相关化学品标准溶液

a. 标准储备溶液。准确称取 $5 \sim 10 mg$（精确至 $0.1 mg$）农药及相关化学品各标准物分别于 $10 mL$ 容量瓶中，根据标准物的溶解度和测定的需要选甲醇、乙腈、甲苯、甲苯＋丙酮混合液、异辛烷等溶剂溶解并定容至刻度。标准储备溶液避光 $0 \sim 4 ℃$ 保存，可使用一年。

b. 混合标准溶液。按照农药及相关化学品的性质和保留时间，将 486 种农药及相关化学品分成 A、B、C、D、E、F 和 G 七个组，并根据每种农药及相关化学品在仪器上的响应灵敏度，确定其在混合标准溶液中的浓度。486 种农药及相关化学品的分组及其混合标准溶液浓度参见原标准附录 A。依据每种农药及相关化学品的分组、混合标准溶液浓度及其标准储备液的浓度，移取一定量的单个农药及相关化学品标准储备溶液于 $100 mL$ 容量瓶中，用甲醇定容至刻度。混合标准溶液避光 $0 \sim 4 ℃$ 保存，可使用一个月。

c. 基质混合标准工作溶液。农药及相关化学品基质混合标准工作溶液是用空白样品基质溶液配成不同浓度的基质混合标准工作溶液 A、B、C、D、E、F 和 G，用于做标准工作曲线。基质混合标准工作溶液应现用现配。

② 试样制备与保存。按 GB 5491 扞取的粮谷样品经粉碎机粉碎，过 20 目筛，混匀，密封作为试样，标明标记。试样于常温下保存。

③ 提取。称取 10g 试样（精确至 0.01g），放入盛有 15g 无水硫酸钠的具塞离心管中，加 35mL 乙腈，均质提取 1min，3800r·min^{-1} 离心 5min，上清液通过装有无水硫酸钠的筒形漏斗，收集于梨形瓶中，残渣再用 30mL 乙腈提取一次，合并提取液，将提取液用旋转蒸发器于 40℃ 水浴蒸发浓缩至约 0.5mL，加入 5mL 乙酸乙酯＋环己烷（1＋1）进行溶剂交换，重复两次，最后使样液体积约 5mL，待净化。

④ 凝胶渗透色谱净化

a. 条件

净化柱：400mm×25mm（内径），内装 BIO-Beads S-X3 填料或相当者；

检测波长：254nm；

流动相：乙酸乙酯-环己烷（1:1，体积比）；

流速：5mL·min^{-1}；

进样量：5mL；

开始收集时间：22min；

结束收集时间：40min。

b. 净化。将上述提取液转移至 10mL 容量瓶中，用 5mL 乙酸乙酯-环己烷（1:1）分两次洗涤梨形瓶，并转移至上述 10mL 容量瓶中，定容至刻度，摇匀。将样液过 0.45μm 微孔滤膜滤入 10mL 试管中，供凝胶渗透色谱仪净化；收集 22～40min 的馏分于 200mL 梨形瓶中，并在 40℃ 水浴旋转蒸发至 0.5mL。将浓缩液置于氮气吹干仪上吹干，迅速加入 1mL 的乙腈-水（3:2）溶解残渣，混匀，经 0.2μm 滤膜过滤，供液相色谱-串联质谱测定。

⑤ 液相色谱-串联质谱测定（ESI）

a. 条件

Ⅰ. A、B、C、D、E、F 组农药及相关化学品测定条件

色谱柱：ZORBOX SB-C$_{18}$，3.5μm，100mm×2.1mm（内径）或相当者；

流动相及梯度洗脱条件见表 4-1；

表 4-1　A～F 组农药测定流动相及梯度洗脱条件

时间/min	流速/μL·min^{-1}	流动相 A（0.05%甲酸-水）/%	流动相 B（乙腈）/%
0.00	400	99.0	1.0
3.00	400	70.0	30.0
6.00	400	60.0	40.0
9.00	400	60.0	40.0
15.00	400	40.0	60.0
19.00	400	1.0	99.0
23.00	400	1.0	99.0
23.01	400	99.0	1.0

柱温：40℃；

进样量：10μL；

电离源极性：正模式；

雾化气：氮气；

雾化气压力：0.28MPa；

离子喷雾电压：4000V；

干燥气温度：350℃；

干燥气流速：10L·min^{-1}；

监测离子对、碰撞气能量和源内碎裂电压参见原标准附录 B。

Ⅱ. G 组农药及相关化学品测定条件

色谱柱：ZORBOX SB-C$_{18}$，3.5μm，100mm×2.1mm（内径）或相当者；

流动相及梯度洗脱条件见表 4-2；

表 4-2　G 组农药测定流动相及梯度洗脱条件

时间/min	流速/μL·min^{-1}	流动相 A（0.05%甲酸-水）/%	流动相 B（乙腈）/%
0.00	400	99.0	1.0
3.00	400	70.0	30.0
6.00	400	60.0	40.0
9.00	400	60.0	40.0
15.00	400	40.0	60.0
19.00	400	1.0	99.0
23.00	400	1.0	99.0
23.01	400	99.0	1.0

柱温：40℃；

进样量：10μL；

电离源极性：负模式；

雾化气：氮气；

雾化气压力：0.28MPa；

离子喷雾电压：4000V；

干燥气温度：350℃；

干燥气流速：10L·min^{-1}；

监测离子对、碰撞气能量和源内碎裂电压参见原标准附录 B。

b. 定性测定。在相同实验条件下进行样品测定时，如果检出的色谱峰的保留时间与标准样品相一致，并且在扣除背景后的样品质谱图中，所选择的离子均出现，而且所选择的离子丰度比与标准样品的离子丰度比相一致（相对丰度＞50%，允许±20%偏差；相对丰度＞20%～50%，允许±25%偏差；相对丰度＞10%～20%，允许±30%偏差；相对丰度≤10%，允许±50%偏差），则可判断样品中存在这种农药或相关化学品。

c. 定量测定。此标准中液相色谱-串联质谱采用外标-校准曲线法定量测定。为减少基质对定量测定的影响，需用空白样品提取液来配制所使用的一系列基质标准工作溶液，用基质标准工作溶液分别进样来绘制标准曲线。并且保证所测样品中农药及相关化学品的响应值均在仪器的线性范围内。486 种农药及相关化学品多反应监测（MRM）色谱图参见原标准附录 C。

（2）结果　液相色谱-串联质谱测定采用标准曲线法定量，标准曲线法定量结果按公式计算：

$$X_i = c_i \times \frac{V}{m} \times \frac{1000}{1000} \tag{4-2}$$

式中　X_i——试样中被测组分含量，mg·kg^{-1}；

$\quad\quad c_i$——从标准工作曲线得到的试样溶液中被测组分的浓度，μg·mL^{-1}；

$\quad\quad V$——试样溶液定容体积，mL；

$\quad\quad m$——样品溶液所代表试样的质量，g。

注：计算结果应扣除空白值。

此标准方法的检出限为 $0.03\sim1890.00\mu$g·kg^{-1}，每种农药的检出限可参见原标准附录 A；此标准方法的精密度数据是按照 GB/T 6379.1 和 GB/T 6379.2 的规定确定的，获得重复性和再现性的值以 95％ 的可信度来计算。此标准方法的精密度数据参见原标准附录 D。

4.1.2　蔬菜和水果类

为了提高蔬菜和水果的产量，农药的使用种类和使用量不断增多。但农药的过度使用不仅对环境造成污染，残留在蔬菜和水果中的农药也可能给消费者的健康带来危害[13,14]。同时，农药残留超标也是制约我国蔬菜、水果出口的重要因素，目前日本、欧盟等国对进口农产品中农药残留检测指标不断增多，限量值逐渐降低，所以我国需要严格控制蔬菜、水果中的农药残留量并开发更先进的农药残留检测技术。

水果和蔬菜种类多、基质复杂，含有脂肪酸、色素、甾醇等干扰物，且需检测的农药种类多、含量少。因此，前处理技术是制约农药残留检测的关键，发展高效的样品前处理技术是当前水果和蔬菜中农药残留检测研究工作的重点。自 20 世纪 90 年代以来，科技工作者不断研发新的农药残留检测样品前处理技术，并广泛应用于水果和蔬菜的农药残留检测中。相比于传统的样品前处理技术，这些新技术大大提高了检测速度，并朝着简易快捷、安全有效、环保健康、自动化程度高和费用低廉的方向发展[15,16]。

目前，水果和蔬菜中农药残留检测样品前处理技术主要包括传统的液液萃取（LLE）、固相萃取（SPE）、基质固相分散萃取（MSPD）、固相微萃取（SPME）、凝胶色谱（GPC）和 QuEChERS 方法[17~19]。检测手段主要采用酶联免疫分析法（ELISA）、气相色谱（GC）、液相色谱（LC）、气相色谱-质谱（GC-MS）、液相色谱-质谱（LC-MS）、气相色谱-串联质谱（GC-MS/MS）、液相色谱-串联质谱（LC-MS/MS）和高分辨质谱（Q-TOF-MS）[20~22]。Cheng 等[23]建立了蔬菜水果中 15 种有机磷农药的检测方法，用 QuEChERS 方法预处理样品，并考察了不同种类不同净化剂对水果和蔬菜基质的回收率和净化效果的影响（见图 4-2～图 4-6），经比较，选用 80mg C_{18}＋150mg $MgSO_4$ 作为苹果和黄瓜基质的净化剂，40mg PSA＋150mg $MgSO_4$ 作为梨和番茄基质的净化剂，40mg C_{18}＋150mg $MgSO_4$ 作为白菜基质的净化剂。净化后提

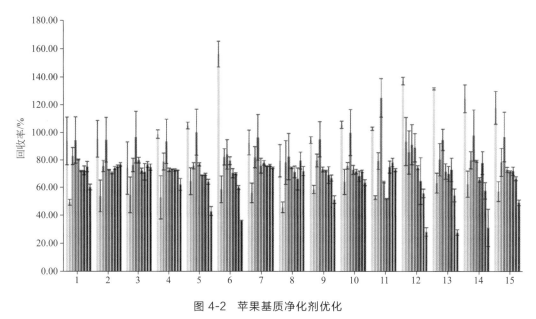

图 4-2　苹果基质净化剂优化

1—对硫磷；2—磷胺 1；3—磷胺 2；4—甲基对硫磷；5—倍硫磷；6—三唑磷；7—二嗪磷；8—乐果；

9—甲基嘧啶磷；10—杀螟硫磷；11—马拉硫磷；12—伏杀磷；13—喹硫磷；14—毒死蜱；15—甲基立枯磷

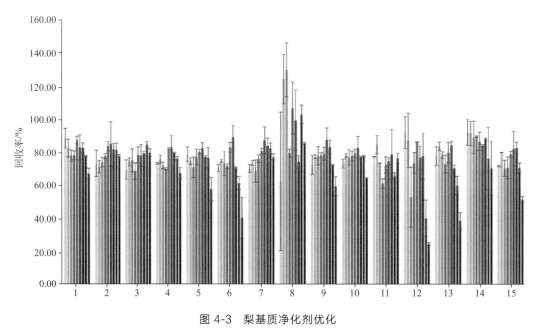

图 4-3　梨基质净化剂优化

1—对硫磷；2—磷胺 1；3—磷胺 2；4—甲基对硫磷；5—倍硫磷；6—三唑磷；7—二嗪磷；8—乐果；

9—甲基嘧啶磷；10—杀螟硫磷；11—马拉硫磷；12—伏杀磷；13—喹硫磷；14—毒死蜱；15—甲基立枯磷

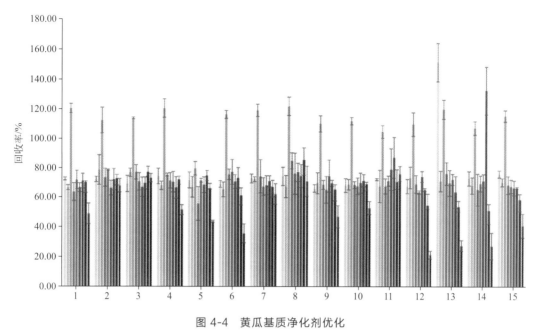

图 4-4　黄瓜基质净化剂优化

1—对硫磷；2—磷胺 1；3—磷胺 2；4—甲基对硫磷；5—倍硫磷；6—三唑磷；7—二嗪磷；8—乐果；
9—甲基嘧啶磷；10—杀螟硫磷；11—马拉硫磷；12—伏杀磷；13—喹硫磷；14—毒死蜱；15—甲基立枯磷

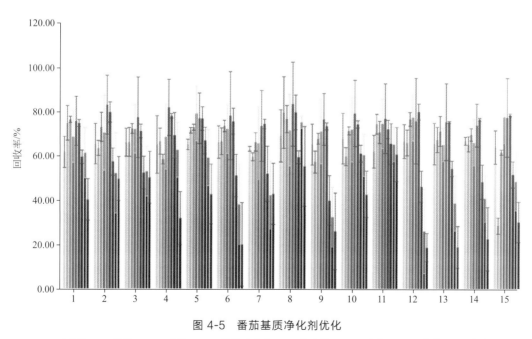

图 4-5　番茄基质净化剂优化

1—对硫磷；2—磷胺 1；3—磷胺 2；4—甲基对硫磷；5—倍硫磷；6—三唑磷；7—二嗪磷；8—乐果；
9—甲基嘧啶磷；10—杀螟硫磷；11—马拉硫磷；12—伏杀磷；13—喹硫磷；14—毒死蜱；15—甲基立枯磷

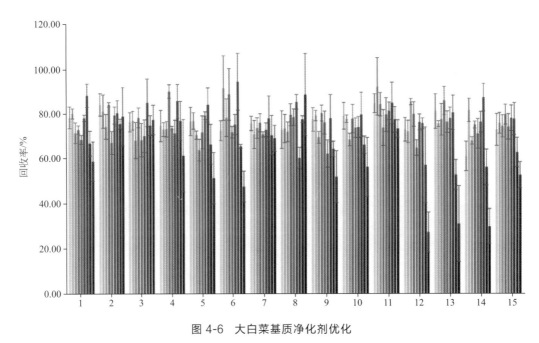

图 4-6　大白菜基质净化剂优化

1—对硫磷；2—磷胺 1；3—磷胺 2；4—甲基对硫磷；5—倍硫磷；6—三唑磷；7—二嗪磷；8—乐果；

9—甲基嘧啶磷；10—杀螟硫磷；11—马拉硫磷；12—伏杀磷；13—喹硫磷；14—毒死蜱；15—甲基立枯磷

取液经 APGC-QTOF-MS 分析，回收率为 $70\%\sim115.9\%$，相比于 GC-EI-MS 分析，APGC-QTOF-MS 的灵敏度提高了 $1.0\sim8.2$ 倍。与 GC 结合的各种敏感检测器，如电子检测器（ECD）、氮磷检测器（NPD）、火焰离子化检测器（FID）、脉冲火焰光度检测器（PFPD）、火焰光度检测器（FPD），改进了不同基质中农药残留检测的定性和定量程序，因而广泛用于蔬菜水果中多种农药的残留检测。GC/LC 联用 MS/MS 技术对同一保留时间不同品种的残留农药也可一次进样，同时能够进行可靠的定性、定量检测，并有效排除样品基质干扰和准确定性难分离物质。Gözde Türköz Bakırcı 等[24]采用超高效液相色谱-串联质谱联用（UPLC-MS/MS）建立了番茄、黄瓜、胡椒、菠菜、西葫芦、葡萄、樱桃、桃和杏中 71 种不同农药及其代谢物的检测方法，方法的回收率为 $70\%\sim120\%$。林涛等[25]采用 UPLC-MS/MS 技术建立了蔬菜水果中 40 种农药残留的快速测定方法，在 $0.1\sim100\mu g\cdot L^{-1}$ 范围内线性关系良好，回收率为 $60.3\%\sim134.8\%$。

4.1.2.1　水果和蔬菜中 500 种农药及相关化学品残留量的测定(GB 23200.8—2016)[26]

此标准规定了苹果、柑橘、葡萄、甘蓝、芹菜、番茄中 500 种农药及相关化学品残留量的气相色谱-质谱测定方法，适用于苹果、柑橘、葡萄、甘蓝、芹菜、番茄中 500 种农药及相关化学品残留量的测定，其他蔬菜和水果可参照执行。试样用乙腈匀浆提取，盐析离心后取上清液经 Envi-18 固相萃取柱净化，然后再经 Envi-Carb 与 Sep-Pak NH$_2$ 串联柱净化，用乙腈-甲苯（3∶1）洗脱农药及相关化学品，经溶剂交换后与内标液混匀，用于气相色谱-质谱测定。

（1）测定方法

① 农药及相关化学品标准溶液

a. 标准储备溶液。准确称取适量（精确至 0.1mg）各种农药及相关化学品标准物分别置于 10mL 容量瓶中，根据标准物的溶解性选择甲苯、甲苯-丙酮混合液、二氯甲烷等溶剂溶解并定容至刻度（溶剂选择可参见原标准附录 A），避光 4℃保存，保存期为一年。

b. 混合标准溶液。按照农药及相关化学品的性质和保留时间，将 500 种农药及相关化学品分成 A、B、C、D、E 五个组，并根据每种农药及相关化学品在仪器上的响应灵敏度，确定其在混合标准溶液中的浓度。500 种农药及相关化学品的分组及混合标准溶液浓度参见原标准附录 A。依据每种农药及相关化学品的分组号、混合标准溶液浓度及其标准储备液的浓度，移取一定量的单个农药及相关化学品标准储备液于 100mL 容量瓶中，用甲苯定容至刻度。混合标准溶液应避光 4℃保存，保存期一个月。

c. 内标溶液。准确称取 3.5mg 环氧七氯于 100mL 容量瓶中，用甲苯定容至刻度。

d. 基质混合标准工作溶液。将 40μL 内标溶液和 50μL 的混合标准溶液（分别为 A、B、C、D、E 五个组）分别加到 1.0mL 的样品空白基质提取液中，混匀，配成基质混合标准工作溶液 A、B、C、D 和 E。基质混合标准工作溶液应现用现配。

② 试样制备与保存。水果、蔬菜样品取样部位按 GB 2763 执行，将样品切碎混匀均一化制成匀浆，制备好的样品均分成两份，装入洁净的盛样容器中，密封并标明标记。将试样置于－18℃冷冻保存。

③ 提取。称取 20g 试样（精确至 0.01g）于 80mL 离心管中，加入 40mL 乙腈，用均质器在 15000r·min⁻¹ 匀浆提取 1min，加入 5g 氯化钠，再匀浆提取 1min，将离心管放入离心机，在 3000r·min⁻¹ 离心 5min，取上清液 20mL（相当于 10g 试样量），待净化。

④ 净化。将 Envi-18 柱放入固定架上，加样前先用 10mL 乙腈预洗柱，下接梨形瓶，移入上述 20mL 提取液，并用 15mL 乙腈洗涤 Envi-18 柱，将收集的提取液及洗涤液在 40℃水浴中旋转浓缩至约 1mL，备用。

在 Envi-Carb 柱中加入约 2cm 高无水硫酸钠，将该柱连接在 Sep-Pak NH₂ 柱顶部，将串联柱下接鸡心瓶放在固定架上。加样前先用 4mL 乙腈-甲苯溶液（3：1）预洗柱，当液面到达硫酸钠的顶部时，迅速将样品浓缩液转移至净化柱上，再每次用 2mL 乙腈-甲苯溶液（3：1）洗涤样液瓶三次，并将洗涤液移入柱中。在串联柱上加上 50mL 贮液器，用 25mL 乙腈-甲苯溶液（3：1）洗涤串联柱，收集所有流出物于鸡心瓶中，并在 40℃水浴中旋转浓缩至约 0.5mL。每次加入 5mL 正己烷在 40℃水浴中旋转蒸发，进行溶剂交换两次，最后使样液体积约为 1mL，加入 40μL 内标溶液，混匀，用于气相色谱-质谱测定。

⑤ 气相色谱-质谱法测定（EI）。此标准方法的测定条件、定性测定、定量测定参照 GB 23200.9—2016。每种化合物的保留时间、定量离子、定性离子及定量离子与定性离子丰度的比值，参见原标准附录 B。每组检测离子的开始时间和驻留时间参见原标准附录 C。此方法的 A、B、C、D、E 五组标准物质在苹果基质中选择离子监测 GC-MS 图，

参见原标准附录 D。

（2）结果 气相色谱-质谱测定结果可由计算机按照内标法自动计算，也可按以下公式计算：

$$X = c_s \times \frac{A}{A_s} \times \frac{c_i}{c_{si}} \times \frac{A_{si}}{A_i} \times \frac{V}{m} \times \frac{1000}{1000} \tag{4-3}$$

式中 X——试样中被测物残留量，$mg \cdot kg^{-1}$；

c_s——基质标准工作溶液中被测物的浓度，$\mu g \cdot mL^{-1}$；

A——试样溶液中被测物的色谱峰面积；

A_s——基质标准工作溶液中被测物的色谱峰面积；

c_i——试样溶液中内标物的浓度，$\mu g \cdot mL^{-1}$；

c_{si}——基质标准工作溶液中内标物的浓度，$\mu g \cdot mL^{-1}$；

A_{si}——基质标准工作溶液中内标物的色谱峰面积；

A_i——试样溶液中内标物的色谱峰面积；

V——样液最终定容体积，mL；

m——试样溶液所代表试样的质量，g。

注：计算结果应扣除空白值。

此标准方法的检出限为 $0.0026\sim1.2000mg \cdot kg^{-1}$，每种农药的检出限可参见原标准附录 A。当添加水平为 LOQ、$2 \times LOQ$、$10 \times LOQ$ 时，添加回收率参见原标准附录 G。此标准方法的精密度在重复性条件下获得的两次独立测定结果的绝对差值与其算术平均值的比值（百分率），应符合原标准附录 E 的要求。在再现性条件下获得的两次独立测定结果的绝对差值与其算术平均值的比值（百分率），应符合原标准附录 F 的要求。此方法的定量限参见原标准附录 A。

4.1.2.2 水果和蔬菜中 450 种农药及相关化学品残留量的测定(GB/T 20769—2008)[27]

此标准规定了苹果、橙子、洋白菜、芹菜、番茄中 450 种农药及相关化学品残留量的液相色谱-串联质谱测定方法，适用于苹果、橙子、洋白菜、芹菜、番茄中 450 种农药及相关化学品残留的定性鉴别，381 种农药及相关化学品残留量的定量测定。试样经乙腈均质提取，盐析离心后提取液经 Sep-Pak Vac 氨基固相萃取柱净化，用乙腈-甲苯（3:1）洗脱农药及相关化学品，液相色谱-串联质谱仪测定，外标法定量。

（1）测定方法

① 农药及相关化学品标准溶液

a. 标准储备溶液。分别称取 $5\sim10mg$（精确至 0.1mg）农药及相关化学品标准物于 10mL 容量瓶中，根据标准物的溶解度选甲醇、甲苯、丙酮、乙腈或异辛烷等溶剂溶解并定容至刻度，溶剂选择参见原标准附录 A。标准储备溶液避光 $0\sim4℃$保存，可使用一年。

b. 混合标准溶液。按照农药及相关化学品的性质和保留时间，将 450 种农药及相关化学品分成 A、B、C、D、E、F 和 G 七个组，并根据每种农药及相关化学品在仪器上的响应灵敏度，确定其在混合标准溶液中的浓度。450 种农药及相关化学品的分组及其混合标准溶液浓度参见原标准附录 A。依据每种农药及相关化学品的分组、混合标准溶液浓度及其标准储备液的浓度，移取一定量的单个农药及相关化学品标准储备溶液于 100mL 容量瓶中，用甲醇定容至刻度。混合标准溶液避光 0～4℃ 保存，可使用一个月。

c. 基质混合标准工作溶液。农药及相关化学品基质混合标准工作溶液是用空白样品基质溶液配成不同浓度的基质混合标准工作溶液 A、B、C、D、E、F 和 G，用于做标准工作曲线。基质混合标准工作溶液应现用现配。

② 试样制备与保存。按 GB/T 8855 抽取的水果、蔬菜样品取可食部分切碎，混匀，密封，作为试样，标明标记。将试样置于 0～4℃ 冷藏保存。

③ 提取。称取 20g 试样（精确至 0.01g）于 80mL 离心管中，加入 40mL 乙腈，用高速组织捣碎机在 15000r•min^{-1} 匀浆提取 1min，加入 5g 氯化钠，再匀浆提取 1min，在 3800r•min^{-1} 离心 5min，取上清液 20mL（相当于 10g 试样量），在 40℃ 水浴中旋转浓缩至约 1mL，待净化。

④ 净化。在 Sep-Pak Vac 柱中加入约 2cm 高无水硫酸钠，并放入下接鸡心瓶的固定架上。加样前先用 4mL 乙腈-甲苯溶液（3∶1）预洗柱，当液面到达硫酸钠的顶部时，迅速将样品浓缩液转移至净化柱上，并换新鸡心瓶接收。再用 2mL 乙腈-甲苯溶液（3∶1）洗涤样液瓶三次，并将洗涤液移入柱中。在柱上加上 50mL 贮液器，用 25mL 乙腈-甲苯溶液（3∶1）洗脱农药及相关化学品，合并于鸡心瓶中，并在 40℃ 水浴中旋转浓缩至约 0.5mL。将浓缩液置于氮气吹干仪上吹干，迅速加入 1mL 的乙腈-水（3∶2），混匀，经 0.2μm 滤膜过滤后进行液相色谱-串联质谱测定。

⑤ 液相色谱-串联质谱测定（ESI）

a. 条件

Ⅰ. A、B、C、D、E、F 组农药及相关化学品测定条件

色谱柱：Atlantis T3，3μm，150mm×2.1mm（内径）或相当者；

流动相及梯度洗脱条件见表 4-3：

表 4-3　A～F 组测定流动相及梯度洗脱条件

时间/min	流速/μL•min^{-1}	流动相 A（0.05%甲酸-水）/%	流动相 B（乙腈）/%
0.00	200	90.0	10.0
4.00	200	50.0	50.0
15.00	200	40.0	60.0
23.00	200	20.0	80.0
30.00	200	5.0	95.0
35.00	200	5.0	95.0
35.01	200	90.0	10.0
50.00	200	90.0	10.0

柱温：40℃；

进样量：20μL；

扫描方式：正离子扫描；

检测方式：多反应监测；

电喷雾电压：5000V；

雾化气压力：0.483MPa；

气帘气压力：0.138MPa；

辅助加热气压力：0.379MPa；

离子源温度：725℃；

监测离子对、碰撞气能量和去簇电压参见原标准附录B。

Ⅱ.G组液相色谱-串联质谱测定条件

色谱柱：Inertsil C$_8$，5μm，150mm×2.1mm（内径）或相当者；

流动相及梯度洗脱条件见表4-4；

表 4-4　G组测定流动相及梯度洗脱条件

时间/min	流速/μL·min^{-1}	流动相 A（0.05%甲酸-水）/%	流动相 B（乙腈）/%
0.00	200	90.0	10.0
4.00	200	50.0	50.0
15.00	200	40.0	60.0
20.00	200	20.0	80.0
25.00	200	5.0	95.0
32.00	200	5.0	95.0
32.01	200	90.0	10.0
40.00	200	90.0	10.0

柱温：40℃；

进样量：20μL；

扫描方式：负离子扫描；

检测方式：多反应监测；

电喷雾电压：−4200V；

雾化气压力：0.42MPa；

气帘气压力：0.32MPa；

辅助加热气压力：0.35MPa；

离子源温度：700℃；

监测离子对、碰撞气能量和去簇电压参见原标准附录B。

b. 定性测定。进行样品测定时，如果检出的色谱峰的保留时间与标准样品相一致，并且在扣除背景后的样品质谱图中，所选择的离子均出现，而且所选择的离子丰度比与标准样品的离子丰度比相一致（相对丰度＞50%，允许±20%偏差；相对丰度＞20%～50%，允许±25%偏差；相对丰度＞10%～20%，允许±30%偏差；相对丰度≤10%，允许±50%偏差），则可判断样品中存在这种农药或相关化学品。如果不能确证，应重新进样，以扫描方式（有足够灵敏度）或采用增加其他确证离子的方式或用其他灵敏度更高的分析仪器来确证。

c. 定量测定。此方法采用外标-校准曲线法定量测定。为减少基质的影响，定量用的标准溶液应采用基质混合标准工作溶液绘制标准曲线。并保证所测样品中农药及相关化学品的响应值均在仪器的线性范围内。450 种农药及相关化学品多反应监测（MRM）色谱图参见原标准附录 C。

（2）结果　液相色谱-串联质谱测定采用标准曲线法定量，标准曲线法定量结果按公式计算：

$$X_i = c_i \times \frac{V}{m} \times \frac{1000}{1000} \tag{4-4}$$

式中　X_i——试样中被测组分含量，$mg \cdot kg^{-1}$；

　　　c_i——从标准工作曲线得到的试样溶液中被测组分的浓度，$\mu g \cdot mL^{-1}$；

　　　V——试样溶液定容体积，mL；

　　　m——样品溶液所代表试样的质量，g。

注：计算结果应扣除空白值。

此标准方法的检出限为 $0.01\mu g \cdot kg^{-1} \sim 0.606mg \cdot kg^{-1}$，单种农药及相关化学品的检出限可参见原标准附录 A；此标准方法的精密度数据是按照 GB/T 6379.1 和 GB/T 6379.2 的规定确定的，获得重复性和再现性的值以 95％的可信度来计算。此标准方法的精密度数据参见原标准附录 D。

4.1.3　茶叶类

中国是世界最大的茶叶种植国、第二大生产国和第三大出口国。但欧盟、日本等已将我国列入农药残留量或潜在水平较高的国家之一，并加大了对我国出口茶叶的监控。目前，中国茶叶质量安全问题表现在四个方面：农药残留、金属元素污染、微生物污染，以及其他污染物，其中，最主要的问题为农药残留。2015 年，中国向欧洲出口的3000 多个茶叶样品中，农药残留超标 1030 个，占比 1/3。中国茶叶农药残留超标严重威胁茶叶质量安全，制约出口消化过剩产能。因此，茶叶中农药残留检测技术的发展尤为重要，亟待开发能够快速检测茶叶中农药残留量的方法，以便加大国家对茶叶中农药的监测力度，适应世界贸易市场的需要。由于不同农药品种的理化性质存在较大差异，因而没有一种多组分残留分析方法能够覆盖所有的农药品种。另外，茶叶中含有蛋白质、氨基酸、咖啡因、多元酚类、脂质、矿物质、植物色素、维生素、有机酸等物质，基质复杂，干扰物质多[28]。因此，茶叶样品前处理是检测过程中耗时最长、工作量最大的部分，并决定了分析方法的正确度和精密度。

目前，用于茶叶的前处理方法中，常用的有固相小柱萃取法、凝胶渗透色谱法及分散固相萃取法等[29～31]。固相小柱萃取法常采用弗罗里硅土、石墨化炭黑等作为吸附剂除去脂肪、色素等物质；凝胶渗透色谱（GPC）法主要用于高油脂含量样品；分散固相萃取法（SPE）是美国农业部于 2003 年提出的一种新型样品前处理技术，可根据基质特点自由选择吸附剂。目前常见的分散固相萃取吸附剂有 PSA、C_{18} 和 GCB。PSA 常用于去除基质中的糖类、极性脂肪酸和亲脂性色素等；C_{18} 能除去部分非极性脂肪和脂溶性杂质；GCB 可去除色素和甾醇类杂质。邱世婷等[32]以气相色谱-电子捕获检测器

(GC-ECD) 技术为基础，建立了 4 种苦荞茶中 31 种农药残留分析的前处理方法：SPE（Florisil 柱）法、SPE（NH$_2$-Carb 柱）法、GPC 法、d-SPE（PSA＋C$_{18}$）法。以苦荞茶中的有机氯和拟除虫菊酯类等共 31 种农药为研究对象，从空白基质净化效果（色谱图见图 4-7）、基质效应（见图 4-8）、不同浓度添加回收率方面对 4 种前处理方式进行对比分析。结果表明，SPE（Florisil 柱）法得到的空白基质干扰最少，基质效应最弱，稳定性最好，大部分目标物的回收率为 70％～120％，但氟虫腈及其代谢物的回收率较差；SPE（NH$_2$-Carb 柱）法能保证氟虫腈及其代谢物和大部分目标化合物的回收率，适合于多农药残留分析检测，但对环境不友好；GPC 法的稳定性略差；d-SPE（PSA＋C$_{18}$）法简便快捷，但回收率偏高，应配合内标法或对分散固相萃取剂用量进一步优化后使用。

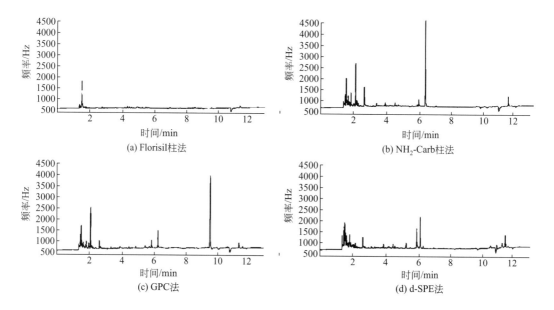

图 4-7　4 种方法空白基质净化效果色谱图

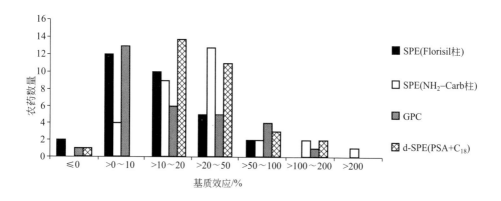

图 4-8　31 种农药目标物采用 4 种方法得到的基质效应

4.1.3.1　茶叶中 519 种农药及相关化学品残留量的测定(GB/T 23204—2008)[33]

此标准规定了绿茶、红茶、普洱茶、乌龙茶中 490 种农药及相关化学品残留量的气相色谱-质谱测定方法，适用于绿茶、红茶、普洱茶、乌龙茶中 490 种农药及相关化学品残留量的定性鉴别，453 种农药及相关化学品残留量的定量测定，以及绿茶、红茶、普洱茶、乌龙茶中二氯皮考啉酸、调果酸、对氯苯氧乙酸、麦草畏、2 甲 4 氯、2,4-滴丙酸、溴苯腈、2,4-滴、三氯吡氧乙酸、1-萘乙酸、5-氯苯酚、2,4,5-滴丙酸、草灭平、2 甲 4 氯丁酸、2,4,5-涕、氟草烟、2,4-滴丁酸、苯达松、碘苯腈、毒莠定、二氯喹啉酸、吡氟禾草灵、吡氟氯禾灵、麦草氟、三氟羧草醚、嘧草硫醚、环酰菌胺、喹禾灵、双草醚等 29 种酸性除草剂残留量的测定。

(1) 茶叶中 490 种农药及相关化学品残留量的测定

试样用乙腈均质提取，Cleanert TPT 固相萃取柱净化，用乙腈＋甲苯洗脱农药及相关化学品，气相色谱-质谱仪检测，内标法定量。

① 测定方法

a. 农药及相关化学品标准溶液

Ⅰ. 标准储备溶液。准确称取 5～10mg（精确至 0.1mg）农药及相关化学品各标准物分别于 10mL 容量瓶中，根据标准物的溶解性和测定的需要选择甲苯、甲苯＋丙酮混合液、二氯甲烷或甲醇等溶剂溶解并定容至刻度（溶剂选择可参见原标准附录 A）。标准储备溶液避光 0～4℃保存，可使用一年。

Ⅱ. 混合标准溶液。按照农药及相关化学品的性质和保留时间，将 490 种农药及相关化学品分成 A、B、C、D、E、F 六个组，并根据每种农药及相关化学品在仪器上的响应灵敏度，确定其在混合标准溶液中的浓度。490 种农药及相关化学品的分组及混合标准溶液浓度参见原标准附录 A。依据每种农药及相关化学品的分组号、混合标准溶液浓度及其标准储备液的浓度，移取一定量的单个农药及相关化学品标准储备溶液于 100mL 容量瓶中，用甲苯定容至刻度。混合标准溶液应避光 0～4℃保存，可使用一个月。

Ⅲ. 内标溶液。准确称取 3.5mg 环氧七氯于 100mL 容量瓶中，用甲苯定容至刻度。

Ⅳ. 基质混合标准工作溶液。A、B、C、D、E、F 组农药及相关化学品基质混合标准工作溶液是将 40μL 内标溶液和一定体积的混合标准溶液分别加到 1.0mL 的样品空白基质提取液中，混匀，配成基质混合标准工作溶液 A、B、C、D、E 和 F。基质混合标准工作溶液应现用现配。

b. 试样制备与保存。茶叶样品经粉碎机粉碎，过 20 目筛，混匀，密封，作为试样，标明标记。试样于常温下保存。

c. 提取。称取 5g 试样（精确至 0.01g）于 80mL 离心管中，加入 15mL 乙腈，15000r·min⁻¹ 均质提取 1min，4200r·min⁻¹ 离心 5min，取上清液于 200mL 鸡心瓶中。残渣用 15mL 乙腈重复提取一次，离心，合并两次提取液，40℃水浴旋转蒸发至 1mL 左右，待净化。

d. 净化。在 Cleanert TPT 固相萃取柱中加入约 2cm 高无水硫酸钠，用 10mL 乙腈-

甲苯预洗 Cleanert TPT 固相萃取柱，弃去流出液。下接鸡心瓶，放在固定架上。将上述样品浓缩液转移至 Cleanert TPT 固相萃取柱中，用 2mL 乙腈-甲苯溶液洗涤样液瓶，重复三次，并将洗涤液移入柱中。在柱上加上 50mL 贮液器，用 25mL 乙腈-甲苯溶液洗涤小柱，收集所有流出物于鸡心瓶中，并在 40℃ 水浴中旋转浓缩至约 0.5mL。加入 5mL 正己烷进行溶剂交换两次，最后使样液体积约为 1mL，加入 40μL 内标溶液，混匀，用于气相色谱-质谱测定。

e. 气相色谱-质谱法测定（EI）

Ⅰ. 条件

色谱柱：DB-1701（30m×0.25mm×0.25μm）石英毛细管柱或相当者；

色谱柱温度：40℃ 保持 1min，然后以 30℃·min^{-1} 程序升温至 130℃，再以 5℃·min^{-1} 升温至 250℃，再以 10℃·min^{-1} 升温至 300℃，保持 5min；

载气：氦气，纯度≥99.999%，流速为 1.2mL·min^{-1}；

进样口温度：290℃；

进样量：1μL；

进样方式：无分流进样，1.5min 后打开分流阀和隔垫吹扫阀；

电子轰击源：70eV；

离子源温度：230℃；

GC-MS 接口温度：280℃；

溶剂延迟：A 组 8.30min，B 组 7.80min，C 组 7.30min，D 组 5.50min，E 组 6.10min，F 组 5.50min；

选择离子监测：每种化合物分别选择一个定量离子，2～3 个定性离子。每组所有需要检测的离子按照出峰顺序，分时段分别检测。每种化合物的保留时间、定量离子、定性离子及定量离子与定性离子丰度的比值，参见原标准附录 B。每组检测离子的开始时间和驻留时间参见原标准附录 C。

Ⅱ. 定性测定。在相同实验条件下进行样品测定时，如果检出的色谱峰的保留时间与标准样品相一致，并且在扣除背景后的样品质谱图中，所选择的离子均出现，而且所选择的离子丰度比与标准样品的离子丰度比相一致（相对丰度＞50%，允许±10% 偏差；相对丰度在 20%～50% 之间，允许±15% 偏差；相对丰度在 10%～20% 之间，允许±20% 偏差；相对丰度≤10%，允许±50% 偏差），则可判断样品中存在这种农药或相关化学品。

Ⅲ. 定量测定。本方法采用内标法单离子定量测定。内标物为环氧七氯。为减少基质的影响，定量用的标准溶液应采用基质混合标准工作溶液。标准溶液的浓度应与待测化合物的浓度相近。此方法的 A、B、C、D、E、F 组标准物质在茶叶基质中选择离子监测 GC-MS 图，参见原标准附录 D。

② 结果 气相色谱-质谱测定结果可由计算机按照内标法自动计算，也可按以下公式计算：

$$X = c_s \times \frac{A}{A_s} \times \frac{c_i}{c_{si}} \times \frac{A_{si}}{A_i} \times \frac{V}{m} \times \frac{1000}{1000} \tag{4-5}$$

式中　X——试样中被测物残留量，mg·kg^{-1}；

　　　c_s——基质标准工作溶液中被测物的浓度，μg·mL^{-1}；

　　　A——试样溶液中被测物的色谱峰面积；

　　　A_s——基质标准工作溶液中被测物的色谱峰面积；

　　　c_i——试样溶液中内标物的浓度，μg·mL^{-1}；

　　　c_{si}——基质标准工作溶液中内标物的浓度，μg·mL^{-1}；

　　　A_{si}——基质标准工作溶液中内标物的色谱峰面积；

　　　A_i——试样溶液中内标物的色谱峰面积；

　　　V——样液最终定容体积，mL；

　　　m——试样溶液所代表试样的质量，g。

注：计算结果应扣除空白值。

在茶叶中 453 种农药及相关化学品残留测定方法的检出限为 0.001~0.500mg·kg^{-1}，参见原标准附录 A；此标准方法的精密度数据是按照 GB/T 6379.1 和 GB/T 6379.2 的规定确定的，获得重复性和再现性的值以 95％的可信度来计算。此标准方法的精密度数据参见原标准附录 E。

(2) 茶叶中 29 种酸性除草剂残留量的测定

试样用乙腈超声振荡提取，石墨化炭黑固相萃取柱净化，三甲基硅烷化重氮甲烷衍生化，弗罗里硅土固相萃取柱净化，气相色谱-质谱仪测定，外标法定量。

① 测定方法

a. 农药及相关化学品标准溶液

Ⅰ. 标准储备溶液。准确称取适量（精确至 0.1mg）各农药标准品，用丙酮溶解于 50mL 棕色容量瓶中，溶解定容，配制浓度为 500μg·mL^{-1}的单标储备液。此储备液在 0~4℃避光保存，有效期为 90d。

Ⅱ. 中间浓度混合标准工作溶液。准确吸取 2.0mL 单个农药的标准储备溶液于 100mL 棕色容量瓶中，用丙酮定容，配制浓度为 10μg·mL^{-1}的混合标准溶液，标准中间液在 0~4℃避光保存，有效期为 30d。

Ⅲ. 混合标准工作溶液。根据检测需要移取一定体积的混合标准中间溶液逐级稀释成适当浓度的混合标准工作溶液，现配现用。

b. 试样制备与保存。按 SN/T 0918—2000 抽取有代表性的茶叶样品 500g，经粉碎机粉碎，过 40 目筛，混匀，均分成两份作为试样，分装入洁净的盛样容器内，密封并标明标记。试样于 0~4℃下保存。在存样过程中，应防止样品受到污染或发生残留物含量的变化。

c. 提取。称取 2.5g 试样（精确至 0.01g）于 50mL 具塞离心管中，加入 20mL 乙腈超声 30min，加入无水硫酸钠 2g，然后置于旋转振荡器上振荡提取 5min，5000r·min^{-1}离心 3min，取上清液于 100mL 鸡心瓶中。残渣用 20mL 乙腈重复提取一次，合并全部提取液，在 40℃水浴旋转蒸发至约 1mL，待净化。

d. 石墨化炭黑固相萃取柱净化。将石墨化炭黑固相萃取柱置于固相萃取装置，在柱中加入 1cm 高的无水硫酸钠，加样前用 10mL 乙腈-甲苯-乙酸溶液预淋洗萃取柱，弃去淋洗液，当液面到达无水硫酸钠顶部时，迅速将上述得到的试样提取浓缩液转入石墨化炭黑固相萃取柱中，用 2mL 乙腈-甲苯-乙酸溶液洗涤鸡心瓶，重复三次，将全部洗涤液转入石墨化炭黑固相萃取柱中，然后用 25mL 乙腈-甲苯-乙酸溶液洗脱，收集所有流出液于另一 100mL 鸡心瓶中。

e. 衍生化。将上述收集的洗脱液在 40℃ 水浴中旋转浓缩至约 1mL，用平缓氮气流吹至近干，用 2mL 苯-甲醇溶液溶解，加入 0.2mL 三甲基硅烷化重氮甲烷正己烷溶液，盖塞混匀，在 30℃ 水浴中放置 30min，再用平缓氮气流吹至近干，用 5mL 正己烷溶解残渣。

f. 弗罗里硅土固相萃取柱净化。加样前先用 3mL 丙酮、6mL 正己烷依次预淋洗弗罗里硅土固相萃取柱，弃去淋洗液，将⑤中得到的试样用正己烷溶解后过弗罗里硅土固相萃取柱，弃去淋洗液，然后用 6mL 丙酮-正己烷洗脱，收集全部洗脱液于 10mL 刻度试管中，45℃ 下用平缓氮气流吹至近干，用丙酮溶解定容至 0.5mL，供 GC-MS 测定。

g. 气相色谱-质谱法测定（EI）

Ⅰ. 条件

色谱柱：DB-1701（30m×0.25mm×0.25μm）石英毛细管柱或相当者；

色谱柱温度：40℃ 保持 1min，然后以 40℃·min^{-1} 程序升温至 130℃ 不保持，再以 5℃·min^{-1} 的速率升温至 250℃ 不保持，再以 10℃·min^{-1} 升温至 300℃，保持 5min；

进样口温度：290℃；

色谱-质谱接口温度：280℃；

载气：氦气，纯度≥99.999%，流速为 1.2mL·min^{-1}；

进样量：1μL；

进样方式：无分流进样，1min 后打开分流阀和隔垫吹扫阀；

电子轰击源：70eV；

溶剂延迟时间：9min；

测定方式：选择离子监测模式（SIM），根据各种农药的保留时间分组，每种农药选择一个定量离子，每种农药的保留时间、定量离子、定性离子及定量离子与定性离子丰度的比值参见原标准附录 G。

Ⅱ. 定性测定。进行样品测定时，如果检出的色谱峰的保留时间与标准样品相一致，并且在扣除背景后的样品质谱图中，所选择的离子均出现，而且所选择的离子丰度比与标准样品的离子丰度比相一致（相对丰度>50%，允许±10%偏差；相对丰度在 20%~50%之间，允许±15%偏差；相对丰度在 10%~20%之间，允许±20%偏差；相对丰度≤10%，允许±50%偏差），则可判断样品中存在这种农药或相关化学品。如果不能确证，应重新进样，以扫描方式（有足够灵敏度）或采用增加其他确证离子的方式或用其他灵敏度更高的分析仪器来确证。各农药检测离子的开始时间和驻留时间参见原标准附录 H。

Ⅲ. 定量测定。根据样液中酸性除草剂的含量情况，选定峰面积相近的标准工作溶液。标准工作溶液和样液中农药的响应值均应在仪器检测的线性范围内。对混合标准工作液和样液等体积交替进样测定，在上述色谱条件下，各农药混合标准物质 SIM 色谱图参见原标准附录 I。

② 结果　用色谱工作站或按以下公式计算试样中各农药的含量。

$$X_i = \frac{A c_s V}{A_s m} \tag{4-6}$$

式中　X_i——试样中被测物残留量，$mg \cdot kg^{-1}$；

　　　A——样液中各农药的峰面积；

　　　c_s——标准工作溶液中各农药的浓度，$\mu g \cdot mL^{-1}$；

　　　V——样液最终定容体积，mL；

　　　A_s——标准工作液中各农药的峰面积；

　　　m——最终样液所代表试样的质量，g。

注：计算结果应扣除空白值。

在茶叶中 29 种酸性除草剂残留测定方法的检出限为 $0.01mg \cdot kg^{-1}$。此标准方法的精密度数据是按照 GB/T 6379.1 和 GB/T 6379.2 的规定确定的，获得重复性和再现性的值以 95％的可信度来计算。此标准方法的精密度数据参见原标准附录 J。

4.1.3.2　茶叶中 448 种农药及相关化学品残留量的测定(GB 23200.13—2016)[34]

此标准规定了绿茶、红茶、普洱茶、乌龙茶中 448 种农药及相关化学品残留量的液相色谱-质谱测定方法，适用于绿茶、红茶、普洱茶、乌龙茶中 448 种农药及相关化学品残留的定性鉴别，418 种农药及相关化学品残留的定量测定，其他茶叶可参照执行。试样用乙腈匀浆提取，经 Cleanert-TPT 固相萃取柱净化，用乙腈-甲苯溶液（3∶1）洗脱农药及相关化学品，液相色谱-串联质谱仪检测，外标法定量。

（1）测定方法

① 农药及相关化学品标准溶液

a. 标准储备溶液。分别称取 5～10mg（精确至 0.1mg）农药及相关化学品标准物于 10mL 容量瓶中，根据标准物的溶解度选甲醇、甲苯、丙酮、乙腈或异辛烷等溶剂溶解并定容至刻度，溶剂选择参见原标准附录 A。标准储备溶液避光 4℃保存，保存期为一年。

b. 混合标准溶液。按照农药及相关化学品的性质和保留时间，将 448 种农药及相关化学品分成 A、B、C、D、E、F 和 G 七个组，并根据每种农药及相关化学品在仪器上的响应灵敏度，确定其在混合标准溶液中的浓度。448 种农药及相关化学品的分组及其混合标准溶液浓度参见原标准附录 A。依据每种农药及相关化学品的分组、混合标准溶液浓度及其标准储备液的浓度，移取一定量的单个农药及相关化学品标准储备溶液于 100mL 容量瓶中，用甲醇定容至刻度。混合标准溶液避光 4℃保存，保存期为一个月。

c. 基质混合标准工作溶液。农药及相关化学品基质混合标准工作溶液是用空白样品基质溶液配成不同浓度的基质混合标准工作溶液 A、B、C、D、E、F 和 G，用于做标准工作曲线。基质混合标准工作溶液应现用现配。

② 试样制备与保存。将茶叶样品放入粉碎机中粉碎，样品全部过 $425\mu m$ 的标准网

筛，混匀。制备好的试样均分成两份，装入洁净的盛样容器内，密封并标明标记。将试样于－18℃冷冻保存。

③ 提取。称取 10g 试样（精确至 0.01g）于 50mL 具塞离心管中，加入 30mL 乙腈，用高速组织捣碎机以 $15000r \cdot min^{-1}$ 匀浆提取 1min，$4200r \cdot min^{-1}$ 离心 5min，上清液移入鸡心瓶中。残渣加 30mL 乙腈，匀浆 1min，$4200r \cdot min^{-1}$ 离心 5min，上清液并入鸡心瓶中，残渣再加 20mL 乙腈，重复提取一次，上清液并入鸡心瓶中，45℃水浴旋转浓缩至近干，氮吹至干，加入 5mL 乙腈溶解残余物，取其中 1mL 待净化。

④ 净化。在 Cleanert-TPT 柱中加入约 2cm 高无水硫酸钠，并将柱子放入下接鸡心瓶的固定架上。加样前先用 5mL 乙腈-甲苯溶液预洗柱，当液面到达硫酸钠的顶部时，迅速将样品提取液转移至净化柱上，并更换新鸡心瓶接收。在 Cleanert TPT 柱上加上 50mL 贮液器，用 25mL 乙腈-甲苯溶液洗脱农药及相关化学品，合并于鸡心瓶中，并在 45℃水浴中旋转浓缩至约 0.5mL，于 35℃下氮气吹干，1mL 乙腈-水溶液溶解残渣，经 $0.2\mu m$ 微孔滤膜过滤后，供液相色谱-串联质谱测定。

⑤液相色谱-串联质谱测定（ESI）

a. 条件

Ⅰ. A、B、C、D、E、F组农药及相关化学品测定条件

色谱柱：ZORBOX SB-C$_{18}$，$3.5\mu m$，$100mm \times 2.1mm$（内径）或相当者；

流动相及梯度洗脱条件见表 4-5；

表 4-5　A～F 组测定流动相及梯度洗脱条件

时间/min	流速/$\mu L \cdot min^{-1}$	流动相 A（0.05%甲酸-水）/%	流动相 B（乙腈）/%
0.00	400	99.0	1.0
3.00	400	70.0	30.0
6.00	400	60.0	40.0
9.00	400	60.0	40.0
15.00	400	40.0	60.0
19.00	400	1.0	99.0
23.00	400	1.0	99.0
23.01	400	99.0	1.0

柱温：40℃；

进样量：$10\mu L$；

电离源极性：正模式；

雾化气：氮气；

雾化气压力：0.28MPa；

离子喷雾电压：4000V；

干燥气温度：350℃；

干燥气流速：$10L \cdot min^{-1}$；

监测离子对、碰撞气能量和源内碎裂电压参见原标准附录 B。

Ⅱ. G 组农药及相关化学品测定条件

除电离源极性为负模式外，其他条件均与 A、B、C、D、E、F 组农药及相关化学品测定条件相同。监测离子对、碰撞气能量和源内碎裂电压参见原标准附录 B。

b. 定性测定。在相同实验条件下进行样品测定时，如果检出的色谱峰的保留时间与标准样品相一致，并且在扣除背景后的样品质谱图中，所选择的离子均出现，而且所选择的离子丰度比与标准样品的离子丰度比相一致（相对丰度＞50％，允许±20％偏差；相对丰度＞20％～50％，允许±25％偏差；相对丰度＞10％～20％，允许±30％偏差；相对丰度≤10％，允许±50％偏差），则可判断样品中存在这种农药或相关化学品。

c. 定量测定。此标准中液相色谱-串联质谱采用外标-校准曲线法定量测定。为减少基质对定量测定的影响，定量用的标准溶液应采用基质混合标准工作溶液绘制标准曲线。并且保证所测样品中农药及相关化学品的响应值均在仪器的线性范围内。448 种农药及相关化学品多反应监测（MRM）色谱图参见原标准附录 C。

（2）结果　液相色谱-串联质谱测定采用标准曲线法定量，标准曲线法定量结果按以下公式计算：

$$X_i = c_i \times \frac{V}{m} \times \frac{1000}{1000} \tag{4-7}$$

式中　X_i——试样中被测组分含量，$mg \cdot kg^{-1}$；

　　　c_i——从标准工作曲线得到的试样溶液中被测组分的浓度，$\mu g \cdot mL^{-1}$；

　　　V——试样溶液定容体积，mL；

　　　m——样品溶液所代表试样的质量，g。

注：计算结果应扣除空白值。

此标准方法的定量限参见原标准附录 A。当添加水平为 LOQ、4×LOQ 时，添加回收率参见原标准附录 F。在重复性条件下获得的两次独立测定结果的绝对差值与其算术平均值的比值（百分率），应符合原标准附录 D 的要求。在再现性条件下获得的两次独立测定结果的绝对差值与其算术平均值的比值（百分率），应符合原标准附录 E 的要求。

4.1.4　草药

中国作为世界上中药材品种最为丰富、中药材产品的主要输出国，近几年来受到国际贸易中贸易壁垒的影响，中药产品的出口贸易现状不容乐观。究其原因，主要是由于中药材在生产过程中受到大气、土壤、水质等环境中的有毒有害成分的影响，以及在种植过程中长期施用农药、化肥等，导致中药材普遍存在着重金属、农药残留量超标等问题，严重制约着我国中药产品走向国际市场，影响了我国中药产品在国际市场上的竞争力。而草药中农药污染具有以下特点。①在中药中，农药的残留是具有普遍性的，最为普遍、残留最多的农药种类是有机氯农药。在中药材质量标准规范化研究中对 70 多种中药材的 800 多份样品进行了检测，结果表明，有机氯类农药的检出率超过了 90％。

②人工种植的中药农药残留含量明显要高于野生中药，在野生中药中很少被检出，或只有痕量检出。这说明中药的农药残留主要来自种植过程中的农药使用。③农药残留在同一药材的不同部位的残留量不同。张炯炯等对百菌清在板蓝根各部残留含量进行研究，指出农药含量从高到低依次为叶、花、果、根、根茎。④农药的蓄积性，虽然没有发生过类似蔬菜农药的急性中毒事件，但当残留量达到一定水平后，会给人体带来严重的伤害。

草药中农药残留的主要种类为有机氯类、有机磷类、氨基甲酸酯类、拟除虫菊酯类等[35]。由于农药的种类繁多，成分较复杂，有些中药的自身化学成分又与农药的性质相近，且中药中农药残留含量很少，甚至处于痕量级，导致对草药中的农药残留检测具有很大的难度[36]。在过去几十年中，LC-MS 和 GC-MS 技术在草药研究中起到了重要作用[37]。由于草药的使用日益普及，开发更快速、高通量的草药农药残留分析技术是非常重要的。李娜等[38]建立了人参、黄芪、紫苏叶、白菊、益母草和五味子 6 种中药材中 110 种农药残留的超高效液相色谱-串联质谱（UPLC-MS/MS）分析方法。样品经乙腈提取，PSA 固相萃取柱净化，正己烷液液分配，采用 UPLC-MS/MS 在正离子模式下以多反应监测扫描方式进行检测，110 种农药的回收率为 70.1%～95.7%。王海涛等[39]研究了中药材中有机磷农药残留量的高效液相色谱-串联质谱同步检测方法，采用 CAPCELLPAK MG C_{18} 反相柱，以乙腈为提取溶液，以 Carb/PSA 柱为净化柱，液相色谱-串联质谱仪测定，方法的回收率为 70%～110%。程志等[40]利用气相色谱-串联质谱（GC-MS/MS）检测技术，采用 QuEChERS 法作为样品前处理方法，建立了能应用于 11 种中药材中 144 种农药残留的检测方法，探究了样品前处理过程中提取溶剂（见图 4-9）、缓冲盐体系、净化剂组成和用量对样品提取、净化等方面的影响，最终确定了用乙腈提取、甲苯复溶、以混合净化剂净化、过有机膜后经 GC-MS/MS 测定，141

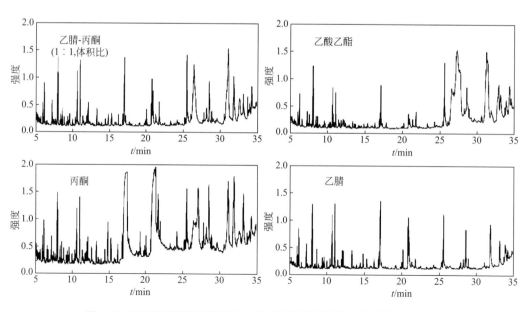

图 4-9　4 种提取溶剂提取空白人参的初级萃取液的全扫模式 TIC 谱图

种农药的回收率为 74.3% ~ 111.8%。Yee-Man Ho 等建立了分散液液微萃取（DLLME）分析草药中 10 种有机磷农药的气相色谱-质谱（GC-MS）分析方法，与使用液液萃取、固相萃取、固相微萃取、加速溶剂萃取等用于草药中有机磷的方法相比，DLLME 使用溶剂量最少，相比于 LLE 溶剂蒸发或 SPME 分析物平衡，DLLME 所需时间较短。

在对草药中的农药进行分析时，由于复杂的基质，提取和净化过程通常是提高整个分析测定速度和灵敏度的关键步骤[41]。农药残留测定分析过程中基质的离子抑制作用往往阻碍了目标分析物的检测。此外，由于样品复杂性和基质干扰，通常需要提取大量样品，整个检测过程耗时、费力。随着对草药分析的快速增长的需求，快速、成本低和高通量的分析技术是开发的方向。

4.1.4.1 桑枝、金银花、枸杞子和荷叶中 488 种农药及相关化学品残留量的测定 (GB 23200.10—2016)[42]

此标准规定了桑枝、金银花、枸杞子和荷叶中 488 种农药及相关化学品残留量的气相色谱-质谱测定方法，适用于桑枝、金银花、枸杞子和荷叶中 488 种农药及相关化学品的定性鉴别，431 种农药及相关化学品的定量测定。试样用乙腈匀浆提取，盐析离心，Cleanert TPH 固相萃取柱净化，用正己烷＋丙酮洗脱农药及相关化学品，气相色谱-质谱仪测定，内标法定量。

（1）测定方法

① 农药及相关化学品标准溶液

a. 标准储备溶液。分别称取适量（精确至 0.1mg）各种农药及相关化学品标准物于 10mL 容量瓶中，根据标准物的溶解性选甲苯、甲苯-丙酮混合液、二氯甲烷等溶剂（溶剂均使用色谱纯）溶解并定容至刻度（溶剂选择参见原标准附录 A），标准溶液避光 0~4℃保存，保存期为一年。

b. 混合标准溶液。按照农药及相关化学品的性质和保留时间，将 488 种农药及相关化学品分成 A、B、C、D、E、F 六个组，并根据每种农药及相关化学品在仪器上的响应灵敏度，确定其在混合标准溶液中的浓度。488 种农药及相关化学品的分组及混合标准溶液浓度参见原标准附录 A。依据每种农药及相关化学品的分组号、混合标准溶液浓度及其标准储备液的浓度，移取一定量的单个农药及相关化学品标准储备溶液于 100mL 容量瓶中，用甲苯定容至刻度。混合标准溶液应避光 0~4℃保存，可使用一个月。

c. 内标溶液。准确称取 3.5mg 环氧七氯于 100mL 容量瓶中，用甲苯定容至刻度。

d. 基质混合标准工作溶液。A、B、C、D、E、F 组农药及相关化学品基质混合标准工作溶液是将 40μL 内标溶液和一定体积的混合标准溶液分别加到 1.0mL 的样品空白基质提取液中，混匀，配成基质混合标准工作溶液 A、B、C、D、E 和 F。基质混合标准工作溶液应现用现配。

② 试样制备与保存。将桑枝、金银花、枸杞子和荷叶 4 种中草药研磨成细粉，样品全部过 425μm 的标准网筛，混匀，制备好的试样均分成两份，装入清洁容器内，密

封后，标明标记。

③ 提取。分别称取金银花、枸杞子试样 5g 或荷叶、桑枝试样 2.5g（精确至 0.01g）于 50mL 离心管中，加入 15mL 乙腈（枸杞子试样需再加入 5mL 水），15000r·min^{-1} 匀浆提取 1min，加入 2g 氯化钠，再匀浆提取 1min，4200r·min^{-1} 离心 5min，取全部上清液于 150mL 鸡心瓶中，在离心管中再加入 15mL 乙腈，重复匀浆提取 1min，4200r·min^{-1} 离心 5min，取全部上清液与之前的提取液合并，于 40℃ 水浴旋转蒸发至 1～2mL，待净化。

④ 净化。在 Cleanert TPH 柱上加入约 2cm 高无水硫酸钠，置于固定架上。加样前先用 10mL 乙腈-甲苯溶液预洗柱，当预洗液液面到达无水硫酸钠的顶部时，迅速将上述样品浓缩液移入柱中，并用鸡心瓶接收淋出液。用 2mL 乙腈-甲苯溶液洗涤鸡心瓶，重复三次，洗涤液也同样转入柱中，柱上连接 25mL 贮液器，用 25mL 乙腈-甲苯溶液洗脱农药及相关化学品，洗脱液于 40℃ 水浴中旋转浓缩近干，加入 1mL 的正己烷溶解残渣，加入 40μL 内标溶液，混匀，0.2μm 滤膜过滤，供气相色谱-质谱测定。

⑤ 气相色谱-质谱测定

a. 仪器参考条件

色谱柱：DB-1701（30m×0.25mm×0.25μm）石英毛细管柱或相当者；

色谱柱温度：40℃ 保持 1min，然后以 30℃·min^{-1} 程序升温至 130℃，再以 5℃·min^{-1} 升温至 250℃，再以 10℃·min^{-1} 升温至 300℃，保持 5min；

载气：氦气，纯度≥99.999%，流速为 1.2mL·min^{-1}；

进样口温度：290℃；

进样量：1μL；

进样方式：无分流进样，1.5min 后打开分流阀和隔垫吹扫阀；

电子轰击源：70eV；

离子源温度：230℃；

GC-MS 接口温度：280℃；

溶剂延迟：A 组 8.30min，B 组 7.80min，C 组 7.30min，D 组 5.50min，E 组 6.10min，F 组 5.50min；

选择离子监测：每种化合物分别选择一个定量离子，2～3 个定性离子。每组所有需要检测的离子按照出峰顺序，分时段分别检测。每种化合物的保留时间、定量离子、定性离子及定量离子与定性离子丰度的比值，参见原标准附录 B。每组检测离子的开始时间和驻留时间参见原标准附录 C。

b. 定性测定。进行样品测定时，如果检出的色谱峰的保留时间与标准样品相一致，并且在扣除背景后的样品质谱图中，所选择的离子均出现，而且所选择的离子丰度比与标准样品的离子丰度比相一致（相对丰度＞50%，允许±10%偏差；相对丰度＞20%～50%，允许±15%偏差；相对丰度＞10%～20%，允许±20%偏差；相对丰度≤10%，允许±50%偏差），则可判断样品中存在这种农药或相关化学品。如果不能确证，应重新进样，以扫描方式（有足够灵敏度）或采用增加其他确证离子的方式或用其他灵敏度更高的分析仪器来确证。

c. 定量测定。此方法采用内标法单离子定量测定。内标物为环氧七氯。为减少基质的影响，定量用的标准溶液应采用基质混合标准工作溶液。标准溶液的浓度应与待测化合物的浓度相近。此方法的 A、B、C、D、E、F 六组标准物质在枸杞基质中选择离子监测 GC-MS 图，参见原标准附录 D。

（2）结果　气相色谱-质谱测定结果可由计算机按照内标法自动计算，也可按以下公式计算：

$$X = c_s \times \frac{A}{A_s} \times \frac{c_i}{c_{si}} \times \frac{A_{si}}{A_i} \times \frac{V}{m} \times \frac{1000}{1000} \tag{4-8}$$

式中　X——试样中被测物残留量，$mg \cdot kg^{-1}$；

　　　c_s——基质标准工作溶液中被测物的浓度，$\mu g \cdot mL^{-1}$；

　　　A——试样溶液中被测物的色谱峰面积；

　　　A_s——基质标准工作溶液中被测物的色谱峰面积；

　　　c_i——试样溶液中内标物的浓度，$\mu g \cdot mL^{-1}$；

　　　c_{si}——基质标准工作溶液中内标物的浓度，$\mu g \cdot mL^{-1}$；

　　　A_{si}——基质标准工作溶液中内标物的色谱峰面积；

　　　A_i——试样溶液中内标物的色谱峰面积；

　　　V——样液最终定容体积，mL；

　　　m——试样溶液所代表试样的质量，g。

注：计算结果应扣除空白值。

此方法的定量限参见原标准附录 A。当添加水平为 LOQ、20×LOQ 时，添加回收率参见原标准附录 G。在重复性条件下获得的两次独立测定结果的绝对差值与其算术平均值的比值（百分率），应符合原标准附录 E 的要求。在再现性条件下获得的两次独立测定结果的绝对差值与其算术平均值的比值（百分率），应符合原标准附录 F 的要求。

4.1.4.2　桑枝、金银花、枸杞子和荷叶中 413 种农药及相关化学品残留量的测定 (GB 23200. 11—2016)[43]

此标准规定了桑枝、金银花、枸杞子和荷叶中 413 种农药及相关化学品残留量的液相色谱-质谱测定方法，适用于桑枝、金银花、枸杞子和荷叶中 413 种农药及相关化学品残留量的测定。试样经乙腈匀浆提取，盐析离心，Cleanert TPH 固相萃取柱净化，用乙腈-甲苯溶液（3∶1）洗脱农药及相关化学品，用液相色谱-串联质谱仪测定，外标法定量。

（1）测定方法

① 农药及相关化学品标准溶液

a. 标准储备溶液。分别称取适量（精确至 0.1mg）各种农药及相关化学品标准物于 10mL 容量瓶中，根据标准物的溶解性选甲醇、甲苯、环己烷或异辛烷等溶剂溶解并定容至刻度，溶剂选择参见原标准附录 A。标准储备溶液避光 0～4℃保存，保存期为一年。

b. 混合标准溶液。按照农药及相关化学品的性质和保留时间，将413种农药及相关化学品分成A、B、C、D、E、F、G七个组，并根据每种农药及相关化学品在仪器上的响应灵敏度，确定其在混合标准溶液中的浓度。413种农药及相关化学品的分组及混合标准溶液浓度参见原标准附录A。依据每种农药及相关化学品的分组号、混合标准溶液浓度及其标准储备液的浓度，移取一定量的单个农药及相关化学品标准储备溶液于100mL容量瓶中，用甲醇定容至刻度。混合标准溶液应避光0～4℃保存，保存期为一个月。

c. 基质混合标准工作溶液。农药及相关化学品基质混合标准工作溶液是用样品空白溶液配成不同浓度的基质混合标准工作溶液A、B、C、D、E、F和G，用于做标准工作曲线。基质混合标准工作溶液应现用现配。

② 试样制备与保存。将桑枝、金银花和荷叶三种草药研磨成细粉，样品全部过425μm的标准网筛，混匀，制备好的试样均分成两份，装入清洁容器内，密封后，标明标记。枸杞可直接使用。

③ 提取。分别称取金银花、枸杞子、荷叶和桑枝试样2g（精确至0.01g）于50mL离心管中，加入15mL乙腈（枸杞子试样需再加入5mL水），15000r·min⁻¹匀浆提取1min，加入2g氯化钠，再匀浆提取1min，4200r·min⁻¹离心5min，取全部上清液于150mL鸡心瓶中，在离心管中再加入15mL乙腈，重复匀浆提取1min，4200r·min⁻¹离心5min，取全部上清液与之前的提取液合并，于40℃水浴旋转蒸发至1～2mL，待净化。

④ 净化。在Cleanert TPH柱上加入约2cm高无水硫酸钠，置于固定架上。加样前先用10mL乙腈-甲苯溶液预洗柱，当预洗液液面到达无水硫酸钠的顶部时，迅速将上述样品浓缩液移入柱中，并用鸡心瓶接收淋出液。分别用2mL乙腈-甲苯溶液洗涤鸡心瓶两次，洗涤液也同样转入柱中，柱上连接25mL贮液器，用25mL乙腈-甲苯溶液洗脱农药及相关化学品，洗脱液于40℃水浴中旋转浓缩至1～2mL，将浓缩液置于氮气吹干仪上吹干，加入1mL的乙腈-水溶液，混匀，0.2μm滤膜过滤，液相色谱-串联质谱测定。

⑤ 液相色谱-串联质谱测定（ESI）

a. 条件

Ⅰ. A、B、C、D、E、F组农药及相关化学品测定条件

色谱柱：ZORBOX SB-C₁₈，$3.5\mu m$，100mm×2.1mm（内径）或相当者；

流动相及梯度洗脱条件见表4-6；

表 4-6　A～F组测定流动相及梯度洗脱条件

时间/min	流速/μL·min⁻¹	流动相A（0.05%甲酸-水）/%	流动相B（乙腈）/%
0.00	400	99.0	1.0
3.00	400	70.0	30.0
6.00	400	60.0	40.0
9.00	400	60.0	40.0

时间/min	流速/μL·min⁻¹	流动相 A（0.05％甲酸-水）/％	流动相 B（乙腈）/％
15.00	400	40.0	60.0
19.00	400	1.0	99.0
23.00	400	1.0	99.0
23.01	400	99.0	1.0

柱温：40℃；

进样量：10μL；

电离源极性：正模式；

雾化气：氮气；

雾化气压力：0.28MPa；

离子喷雾电压：4000V；

干燥气温度：350℃；

干燥气流速：10L·min⁻¹；

监测离子对、碰撞气能量和源内碎裂电压参见原标准附录 B。

Ⅱ. G 组农药及相关化学品测定条件

除电离源极性为负模式外，其他条件均与 A、B、C、D、E、F 组农药及相关化学品测定条件相同。监测离子对、碰撞能量和源内碎裂电压参见原标准附录 B。

b. 定性测定。在相同实验条件下进行样品测定时，如果检出的色谱峰的保留时间与标准样品相一致，并且在扣除背景后的样品质谱图中，所选择的离子均出现，而且所选择的离子丰度比与标准样品的离子丰度比相一致（相对丰度＞50％，允许±20％偏差；相对丰度＞20％～50％，允许±25％偏差；相对丰度＞10％～20％，允许±30％偏差；相对丰度≤10％，允许±50％偏差），则可判断样品中存在这种农药或相关化学品。

c. 定量测定。此标准中液相色谱-串联质谱采用外标-校准曲线法定量测定。为减少基质对定量测定的影响，定量用的标准溶液应采用基质标准工作溶液绘制标准曲线。并保证所测样品中农药及相关化学品的响应值均在仪器的线性范围内。413 种农药及相关化学品多反应监测（MRM）色谱图参见原标准附录 C。

（2）结果　液相色谱-串联质谱测定采用标准曲线法定量，标准曲线法定量结果按以下公式计算：

$$X_i = c_i \times \frac{V}{m} \times \frac{1000}{1000} \tag{4-9}$$

式中　X_i——试样中被测组分含量，mg·kg⁻¹；

　　　c_i——从标准工作曲线得到的试样溶液中被测组分的浓度，μg·mL⁻¹；

　　　V——试样溶液定容体积，mL；

　　　m——样品溶液所代表试样的质量，g。

注：计算结果应扣除空白值。

此方法的定量限参见原标准附录 A。当添加水平为 LOQ、4×LOQ 时，添加回收率参见原标准附录 F。在重复性条件下获得的两次独立测定结果的绝对差值与其算术平均值的比值（百分率），应符合原标准附录 D 的要求。在再现性条件下获得的两次独立测定结果的绝对差值与其算术平均值的比值（百分率），应符合原标准附录 E 的要求。

4.2　动物源食品中农药残留分析方法

虽然当前我国城乡居民的膳食结构仍然以植物性食物为主，动物性食物为辅，但是随着人民生活水平的提高，动物性食物的消费量明显增加（大多数城市脂肪供能比例已超过 30％）。我国居民膳食结构由传统的高糖、高膳食纤维、低动物脂肪向低糖、低膳食纤维、高动物脂肪的方向转变。虽然动物不会直接暴露于农药，但某些难代谢的农药经过食物链可以在动物体内积累，而且许多潜在的有毒污染物具有脂溶性，任何高脂肪食品可能残留不可忽视的持久性有机污染物（POPs）或其他化学污染物。动物源食品经人摄食后转移到人体中后会对人体造成潜在危害。而有机氯农药由于其化学性质稳定、难于分解，成为动物源食品中主要的残留种类[44]。

近年来，动物源食品中兽药残留的检测方法和研究比较多见，关于农药的多残留检测技术相对较少。但随着人们对食品安全的重视，动物源食品中农药残留检测方法成为国内外研究热点。与植物源食品相比，动物源食品具有高蛋白、高脂肪等特点，因此，样品前处理过程是决定复杂基质样品中待测组分能否被准确检测的关键步骤。近年来，国内外研究学者对动物源食品前处理做了大量的研究。其中固液萃取和液液萃取被广泛作为动物源食品中农药的提取方法，其他提取法还有索氏提取、加速溶剂萃取、微波辅助萃取、超临界萃取等[45]。由于动物源食品常以固体形式存在，所以固液萃取法成为动物源食品中农药提取的常见方法。Gan 等[46]建立了鱼样品中测定有机氯农药的多残留方法，样品先经乙腈和正己烷溶液提取，后经固相萃取（SPE）净化，最后通过液相色谱串联三重四极杆质谱（LC-MS/MS）进行测定，方法的回收率为 80.4％～99.2％。Rafat Ahmad 等[47]建立了鸡蛋、鸡肉、牛羊肉中有机氯农药的检测方法，样品用索氏提取法提取，在 250mL 石油醚中提取 8h 后经弗罗里硅土柱净化，供带有电子捕获检测器的气相色谱仪（GC-ECD）分析，回收率为 76.2％～107.8％。

在农药提取过程中，基质中的某些杂质可能与待测物一起被提取出来，对待测物的定性和定量分析产生干扰。当利用液相/气相色谱或液质/气质联用分析时，共提出的脂类物质可能会吸附在进样口和柱头处，对待测物峰形产生影响。因此，净化过程对结果的重现性和色谱柱的寿命等具有较大的影响。目前，基质净化方法种类繁多，如凝胶渗透净化、固相萃取、固相微萃取、QuEChERS 等，或者利用脂类凝固点低的特点采用冷冻分离脂类。以上方法均可以在较为温和的条件下去除脂类或其他共提物[48]。杜鹃等[49]建立了猪肉、鸡肉、鱼肉和虾肉等动物源食品中 30 种有机氯农药残留的气相色谱-质谱联用检测方法，样品用乙腈提取，以凝胶渗透色谱和弗罗里硅土固相萃取柱联合进行净化，后经气相色谱-质谱检测，方法的回收率为 55.0％～119.1％，相对标准偏差在 0.4％～15.0％。苏明明等[50]采用 QuEChERS 前处理方法和在线凝胶过滤色谱气相色谱质谱联用法对鱼肉样品中的 16 种有机磷、菊酯和氨基甲酸酯等农药残留进行测定，样品经乙腈提取，提取溶液经脱水后离心，用分散性吸附剂去除离心提取液中的干扰基质如油脂和色素等，然后直接进行在线 GPC-GC/MS 联用法分析，回收率为 80％～120％。因在线 GPC-GC/MS 系统中的 GPC 能弥补 QuEChERS 方法去除干扰物质不彻底的问题，从而降低了基质干扰程度，改善了待测物峰形，提高了分析结果的准确性和相关质谱图的匹配性。

4.2.1　鱼肉类

4.2.1.1　河豚鱼、鳗鱼和对虾中 485 种农药及相关化学品残留量的测定 (GB/T 23207—2008)[51]

此标准规定了河豚鱼、鳗鱼和对虾中 485 种农药及相关化学品残留量的气相色谱-质谱测定方法，适用于河豚鱼、鳗鱼和对虾中 485 种农药及相关化学品残留的定性鉴别，402 种农药及相关化学品的定量测定。试样经环己烷-乙酸乙酯（1∶1）均质提取，凝胶渗透色谱净化，气相色谱-质谱仪检测，内标法定量。

（1）测定方法

① 农药及相关化学品标准溶液

a. 标准储备溶液。准确称取 5～10mg（精确至 0.1mg）农药及相关化学品各标准物分别置于 10mL 容量瓶中，根据标准物的溶解性和测定的需要选甲苯、甲苯＋丙酮混合液、二氯甲烷等溶剂溶解并定容至刻度（溶剂选择可参见原标准附录 A）。标准储备溶液避光 4℃保存，可使用一年。

b. 混合标准溶液。按照农药及相关化学品的性质和保留时间，将 485 种农药及相关化学品分成 A、B、C、D、E、F 六个组，并根据每种农药及相关化学品在仪器上的响应灵敏度，确定其在混合标准溶液中的浓度。485 种农药及相关化学品的分组及混合标准溶液浓度参见原标准附录 A。依据每种农药及相关化学品的分组号、混合标准溶液浓度及其标准储备液的浓度，移取一定量的单个农药及相关化学品标准储备溶液于 100mL 容量瓶中，用甲苯定容至刻度。混合标准溶液应避光 4℃保存，可使用一个月。

c. 内标溶液。准确称取 3.5mg 环氧七氯于 100mL 容量瓶中，用甲苯定容至刻度。

d. 基质混合标准工作溶液。A、B、C、D、E、F 组农药及相关化学品基质混合标准工作溶液是将 40μL 内标溶液和一定体积的 A、B、C、D、E、F 组混合标准溶液分别加到 1.0mL 的样品空白基质提取液中，混匀，配成基质混合标准工作溶液 A、B、C、D、E 和 F。基质混合标准工作溶液应现用现配。

② 试样制备与保存。按 GB/T 9695.19 抽取的样品用绞肉机绞碎，充分混匀，用四分法缩分至不少于 500g，作为试样，装入清洁容器内，密封后，标明标记。将试样于−18℃冷冻保存。

③ 提取。称取 10g 试样（精确至 0.01g），放入盛有 20g 无水硫酸钠的 50mL 离心管中，加入 35mL 环己烷-乙酸乙酯（1∶1），用均质器在 15000r·min^{-1} 均质提取

1.5min，在 3800r・min^{-1} 离心 3min。上清液通过装有无水硫酸钠的筒形漏斗，收集于 100mL 鸡心瓶中，残渣用 35mL 环己烷-乙酸乙酯（1：1）重复提取一次，经离心过滤后，合并两次提取液，将提取液于 40℃ 水浴用旋转蒸发器旋转蒸发至约 5mL，待净化。若以脂肪计，将提取液收集于已称重的鸡心瓶中，40℃ 旋转蒸发至约 5mL 后，再用氮气吹干仪吹干残存的溶剂，称重鸡心瓶，记下脂肪质量，待净化。

④ 凝胶渗透色谱净化

a. 条件

净化柱：360mm×25mm，内装 BIO-Beads S-X3 填料或相当者；

检测波长：254nm；

流动相：环己烷-乙酸乙酯（1：1）；

流速：4.7mL・min^{-1}；

进样量：5mL；

开始收集时间：26min；

结束收集时间：44min；

在线浓缩温度和真空度：1 区，45℃ 33.3kPa；2 区，49℃ 29.3kPa；3 区，52℃ 26.6kPa；

浓缩终点模式：液位传感模式；

浓缩终点温度和真空度：1 区，51℃ 26.60kPa；2 区，50℃ 23.94kPa。

b. 净化。将浓缩的提取液或脂肪用环己烷-乙酸乙酯（1：1）溶解转移至 10mL 容量瓶中，用 5mL 环己烷-乙酸乙酯（1：1）分两次洗涤鸡心瓶，并转移至上述 10mL 容量瓶中，再用环己烷-乙酸乙酯（1：1）定容至刻度，摇匀。用 0.45μm 滤膜将样液过滤入 10mL 试管中，用凝胶渗透色谱仪净化，收集 26～44min 的馏分，进行在线浓缩，加入 40μL 内标溶液，用环己烷-乙酸乙酯（1：1）定容至 1mL 后混匀，供气相色谱-质谱仪测定。

⑤ 气相色谱-质谱法测定（EI）

a. 条件

色谱柱：DB-1701（30m×0.25mm×0.25μm；14% 氰丙基-苯基，甲基聚硅氧烷）石英毛细管柱或相当者；

色谱柱温度：40℃ 保持 1min，然后以 30℃・min^{-1} 程序升温至 130℃，再以 5℃・min^{-1} 升温至 250℃，再以 10℃・min^{-1} 升温至 300℃，保持 5min；

载气：氦气，纯度≥99.999%，流速为 1.2mL・min^{-1}；

进样口温度：290℃；

进样量：1μL；

进样方式：无分流进样，1.5min 后开阀；

电子轰击源：70eV；

离子源温度：230℃；

四极杆温度：150℃；

GC-MS 接口温度：280℃；

溶剂延迟：A 组为 8.30min，B 组为 7.80min，C 组为 7.30min，D 组为 5.50min，E 组为 5.50min，F 组为 5.50min。

选择离子监测：每种化合物分别选择一个定量离子，2～3 个定性离子。每组所有需要检测的离子按照出峰顺序，分时段分别检测。每种化合物的保留时间、定量离子、定性离子及定量离子与定性离子的丰度比值参见原标准附录 B。每组检测离子的开始时间和驻留时间参见原标准附录 C。

b. 定性测定。进行样品测定时，如果检出的色谱峰的保留时间与标准样品相一致，并且在扣除背景后的样品质谱图中，所选择的离子均出现，而且所选择的离子丰度比与标准样品的离子丰度比相一致（相对丰度＞50％，允许±10％偏差；相对丰度＞20％～50％，允许±15％偏差；相对丰度＞10％～20％，允许±20％偏差；相对丰度≤10％，允许±50％偏差），则可判断样品中存在这种农药或相关化学品。如果不能确证，应重新进样，以扫描方式（有足够灵敏度）或采用增加其他确证离子的方式或用其他灵敏度更高的分析仪器来确证。

c. 定量测定。此方法采用内标法单离子定量测定。内标物为环氧七氯。为减少基质的影响，定量用的标准溶液应采用基质混合标准工作溶液。标准溶液的浓度应与待测化合物的浓度相近。此方法的 A、B、C、D、E、F 六组标准物质在河豚鱼基质中选择离子监测 GC-MS 图参见原标准附录 D。

（2）结果　气相色谱-质谱测定结果可由计算机按照内标法自动计算，也可按公式计算（参阅本章 GB 23200.9—2016 的公式）。

此标准方法的检出限为 $0.0025～0.6000 mg \cdot kg^{-1}$，参见原标准附录 A。此标准方法的精密度数据是按照 GB/T 6379.1 和 GB/T 6379.2 的规定确定的，获得重复性和再现性的值是以 95％的可信度来计算的。此标准方法的精密度数据参见原标准附录 E。

4.2.1.2　河豚鱼、鳗鱼和对虾中 450 种农药及相关化学品残留量的测定 (GB/T 23208—2008)[52]

此标准规定了河豚鱼、鳗鱼和对虾中 450 种农药及相关化学品残留量的液相色谱-串联质谱测定方法，适用于河豚鱼、鳗鱼和对虾中 450 种农药及相关化学品残留的定性鉴别，380 种农药及相关化学品残留量的定量测定。试样用环己烷-乙酸乙酯（1∶1）均质提取，提取液经凝胶渗透色谱净化，液相色谱-串联质谱仪测定，外标法定量。

（1）测定方法

① 农药及相关化学品标准溶液

a. 标准储备溶液。准确称取 5～10mg（精确至 0.1mg）农药及相关化学品各标准物分别于 10mL 容量瓶中，根据标准物的溶解度选甲醇、甲苯、丙酮、乙腈等溶解并定容至刻度，溶剂选择参见原标准附录 A。标准储备溶液避光 0～4℃保存，可使用一年。

b. 混合标准溶液。按照农药及相关化学品的性质和保留时间，将 450 种农药及相关化学品分成 A、B、C、D、E、F、G 七个组，并根据每种农药及相关化学品在仪器上的响应灵敏度，确定其在混合标准溶液中的浓度。450种农药及相关化学品的分组及其混合标准溶液浓度参见原标准附录 A。依据每种农药及相关化学品的分组、混合标准溶液浓度及其标准储备液的浓度，移取一定量的单个农药及相关化学品标准储备溶液于100mL 容量瓶中，用甲醇定容至刻度。混合标准溶液避光 4℃保存，可使用一个月。

c. 基质混合标准工作溶液。农药及相关化学品基质混合标准工作溶液是用空白样品溶液配成不同浓度的基质混合标准工作溶液 A、B、C、D、E、F、G，用于做标准工作曲线。基质混合标准工作溶液应现用现配。

② 试样制备与保存。按 GB/T 9695.19 抽取的样品用绞肉机绞碎，充分混匀，用四分法缩分至不少于 500g 作为试样，装入清洁器内，密封后标明标记。试样于－18℃下冷冻保存。

③ 提取。称取 10g 试样（精确至 0.01g），放入盛有 20g 无水硫酸钠的 50mL 离心管中，加入 35mL 环己烷-乙酸乙酯（1∶1）混合溶剂。用均质器在 15000r·min^{-1}均质提取 1.5min，在 3800r·min^{-1}离心 3min，上清液通过装有无水硫酸钠的筒形漏斗，收集于 100mL 鸡心瓶中，残渣用 35mL 环己烷-乙酸乙酯（1∶1）混合溶剂重复提取一次，经离心过滤后，合并两次提取液，将提取液用旋转蒸发器于 40℃水浴蒸发浓缩至约 5mL，待净化。若以脂肪计，将提取液收集于已称重的鸡心瓶中，40℃旋转蒸发至约 5mL 后，再用氮气吹干仪吹干残存的溶剂，称重鸡心瓶，记下脂肪质量，待净化。

④ 凝胶渗透色谱净化

a. 条件

净化柱：360mm×25mm（内径），内装 BIO-Beads S-X3 填料或相当者；

检测波长：254nm；

流动相：环己烷-乙酸乙酯（1∶1，体积比）；

流速：4.7mL·min^{-1}；

进样量：5mL；

开始收集时间：26min；

结束收集时间：44min。

b. 净化。将浓缩的提取液或脂肪用环己烷-乙酸乙酯（1∶1）转移至 10mL 容量瓶中，用约 5mL 环己烷-乙酸乙酯混合溶剂分两次洗涤鸡心瓶，并转移至上述 10mL 容量瓶中，再用环己烷-乙酸乙酯混合溶剂定容至刻度，摇匀。将样液过 0.45μm 微孔滤膜滤入 10mL 试管中，供凝胶渗透色谱仪净化，收集 26～44min 的馏分，在 40℃水浴中旋转浓缩至 0.5mL，于 35℃下氮气吹干，1mL 乙腈-水（3∶2）溶解残渣，0.2μm 微孔滤膜过滤后供液相色谱-串联质谱分析。

⑤ 液相色谱-串联质谱测定（ESI）

a. 条件

Ⅰ. A、B、C、D、E、F 组农药及相关化学品测定条件

色谱柱：ZORBOX SB-C$_{18}$，3.5μm，100mm×2.1mm（内径）或相当者；

流动相及梯度洗脱条件见表 4-7；

表 4-7　A～F 组测定流动相及梯度洗脱条件

时间/min	流速/μL·min⁻¹	流动相 A（0.05％甲酸-水）/％	流动相 B（乙腈）/％
0.00	400	99.0	1.0
3.00	400	70.0	30.0
6.00	400	60.0	40.0
9.00	400	60.0	40.0
15.00	400	40.0	60.0
19.00	400	1.0	99.0
23.00	400	1.0	99.0
23.01	400	99.0	1.0

柱温：40℃；

进样量：10μL；

电离源极性：正模式；

雾化气：氮气；

雾化气压力：0.28MPa；

离子喷雾电压：4000V；

干燥气温度：350℃；

干燥气流速：10L·min⁻¹；

监测离子对、碰撞气能量和源内碎裂电压参见原标准附录 B。

Ⅱ．G 组农药及相关化学品测定条件

除电离源极性为负模式外，其他条件均与 A、B、C、D、E、F 组农药及相关化学品测定条件相同。监测离子对、碰撞气能量和源内碎裂电压参见原标准附录 B。

b. 定性测定。在相同实验条件下进行样品测定时，如果检出的色谱峰的保留时间与标准样品相一致，并且在扣除背景后的样品质谱图中，所选择的离子均出现，而且所选择的离子丰度比与标准样品的离子丰度比相一致（相对丰度＞50％，允许±20％偏差；相对丰度＞20％～50％，允许±25％偏差；相对丰度＞10％～20％，允许±30％偏差；相对丰度≤10％，允许±50％偏差），则可判断样品中存在这种农药或相关化学品。

c. 定量测定。此标准中液相色谱-串联质谱采用外标-校准曲线法定量测定。为减少基质对定量测定的影响，需用空白样品提取液来配制所使用的一系列基质标准工作溶液，用基质标准工作溶液分别进样来绘制标准曲线。并且保证所测样品中农药及相关化学品的响应值均在仪器的线性范围内。450 种农药及相关化学品多反应监测（MRM）色谱图参见原标准附录 C。

（2）结果　液相色谱-串联质谱测定采用标准曲线法定量，标准曲线法定量结果按以下公式计算：

$$X_i = c_i \times \frac{V}{m} \times \frac{1000}{1000} \tag{4-10}$$

式中　X_i——试样中被测组分含量，mg·kg⁻¹；

c_i——从标准工作曲线得到的试样溶液中被测组分的浓度，$\mu g \cdot mL^{-1}$；

V——试样溶液定容体积，mL；

m——样品溶液所代表试样的质量，g。

注：计算结果应扣除空白值。

此标准方法的检出限为 $0.02 \mu g \cdot kg^{-1} \sim 0.195 mg \cdot kg^{-1}$。此标准方法的精密度数据是按照 GB/T 6379.1 和 GB/T 6379.2 的规定确定的，获得重复性和再现性的值以 95% 的可信度来计算。此标准方法的精密度数据见原标准附录 D。

4.2.2 家禽和家畜类

4.2.2.1 动物肌肉中 478 种农药及相关化学品残留量的测定(GB/T 19650—2006)[53]

此标准规定了猪肉、牛肉、羊肉、兔肉、鸡肉中 478 种农药及相关化学品残留量的气相色谱-质谱测定方法，适用于猪肉、牛肉、羊肉、兔肉、鸡肉中 478 种农药及相关化学品残留量的测定。试样用环己烷-乙酸乙酯（1∶1）均质提取，提取液浓缩定容后，用凝胶渗透色谱仪净化，供气相色谱-质谱仪检测。

（1）测定方法

① 农药及相关化学品标准溶液

a. 标准储备溶液。准确称取 5～10mg（精确至 0.1mg）农药及相关化学品各标准物分别放入 10mL 容量瓶中，根据标准物的溶解性和测定的需要选择甲苯、甲苯-丙酮混合液、二氯甲烷等溶剂溶解并定容至刻度，溶剂选择可参见原标准附录 A。

b. 混合标准溶液。按照农药及相关化学品的性质和保留时间，将 478 种农药及相关化学品分成 A、B、C、D、E 五个组，并根据每种农药及相关化学品在仪器上的响应灵敏度，确定其在混合标准溶液中的浓度。478 种农药及相关化学品的分组及其混合标准溶液浓度参见原标准附录 A。依据每种农药及相关化学品的分组号、混合标准溶液浓度及其标准储备液的浓度，移取一定量的单个农药及相关化学品标准储备溶液于 100mL 容量瓶中，用甲苯定容至刻度。混合标准溶液应避光 4℃ 保存，可使用一个月。

c. 内标溶液。准确称取 3.5mg 环氧七氯于 100mL 容量瓶中，用甲苯定容至刻度。

d. 基质混合标准工作溶液。A、B、C、D、E 组农药及相关化学品基质混合标准工作溶液是将 $40 \mu L$ 内标溶液和一定体积的混合标准溶液（分别为 A、B、C、D、E 五个组）分别加到 1.0mL 的样品空白基质提取液中，混匀，配成基质混合标准工作溶液 A、B、C、D 和 E。基质混合标准工作溶液应现用现配。

② 试样制备与保存。按 GB/T 9695.19 抽取的样品用绞肉机绞碎，充分混匀，用四分法缩分至不少于 500g，作为试样，装入清洁容器内，密封后，标明标记。将试样于 -18℃ 冷冻保存。

③ 提取。称取 10g 试样（精确至 0.01g），放入盛有 20g 无水硫酸钠的 50mL 离心管中，加入 35mL 环己烷-乙酸乙酯混合溶剂。用均质器在 $15000r \cdot min^{-1}$ 均质提取 1.5min，把离心管放在离心机中，在 $3000r \cdot min^{-1}$ 离心 3min。上清液通过装有无水硫

酸钠的筒形漏斗，收集于 100mL 鸡心瓶中，残渣用 35mL 环己烷-乙酸乙酯混合溶剂重复提取一次，经离心过滤后，合并两次提取液，将提取液于 40℃ 水浴用旋转蒸发器旋转蒸发至约 5mL，待净化。若以脂肪计，将提取液收集于已称量的鸡心瓶中，用旋转蒸发器在 40℃ 水浴蒸发至 5mL，然后再用氮气吹干仪吹干残存的溶剂，鸡心瓶称量后，记下脂肪质量，待净化。

④ 凝胶渗透色谱净化

a. 条件

净化柱：400mm×25mm，内装 BIO-Beads S-X3 填料或相当者；

检测波长：254nm；

流动相：环己烷-乙酸乙酯（1∶1）；

流速：5mL·min⁻¹；

进样量：5mL；

开始收集时间：22min；

结束收集时间：40min。

b. 净化。将浓缩的提取液或脂肪用环己烷-乙酸乙酯（1∶1）混合溶剂溶解转移至 10mL 容量瓶中，用 5mL 环己烷-乙酸乙酯混合溶剂分两次洗涤鸡心瓶，并转移至上述 10mL 容量瓶中，再用环己烷-乙酸乙酯混合溶剂定容至刻度，摇匀。用 $0.45\mu m$ 滤膜将样液过滤入 10mL 试管中，用凝胶渗透色谱仪净化，收集 22～40min 的馏分于 100mL 鸡心瓶中，并在 40℃ 水浴旋转蒸发至约 0.5mL。加入 2×5mL 正己烷在 40℃ 用旋转蒸发器进行溶剂交换两次，使最终样液体积为 1mL，加入 $40\mu L$ 内标溶液，混匀，供气相色谱-质谱仪测定。

同时取不含农药及相关化学品的肌肉样品，按以上步骤制备样品空白提取液用于配制基质混合标准工作溶液。

⑤ 气相色谱-质谱法测定

a. 条件

色谱柱：DB-1701（30m×0.25mm×0.25μm）石英毛细管柱或相当者；

色谱柱温度：40℃ 保持 1min，然后以 30℃·min⁻¹ 程序升温至 130℃，再以 5℃·min⁻¹ 升温至 250℃，再以 10℃·min⁻¹ 升温至 300℃，保持 5min；

载气：氦气，纯度≥99.999%，流速为 1.2mL·min⁻¹；

进样口温度：290℃；

进样量：1μL；

进样方式：无分流进样，1.5min 后打开分流阀和隔垫吹扫阀；

电子轰击源：70eV；

离子源温度：230℃；

GC-MS 接口温度：280℃；

选择离子监测：每种化合物分别选择一个定量离子，2～3 个定性离子。每组所有需要检测的离子按照出峰顺序，分时段分别检测。每种化合物的保留时间、定量离子、定性离子及定量离子与定性离子丰度的比值，参见原标准附录 B。每组检测离子的开始时间和驻留时间参见原标准附录 C。

b. 定性测定。进行样品测定时，如果检出的色谱峰的保留时间与标准样品相一致，并且在扣除背景后的样品质谱图中，所选择的离子均出现，而且所选择的离子丰度比与标准样品的离子丰度比相一致（相对丰度＞50％，允许±10％偏差；相对丰度＞20％～50％，允许±15％偏差；相对丰度＞10％～20％，允许±20％偏差；相对丰度≤10％，允许±50％偏差），则可判断样品中存在这种农药或相关化学品。如果不能确证，应重新进样，以扫描方式（有足够灵敏度）或采用增加其他确证离子的方式或用其他灵敏度更高的分析仪器来确证。

c. 定量测定。此方法采用内标法单离子定量测定。内标物为环氧七氯。为减少基质的影响，定量用的标准溶液应采用基质混合标准工作溶液。标准溶液的浓度应与待测化合物的浓度相近。此标准方法的 A、B、C、D、E 五组标准物质在鸡肉基质中选择离子监测 GC-MS 图参见原标准附录 D。

（2）结果　气相色谱-质谱测定结果可由计算机按照内标法自动计算，也可按公式计算：

$$X = c_s \times \frac{A}{A_s} \times \frac{c_i}{c_{si}} \times \frac{A_{si}}{A_i} \times \frac{V}{m} \times \frac{1000}{1000} \tag{4-11}$$

式中　X——试样中被测物残留量，$mg \cdot kg^{-1}$；

c_s——基质标准工作溶液中被测物的浓度，$\mu g \cdot mL^{-1}$；

A——试样溶液中被测物的色谱峰面积；

A_s——基质标准工作溶液中被测物的色谱峰面积；

c_i——试样溶液中内标物的浓度，$\mu g \cdot mL^{-1}$；

c_{si}——基质标准工作溶液中内标物的浓度，$\mu g \cdot mL^{-1}$；

A_{si}——基质标准工作溶液中内标物的色谱峰面积；

A_i——试样溶液中内标物的色谱峰面积；

V——样液最终定容体积，mL；

m——试样溶液所代表试样的质量，g。

注：计算结果应扣除空白值。

此标准方法的检出限为 $0.0025 \sim 0.3000 mg \cdot kg^{-1}$，参见原标准附录 A。此标准方法的精密度数据是按照 GB/T 6379.1 和 GB/T 6379.2 的规定确定的，获得重复性和再现性的值是以 95％ 的可信度来计算的。此标准方法的精密度数据参见原标准附录 E。

4.2.2.2　动物肌肉中 461 种农药及相关化学品残留量的测定(GB/T 20772—2008)[54]

此标准规定了猪肉、牛肉、羊肉、兔肉、鸡肉中 461 种农药及相关化学品残留量液相色谱-串联质谱测定方法，适用于猪肉、牛肉、羊肉、兔肉、鸡肉中 461 种农药及相关化学品残留量的测定。试样用环己烷-乙酸乙酯均质提取，凝胶渗透色谱净化，供液相色谱-串联质谱仪检测。

（1）测定方法

① 农药及相关化学品标准溶液

a. 标准储备溶液。准确称取 5～10mg（精确至 0.1mg）农药及相关化学品各标准物分别于 10mL 容量瓶中，根据标准物的溶解性选甲醇、甲苯、丙酮、乙腈、异辛烷等溶剂溶解并定容至刻度，溶剂选择参见原标准附录 A。标准储备溶液避光 0～4℃保存，可使用一年。

b. 混合标准溶液。按照农药及相关化学品的性质和保留时间，将 461 种农药及相关化学品分成 A、B、C、D、E、F、G 七个组，并根据每种农药及相关化学品在仪器上的响应灵敏度，确定其在混合标准溶液中的浓度。461 种农药及相关化学品的分组及其混合标准溶液浓度参见原标准附录 A。依据每种农药及相关化学品的分组、混合标准溶液浓度及其标准储备液的浓度，移取一定量的单个农药及相关化学品标准储备溶液于 100mL 容量瓶中，用甲醇定容至刻度。混合标准溶液避光 4℃保存，可使用一个月。

c. 基质混合标准工作溶液。基质混合标准工作溶液是用空白样品溶液配成不同浓度的基质混合标准工作溶液 A、B、C、D、E、F、G，用于做标准工作曲线。基质混合标准工作溶液应现用现配。

② 试样制备与保存。按 GB/T 9695.19 抽取的样品用绞肉机绞碎，充分混匀，用四分法缩分至不少于 500g 作为试样，装入清洁器内，密封后标明标记。试样于 -18℃下冷冻保存。

③ 提取。称取 10g 试样（精确至 0.01g），放入盛有 20g 无水硫酸钠的 50mL 离心管中，加 35mL 环己烷-乙酸乙酯混合溶剂。用均质器在 15000r·min^{-1} 均质提取 1.5min，再用离心机在 3000r·min^{-1} 离心 3min，上清液通过装有无水硫酸钠的筒形漏斗，收集于 100mL 鸡心瓶中，残渣用 35mL 环己烷-乙酸乙酯混合溶剂重复提取一次，经离心过滤后，合并两次提取液，将提取液用旋转蒸发器于 40℃水浴蒸发浓缩至约 5mL，待净化。若以脂肪计，将提取液收集于已称重的鸡心瓶中，40℃旋转蒸发至约 5mL，然后在 50℃用氮气吹干仪吹干残存的溶剂，称重鸡心瓶，记下脂肪质量，待净化。

④ 凝胶渗透色谱净化

a. 条件

净化柱：400mm×25mm（内径），内装 BIO-Beads S-X3 填料或相当者；

检测波长：254nm；

流动相：环己烷-乙酸乙酯（1:1，体积比）；

流速：5mL·min^{-1}；

进样量：5mL；

开始收集时间：22min；

结束收集时间：40min。

b. 净化。将浓缩的提取液或脂肪用环己烷-乙酸乙酯混合溶剂转移至 10mL 容量瓶中，用 5mL 环己烷-乙酸乙酯混合溶剂分两次洗涤鸡心瓶，并转移至上述 10mL 容量瓶中，再用环己烷-乙酸乙酯混合溶剂定容至刻度，摇匀。将样液过 $0.45\mu m$ 微孔滤膜滤入 10mL 试管中，供凝胶渗透色谱仪净化，收集 22～40min 的馏分于 100mL 鸡心瓶中，并在 40℃ 水浴旋转蒸发至约 0.5mL。用氮气吹干，1mL 乙腈-水（3∶2）溶解残渣，经 $0.2\mu m$ 微孔滤膜过滤后供液相色谱-串联质谱进行检测。

同时取不含农药及相关化学品的肌肉样品，按以上步骤制备样品空白提取液用于配制基质混合标准工作溶液。

⑤ 液相色谱-串联质谱测定（ESI）

a. 条件

Ⅰ. A、B、C、D、E、F 组农药及相关化学品测定条件

色谱柱：ZORBOX SB-C$_{18}$，$3.5\mu m$，100mm×2.1mm（内径）或相当者；

流动相及梯度洗脱条件见表 4-8；

表 4-8　流动相及梯度洗脱条件

时间/min	流速/μL·min^{-1}	流动相 A（0.05%甲酸-水）/%	流动相 B（乙腈）/%
0.00	400	99.0	1.0
3.00	400	70.0	30.0
6.00	400	60.0	40.0
9.00	400	60.0	40.0
15.00	400	40.0	60.0
19.00	400	1.0	99.0
23.00	400	1.0	99.0
23.01	400	99.0	1.0

柱温：40℃；

进样量：10μL；

电离源极性：正模式；

雾化气：氮气；

雾化气压力：0.28MPa；

离子喷雾电压：4000V；

干燥气温度：350℃；

干燥气流速：10L·min^{-1}；

监测离子对、碰撞气能量和源内碎裂电压参见原标准附录 B。

Ⅱ. G 组液相色谱-串联质谱测定条件

除电离源极性为负模式外，其他条件均与 A、B、C、D、E、F 组农药及相关化学品测定条件相同。监测离子对、碰撞能量和源内碎裂电压参见原标准附录 B。

b. 定性测定。在相同实验条件下进行样品测定时，如果检出的色谱峰的保留时间与标准样品相一致，并且在扣除背景后的样品质谱图中，所选择的离子均出现，而且所选择的离子丰度比与标准样品的离子丰度比相一致（相对丰度＞50％，允许±20％偏

差；相对丰度＞20％～50％，允许±25％偏差；相对丰度＞10％～20％，允许±30％偏差；相对丰度≤10％，允许±50％偏差），则可判断样品中存在这种农药或相关化学品。

c. 定量测定。此标准中液相色谱-串联质谱采用外标-校准曲线法定量测定。为减少基质对定量测定的影响，需用空白样品提取液来配制所使用的一系列基质标准工作溶液，用基质标准工作溶液分别进样来绘制标准曲线。并且保证所测样品中农药及相关化学品的响应值均在仪器的线性范围内。461 种农药及相关化学品多反应监测（MRM）色谱图参见原标准附录 C。

（2）结果　液相色谱-串联质谱测定采用标准曲线法定量，标准曲线法定量结果按公式计算：

$$X_i = c_i \times \frac{V}{m} \times \frac{1000}{1000} \tag{4-12}$$

式中　X_i——试样中被测组分含量，$mg \cdot kg^{-1}$；

c_i——从标准工作曲线得到的试样溶液中被测组分的浓度，$\mu g \cdot mL^{-1}$；

V——试样溶液定容体积，mL；

m——样品溶液所代表试样的质量，g。

注：计算结果应扣除空白值。

此标准方法的检出限为 $0.04\mu g \cdot kg^{-1} \sim 4.82 mg \cdot kg^{-1}$，参见原标准附录 A。此标准方法的精密度数据是按照 GB/T 6379.1 和 GB/T 6379.2 的规定确定的，获得重复性和再现性的值以 95％的可信度来计算。此标准方法的精密度数据见原标准附录 D。

4.2.3　蜂蜜类

蜂蜜作为一种纯天然食品，营养价值高，广泛受到人们的喜爱。然而近年来中国蜂产品的合格率较低，原因之一是蜂农、花农未能科学使用药物，导致蜂产品中的农药残留超标。在当前食品安全备受重视的形势下，世界各国和国际组织对蜂蜜中农药残留问题日趋关注，并加强了蜂产品农药最大残留限量（MRL）标准的制定[55]。欧盟专门对蜂蜜中的农药残留制定了最大残留限量标准，包括杀虫剂、除草剂、杀菌剂等约 47项[56]。日本肯定列表规定了蜂蜜中腈嘧菌酯、四克利、嘧菌环胺、敌百虫、氟胺氰菊酯等农药的 MRL 值[57]。中国农业农村部也对蜂蜜中氟胺氰菊酯、氟氯苯氰菊酯、溴螨酯的 MRL 值进行了规定[58]。

目前，蜂蜜中农药残留的常用检测方法主要有气相色谱-质谱法（GC-MS）和液相色谱-质谱法（HPLC-MS）等[59~63]。样品前处理方法主要有液液萃取、固相萃取和分散固相萃取等，在这些前处理方法中，液液萃取的净化效果相对较差、操作烦琐，而固相萃取和分散固相萃取则较为简便，更适合作为蜂蜜中农药残留的前处理方法。张烁等[55]建立了蜂蜜中 14 种农药（敌百虫、3-羟基克百威、西草净、克百威、阿特拉津、腈嘧菌酯、四克利、嘧菌环胺、蝇毒磷、苯醚甲环唑、丙溴磷、毒死蜱、溴氰菊酯、氟胺氰菊酯）残留的超高效液相色谱-高分辨质谱测定方法，样品经 1％甲酸-乙腈提取，用 PSA 和 C_{18} 为吸附剂的分散固相萃取法（d-SPE）进行净化，供 UPLC-HRMS 分析测定，方法的回收率为 80.3%～112.7%。林国斌等[64]建立了蜂蜜中 10 种拟除虫菊酯类农药（联苯菊酯、溴螨酯、氯氟氰菊酯、氯菊酯、氟氯氰菊酯、氯氰菊酯、氟胺氰菊酯、氰戊菊酯、溴氰菊酯、氟氯苯氰菊酯）的残留检测方法，样品用二氯甲烷提取，经弗罗里硅土固相萃取柱净化，后供 GC-ECD 测定，方法的回收率为 77.3%～103.0%。

4.2.3.1　蜂蜜中 497 种农药及相关化学品残留量的测定(GB 23200.7—2016)[65]

此标准规定了蜂蜜中 497 种农药及相关化学品残留量的气相色谱-质谱测定方法，适用于蜂蜜中 497 种农药及相关化学品残留量的测定。试样用二氯甲烷提取，经串联 Envi-Carb 和 Sep-Pak-NH$_2$ 柱净化，用乙腈-甲苯溶液（3∶1）洗脱农药及相关化学品，用气相色谱-质谱仪检测。

（1）测定方法

① 农药及相关化学品标准溶液

a. 标准储备溶液。准确称取 5～10mg（精确至 0.1mg）农药及相关化学品各标准物分别于 50mL 烧杯中，根据标准物的溶解性选甲苯、甲苯-丙酮、二氯甲烷等溶剂溶解，转移到 10mL 容量瓶中，分别用相应的试剂或溶液定容至刻度（溶剂选择参见原标准附录 A），标准溶液避光 4℃保存，保存期为一个月。

b. 混合标准溶液。按照农药及相关化学品的性质和保留时间，将 497 种农药及相关化学品分成 A、B、C、D、E 五个组，并根据每种化合物在仪器上的响应灵敏度，确定其在混合标准溶液中的浓度。497 种化合物的分组及混合标准溶液质量浓度参见原标准附录 A。依据每种农药及相关化学品的分组号、混合标准溶液浓度及其标准储备液的质量浓度，移取一定量的单个农药及相关化学品标准储备溶液于 100mL 容量瓶中，用甲苯定容至刻度。混合标准溶液应避光 4℃保存，可使用一个月。

c. 内标溶液。准确称取 3.5mg 环氧七氯于 50mL 烧杯中，用甲苯溶解后转移入 100mL 容量瓶中，用甲苯定容至刻度。

d. 基质混合标准工作溶液。将 40μL 内标溶液和一定体积的混合标准溶液分别加到 1.0mL 的样品空白基质提取液中，混匀，配成基质混合标准工作溶液 A、B、C、D 和 E。基质混合标准工作溶液应现用现配。

② 试样制备与保存。对无结晶的蜂蜜样品，将其搅拌均匀。对有结晶的样品，在密闭情况下，置于不超过 60℃的水浴中温热，振荡，待样品全部融化后搅匀，迅速冷却至室温。分出 0.5kg 作为试样，置于样品瓶中，密封，并标明标记。

③ 提取。称取 15g 试样（精确至 0.01g）于 250mL 具塞锥形瓶中，加入 30mL 水，于 40℃振荡水浴中振荡溶解 15min。加入 10mL 丙酮，然后将瓶中内容物移入 250mL 分液漏斗中，用 40mL 二氯甲烷分数次洗涤锥形瓶，并将洗液倒入分液漏斗中，振摇八次，小心排气，静置分层，将下层有机相通过装有无水硫酸钠的筒形漏斗，收集于 200mL 鸡心瓶中。再依次加入 5mL 丙酮和 40mL 二氯甲烷于分液漏斗中，振摇 1min，静置、分层后收集。如此重复提取两次，合并提取液，将提取液于 40℃水浴旋转蒸发至约 1mL，待净化。

④ 净化。在 Envi-Carb 柱中加入约 2cm 高无水硫酸钠，将该柱连接在 Sep-Pak-NH₂ 柱顶部，并将串联柱放入下接鸡心瓶的固定架上。加样前先用 4mL 乙腈-甲苯溶液预洗柱，当液面到达硫酸钠的顶部时，迅速将样品提取液转移至净化柱上，再用 3×2mL 乙腈-甲苯溶液洗涤样液瓶，并将洗液移入柱中。在串联柱上加上 50mL 贮液器，用 25mL 乙腈＋甲苯溶液洗脱农药及相关化学品，收集所有流出物于鸡心瓶中，并在 40℃ 水浴中旋转浓缩至约 0.5mL。用 2×5mL 正己烷进行溶剂交换两次，最后使样液体积约为 1mL，加入 40μL 内标溶液，混匀，用于气相色谱-质谱测定。

⑤ 气相色谱-质谱法测定（EI）

a. 条件

色谱柱：DB-1701（30m×0.25mm×0.25μm）石英毛细管柱或相当者；

色谱柱温度：40℃ 保持 1min，然后以 30℃·min⁻¹ 程序升温至 130℃，再以 5℃·min⁻¹ 升温至 250℃，再以 10℃·min⁻¹ 升温至 300℃，保持 5min；

载气：氦气，纯度≥99.999％，流速为 1.2mL·min⁻¹；

进样口温度：290℃；

进样量：1μL；

进样方式：无分流进样，1.5min 后打开分流阀和隔垫吹扫阀；

电子轰击源：70eV；

离子源温度：230℃；

GC-MS 接口温度：280℃；

选择离子监测：每种化合物分别选择一个定量离子，2～3 个定性离子。每组所有需要检测的离子按照出峰顺序，分时段分别检测。每种化合物的保留时间、定量离子、定性离子及定量离子与定性离子丰度的比值，参见原标准附录 B。每组检测离子的开始时间和驻留时间参见原标准附录 C。

b. 定性测定。进行样品测定时，如果检出的色谱峰的保留时间与标准样品相一致，并且在扣除背景后的样品质谱图中，所选择的离子均出现，而且所选择的离子丰度比与标准样品的离子丰度比相一致（相对丰度＞50％，允许±10％偏差；相对丰度＞20％～50％，允许±15％偏差；相对丰度＞10％～20％，允许±20％偏差；相对丰度≤10％，允许±50％偏差），则可判断样品中存在这种农药或相关化学品。如果不能确证，应重新进样，以扫描方式（有足够灵敏度）或采用增加其他确证离子的方式或其他灵敏度更高的分析仪器来确证。

c. 定量测定。此方法采用内标法单离子定量测定。内标物为环氧七氯。为减少基质的影响，定量用的标准溶液应采用基质混合标准工作溶液。标准溶液的浓度应与待测化合物的浓度相近。本方法的 A、B、C、D、E 五组标准物质在蜂蜜基质中选择离子监测 GC-MS 图参见原标准附录 D。

（2）结果　气相色谱-质谱测定结果可由计算机按照内标法自动计算，也可按公式计算：

$$X = c_s \times \frac{A}{A_s} \times \frac{c_i}{c_{si}} \times \frac{A_{si}}{A_i} \times \frac{V}{m} \times \frac{1000}{1000} \qquad (4\text{-}13)$$

式中　X——试样中被测物残留量，$mg \cdot kg^{-1}$；

　　　　c_s——基质标准工作溶液中被测物的浓度，$\mu g \cdot mL^{-1}$；

　　　　A——试样溶液中被测物的色谱峰面积；

　　　　A_s——基质标准工作溶液中被测物的色谱峰面积；

　　　　c_i——试样溶液中内标物的浓度，$\mu g \cdot mL^{-1}$；

　　　　c_{si}——基质标准工作溶液中内标物的浓度，$\mu g \cdot mL^{-1}$；

　　　　A_{si}——基质标准工作溶液中内标物的色谱峰面积；

　　　　A_i——试样溶液中内标物的色谱峰面积；

　　　　V——样液最终定容体积，mL；

　　　　m——试样溶液所代表试样的质量，g。

注：计算结果应扣除空白值。

此标准方法的定量限参见原标准附录 B。当添加水平为 LOQ、2×LOQ、5×LOQ 时，添加回收率参见原标准附录 G。在重复性条件下获得的两次独立测定结果的绝对差值与其算术平均值的比值（百分率），应符合原标准附录 E 的要求。在再现性条件下获得的两次独立测定结果的绝对差值与其算术平均值的比值（百分率），应符合原标准附录 F 的要求。

4.2.3.2　蜂蜜中 486 种农药及相关化学品残留量的测定(GB/T 20771—2008)[66]

此标准规定了洋槐蜜、油菜蜜、椴树蜜、荞麦蜜、枣花蜜中 486 种农药及相关化学品残留量的液相色谱-串联质谱测定方法，适用于洋槐蜜、油菜蜜、椴树蜜、荞麦蜜、枣花蜜中 486 种农药及相关化学品残留的定性鉴别，461 种农药及相关化学品残留量的定量测定。试样经二氯甲烷提取，提取液经 Sep-Pak 氨基固相萃取柱净化，液相色谱-串联质谱仪测定，外标法定量。

（1）测定方法

① 农药及相关化学品标准溶液

a. 标准储备溶液。准确称取 5～10mg（精确至 0.1mg）农药及相关化学品各标准物分别于 10mL 容量瓶中，根据标准物的溶解度和测定的需要选甲醇、甲苯、丙酮、乙腈、异辛烷溶解并定容至刻度，溶剂选择参见原标准附录 A。标准储备溶液避光 0～4℃保存，可使用一年。

b. 混合标准溶液。按照农药及相关化学品的性质和保留时间，将 486 种农药及相关化学品分成 A、B、C、D、E、F、G、H、I 九个组，并根据每种农药及相关化学品在仪器上的响应灵敏度，确定其在混合标准溶液中的浓度。486 种农药及相关化学品的分组及其混合标准溶液浓度参见原标准附录 B。依据每种农药及相关化学品的分组、混合标准溶液浓度及其标准储备液的浓度，移取一定量的单个农药及相关化学品标准储备溶液于 100mL 容量瓶中，用甲醇定容至刻度。混合标准溶液避光 0～4℃保存，可使用一个月。

c. 基质混合标准工作溶液。农药及相关化学品基质混合标准工作溶液是用空白样品基质溶液配成不同浓度的基质混合标准工作溶液 A、B、C、D、E、F、G、H 和 I，用于做标准工作曲线。基质混合标准工作溶液应现用现配。

② 试样制备与保存。对无结晶的蜂蜜样品，将其搅拌均匀。对有结晶的样品，在密闭情况下，置于不超过 60℃ 的水浴中温热，振荡，待样品全部融化后搅匀，迅速冷却至室温。分出 0.5kg 作为试样，置于样品瓶中，密封，并标明标记。试样于常温下保存。

③ 提取。称取 15g 试样（精确至 0.01g）于 250mL 具塞锥形瓶中，加入 20mL 水，于 40℃ 振荡溶解 15min。加入 10mL 丙酮，然后将瓶中内容物移入 250mL 分液漏斗中，用 40mL 二氯甲烷分数次洗涤锥形瓶，并将洗液倒入分液漏斗中，小心排气，用力振摇数次，静置分层，将下层有机相通过装有无水硫酸钠的筒形漏斗，收集于 200mL 鸡心瓶中。再依次加入 5mL 丙酮和 40mL 二氯甲烷于分液漏斗中，振摇 1min，静置、分层后收集。如此重复提取两次，合并提取液，将提取液于 40℃ 水浴旋转蒸发至约 1mL，待净化。

④ 净化。在 Sep-Pak 氨基固相萃取柱中加入约 2cm 高无水硫酸钠，放入下接鸡心瓶的固定架上。加样前先用 4mL 乙腈-甲苯（3∶1）预洗柱，当液面到达硫酸钠的顶部时，迅速将样品提取液转移至净化柱上，更换新鸡心瓶接收。用 2mL 乙腈-甲苯（3∶1）洗涤样液瓶，重复三次，合并洗液，将洗液移入柱中。在固相萃取柱上加上 50mL 贮液器，用 25mL 乙腈-甲苯（3∶1）溶液洗脱农药及相关化学品，合并于鸡心瓶中，在 40℃ 水浴中旋转浓缩至约 0.5mL。氮气吹干，1mL 乙腈-甲苯（3∶1）溶解残渣，用 0.2μm 滤膜过滤后，用于液相色谱-串联质谱仪测定。

⑤ 液相色谱-串联质谱测定（ESI）

a. 条件

Ⅰ. A、B、C、D、E、F 组农药及相关化学品测定条件

色谱柱：Atlantis T3，3μm，150mm×2.1mm（内径）或相当者；

流动相及梯度洗脱条件见表 4-9；

表 4-9　A～F 组测定流动相及梯度洗脱条件

时间/min	流速/μL·min^{-1}	流动相 A（0.05%甲酸-水）/%	流动相 B（乙腈）/%
0.00	200	90.0	10.0
4.00	200	50.0	50.0
15.00	200	40.0	60.0
23.00	200	20.0	80.0
30.00	200	5.0	95.0
35.00	200	5.0	95.0
35.01	200	90.0	10.0
50.00	200	90.0	10.0

柱温：40℃；

进样量：20μL；

扫描方式：正离子扫描；

检测方式：多反应监测；

电喷雾电压：5000V；

雾化气压力：0.483MPa；

气帘气压力：0.138MPa；

辅助加热气压力：0.379MPa；

离子源温度：725℃；

监测离子对、碰撞气能量和去簇电压参见原标准附录 B。

Ⅱ. G 组农药及相关化学品测定条件

色谱柱：Inertsil C$_8$，5μm，150mm×2.1mm（内径）或相当者；

流动相及梯度洗脱条件见表 4-10；

表 4-10 G 组测定流动相及梯度洗脱条件

时间/min	流速/μL·min^{-1}	流动相 A（0.05%甲酸-水）/%	流动相 B（乙腈）/%
0.00	200	90.0	10.0
4.00	200	50.0	50.0
15.00	200	40.0	60.0
20.00	200	20.0	80.0
25.00	200	5.0	95.0
32.00	200	5.0	95.0
32.01	200	90.0	10.0
40.00	200	90.0	10.0

柱温：40℃；

进样量：20μL；

扫描方式：负离子扫描；

检测方式：多反应监测；

电喷雾电压：−4200V；

雾化气压力：0.42MPa；

气帘气压力：0.315MPa；

辅助加热气压力：0.35MPa；

离子源温度：700℃；

监测离子对、碰撞气能量和去簇电压参见原标准附录 B。

Ⅲ. H 组农药及相关化学品测定条件

色谱柱：Atlantis T3，5μm，150mm×4.6mm（内径）或相当者；

流动相及梯度洗脱条件见表 4-11；

表 4-11 H 组测定流动相及梯度洗脱条件

时间/min	流速/μL·min⁻¹	流动相 A（0.05%甲酸-水）/%	流动相 B（乙腈）/%
0.00	500	80.0	20.0
2.00	500	5.0	95.0
10.00	500	5.0	95.0
10.01	500	80.0	20.0
20.00	500	80.0	20.0

柱温：40℃；

进样量：20μL；

电离源模式：APCI；

扫描方式：正离子扫描；

检测方式：多反应监测；

雾化气压力：0.56MPa；

气帘气压力：0.133MPa；

辅助加热气压力：0.28MPa；

离子源温度：400℃；

监测离子对、碰撞气能量和源内碎裂电压参见原标准附录 B。

Ⅳ. I 组农药及相关化学品测定条件

色谱柱：Atlantis T3，5μm，150mm×4.6mm（内径）或相当者；

流动相及梯度洗脱条件见表 4-12；

表 4-12 I 组测定流动相及梯度洗脱条件

时间/min	流速/μL·min⁻¹	流动相 A（0.05%甲酸-水）/%	流动相 B（乙腈）/%
0.00	500	80.0	20.0
2.00	500	5.0	95.0
10.00	500	5.0	95.0
10.01	500	80.0	20.0
20.00	500	80.0	20.0

柱温：40℃；

进样量：20μL；

电离源模式：APCI；

扫描方式：负离子扫描；

检测方式：多反应监测；

雾化气压力：0.42MPa；

气帘气压力：0.084MPa；

辅助加热气压力：0.28MPa；

离子源温度：425℃；

监测离子对、碰撞气能量和源内碎裂电压参见原标准附录 B。

b. 定性测定。在相同实验条件下进行样品测定时，如果检出的色谱峰的保留时间与标准样品相一致，并且在扣除背景后的样品质谱图中，所选择的离子均出现，而且所选择的离子丰度比与标准样品的离子丰度比相一致（相对丰度＞50％，允许±20％偏差；相对丰度＞20％～50％，允许±25％偏差；相对丰度＞10％～20％，允许±30％偏差；相对丰度≤10％，允许±50％偏差），则可判断样品中存在这种农药或相关化学品。

c. 定量测定。此标准中液相色谱-串联质谱采用外标-校准曲线法定量测定。为减少基质对定量测定的影响，需用空白样品提取液来配制所使用的一系列基质标准工作溶液，用基质标准工作溶液分别进样来绘制标准曲线。并且保证所测样品中农药及相关化学品的响应值均在仪器的线性范围内。486 种农药及相关化学品多反应监测（MRM）色谱图参见原标准附录 C。

（2）结果　液相色谱-串联质谱测定采用标准曲线法定量，标准曲线法定量结果按公式计算：

$$X_i = c_i \times \frac{V}{m} \times \frac{1000}{1000} \tag{4-14}$$

式中　X_i——试样中被测组分含量，$mg \cdot kg^{-1}$；

$\quad\quad c_i$——从标准工作曲线得到的试样溶液中被测组分的浓度，$\mu g \cdot mL^{-1}$；

$\quad\quad V$——试样溶液定容体积，mL；

$\quad\quad m$——样品溶液所代表试样的质量，g。

注：计算结果应扣除空白值。

此标准方法的检出限为 $0.01 \mu g \cdot kg^{-1} \sim 3.34 mg \cdot kg^{-1}$（参见原标准附录 A）。此标准方法的精密度数据是按照 GB/T 6379.1 和 GB/T 6379.2 的规定确定的，获得重复性和再现性的值以 95％的可信度来计算。此标准方法的精密度数据见原标准附录 D。

4.3　环境样品中农药残留分析方法

4.3.1　土壤

农药在防治农作物病虫害的过程中起到积极的作用，但也成为农作物及相关环境的重要污染源。科学试验表明，农药施于农作物上有 10％～40％附着在作物本体上，而 60％～90％会散落在农作物周边的环境中[67]。土壤是重要的环境要素之一，受残留农药污染的土壤不仅会导致农作物品质的下降，也会对土壤酶及土壤微生物群落结构造成影响[68]。有些农药虽然早已被禁止使用多年，但在某些地区的土壤中仍可被检测到。Zeng 等[69]检测到中国福建农田土中有林丹、滴滴涕、三氯杀螨醇等禁限用农药。加强土壤中农药残留的检测分析，对于合理使用农药、提高农产品质量及保障人类健康，具有重要的理论意义和实践意义。

目前，对土壤进行农药残留检测主要的前处理技术有超声波提取法、索氏提取法、微波辅助萃取、超临界流体萃取、加速溶剂萃取、基质固相分散技术等[70~72]。索氏提取法是一种经典的萃取方法,在提取土壤样品中的农药残留方面有着广泛的应用,美国EPA标准方法也将其纳入萃取有机物的标准方法之一。刘红梅等[73]用全自动索氏提取仪提取土壤中六六六和滴滴涕的农药残留量,用丙酮和石油醚作提取溶剂,经磺化净化离心后,取上清液供 GC-ECD 进行分析,回收率为 89.8%~99.0%,方法检出限为 0.00017~0.00322mg·kg^{-1}。超声波提取本身不需要加热,操作比较简单,节省时间,提取效率也比较高,在土壤样品前处理方面应用比较广泛。陈蓓蓓等[74]用探针式超声波萃取仪萃取土壤中 20 种有机氯农药,经固相萃取浓缩净化后,进双柱双 μ-ECD 检测器气相色谱进行分析,方法检出限为 0.001mg·kg^{-1},回收率为 73.17%~112.5%。超临界流体萃取多用于挥发性较低、分子量较大、极性不大的物质。目前,超临界流体萃取广泛用于食品工业、医药业和环境等方面样品的提取。Gonçalves 等[75]通过超临界流体萃取土壤中的有机氯、有机磷等多种农药残留,气相色谱-质谱法测定,回收率在 80.4%~106.5%。微波萃取是一种环境友好的样品前处理方法,符合现代化学分析的要求,引起了国内外科研工作者的极大关注。赵丽娟[76]用微波萃取提取土壤中的多氯联苯,用气相色谱仪(GC-ECD)进行分析,方法的回收率为 80.4%~95.7%;同时还用此方法对土壤中的有机氯农药进行了提取和分析,回收率为 85.4%~96.0%。加速溶剂萃取有机溶剂用量少,快速高效,回收率高,在萃取环境、药物、食品和高聚物等样品中得到广泛应用。王小飞等[71]用加速溶剂萃取法提取土壤中的三嗪类除草剂残留量,氨基固相萃取柱净化,高效液相色谱法-二极管阵列检测器测定,12种三嗪类除草剂的方法检出限为 0.004~0.005mg·kg^{-1},回收率为 75.2%~112.7%。基质固相分散萃取适用于极性物质的提取和净化,使样品均匀化、提取和净化一步完成,避免传统样品在预处理过程中由于出现乳化、样品分散不均匀等造成目标物质的流失问题,又提高了方法的精密度和正确度,适用于溶剂萃取和固相萃取效果不佳的样品。王点点等[77]采用基质固相分散技术从土壤中提取、净化除草剂唑草酮,气相色谱法分析,回收率为 84.9%~96.7%。

土壤样品成分有时会随着目标物一起被提取出来,干扰仪器检测,因此,需要对提取出的样品进行净化,排除非目标物的干扰。常用的净化技术有液液萃取、吸附柱色谱法、磺化法、沉淀法、薄层色谱法等。Han 等[78]建立了土壤中 8 种拟除虫菊酯类农药、13 种有机氯农药和 15 种有机磷农药的检测方法,样品用甲醇和丙酮(1+1)提取,在有机氯农药和拟除虫菊酯类农药分析之前,样品经弗罗里硅土固相萃取柱净化,后供 GC-FPD 和 GC-ECD 分析。程志鹏等[79]建立了土壤中 15 种有机氯农药(百菌清、α-氯丹、β-氯丹、2,4-滴滴伊、4,4-滴滴伊、2,4-滴滴涕、4,4-滴滴涕、2,4-滴滴滴、4,4-滴滴滴、α-硫丹、林丹、艾氏剂、异狄氏剂、灭蚁灵、五氯硝基苯)的检测方法,样品经正己烷-丙酮(9+1)提取,固相萃取 PEP 小柱净化,APGC-QTOF-MS 分析,方法的回收率为 91%~111%。

土壤中有机磷农药测定的气相色谱法(GB 14552—2003)[80]

此标准规定了土壤中速灭磷、甲拌磷、二嗪磷、异稻瘟净、甲基对硫磷、杀螟硫磷、溴硫磷、水胺硫磷、稻丰散、杀扑磷等多组分残留量的测定方法，适用于土壤中有机磷农药的残留量分析。土壤样品用有机溶剂提取，再经液液分配和凝结净化步骤除去干扰物，用气相色谱氮磷检测器（NPD）或火焰光度检测器（FPD）检测，根据色谱峰的保留时间定性，外标法定量。

（1）测定方法

① 农药标准溶液

a. 农药标准储备溶液。准确称取一定量的农药标准样品（准确到 ±0.001g），以丙酮为溶剂，分别配制浓度为 0.5mg·mL^{-1} 的速灭磷、甲拌磷、二嗪磷、水胺硫磷、甲基对硫磷、稻丰散和浓度为 0.7mg·mL^{-1} 的杀螟硫磷、异稻瘟净、溴硫磷、杀扑磷的储备液，存放于冰箱。

b. 农药标准中间溶液的配制。用移液管准确量取一定量的上述 10 种储备溶液于 50mL 容量瓶中，丙酮定容至刻度，配制成浓度为 50μg·mL^{-1} 的速灭磷、甲拌磷、二嗪磷、水胺硫磷、甲基对硫磷、稻丰散和 10μg·mL^{-1} 的杀螟硫磷、异稻瘟净、溴硫磷、杀扑磷的标准中间溶液，存放于冰箱。

c. 农药标准工作溶液的配制。分别用移液管吸取上述中间溶液各 10mL 于 100mL 容量瓶中，用丙酮定容至刻度，得混合标准工作溶液。标准工作溶液在冰箱中存放。

② 样品采集与保存。按照 NY/T 395 和 NY/T 396 的规定在田间采集土样，充分混匀取 500g 备用，装入样品瓶中，另取 20g 测定含水量。样品于 -18℃ 保存。

③ 土壤样品的提取及 A 法净化。准确称取已测定含水量的土样 20.0g，置于 300mL 具塞锥形瓶中，加水，使加入的水量与 20.0g 样品中水分含量之和为 20mL，摇匀后静置 10min，加 100mL 丙酮-水（1：5）的混合液，浸泡 6～8h 后振荡 1h，将提取液倒入铺有两层滤纸及一层助滤剂的布氏漏斗减压抽滤，取 80mL 滤液（相当于 2/3 样品），加入 10～15mL 凝结液［用 c（KOH）＝0.5mol·L^{-1} 的氢氧化钾（KOH）溶液调至 pH 值为 4.5～5.0，凝结 2～3 次］和 1g 助滤剂，振摇 20 次，静置 3min，过滤入另一 50mL 分液漏斗中，加 3g 氯化钠，分别用 50mL、50mL、30mL 二氯甲烷萃取，合并有机相，经一装有 1g 无水硫酸钠和 1g 助滤剂的筒形漏斗过滤，收集于 250mL 平底烧瓶中，加入 0.5mL 乙酸乙酯，先用旋转蒸发器浓缩至 3mL，在室温下用氮气或空气吹浓缩至近干，用丙酮定容 5mL，供气相色谱测定。

B 法净化：遵照 GB/T 5009.20 中 6.2 的净化步骤进行。

④ 气相色谱测定

a. 测定条件 A（色谱图见图 4-10）

色谱柱：玻璃柱［1.0m×2mm（i.d.），填充涂有 5％ OV-17 的 Chrom Q，80～100 目的载体］，柱箱温度 200℃；

汽化室温度：230℃；

检测器温度：250℃；

气体流速：氮气 36～40mL·min^{-1}，氢气 4.5～6mL·min^{-1}，空气 60～80mL·min^{-1}；

检测器：氮磷检测器（NPD）。

b. 测定条件 B（色谱图见图 4-11）

色谱柱：石英弹性毛细管柱 HP-5，30m×0.32（i.d.）；

色谱柱温度：130℃保持 3min，然后以 8℃ · min^{-1} 程序升温至 140℃，保持 65min；

进样口温度：220℃；

气体流速：氮气 3.5mL · min^{-1}，氢气 3mL · min^{-1}，空气 60mL · min^{-1}，尾吹气（氮气）10mL · min^{-1}；

检测器：氮磷检测器（NPD）。

c. 测定条件 C（色谱图见图 4-12）

色谱柱：石英弹性毛细管柱 DB-17，30m×0.53（i.d.）；

色谱柱温度：150℃保持 3min，然后以 8℃ · min^{-1} 程序升温至 250℃，保持 10min；

进样口温度：220℃；

气体流速：氮气 9.8mL · min^{-1}，氢气 75mL · min^{-1}，空气 100mL · min^{-1}，尾吹气（氮气）10mL · min^{-1}；

检测器：火焰光度检测器（FPD）。

⑤ 气相色谱中使用标准样品的条件。标准样品的进样体积与试样的进样体积相同，标准样品的响应值接近试样的响应值。当一个标准样品连续注射两次，其峰高或峰面积相对偏差不大于 7%，即认为仪器处于稳定状态。在实际测定时标准样品与试样应交叉进样分析。

⑥ 进样

进样方式：注射器进样；

进样量：1～4μL。

⑦ 定性分析。组分的色谱峰顺序为速灭磷、甲拌磷、二嗪磷、异稻瘟净、甲基对硫磷、杀螟硫磷、水胺硫磷、溴硫磷、稻丰散、杀扑磷。

检验可能存在的干扰：用 5%OV-17 的 Chrom Q、80～100 目色谱柱测定后，再用 5% OV-101 的 Chromsorb W-HP、100～120 目色谱柱在相同条件下进行验证色谱分析，可确定各有机磷农药的组分及杂质干扰状况。

⑧ 定量分析。吸取 1μL 混合标准溶液注入气相色谱仪，记录色谱峰的保留时间和峰高（或峰面积）。再吸取 1μL 试样，注入气相色谱仪，记录色谱峰的保留时间和峰高（或峰面积），根据色谱峰的保留时间和峰高（或峰面积）采取外标法定性和定量。

（2）结果　气相色谱测定结果可按公式计算：

$$X = \frac{c_{is}V_{is}H_i(S_i)V}{V_iH_{is}(S_{is})m} \tag{4-15}$$

式中　　X——样本中农药残留量，mg · kg^{-1}，mg · L^{-1}；

　　　c_{is}——标准溶液中 i 组分农药的浓度，μg · mL^{-1}；

　　　V_{is}——标准溶液进样体积，μL；

　　　V——样本溶液最终定容体积，mL；

V_i——样本溶液进样体积，μL；

$H_i(S_i)$——标准溶液中 i 组分农药的峰高或峰面积，mm 或 mm^2；

$H_{is}(S_{is})$——样本溶液中 i 组分农药的峰高或峰面积，mm 或 mm^2；

m——称样质量，g（这里只用提取液的 2/3，应乘 2/3）。

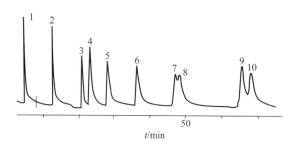

图 4-10   10 种有机磷气相色谱图（测定条件 A）

1—速灭磷；2—甲拌磷；3—二嗪磷；4—异稻瘟净；5—甲基对硫磷；6—杀螟硫磷；

7—水胺硫磷；8—溴硫磷；9—稻丰散；10—杀扑磷

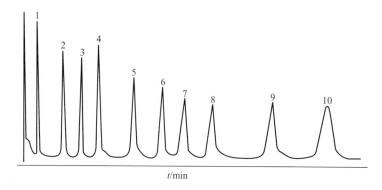

图 4-11   10 种有机磷气相色谱图（测定条件 B）

1—速灭磷；2—甲拌磷；3—二嗪磷；4—异稻瘟净；5—甲基对硫磷；6—杀螟硫磷；

7—水胺硫磷；8—溴硫磷；9—稻丰散；10—杀扑磷

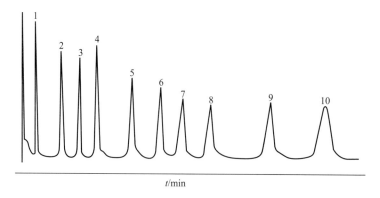

图 4-12   10 种有机磷气相色谱图（测定条件 C）

1—速灭磷；2—甲拌磷；3—二嗪磷；4—异稻瘟净；5—甲基对硫磷；6—杀螟硫磷；

7—水胺硫磷；8—溴硫磷；9—稻丰散；10—杀扑磷

此标准定量测定的有机磷农药的最小检出浓度为 $0.86\times10^{-4}\sim0.29\times10^{-2}$ mg·kg^{-1}，参见原标准表 A.4。添加回收率为 86.5%～98.4%，参见原标准表 A.3。此标准方法的精密度以变异系数表示，为 2.71%～11.29%，参见原标准表 A.1、表 A.2。

4.3.2　沉积物

20 世纪 60～70 年代，六六六、滴滴涕等有机氯农药作为主要杀虫剂被广泛使用，其残留部分通过地表径流、淋溶、气相漂浮等方式最终在沉积物中沉降和积累，沉积物成为有机氯农药残留的归宿。由于有机氯农药具有毒性大、难降解、易于在生物体内富集等特性，1983 年，六六六和滴滴涕停产并被禁止在农业上使用，但很长一段时间内却仍可作为船舶的防污涂料添加剂及在三氯杀螨醇生产的原料中使用。有机氯农药具有难降解、极易积累和疏水亲脂的特性，有机氯农药的主要场所为沉积物，造成了水体的二次污染。目前，测定沉积物中有机氯农药残留的常用方法有 GC-ECD、GC-MS 等[81]。由于沉积物样品组成复杂，有机氯农药提取时的前处理至关重要，否则易造成测定结果误差大。近年来，很多新型的萃取方法得到了发展，包括微波辅助萃取（MAE）、加速溶剂萃取（ASE）、超临界流体萃取（SFE）、超声波提取、固相萃取（SPE）、固相微萃取（SPME）等[82,83]。

拟除虫菊酯类农药测定方法的研究较多集中在蔬菜、谷物、茶叶等基质上，沉积物等环境样品相对较少[84]。使用的方法主要为气相色谱法（GC-ECD）、气相色谱-质谱（GC-MS）和液相色谱-质谱（LC-MS）等。虽然 GC-ECD 的灵敏度高，但对样品前处理的要求严格，样品基质的干扰常使分析结果出现假阳性。

沉积物由于成分复杂、杂质多，基质对分析的干扰大，相关研究较少。随着环境保护及检测工作的需要，沉积物中多残留检测研究工作相继展开。杨琳等[85]建立了河岸及河口沉积物中 12 种拟除虫菊酯类农药的加速溶剂萃取、液相色谱-串联质谱测定方法，以正己烷-丙酮（1:1）为萃取剂，静态萃取后浓缩，液相色谱-串联质谱（ESI）测定，方法的检出限为 0.08～0.8μg·kg^{-1}，回收率为 67.9%～97.3%。叶玫等[86]用石油醚-丙酮（3:1）提取，铜粉除去硫化物，石墨化炭黑-弗罗里硅土复合固相萃取柱净化，石油醚-丙酮（4:1）洗脱，GC-ECD 测定，可以检测水产养殖区表层沉积物中10 种拟除虫菊酯类农药（七氟菊酯、联苯菊酯、甲氰菊酯、三氟氯氰菊酯、氯菊酯、氟氯氰菊酯、氯氰菊酯、氰戊菊酯、氟胺氰菊酯、溴氰菊酯），回收率为 72.8%～107%。陈春丽等[87]用气相色谱仪（ECD 检测器）测定了城市内湖沉积物中的 8 种有机氯农药（α-HCH、β-HCH、γ-HCH、δ-HCH、p,p'-DDD、p,p'-DDE、p,p'-DDT、o,p'-DDT），沉积物样品用丙酮-正己烷（1:9）提取，提取液加 1g 硅藻土混匀后经超声波提取，浓硫酸净化，气相色谱仪测定，8 种有机氯农药的回收率为 70%～81%。史双昕等[88]报道了长江下游表层沉积物中 14 种有机氯农药的残留检测方法，以丙酮-正己烷（1:1）为溶剂，对样品进行加速溶剂萃取，后经弗罗里硅土柱净化，丙酮-正己烷（2:98）洗脱，浓缩，正己烷定容后 GC-MS 检测，方法的检出限为 0.0404～0.178μg·kg^{-1}，方法的回收率为 71.9%～122%。吴宇峰等[89]报道了沉积物中 17 种有机氯农药（α-六六六、β-六六六、γ-六六六、δ-六六六、七氯、艾氏剂、七氯环氧物、α-硫丹、β-硫丹、狄氏剂、异狄氏剂、p,p'-DDT、p,p'-DDD、p,p'-DDE、异狄氏剂醛、硫丹硫酸盐、甲氧滴滴涕）的残留检测方法，样品经丙酮-正己烷（1：1）超声提取，提取液通过无水硫酸钠小柱过滤后再加丙酮+正己烷超声提取10min，提取液旋转蒸发浓缩后经弗罗里硅土色谱柱净化，氮吹，正己烷定容后气相色谱仪（μECD）检测，加标回收率为74%～110%（见表4-13，色谱图见4-13）。Francū 等[90]在5g沉积物样品中加入2,4,5,6-间二甲苯（TCMX）等回收指示物，用加速溶剂萃取仪萃取

表 4-13　17 种有机氯农药线性方程、回收率、精密度和检测限

序号	名称	线性方程	相关系数	检测限/μg·kg^{-1}	样品回收率/%	相对标准偏差/%
1	α-六六六	$y=107.4x-84.14$	0.9995	0.032	86～103	2.6
2	γ-六六六	$y=101.3x-6.97$	0.9990	0.040	88～105	3.4
3	β-六六六	$y=42.53x+99.49$	0.9992	0.031	76～105	4.8
4	七氯	$y=91.56x+11.06$	0.9988	0.040	74～91	6.2
5	δ-六六六	$y=89.05x+22.42$	0.9993	0.024	80～102	4.1
6	艾氏剂	$y=105.9x+10.51$	0.9990	0.046	87～103	3.2
7	七氯环氧物	$y=97.81x+122.5$	0.9993	0.031	86～98	4.4
8	硫丹Ⅰ	$y=91.00x+121.5$	0.9993	0.032	86～99	3.9
9	p,p'-DDE	$y=79.25x+72.00$	0.9992	0.035	88～104	4.5
10	狄氏剂	$y=96.88x+77.64$	0.9991	0.029	78～94	3.7
11	异狄氏剂	$y=39.65x+45.06$	0.9995	0.031	85～96	5.2
12	p,p'-DDD	$y=56.21x+82.50$	0.9994	0.033	88～101	4.0
13	硫丹Ⅱ	$y=79.86x+44.97$	0.9995	0.031	86～105	4.3
14	p,p'-DDT	$y=41.17x-20.85$	0.9992	0.050	74～97	8.4
15	异狄氏剂醛	$y=65.29x+85.36$	0.9992	0.058	85～98	4.8
16	硫丹硫酸盐	$y=67.83x+96.13$	0.9994	0.035	89～110	6.1
17	甲氧滴滴涕	$y=16.08x+5.07$	0.9997	0.068	75～94	7.3

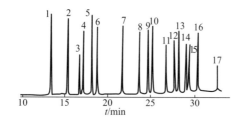

图 4-13　17 种有机氯农药色谱图

1—α-六六六；2—γ-六六六；3—β-六六六；4—七氯；5—δ-六六六；6—艾氏剂；7—七氯环氧物；
8—硫丹Ⅰ；9—p,p'-DDE；10—狄氏剂；11—异狄氏剂；12—p,p'-DDD；13—硫丹Ⅱ；
14—p,p'-DDT；15—异狄氏剂醛；16—硫丹硫酸盐；17—甲氧滴滴涕

样品中的有机物，温度和压力分别为 100℃ 和 2000psi，用丙酮-正己烷（1∶1）2 次静态提取，多氯联苯和有机氯的回收率为 61%～100.8%。Basheer 等[91]建立了微波辅助提取与液相微萃取联用的技术，GC-MS 检测，测定了海洋沉积物中 12 种有机氯农药（α-HCH、β-HCH、林丹、七氯、艾氏剂、狄氏剂、异狄氏剂、硫丹、p,p′-DDD，p,p′-DDT、异狄氏剂醛和甲氧滴滴涕）的检测方法，样品中有机氯农药的回收率为 73%～111%。谢湘云[92]建立了沉积物中 10 种有机氯类农药（α-六六六、β-六六六、γ-六六六、δ-六六六、硫丹、p,p′-DDE、p,p′-DDD、o,p′-DDT、p,p′-DDT、三氯杀螨醇）和 6 种拟除虫菊酯类农药（甲氰菊酯、氯氰菊酯、联苯菊酯、氟氯氰菊酯、氰戊菊酯、溴氰菊酯）的残留检测方法，沉积物经乙酸乙酯＋正己烷（1+1）摇床振荡提取，提取液用固相萃取小柱净化，乙酸乙酯淋洗，正己烷定容后气相色谱仪（ECD 检测器）测定，回收率在 81.2%～111% 之间。

ASE-SPE/GC-MS/MS 同时测定海洋沉积物中 71 种农药残留

（1）方法原理　李星等[93]建立了快速溶剂萃取（ASE）-固相萃取（SPE）/气相色谱-三重四极杆串联质谱多离子反应监测（MRM）法测定海洋沉积物中 71 种农药多残留量的检测方法。样品经 ASE 萃取，萃取液经水浴旋转蒸发浓缩后再经正己烷继续浓缩，溶剂转换后用 SPE 柱净化，GC-MS/MS 分析。

（2）分析方法

① 样品前处理

a. 称取：沉积物样品预处理参照国家海洋监测规范，经自然风干、粉碎后过 60 目筛，称取 6.00g 样品于萃取釜，添加标准液，混匀后静置 12h，加入 6.00g 硅藻土，混匀后准备进行萃取。

b. ASE 条件：压力 1500psi，温度 100℃，提取溶剂正己烷-丙酮（1∶1），加热时间 5min，静态时间 5min，冲洗体积为萃取池体积的 60%，循环 1 次，吹扫 60s。将萃取液转移至 150mL 鸡心瓶中，于 35℃ 水浴中旋转蒸发浓缩至 1～2mL，加入 5mL 正己烷继续浓缩至 1～2mL，重复 2 次，将溶剂转换为正己烷，进行固相萃取（SPE）净化。

c. SPE 条件：上样前用 5mL 正己烷预淋洗 Carb 柱子，上样后用 10mL 正己烷-二氯甲烷（1∶1）洗脱，洗脱液在柔和氮气下浓缩至 0.5mL，用正己烷定容至 1mL。

向样品瓶中加入 0.1g 铜粉，振荡 1min，过 0.45μm 有机滤膜后，进行 GC-MS/MS 分析。

② 色谱-质谱条件

a. GC 条件：DB-1701 石英毛细管色谱柱（30m×0.25mm×0.25μm）；汽化室温度 290℃。升温程序：初温 40℃（保留 1min），以 30℃·min⁻¹ 升至 130℃，再以 5℃·min⁻¹ 升至 290℃（保留 5min）。载气为高纯 He（99.999%）；柱流速 1.5mL·min⁻¹；进样量 1μL；不分流进样。

b. MS 条件：电子轰击（EI）离子源；电子能量 70eV；传输线温度 290℃；离子源温度 280℃；溶剂延迟 5.5min；定量分析采用多离子反应监测模式（MRM）。

（3）方法的优化

① 质谱条件优化。实验采用不分流进样方式分别进行质谱条件优化。首先在 SCAN 模式下进行全扫描，选择适合的分子离子峰。然后在子离子扫描模式下，分别对 71 种农药的分子离子峰进行二级质谱分析，得到碎片离子信息。针对不同的目标化合物，对其二级质谱的碰撞电压等参数进行优化，为保证每种农药的灵敏度，按照每组需要监测离子的出峰顺序，分时段分别监测，同时控制每个时间段内监测的离子数目和驻留时间，使每个色谱峰具有恒定的循环扫描时间，并保证所有监测的化合物都有足够的数据采集点。采用多离子反应监测（MRM）模式，使目标物定性更加准确，并能有效降低基质干扰。

② ASE 萃取条件的优化

a. 萃取温度的影响。提高温度可增加扩散力，提高溶解度，降低黏度，降低表面张力，加快溶解的化学进程以及提高萃取效率。实验考察了萃取温度分别为 60℃、100℃、140℃时对萃取效率的影响。结果显示，71 种目标物的回收率在 70%～110% 之间的个数分别占研究总数的 84.5%、93.0%、93.0%，平均回收率分别为 92.4%、96.2%、90.4%，分别占总数的 50.7%、69.0%、67.6%。通过比较，较低的萃取温度对目标物的萃取不完全，而温度过高时能够打断溶剂与基质间的作用力，使被溶物快速从基质中解析出来，同时能够降低溶剂的黏度，具有更强的穿透能力，萃取更完全，但温度过高可能造成易挥发目标物的损失。而当温度为 100℃ 时，能很好地萃取大部分目标物，且回收率较高、平行性好。故选取 100℃ 作为最佳萃取温度。

b. 萃取溶剂的影响。在多种农药残留分析中，由于农药品种多，溶解性和极性相差较大，选择的提取溶剂需与样品和农药的性质符合，且目标化合物在提取溶剂中需有良好的可溶性和稳定性。例如 71 种农药中有机氯农药六六六和滴滴涕等属于弱极性化合物，可用正己烷提取；有机磷农药丙线磷和氨基甲酸酯农药呋喃丹等极性较强，可用二氯甲烷和丙酮提取。根据"相似相溶"原理及沉积物样品基质的特殊性，实验选用二元混合溶剂作为萃取溶剂，设计以下 3 种提取溶剂组合：Ⅰ：正己烷-丙酮（1∶1）；Ⅱ：正己烷-二氯甲烷（1∶1）；Ⅲ：丙酮-二氯甲烷（1∶1）。通过分析，发现不同组合的溶剂，其萃取效率有差异（见表 4-14）。这与溶剂的萃取能力及极性有关。根据有机溶剂的极性大小，正己烷、二氯甲烷、丙酮的极性依次增大，组合溶剂的极性按Ⅱ、Ⅰ、Ⅲ依次增大，但实验回收率在 70%～110% 之间的个数按Ⅱ、Ⅲ、Ⅰ依次增大，说

表 4-14 萃取溶剂回收率的分析结果

回收率/%	Ⅰ		Ⅱ		Ⅲ	
	样品数量	占总数百分比	样品数量	占总数百分比	样品数量	占总数百分比
<70	1	1.4	16	22.5	7	9.9
70～110	70	98.6	53	74.6	64	90.1
>110	0	0	2	2.8	0	0

注：Ⅰ—正己烷-丙酮；Ⅱ—正己烷-二氯甲烷；Ⅲ—丙酮-二氯甲烷。

明 71 种农药中有非极性和极性化合物，选择萃取溶剂时应综合考虑。本实验选取组合 Ⅰ 作为最佳萃取溶剂。

　　c. 萃取方式的选择。实验比较了快速溶剂萃取（ASE）、超声波萃取（UAE）、振荡萃取（MSE）、微波萃取（MAE）等样品前处理方式。其中，UAE 的条件为：萃取溶剂为 30mL 正己烷-丙酮（1∶1），常温下萃取 1h，重复 2 次；MSE 的条件为：萃取溶剂为 30mL 正己烷-丙酮（1∶1），常温下萃取 1h，重复 2 次；MAE 的条件为：提取溶剂为 15mL 正己烷-丙酮（1∶1），功率 150W，100℃ 下萃取 25min。通过比较，4 种提取方法中回收率在 60%～120% 之间的个数占总数的百分数均超过 85%，且 ASE 的平均回收率明显高于另外 3 种方法，整体萃取效率高，其回收率在 70%～110% 间的个数占研究总数的百分数也达到 93.0%。ASE 和 MAE 的萃取效果好于另外 2 种，这与其高温高压的提取条件相关，而 UAE、MSE 的条件则相对平缓。因此，从最大萃取效率、最少试剂用量、最短时间等方面考虑，选择 ASE 方法作为最佳萃取方法。

　　（4）净化条件的优化　沉积物组成复杂，经萃取后仍存在硫化物、色素、脂类等极性物质及其他杂质，不能直接进行色谱分析，需要用有效的净化方法来消除干扰。本文采取固相萃取净化手段，对比了 AL-N 柱、Silica 柱、Florisil 柱、Carb 柱 4 种不同填料的正相 SPE 柱去除杂质干扰的能力，结果显示，4 种柱子对农药提取回收率在 70%～110% 间的个数占总数的百分比分别为 66.2%、64.8%、73.2%、84.5%，其中 Carb 柱去除色素等杂质的效果最佳，但所有柱子均难以除去硫化物。样品进样前若通过加入光亮未被氧化的铜粉，可有效除去硫化物的干扰。

　　（5）方法评价　此文章建立了 ASE-SPE/GC-MS/MS 同时测定海洋沉积物中 71 种农药的分析方法，ASE 法的萃取效果好，自动化程度高，易于批量操作，且 GC-MS/MS 在定性定量方面具有优势。通过海洋沉积物基质加标，方法获得了较高的回收率，并成功用于实际样品分析，表明该方法准确可靠，适用于海洋沉积物中多种农药的同时快速测定。

　　各种农药在 $1.0～500.0\mu g \cdot L^{-1}$ 范围内线性关系良好（$R^2 > 0.99$），方法的检出限为 $0.29～108.43\mu g \cdot kg^{-1}$。空白样品在 $100\mu g \cdot kg^{-1}$ 加标水平下的回收率为 51.3%～104.6%，相对标准偏差（$n=6$）为 0.1%～13.5%。农药的保留时间、离子对、检出限、回收率等见表 4-15。

表 4-15　71 种农药的保留时间、离子对、碰撞电压、相关系数、检出限、回收率及相对标准偏差

编号	农药	保留时间 /min	离子对（m/z）	碰撞电压 E/V	R^2	LOD /$\mu g \cdot kg^{-1}$	回收率/%
1	异丙隆	6.04	146/128，146/91	15，15	0.9961	0.49	104.6
2	克百威	7.56	164/149，164/103	15，25	0.9970	18.89	91.1
3	土菌灵	9.31	211/183，211/140	10，15	0.9916	5.34	75.4
4	丙线磷	13.19	158/97，158/114	12，7	0.9987	3.13	96.4
5	杀虫脒	13.66	196/181，196/152	5，25	0.9990	1.18	89.1
6	氟乐灵	14.12	306/264，306/160	12，15	0.9978	1.70	100.3

编号	农药	保留时间/min	离子对（m/z）	碰撞电压 E/V	R²	LOD /μg·kg⁻¹	回收率/%
7	α-六六六	14.81	219/183，219/147	5，15	0.9988	2.68	94.6
8	五氯硝基苯	15.37	214/179，214/142	10，25	0.9985	4.29	74.8
9	广灭灵	15.68	204/107，214/78	25，25	0.9960	1.20	99.7
10	二嗪磷	15.83	304/179，304/162	8，8	0.9918	1.80	101.6
11	七氟菊酯	16.08	177/127，177/101	15，25	0.9976	0.52	99.7
12	γ-六六六	16.33	219/183，219/147	5，15	0.9981	2.73	98.0
13	阿特拉津	16.56	215/173，215/200	5，5	0.9958	1.27	99.3
14	西玛津	16.62	201/173，201/138	5，5	0.9967	2.58	100.01
15	七氯	17.14	272/237，274/239	15，15	0.9950	11.10	90.0
16	抗蚜威	17.62	238/166，238/96	15，25	0.9965	2.24	96.3
17	甲基毒死蜱	18.02	286/286，286/93	10，25	0.9967	14.25	93.3
18	艾氏剂	18.10	263/193，263/191	25，25	0.9990	5.00	83.8
19	甲草胺	18.74	237/160，237/146	8，20	0.9934	9.80	94.2
20	扑草净	18.82	241/199，241/184	5，5	0.9961	3.31	94.6
21	乙烯菌核利	19.02	285/212，285/198	10，25	0.9985	2.67	88.7
22	β-六六六	19.23	219/183，219/147	5，15	0.9984	0.80	95.3
23	甲基对硫磷	19.55	263/109，263/153	12，5	0.9975	9.49	96.0
24	乙基毒死蜱	19.57	314/286，314/258	5，5	0.9912	11.53	97.6
25	三氯杀螨醇	19.98	250/139，250/215	10，5	0.9987	0.41	90.8
26	δ-六六六	20.00	219/183，219/147	5，15	0.9904	6.67	90.5
27	异丙甲草胺	20.01	238/162，238/133	15，25	0.9907	2.07	97.5
28	三环酮	20.95	210/183，210/129	5，10	0.9937	5.43	99.8
29	对硫磷	21.05	291/109，291/137	10，5	0.9981	7.93	90.3
30	二甲戊灵	21.23	252/162，252/191	10，10	0.9909	5.87	98.9
31	2,4'-滴滴伊	21.31	318/248，318/176	15，35	0.9983	0.90	93.4
32	α-硫丹	21.60	241/206，241/170	15，30	0.9990	5.45	97.0
33	顺式氯丹	21.84	375/266，375/301	15，10	0.9979	3.06	98.0
34	反式氯丹	22.10	375/266，375/301	15，10	0.9978	3.27	101.0
35	4,4'-滴滴伊	22.51	318/248，318/176	15，35	0.9990	0.48	96.1
36	丁草胺	22.51	176/150，176/126	25，25	0.9985	3.53	99.0
37	脱叶磷	22.78	202/147，202/113	5，15	0.9932	15.15	101.1
38	狄氏剂	22.90	263/193，263/191	30，30	0.9948	8.14	92.4
39	腐霉利	23.06	283/96，283/67	10，25	0.9981	0.29	97.3
40	噻嗪酮	23.53	105/77，172/116	18，7	0.9998	20.80	100.6
41	2,4'-滴滴滴	23.57	235/165，235/199	15，15	0.9986	0.29	97.4
42	异狄氏剂	23.62	263/193，263/191	25，25	0.9994	83.19	92.2

编号	农药	保留时间/min	离子对（m/z）	碰撞电压 E/V	R²	LOD /μg·kg⁻¹	回收率/%
43	恶草灵	23.75	258/175，258/112	10，25	0.9967	1.20	100.0
44	杀螨酯	23.75	302/175，302/111	5，25	0.9963	0.98	98.1
45	2,4'-滴滴涕	24.08	235/165，235/199	15，15	0.9979	6.17	93.6
46	除草醚	24.80	283/162，283/202	25，25	0.9978	13.21	88.8
47	乙氧氟草醚	24.95	361/300，361/252	20，20	0.9969	18.92	90.4
48	4,4'-滴滴滴	25.24	235/165，235/199	15，15	0.9946	1.39	94.6
49	β-硫丹	25.33	241/206，241/170	15，30	0.9971	14.36	94.8
50	4,4'-滴滴涕	25.84	235/165，235/199	15，15	0.9996	13.90	94.0
51	溴虫腈	25.89	181/166，181/165	15，15	0.9933	19.54	81.0
52	氟虫腈	26.49	367/178，367/178	35，40	0.9998	20.89	99.2
53	禾草灵	26.69	253/109，253/161	35，10	0.9959	13.41	93.6
54	联苯菊酯	27.22	188/166，188/165	15，25	0.9987	2.03	96.7
55	灭蚁灵	27.42	272/237，272/235	15，15	0.9991	1.71	95.7
56	溴螨酯	28.04	341/185，341/157	15，40	0.9997	66.70	96.7
57	甲氰菊酯	28.43	265/210，265/89	25，10	0.9957	27.19	95.1
58	三氟氯氰菊酯	30.68	197/141，197/161	10，5	0.9951	103.78	88.0
59	氯菊酯-1	30.74	183/168，183/153	10，10	0.9941	18.69	92.5
60	哒螨磷	31.11	221/193，221/149	10，15	0.9968	65.26	51.3
61	氯菊酯-2	30.74	183/168，183/153	10，10	0.9941	18.69	90.1
62	哒螨酮	31.56	147/117，147/132	25，15	0.9987	15.96	85.4
63	氟喹唑	32.59	340/286，340/298	25，25	0.9928	6.11	80.4
64	氟氯氰菊酯	33.24	165/127，206/151	5，15	0.9974	82.94	82.6
65	氯氰菊酯	33.55	163/127，163/91	5，10	0.9954	107.67	79.2
66	氟氰戊菊酯-1	34.39	199/107，199/157	25，15	0.9961	106.76	76.2
67	氟氰戊菊酯-2	34.79	199/107，199/157	25，15	0.9908	108.43	77.7
68	氰戊菊酯-1	35.30	167/125，419/225	10，5	0.9990	103.98	101.1
69	氰戊菊酯-2	35.74	167/125，419/225	10，5	0.9989	104.24	92.4
70	苯醚甲环唑	36.48	323/265，265/139	15，30	0.9906	59.39	97.3
71	氟烯草酸	37.84	423/318，423/308	15，25	0.9988	105.07	100.6

4.3.3　水

农药在实际应用中的利用率比较低，未被利用的部分随着循环系统进入土壤、地下水、地面水直至海洋等环境体系中。由于环境水体中的农药残留浓度极低，远低于仪器的检出限而无法直接检测，需经过富集才能满足分析仪器的要求，常用的方法有液液萃取和固相萃取。

液液萃取时，萃取溶剂应根据目标化合物的性质和"相似相溶"原则进行选择。有机氯、菊酯类等弱极性或非极性农药的提取可用乙酸乙酯、石油醚、二氯甲烷、正己烷、石油醚-乙酸乙酯（1∶1）、二氯甲烷-石油醚（4∶1）等溶剂萃取；而有机磷类等极性和中等极性农药可用乙酸乙酯、乙腈或二氯甲烷萃取。为了使有机溶剂与水样能够充分有效地混合，萃取时主要的混合方式有手工和机械振荡、涡旋振荡以及超声振荡等。浓缩方式主要有 K-D 浓缩器水浴加热浓缩、减压旋转蒸发、水浴并氮吹浓缩或直接氮吹等方式。经过多次液液萃取后，水样中与有机提取剂不相混溶的干扰物质已经被分离，但对于部分溶解于提取液中的干扰物质可采用 $0.20\mu m$ 或 $0.45\mu m$ 有机相滤膜过滤或浓硫酸酸洗等方法净化除去，其中残存的水分可先行以无水 Na_2SO_4 脱去。对于直接投毒于鱼虾塘水或饮料中农药含量高的水样可与等体积的乙腈混匀后离心，直接取上清液进样而无需净化。El-Gawad[94]建立了水中 18 种有机氯农药的检测方法，样品选择二氯甲烷进行液液萃取，振荡后经无水硫酸钠过滤再经水浴蒸发并氮吹浓缩，正己烷定容后供 GC-MS 分析。为了减少有机溶剂的使用量，近年来多种环境友好的新型液液萃取方法被开发出来，如单滴液相微萃取、分散液液微萃取、动态液相微萃取等，但这些方法难以选择合适的萃取剂或分散剂，整个过程需要人工精准的操作，仅适用于实验室少量样品的检测，大批量、标准化、自动化是这些方法的发展方向。

典型的 SPE 净化法富集水样中有机农药的过程为：一定数量的水样以适当的流速流过经活化的 SPE 柱，柱中填料吸附水样中的目标化合物；以适当的淋洗液最大限度地除去干扰物；再以小体积的洗脱剂洗脱被吸附的目标化合物，洗脱液（如有干扰需净化）吹至近干后以适当的溶剂定容待测。用于水体中有机物富集的 SPE 吸附材料应根据目标化合物和干扰基质的性质进行选择，常用的类型有 C_{18}、Oasis HLB、NH_2 基填料等，对于多种类有机农药残留的富集也可以采用两种或以上的混合材料。Mojtaba Shamsipur 等[95]采用 C_{18} SPE 柱净化水样，19 种农药的回收率为 78.1%～105.0%。近年来，其他富集方法如固相微萃取、搅拌棒吸附萃取等也发展起来。经典的液液萃取因为消耗有机溶剂较多，所以不符合环境友好的趋势；而固相萃取不但减少了有机溶剂的使用量且重现性好，已经发展为环境水中农药残留富集净化的主要方法；新发展的提取富集方法虽然使用极少或无需溶剂，但还需在环境友好（降低溶剂毒性和数量）、现场化作业，特别是在标准化和自动化等方面有所突破才能实现大批量和现场检测。因此，固相萃取法仍然是无法替代的经典方法，但固相萃取法仍应向环境友好、优化溶剂种类和减少使用量、固相萃取装置的集成加固和自动化的方向发展。

饮用水中 450 种农药及相关化学品残留量的测定(GB/T 23214—2008)[96]

此标准规定了饮用水中 450 种农药及相关化学品残留量的液相色谱-串联质谱测定方法，适用于饮用水中 450 种农药及相关化学品的定性鉴别，427 种农药及相关化学品的定量测定。试样用 1% 乙酸乙腈溶液提取，Sep-Pak Vac 柱净化，乙腈-甲苯（3∶1）洗脱农药及相关化学品，液相色谱-串联质谱仪检测。

（1）测定方法

① 农药及相关化学品标准溶液

a. 标准储备溶液。准确称取 5～10mg（精确至 0.1mg）农药及相关化学品各标准物分别于 10mL 容量瓶中，根据标准物的溶解性选甲醇、甲苯、丙酮、乙腈或异辛烷溶解并定容至刻度，溶剂选择参见原标准附录 A。标准储备溶液避光 4℃保存，可使用一年。

b. 混合标准溶液。按照农药及相关化学品的保留时间，将 450 种农药及相关化学品分成 A、B、C、D、E、F、G 七个组，并根据每种农药及相关化学品在仪器上的响应灵敏度，确定其在混合标准溶液中的浓度。450 种农药及相关化学品的分组及其混合标准溶液浓度参见原标准附录 A。依据每种农药及相关化学品的分组、混合标准溶液浓度及其标准储备液的浓度，移取一定量的单个农药及相关化学品标准储备溶液于 100mL 容量瓶中，用甲醇定容至刻度。混合标准溶液避光 4℃保存，可使用一个月。

c. 基质混合标准工作溶液。基质混合标准工作溶液是用空白样品溶液配成不同浓度的基质混合标准工作溶液 A、B、C、D、E、F、G，用于做标准工作曲线。基质混合标准工作溶液应现用现配。

② 试样制备与保存。将取得的全部原始样品倒入洁净的聚四氟乙烯样桶内，密封后标明标记。试样置于冷藏状态下保存。

③ 提取。移取 25mL 试样（精确至 0.1mL）于 100mL 具塞锥形瓶中，加入 40mL 1％乙酸乙酯溶液，在涡旋混合器上混合 2min。向具塞离心管中加入 4g 无水乙酸钠，再振荡 1min，再向离心管中加入 15g 无水硫酸镁，振荡 5min，4200r・min^{-1} 离心 5min，准确移取 20mL 上清液至鸡心瓶中，在 40℃水浴中旋转浓缩至约 2mL，待净化。

④ 净化。在 Sep-Pak Vac 柱中加入约 2cm 高无水硫酸钠，并将柱子放入下接鸡心瓶的固定架上。加样前先用 5mL 乙腈-甲苯（3∶1）预洗柱，当液面到达硫酸钠的顶部时，迅速将样品提取液转移至净化柱上，更换新鸡心瓶接收。在净化柱上加上 50mL 贮液器，用 25mL 乙腈-甲苯（3∶1）溶液洗脱农药及相关化学品，合并于鸡心瓶中，并在 40℃水浴中旋转浓缩至约 0.5mL。于 35℃下氮气吹干，1mL 乙腈-水（3∶2）定容，经 0.2μm 微孔滤膜过滤后供液相色谱-串联质谱仪测定。

⑤ 液相色谱-串联质谱测定（ESI）

a. 条件

Ⅰ. A、B、C、D、E、F 组农药及相关化学品测定条件

色谱柱：ZORBOX SB-C$_{18}$，3.5μm，100mm×2.1mm（内径）或相当者；

流动相及梯度洗脱条件见表 4-16；

表 4-16　流动相及梯度洗脱条件

时间/min	流速/μL・min^{-1}	流动相 A（0.05％甲酸-水）/％	流动相 B（乙腈）/％
0.00	400	99.0	1.0
3.00	400	70.0	30.0

时间/min	流速/μL·min⁻¹	流动相 A（0.05%甲酸-水）/%	流动相 B（乙腈）/%
6.00	400	60.0	40.0
9.00	400	60.0	40.0
15.00	400	40.0	60.0
19.00	400	1.0	99.0
23.00	400	1.0	99.0
23.01	400	99.0	1.0

柱温：40℃；

进样量：10μL；

电离源极性：正模式；

雾化气：氮气；

雾化气压力：0.28MPa；

离子喷雾电压：4000V；

干燥气温度：350℃；

干燥气流速：10L·min⁻¹；

监测离子对、碰撞气能量和源内碎裂电压参见原标准附录 B。

Ⅱ.G 组液相色谱-串联质谱测定条件

除电离源极性为负模式外，其他条件均与 A、B、C、D、E、F 组农药及相关化学品测定条件相同。监测离子对、碰撞能量和源内碎裂电压参见原标准附录 B。

b. 定性测定。在相同实验条件下进行样品测定时，如果检出的色谱峰的保留时间与标准样品相一致，并且在扣除背景后的样品质谱图中，所选择的离子均出现，而且所选择的离子丰度比与标准样品的离子丰度比相一致（相对丰度＞50%，允许±20%偏差；相对丰度＞20%～50%，允许±25%偏差；相对丰度＞10%～20%，允许±30%偏差；相对丰度≤10%，允许±50%偏差），则可判断样品中存在这种农药或相关化学品。

c. 定量测定。此标准中液相色谱-串联质谱采用外标-校准曲线法定量测定。为减少基质对定量测定的影响，需用空白样品提取液来配制所使用的一系列基质标准工作溶液，用基质标准工作溶液分别进样来绘制标准曲线。并且保证所测样品中农药及相关化学品的响应值均在仪器的线性范围内。450 种农药及相关化学品多反应监测（MRM）色谱图参见原标准附录 C。

（2）结果　液相色谱-串联质谱测定采用标准曲线法定量，标准曲线法定量结果按公式计算（参阅本章 GB/T 20770—2008 的公式）。

此标准方法的检出限为 0.010μg·L⁻¹～0.065mg·L⁻¹，参见原标准附录 A。此标准方法的精密度数据是按照 GB/T 6379.1 和 GB/T 6379.2 的规定确定的，获得重复性和再现性的值以 95% 的可信度来计算。此标准方法的精密度数据见原标准附录 D。

4.3.4　气体

据研究表明，农药施用后约有 30％～50％ 因飘移、土壤挥发、水蒸发等途径进入大气中，存在于空气中的农药吸附在固体颗粒上或溶解于水蒸气中。吸附有农药的土壤颗粒随风进入对流层，可在农药施用后保持数天或数周。根据农药的稳定性，大气中的农药可以以不同的速率分解，母体和分解产物可以在沉降前经过远距离运输。关于空气中农药残留检测方法的研究相对较少，空气样本农药残留分析比水或土壤样品要复杂得多，因为空气中农药的浓度较低，特别是在远离污染源的地区。大气中存在的已知半挥发性有机化合物同时存在于气相和微粒相中。这些相（蒸气/颗粒或 V/P 分配）之间的分布取决于化合物的物理化学性质，例如蒸气压和水溶性，同时也受温度、湿度和悬浮颗粒物的性质等因素的影响。颗粒和气相之间的分配对于确定这些化合物在空气中的归趋非常重要。分析空气样本，需要能够将气相与固体颗粒分离的装置。这样的装置的操作原理如下：大量的空气通过此装置，从空气中提取的农药被预先浓缩在固体吸附剂上，然后在两种介质（气相和颗粒物质）中分别测定农药残留量。

据 Bidleman 等[97]报道，蒸气压力决定了气相和空气传播颗粒相之间半挥发性物质的分配。在气相中主要观察到蒸气压高于 10^{-2} Pa 的物质，而蒸气压低于 10^{-5} Pa 的物质几乎完全存在于颗粒吸附相中。大多数农药之间的蒸气压力在上述值之间，并且在这两相之间进行分配。Sanusi 等[98]报道，蒸气压为 5.6～0.031 MPa 的有机氯和氨基甲酸酯农药仅发现存在于气相中，然而一些脲类除草剂和氨基甲酸酯类杀虫剂（蒸气压：0.041～0.0003MPa）在颗粒相中的残留量达 70％。H. V. Dijk[99]发现一些蒸气压在 $1.6×10^{-3}$～$1.2×10^{-8}$ Pa 之间的农药，如溴氰菊酯、丁苯吗啉、克百威（呋喃丹）、百菌清、麦草畏、4-氯-2-甲基苯氧乙酸（MCPA）、2,4-D，仅在颗粒相中存在，其他农药如林丹、氟乐灵、毒死蜱和异丙甲草胺（蒸气压 0.0027～0.0062Pa）几乎只存在于气相中。在冬季，莠去津和西玛津在颗粒相中的比例为 40％，而在 5～6 月份则完全处于气相中。

空气中农药残留检测技术最初主要利用气相色谱技术，适用于沸点低、易气化的农药，但由于干扰物质的存在会影响结果的准确性，所以选择性的检测器被大范围地用于现代的气相色谱法，如电子捕获检测器（ECD）、氮磷检测器（NPD）以及火焰光度检测器（FPD）等[100,101]。将气相色谱仪与质谱仪两种仪器联用，既具有气相色谱法高灵敏度的优点，同时还兼具质谱仪选择性高的特征，气相色谱-质谱联用法（GC-MS）是现今环境中农药残留最主要的检测方法。高效液相色谱与气相色谱均为色谱法，所以都有着高灵敏度和高选择性的特点，区别就在于液相色谱针对的是不易气化的物质。高效液相色谱在检测农药残留时，使用的主要是 C_8 或 C_{18} 填充柱，使用的流动相主要是甲醇和乙腈，使用的检测器主要是紫外、荧光和二极管矩阵检测器。高效液相色谱和质谱联合使用，已经发展为愈发重要的一种检测方法。近年来，质谱-质谱联用（MS-MS）的技术、飞行时间质谱（TOF-MS）以及超高效液相色谱（UPLC）等技术手段相继发展并应用于农药残留的检测中，但是，由于液质联用仪的价格较高，且对实验操作者的技能与操作水平要求也较高而限制了该方法的使用。

空气中农药残留的检测，需要开发能够进一步减少检测时间，同时减少耗材和成本的新技术。并且随着样品的复杂化程度增加，农药种类多样性增加，建立能够同时检测多组分的新技术至关重要。随着各种新型的大型仪器和生物学技术的创新发展，也应将其尽量合理地应用在工作场所空气中的农药残留检测方面，为农药残留检测技术寻找新的突破口和创新点。多年来，国内外众多学者致力于工作场所空气中农药残留的分离分析研究，农药残留检测分析向着多样化、微量化、自动化、无毒、无污染、快速、低消耗的方向发展。超临界流体萃取、固相微萃取等技术也将在农药残留检测中得到广泛应用。2016 年化学农药减量的提出将会增加生物农药的用量，生物农药等大分子的检测方法将成为进一步研究的热点。

4.3.4.1　工作场所空气有毒物质测定　有机氯农药(GBZ/T 160.77—2004)[102]

此标准规定了监测工作场所空气中有机氯农药浓度的方法，适用于工作场所空气中有机氯农药浓度的测定。空气中气溶胶态的六六六和滴滴涕用玻璃纤维滤纸采集，正己烷洗脱后进样，经色谱柱分离，电子捕获检测器检测，以保留时间定性，峰高或峰面积定量。

（1）测定方法

① 标准溶液。于 10mL 容量瓶中，加少量正己烷，准确称量后，加入一定量的 α-六六六、β-六六六、γ-六六六、δ-六六六、p,p'-DDT 或 o,p'-DDT，再准确称量，加正己烷至刻度；由 2 次称量之差计算溶液的浓度，为标准贮备液。临用前，用正己烷稀释成 $1.0\mu g \cdot mL^{-1}$ 六六六标准溶液和 $10.0\mu g \cdot mL^{-1}$ 滴滴涕标准溶液。或用国家认可的标准溶液配制。

② 样品的采集和保存。现场采样按照 GBZ 159 执行。

a. 短时间采样。在采样点，将装有玻璃纤维滤纸的采样夹以 $5L \cdot min^{-1}$ 流量采集 15min 空气样品。

b. 长时间采样。在采样点，将装有玻璃纤维滤纸的小型塑料采样夹以 $1L \cdot min^{-1}$ 流量采集 2~8h 空气样品。

c. 个体采样。在采样点，将装有玻璃纤维滤纸的小型塑料采样夹佩戴在采样对象的前胸上部，尽量接近呼吸带，以 $1L \cdot min^{-1}$ 流量采集 2~8h 空气样品。

采样后，将滤纸的接尘面朝里对折 2 次，置具塞刻度试管内运输和保存。样品在室温下可长期保存。

③ 分析步骤

a. 对照试验。将装好玻璃纤维滤纸的采样夹带至采样点，除不连接采样器采集空气样品外，其余操作同样品一样，作为样品的空白对照。

b. 样品处理。向装有玻璃纤维滤纸的具塞刻度试管中，加入 10.0mL 正己烷，封闭后，超声洗脱 10min，洗脱液供测定。若样品液中待测物的浓度超过测定范围，可用正己烷稀释后测定，计算时乘以稀释倍数。

c. 标准曲线的绘制 用正己烷稀释标准溶液成 $0.0\mu g \cdot mL^{-1}$、$0.010\mu g \cdot mL^{-1}$、$0.020\mu g \cdot mL^{-1}$、$0.050\mu g \cdot mL^{-1}$ 和 $0.10\mu g \cdot mL^{-1}$ 六六六标准系列，$0.0\mu g \cdot mL^{-1}$、$0.75\mu g \cdot mL^{-1}$、$1.5\mu g \cdot mL^{-1}$、$3.75\mu g \cdot mL^{-1}$ 和 $7.5\mu g \cdot mL^{-1}$ 滴滴涕标准系列。参照仪器操作条件，将气相色谱仪调节至最佳测定状态，进样 $1.0\mu L$，测定标准系列；每个浓度重复测定 3 次。以测得的峰高或峰面积平均值对六六六或滴滴涕浓度（$\mu g \cdot mL^{-1}$）绘制标准曲线。

d. 样品测定。用测定标准系列的操作条件测定样品和空白对照的洗脱液；测得的样品峰高或峰面积值减去空白对照峰高或峰面积值后，由标准曲线得六六六和滴滴涕的浓度（$\mu g \cdot mL^{-1}$）。

e. 气相色谱测定（电子捕获检测器，^{63}Ni 源）

色谱柱：$2m \times 3mm$ 玻璃柱，OV-17：QF-1：Chromosorb WAW DMCS $= 2：1.5：100$；

柱温：193℃；

汽化室温度：250℃；

检测室温度：250℃；

载气（氮气）流量：$50mL \cdot min^{-1}$。

（2）结果

① 采样体积换算成标准采样体积：

$$V_0 = V \times \frac{293}{273+t} \times \frac{P}{101.3} \tag{4-16}$$

式中 V_0——标准采样体积，L；

V——采样体积，L；

t——采样点的温度，℃；

P——采样点的大气压，kPa。

② 空气中六六六或滴滴涕的浓度计算：

$$C = \frac{10c}{V_0 D} \tag{4-17}$$

式中 C——空气中六六六或滴滴涕的浓度，$mg \cdot m^{-3}$；

c——测得洗脱液中六六六或滴滴涕的浓度，$\mu g \cdot mL^{-1}$；

10——洗脱液的总体积，mL；

V_0——标准采样体积，L；

D——洗脱效率，%。

时间加权平均容许浓度按 GBZ 159 的规定计算。

此标准方法的检出限：六六六为 $0.002\mu g \cdot mL^{-1}$，滴滴涕为 $0.03\mu g \cdot mL^{-1}$；最低检出浓度：六六六为 $0.0003\mu g \cdot mL^{-1}$，滴滴涕为 $0.004\mu g \cdot mL^{-1}$（以采集75L空气样品计）。测定范围：六六六为 $0.002 \sim 0.1\mu g \cdot mL^{-1}$，滴滴涕为 $0.03 \sim 7.5\mu g \cdot mL^{-1}$。此标准方法的洗脱效率：六六六为 97.9%，滴滴涕为 99.8%。平均采样效率>95%。

4.3.4.2 工作场所空气有毒物质测定 有机磷农药(GBZ/T 300.149—2017)[103]

此标准规定了监测工作场所空气中有机磷农药浓度的方法，适用于工作场所空气中有机磷农药浓度的测定。

空气中的蒸气态的有机磷农药（包括杀螟松、倍硫磷、亚胺硫磷和甲基对硫磷）用硅胶管（溶剂解吸型，内装 600mg/200mg 硅胶）采集，丙酮解吸后进样，经气相色谱柱分离，火焰光度检测器检测，以保留时间定性，峰高或峰面积定量。

（1）测定方法

① 标准溶液 分别准确称取一定量的杀螟松、倍硫磷、亚胺硫磷和甲基对硫磷，溶于丙酮，定量转移入容量瓶中，并稀释至刻度，此溶液为标准储备液。临时用前，用丙酮稀释成为合适的标准溶液。

② 样品的采集和保存 按 GBZ 159 规定采样规范。

a. 短时间采样：在采样点，用硅胶管以 500mL·min^{-1} 流量采集 15min 空气样品。

b. 长时间采样：在采样点，用硅胶管以 500mL·min^{-1} 流量采集 1～4h 空气样品。

采样后，立即封闭硅胶管两端，置清洁的容器内运输和保存。样品置冰箱内可保存 7d。

③ 分析步骤

a. 样品处理：将采过样的前后段硅胶分别倒入溶剂解吸瓶中，加入 2.0mL 丙酮，封闭后，解吸 30min，不时振荡。样品溶液供测定。

b. 标准曲线的绘制：用相应的解吸液稀释成系列标准溶液。

c. 样品测定：用测定标准系列的操作条件测定样品和空白对照的解吸液；测得的样品峰高或峰面积值减去空白对照峰高或峰面积值后，由标准曲线得相应的待测物的浓度（$\mu g \cdot mL^{-1}$）。

d. 气相色谱测定（火焰光度检测器，526nm 磷滤光片）：GC 条件如下。

色谱柱：30m×0.32mm×0.25μm，14％氰丙基-86％二甲基聚硅氧烷（RTX-1701）；

柱温：210℃，或程序升温，初温 100℃，以 30℃·min^{-1} 升温到 210℃，再以 5℃·min^{-1} 升温到 220℃，保持 2min，再以 30℃·min^{-1} 升温到 260℃，保持 4min；

进样口温度：250℃；

检测器温度：250℃；

载气流量：氮气 1mL·min^{-1}，不分流。

参照仪器操作条件，将气相色谱仪调节至最佳测定状态，分别进样 1.0μL，测定各标准系列。每个浓度重复测定 3 次。以测得的峰高或峰面积均值对相应的待测物浓度（$\mu g \cdot mL^{-1}$）绘制标准曲线。

（2）结果

按式（4-18）计算空气中杀螟松、倍硫磷、亚胺硫磷和甲基对硫磷的浓度：

$$c = \frac{2(c_1 + c_2)}{V_0 D} \tag{4-18}$$

式中 c——空气中待测农药的浓度，$mg \cdot m^{-3}$；

$\qquad$ 2——解吸液的体积，mL；

c_1，c_2——测得前后段解吸液中待测物的浓度，$\mu g \cdot mL^{-1}$；

$\qquad V_0$——标准采样体积，L；

$\qquad D$——解吸效率，%。

空气中的时间加权平均接触浓度按 GBZ 159 规定计算。

此标准方法的检出限、最低检出浓度、相对标准偏差、解吸效率数据见表 4-17。

表 4-17　方法的性能指标

有机磷农药	检出限 /$\mu g \cdot mL^{-1}$	最低检出浓度 /$mg \cdot m^{-3}$	测定范围 /$\mu g \cdot mL^{-1}$	相对标准偏差 /%	解吸效率/%
杀螟松	0.01	0.003	0.03～10	1.1～6.9	96.5
倍硫磷	0.01	0.003	0.03～25	1.7～3.3	98
亚胺硫磷	0.03	0.009	0.1～10	3.5～4.7	96.1
甲基对硫磷	0.02	0.006	0.06～0.2	2.2～2.7	93～100

4.4　其他类样品农药残留分析方法

4.4.1　牛奶和奶粉中 511 种农药及相关化学品残留量的测定 (GB/T 23210—2008)[104]

此标准规定了牛奶和奶粉中 511 种农药及相关化学品残留量的气相色谱-质谱测定方法，适用于牛奶中 504 种农药及相关化学品的定性鉴别，487 种农药及相关化学品的定量测定；奶粉中 498 种农药及相关化学品的定性鉴别，489 种农药及相关化学品的定量测定。牛奶用乙腈振荡提取（奶粉用乙腈均质提取），提取液浓缩后经 C_{18} 固相萃取柱净化，用乙腈洗脱农药及相关化学品，气相色谱-质谱仪测定，内标法定量。

（1）测定方法

① 农药及相关化学品标准溶液

a. 标准储备溶液。准确称取 5～10mg（精确至 0.1mg）农药及相关化学品各标准物分别置于 10mL 容量瓶中，根据标准物的溶解性和测定的需要选甲苯、甲苯-丙酮混合液、环己烷等溶剂溶解并定容至刻度，溶剂选择可参见原标准附录 A。标准储备溶液避光 4℃保存，可使用一年。

b. 混合标准溶液。按照农药及相关化学品的性质和保留时间，将 511 种农药及相关化学品分成 A、B、C、D、E、F 六个组，并根据每种农药及相关化学品在仪器上的响应灵敏度，确定其在混合标准溶液中的浓度。511 种化合物的分组及混合标准溶液浓度参见原标准附录 A。依据每种农药及相关化学品的分组号、混合标准溶液浓度及其标准储备溶液的浓度，移取一定量的单个农药及相关化学品标准储备液于 100mL 容量瓶中，用甲苯定容至刻度。混合标准溶液应避光 4℃保存，可使用一个月。

c. 内标溶液。准确称取 3.5mg 环氧七氯于 100mL 容量瓶中，用甲苯定容至刻度。

d. 基质混合标准工作溶液。A、B、C、D、E、F 组农药及相关化学品基质混合标准工作溶液是将 40μL 内标溶液和一定体积的 A、B、C、D、E、F 组混合标准溶液分别加到 1.0mL 的样品空白基质提取液中，混匀，配成基质混合标准工作溶液 A、B、C、D、E 和 F。基质混合标准工作溶液应现用现配。

② 试样保存。奶粉密封常温保存；牛奶试样置于 0～4℃保存。

③ 提取

a. 奶粉。称取 3.0g 试样（精确至 0.01g）于 50mL 离心管中，加入 20mL 乙腈以及 4g 硫酸镁，用均质器 15000r·min⁻¹ 均质提取 1min，在 4200r·min⁻¹ 条件下离心 5min，上清液收集于 100mL 鸡心瓶中，残渣用 20mL 乙腈重复提取一次，离心后合并两次提取液，将提取液于 40℃水浴旋转浓缩至 1mL 左右，待净化。

b. 牛奶。量取 15mL 牛奶于 50mL 离心管中，加入 20mL 乙腈以及 4g 硫酸镁和 1g 氯化钠。于振荡器上剧烈振荡 10min，在 4200r·min⁻¹ 条件下离心 8min，收集上清液于 100mL 鸡心瓶中，残渣用 20mL 乙腈重复提取一次，离心后合并两次提取液，将提取液于 40℃水浴旋转浓缩至 1mL 左右，待净化。

④ 净化。用 10mL 乙腈活化 ENVI™-18 固相萃取柱后，将浓缩的提取液转移至固相萃取柱中。然后每次用 5mL 乙腈洗涤样品瓶，洗涤液并入固相萃取柱中，重复此操作两次。同时收集流出液于 100mL 鸡心瓶中，用 10mL 乙腈洗脱固相萃取柱，合并流出液。40℃水浴旋转蒸发至 0.5mL 左右。每次加入 5mL 正己烷，在 40℃条件下用旋转蒸发器进行溶剂交换，重复此操作两次，使最终样液体积为 1mL 左右，加入 40μL 内标溶液，混匀，供气相色谱-质谱仪测定。

同时取不含农药及相关化学品的牛奶或奶粉样品，按上述步骤制备样品空白提取液，用于配制基质混合标准工作溶液。

⑤ 气相色谱-质谱法测定（EI）

a. 条件

色谱柱：DB-1701（30m×0.25mm×0.25μm；14% 氰丙基-苯基-甲基聚硅氧烷）石英毛细管柱或相当者；

色谱柱温度：40℃ 保持 1min，然后以 30℃·min⁻¹ 程序升温至 130℃，再以 5℃·min⁻¹ 升温至 250℃，再以 10℃·min⁻¹ 升温至 300℃，保持 5min；

载气：氦气，纯度≥99.999%，流速为 1.2mL·min⁻¹；

进样口温度：290℃；

进样量：1μL；

进样方式：无分流进样，1.5min 后开阀；

电子轰击源：70eV；

离子源温度：230℃；

GC-MS 接口温度：280℃；

溶剂延迟：A组为 8.30min，B组为 7.80min，C组为 7.30min，D组为 5.50min，

E 组为 6.10min，F 组为 5.50min。

选择离子监测：每种化合物分别选择一个定量离子，2～3 个定性离子。每组所有需要检测的离子按照出峰顺序，分时段分别检测。每种化合物的保留时间、定量离子、定性离子及定量离子与定性离子的丰度比值参见原标准附录 B。每组检测离子的开始时间和驻留时间参见原标准附录 C。

b. 定性测定。进行样品测定时，如果检出的色谱峰的保留时间与标准样品相一致，并且在扣除背景后的样品质谱图中，所选择的离子均出现，而且所选择的离子丰度比与标准样品的离子丰度比相一致（相对丰度＞50％，允许±10％偏差；相对丰度＞20％～50％，允许±15％偏差；相对丰度＞10％～20％，允许±20％偏差；相对丰度≤10％，允许±50％偏差），则可判断样品中存在这种农药或相关化学品。如果不能确证，应重新进样，以扫描方式（有足够灵敏度）或采用增加其他确证离子的方式或其他灵敏度更高的分析仪器来确证。

c. 定量测定。此标准方法采用内标法单离子定量测定。内标物为环氧七氯。为减少基质的影响，定量用标准溶液应采用基质混合标准工作溶液。标准溶液的浓度应与待测化合物的浓度相近。此标准方法的 A、B、C、D、E、F 六组标准物质在牛奶基质中选择离子监测 GC-MS 图参见原标准附录 D。

（2）结果　气相色谱-质谱测定结果可由色谱工作站自动计算，也可按以下公式计算：

$$X = c_s \times \frac{A}{A_s} \times \frac{c_i}{c_{si}} \times \frac{A_{si}}{A_i} \times \frac{V}{m} \times \frac{1000}{1000} \tag{4-19}$$

式中　X——试样中被测物残留量，$mg \cdot kg^{-1}$；

　　　c_s——基质标准工作溶液中被测物的浓度，$\mu g \cdot mL^{-1}$；

　　　A——试样溶液中被测物的色谱峰面积；

　　　A_s——基质标准工作溶液中被测物的色谱峰面积；

　　　c_i——试样溶液中内标物的浓度，$\mu g \cdot mL^{-1}$；

　　　c_{si}——基质标准工作溶液中内标物的浓度，$\mu g \cdot mL^{-1}$；

　　　A_{si}——基质标准工作溶液中内标物的色谱峰面积；

　　　A_i——试样溶液中内标物的色谱峰面积；

　　　V——样液最终定容体积，mL；

　　　m——试样溶液所代表试样的质量，g。

注：计算结果应扣除空白值。

此标准定量测定的牛奶中 487 种农药及相关化学品的方法检出限为 0.0008～0.4mg·L⁻¹，参见原标准附录 A。定量测定的奶粉中 489 种农药及相关化学品的方法检出限为 0.0042～2.0mg·L⁻¹，参见原附标准录 A。此标准方法的精密度是按照 GB/T 6379.1 和 GB/T 6379.2 的规定确定的，获得重复性和再现性的值是以 95％的可信度来计算的。此标准方法的精密度数据参见原标准附录 E。

4.4.2 果蔬汁和果酒中 512 种农药及相关化学品残留量的测定
(GB 23200.14—2016)[105]

此标准规定了橙汁、苹果汁、葡萄汁、白菜汁、胡萝卜汁、干酒、半干酒、半甜酒、甜酒中 512 种农药及相关化学品残留量的液相色谱-串联质谱测定方法，适用于橙汁、苹果汁、葡萄汁、白菜汁、胡萝卜汁、干酒、半干酒、半甜酒、甜酒中 512 种农药及相关化学品残留的定性鉴别，也适用于 490 种农药及相关化学品残留量的定量测定，其他果蔬汁、果酒可参照执行。试样用 1％乙酸-乙腈溶液提取，经 Sep-Pak Vac 柱净化，用乙腈-甲苯溶液（3∶1）洗脱农药及相关化学品，用液相色谱-串联质谱仪检测，外标法定量。

（1）测定方法

① 农药及相关化学品标准溶液

a. 标准储备溶液。分别称取 5～10mg（精确至 0.1mg）农药及相关化学品各标准物质于 10mL 容量瓶中，根据标准物质的溶解度选甲醇、甲苯、丙酮、乙腈或异辛烷溶解并定容至刻度，溶剂选择参见原标准附录 A，标准溶液避光 0～4℃保存，保存期为一年。

b. 混合标准溶液。按照农药及相关化学品的保留时间，将 512 种农药及相关化学品分成 A、B、C、D、E、F 和 G 七个组，并根据每种农药及相关化学品在仪器上的响应灵敏度，确定其在混合标准溶液中的浓度，512 种农药及相关化学品的分组及其混合标准溶液浓度参见原标准附录 A。依据每种农药及相关化学品的分组、混合标准溶液浓度及其标准储备液的浓度，移取一定量的单个农药及相关化学品标准储备溶液于 100mL 容量瓶中，用甲醇定容至刻度。混合标准溶液避光 4℃保存，保存期为一个月。

c. 基质混合标准工作溶液。农药及相关化学品基质混合标准工作溶液是用样品空白溶液配成不同浓度的基质混合标准工作溶液 A、B、C、D、E、F 和 G，用于做标准工作曲线。基质混合标准工作溶液应现用现配。

② 试样制备与保存。浓缩果蔬汁样品，将取得的全部原始样品倒入洁净的搪瓷混样桶内，充分搅拌混匀，再将混匀样品分装出两份（每份 500mL），密封并标明标记。将试样于－18℃冷冻保存。

③ 提取。称取 15g 试样（精确至 0.01g）（果酒为 15mL）于 50mL 具塞离心管中，加入 15mL 1％乙酸-乙腈溶液，在涡旋混合器上涡旋 2min。向具塞离心管中加入 1.5g 无水乙酸钠，再振荡 1min，再向离心管中加入 6g 无水硫酸镁，振荡 2min，4200r·min^{-1} 离心 5min，取 7.5mL 上清液至另一干净试管中，待净化。

④ 净化。在 Sep-Pak Vac 柱中加入约 2cm 高无水硫酸钠，并将柱子放入下接鸡心瓶的固定架上。加样前先用 5mL 乙腈-甲苯溶液预洗柱，当液面到达硫酸钠的顶部时，迅速将样品提取液转移至净化柱上，并更换新鸡心瓶接收。在固相萃取柱上加上 50mL 贮液器，用 25mL 乙腈-甲苯溶液洗脱农药及相关化学品，合并于鸡心瓶中，并在 40℃水浴中旋转浓缩至约 0.5mL，于 35℃下氮气吹干，用 1mL 乙腈-水溶液溶解残渣，

0.2μm 微孔滤膜过滤后供液相色谱-串联质谱测定。

⑤ 液相色谱-串联质谱测定（ESI）

a. 条件

Ⅰ. A、B、C、D、E、F 组农药及相关化学品测定条件

色谱柱：ZORBOX SB-C$_{18}$，3.5μm，100mm×2.1mm（内径）或相当者；

流动相及梯度洗脱条件见表 4-18；

表 4-18　流动相及梯度洗脱条件

时间/min	流速/μL·min^{-1}	流动相 A（0.05％甲酸-水）/％	流动相 B（乙腈）/％
0.00	400	99.0	1.0
3.00	400	70.0	30.0
6.00	400	60.0	40.0
9.00	400	60.0	40.0
15.00	400	40.0	60.0
19.00	400	1.0	99.0
23.00	400	1.0	99.0
23.01	400	99.0	1.0

柱温：40℃；

进样量：10μL；

电离源极性：正模式；

雾化气：氮气；

雾化气压力：0.28MPa；

离子喷雾电压：4000V；

干燥气温度：350℃；

干燥气流速：10L·min^{-1}；

监测离子对、碰撞气能量和源内碎裂电压参见原标准附录 B。

Ⅱ. G 组农药及相关化学品测定条件

除电离源极性为负模式外，其他条件均与 A、B、C、D、E、F 组农药及相关化学品测定条件相同。监测离子对、碰撞气能量和源内碎裂电压参见原标准附录 B。

b. 定性测定。在相同实验条件下进行样品测定时，如果检出的色谱峰的保留时间与标准样品相一致，并且在扣除背景后的样品质谱图中，所选择的离子均出现，而且所选择的离子丰度比与标准样品的离子丰度比相一致（相对丰度＞50％，允许±20％偏差；相对丰度＞20％～50％，允许±25％偏差；相对丰度＞10％～20％，允许±30％偏差；相对丰度≤10％，允许±50％偏差），则可判断样品中存在这种农药或相关化学品。

c. 定量测定。此标准中液相色谱-串联质谱采用外标-校准曲线法定量测定。为减少基质对定量测定的影响，需用空白样品提取液来配制所使用的一系列基质标准工作溶液，用基质标准工作溶液分别进样来绘制标准曲线。并且保证所测样品中农药及相关化

学品的响应值均在仪器的线性范围内。512 种农药及相关化学品多反应监测（MRM）色谱图参见原标准附录 C。

（2）结果　液相色谱-串联质谱测定采用标准曲线法定量，标准曲线法定量结果按公式计算：

$$X_i = c_i \times \frac{V}{m} \times \frac{1000}{1000} \tag{4-20}$$

式中　X_i——试样中被测组分含量，$mg \cdot kg^{-1}$；

　　　c_i——从标准工作曲线得到的试样溶液中被测组分的浓度，$\mu g \cdot mL^{-1}$；

　　　V——试样溶液定容体积，mL；

　　　m——样品溶液所代表试样的质量，g。

注：计算结果应扣除空白值。

此标准方法的定量限参见原标准附录 A，当 512 种农药及相关化学品添加水平为 LOQ、4×LOQ 时，添加回收率参见原标准附录 F。在重复性条件下获得的两次独立测定结果的绝对差值与其算术平均值的比值（百分率），应符合原标准附录 D 的要求。在再现性条件下获得的两次独立测定结果的绝对差值与其算术平均值的比值（百分率），应符合原标准附录 E 的要求。

参 考 文 献

[1] Coscollà C，Colin P，Yahyaoui A，et al. Atmospheric Environment，2010，44（32）：3915.

[2] 熊婧，张兆辉. 中国神经免疫学和神经病学杂志，2016，23（6）：438.

[3] González-Curbelo M Á，Herrera-Herrera A V，Ravelo-Pérez L M，et al. Trac Trends in Analytical Chemistry，2012，38（9）：32.

[4] Guler G O，Cakmak Y S，Dagli Z，et al. Food & Chemical Toxicology，2010，48（5）：1218.

[5] Ho Y M，Tsoi Y K，Leung K S. Analytica Chimica Acta，2013，775（7）：58.

[6] Liu X，Xu J，Li Y，et al. Analytical & Bioanalytical Chemistry，2011，399（7）：2539.

[7] Uygun U，Özkara R，Özbey A，et al. Food Chemistry，2007，99（3）：1165.

[8] 王媛媛. 农作物中农药残留的检测方法研究 [D]. 大连：大连理工大学，2008.

[9] 陈蓓蓓，李冰清，朱观良，等. 分析实验室，2012，31（9）：99.

[10] He Z，Wang L，Peng Y，et al. Food Chemistry，2015，169：372.

[11] GB 23200.9—2016 食品安全国家标准　粮谷中 475 种农药及相关化学品残留量的测定　气相色谱-质谱法.

[12] GB/T 20770—2008 粮谷中 486 种农药及相关化学品残留量的测定　液相色谱-串联质谱法.

[13] Sharma D，Nagpal A，Pakade Y B，et al. Talanta，2010，82（4）：1077.

[14] Zhan X P，Ma L，Huang L Q，et al. Journal of Chromatography B，2017，1060：281.

[15] 林志惠，李慧珍，游静. 分析测试学报，2013，32（8）：923.

[16] 黎小鹏，刘红梅. 仲恺农业工程学院学报，2013，26（4）：65.

[17] Zheng S，Li L，Lin H，et al. Chinese Journal of Chromatography，2013，31（31）：71.

[18] Chen T，Chen G. Rapid Communications in Mass Spectrometry Rcm，2007，21（12）：1848.

[19] Hu Y，Xi C，Cao S，et al. Chinese Journal of Chromatography，2014，32（7）：784.

[20] Na G E，Liu X M，Xue-Min L I，et al. Journal of Instrumental Analysis，2011，30（12）：1351.

[21] Choi J H，Mir M，Abd ElAty A M，et al. Food Chemistry，2011，127（4）：1878.

［22］　Zhang A，Wang Q，Cao L，et al. Chinese journal of chromatography，2016，34（2）：158.

［23］　Cheng Z，Dong F，Xu J，et al. Food Chemistry，2017，231：365.

［24］　Bakırcı G T，Hışıl Y. Food Chemistry，2012，135（3）：1901.

［25］　林涛，汪禄祥，杨东顺，等. 分析试验室，2014（10）：1165.

［26］　GB 23200.8—2016　食品安全国家标准　水果和蔬菜中 500 种农药及相关化学品残留量的测定 气相色谱-质谱法.

［27］　GB/T 20769—2008　水果和蔬菜中 450 种农药及相关化学品残留量的测定　液相色谱-串联质谱法.

［28］　Zhao P，Wang L，Jiang Y，et al. Journal of Agricultural & Food Chemistry，2012，60（16）：4026.

［29］　郭防. 微量元素与健康研究，2012，29（1）：61.

［30］　胡贝贞，宋伟华，谢丽萍，等. 色谱，2008，26（1）：22.

［31］　Chen G，Cao P，Liu R. Food Chemistry，2011，125（4）：1406.

［32］　邱世婷. 云南农业大学学报，2017，32（3）：536.

［33］　GB/T 23204—2008　茶叶中 519 种农药及相关化学品残留量的测定　气相色谱-质谱法.

［34］　GB 23200.13—2016　食品安全国家标准　茶叶中 448 种农药及相关化学品残留量的测定　液相色谱-质谱法.

［35］　Chen L，Song F，Liu Z，et al. Journal of Chromatography A，2012，1225（1）：132.

［36］　李明辰，季宇彬，郎朗. 黑龙江科技信息，2016（2）：231.

［37］　Wong M Y，So P K，Yao Z P. Journal of Chromatography B Analytical Technologies in the Biomedical & Life Sciences，2016，1026：2.

［38］　李娜，张玉婷，李辉，等. 农药学学报，2012，14（6）：619.

［39］　王海涛，张睿，姚燕林，等. 分析试验室，2011，30（1）：72.

［40］　程志，张蓉，刘韦华，等. 色谱，2014，32（1）：57.

［41］　Jia Z，Mao X，Chen K，et al. Journal of Aoac International，2010，93（5）：1570.

［42］　GB 23200.10—2016　食品安全国家标准　桑枝、金银花、枸杞子和荷叶中 488 种农药及相关化学品残留量的测定 气相色谱-质谱法.

［43］　GB 23200.11—2016　食品安全国家标准　桑枝、金银花、枸杞子和荷叶中 413 种农药及相关化学品残留量的测定 液相色谱-质谱法.

［44］　Domingo J L. Food and chemical toxicology，2017，107：20.

［45］　邢宇. 基于新型分散固相萃取技术测定动物源食品中的农药多残留［D］. 泰安：山东农业大学，2016.

［46］　Gan J，Lv L，Peng J，et al. Food Chemistry，2016，207：195.

［47］　Ahmad R，Salem N M，Estaitieh H. Chemosphere，2010，78（6）：667.

［48］　Gan J，Lv L，Peng J，et al. Food Chemistry，2016，207：195.

［49］　杜娟，吕冰，朱盼，等. 色谱，2013，31（8）：739.

［50］　苏明明，董振霖，徐静，等. 食品安全质量检测学报，2014（6）：1757.

［51］　GB/T 23207—2008　河豚鱼、鳗鱼和对虾中 485 种农药及相关化学品残留量的测定　气相色谱-质谱法.

［52］　GB/T 23208—2008　河豚鱼、鳗鱼和对虾中 450 种农药及相关化学品残留量的测定　液相色谱-串联质谱法.

［53］　GB/T 19650—2006　动物肌肉中 478 种农药及相关化学品残留量的测定　气相色谱-质谱法.

［54］　GB/T 20772—2008　动物肌肉中 461 种农药及相关化学品残留量的测定　液相色谱-串联质谱法.

［55］　张烁，陈达炜，赵云峰. 卫生研究，2015，44（3）：422.

［56］　郝俊霞，王金桃，赵维敏，等. 卫生研究，2011，40（3）：312.

［57］　食品中农业化学品残留限量：日本肯定列表制度. 食品卷. 北京：中国标准出版社，2006.

［58］　NY/T 1243—2006　蜂蜜中农药残留限量（一）.

［59］　Wiest L，Buleté A，Giroud B，et al. Journal of Chromatography A，2011，1218（34）：5743.

［60］　Niell S，Cesio V，Hepperle J，et al. Journal of Agricultural & Food Chemistry，2014，62（17）：3675.

［61］ Tomasini D，Sampaio M R F，Caldas S S，et al. Talanta，2012，99 (18)：380.

［62］ Panseri S，Catalano A，Giorgi A，et al. Food Control，2014，38 (1)：150.

［63］ Giroud B，Vauchez A，Vulliet E，et al. Journal of Chromatography A，2013，1316 (21)：53.

［64］ 林国斌，倪蕾，林升清. 中国食品卫生杂志，2012，24 (2)：116.

［65］ GB 23200.7—2016 食品安全国家标准 蜂蜜、果汁和果酒中 497 种农药及相关化学品残留量的测定 气相色谱-串联质谱法.

［66］ GB/T 20771—2008 蜂蜜中 486 种农药及相关化学品残留量的测定 液相色谱-串联质谱法.

［67］ 周丽兴，万树青. 土壤农药残留对土壤酶的影响研究状况. 全国植保信息交流暨农药械交流会，2004：273-275.

［68］ Barron M G，Ashurova Z J，Kukaniev M A，et al. Environmental Pollution，2017.

［69］ Zeng F，Yang D，Xing X，et al. Chemosphere，2017，176：32.

［70］ 张新忠，罗逢健，刘光明，等. 分析化学，2011，39 (9)：1329.

［71］ 王小飞，刘潇威，王璐，等. 农业环境科学学报，2013，32 (10)：2099.

［72］ 贾伟华，洪月玲，宋燕燕. 现代预防医学，2012，39 (23)：6256.

［73］ 刘红梅，黎小鹏，李文英，等. 广东农业科学，2012 (11)：188.

［74］ 陈蓓蓓，李冰清，朱观良，等. 分析实验室，2012，31 (9)：99.

［75］ Gonçalves C，Carvalho J J，Azenha M A，et al. Journal of Chromatography A，2006，1110 (1)：6.

［76］ 赵丽娟. 农业与技术，2013 (3)：12.

［77］ 王点点，宋宁慧，石利利，等. 农药，2012，51 (2)：121.

［78］ Han Y，Mo R，Yuan X，et al. Chemosphere，2017，180：42.

［79］ Cheng Z，Dong F，Xu J，et al. Journal of Chromatography A，2016 (1435)：115.

［80］ GB/T 14552—2003 水、土中有机磷农药测定的气相色谱法.

［81］ 车明秀，郭亚飞，余晓平，等. 安徽农学通报，2010，16 (21)：139.

［82］ Mekebri A，Crane D B，Blondina G J，et al. Bulletin of Environmental Contamination and Toxicology，2008，80 (5)：455.

［83］ Tan L，He M，Men B，et al. Estuarine Coastal & Shelf Science，2009，84 (1)：119.

［84］ 陈中祥，战培荣，覃东立，等. 水产学杂志，2013，26 (4)：29.

［85］ 杨琳，温裕云，弓振斌. 分析化学，2010，38 (7)：968.

［86］ 叶玫，姜琳琳，余颖，等. 渔业科学进展，2012，33 (5)：109.

［87］ 陈春丽，戴星照，曾桐辉，等. 长江流域资源与环境，2015，24 (12)：2076.

［88］ 史双昕，周丽，邵丁丁，等. 环境科学研究，2010，23 (1)：7.

［89］ 吴宇峰，李利荣，时庭锐，等. 环境科学与技术，2007，30 (1)：37.

［90］ Francu E，Schwarzbauer J，Lána R，et al. Water Air & Soil Pollution，2010，209 (1)：81.

［91］ Basheer C，Obbard J P，Lee H K. Journal of Chromatography A，2005，1068 (2)：221.

［92］ 谢湘云. 海洋环境样品中痕量有机氯和拟除虫菊酯农药的测定方法研究 [D]. 厦门：厦门大学，2007.

［93］ 李星，曹彦忠，张进杰，等. 分析测试学报，2013，32 (10)：1180.

［94］ El-Gawad H A. Water Science，2016，30 (2)：96.

［95］ Shamsipur M，Yazdanfar N，Ghambarian M. Food Chemistry，2016，204：289.

［96］ GB/T 23214—2008 饮用水中 450 种农药及相关化学品残留量的测定 液相色谱-串联质谱法.

［97］ Bidleman T F. Environmentalence & Technology，1998，22 (4)：361.

［98］ Sanusi A，Millet M，Mirabel P，et al. Atmospheric Environment，1999，33 (29)：4941.

［99］ Dijk H V. Physica，1966，32 (5)：945.

［100］ López D R，Ahumada D A，Díaz A C，et al. Food Control，2014，37 (1)：33.

[101] Yusà V，Coscollà C，Mellouki W，et al. Journal of Chromatography A，2009，1216（15）：2972.

[102] GBZ/T 160.77—2004　工作场所空气有毒物质测定　有机氯农药.

[103] GBZ/T 300.149—2017　工作场所空气有毒物质测定　第 149 部分：杀螟松、倍硫磷、亚胺硫磷和甲基对硫磷.

[104] GB/T 23210—2008　牛奶和奶粉中 511 种农药及相关化学品残留量的测定　气相色谱-质谱法.

[105] GB 23200.14—2016　食品安全国家标准　果蔬汁和果酒中 512 种农药及相关化学品残留量的测定　液相色谱-质谱法.

第5章
农药残留限量标准

"民以食为天，食以安为先"，食品能否让人吃得安全和健康，绝对是个"天大的事"。那么到底什么样的食品为安全食品，判定标准是什么？具体是如何判定的？本章将从农药残留限量标准的基本概念、制定原则和程序、世界主要国家和地区标准现状等方面展开介绍，帮助读者理解和掌握农药限量标准的基本概况。

5.1 概述

5.1.1 定义

5.1.1.1 残留物(residue definition)

残留物是指由于使用农药而在食品、农产品和动物饲料中出现的任何特定物质，包括被认为具有毒理学意义的农药衍生物，如农药转化物、代谢物、反应产物及杂质等。

5.1.1.2 最大残留限量

最大残留限量（maximum residue limit，MRL）是指在食品或农产品内部或表面法定允许的农药最大浓度，以每千克食品或农产品中农药残留的质量数表示（mg·kg^{-1}）。最大残留限量由食品法典委员会（CAC）或国家法定机构根据农药使用的良好农业规范（Good Agricultural Practices，GAP）和规范农药残留试验，推荐农药最大残留水平，参考农药残留风险评估结果，推荐最大残留限量。

5.1.1.3 再残留限量

再残留限量（extraneous maximum residue limit，EMRL）是指虽然一些持久性农药现已被禁用，但仍长期存在于环境中，从而再次在食品中形成残留，为控制这类农药残留物对食品的污染而制定其在食品中的残留限量，以每千克食品或农产品中农药残留的质量数表示（mg·kg^{-1}）。

5.1.1.4　每日允许摄入量

每日允许摄入量（acceptable daily intake，ADI）是指人类终生每日摄入某种物质，对健康无任何已知不良效应的剂量，以每千克体重摄入该化学物质的质量数表示（mg·kg^{-1} bw）。国际上由联合国粮食与农业组织（FAO）及世界卫生组织（WHO）的农药残留联席会议（JMPR）制定，而许多国家是由各自国家的法定机构制定的。

5.1.1.5　农药使用的良好农业规范

农药使用的良好农业规范［Good Agricultural Practice（GAP）for pesticide application］是指农药登记批准的农药使用方法、使用范围、使用剂量、使用次数和安全间隔期等[1~3]。

5.1.2　目标

农药残留直接关系到食品安全，间接影响农产品国际贸易。食品法典农药残留委员会（CCPR）负责制定的食品和农产品农药残留限量标准为各国制定 MRL 标准提供了重要的技术参考，推进了各国农药残留标准建设，促进了各国农药残留管理领域的交流与合作。CCPR 致力于保护消费者健康，推动构建国际间安全、开放、公平的农药残留标准体系和食品贸易机制，确保食品安全，减少国际食品贸易摩擦，促进贸易的公平公正[4]。

农药最大残留限量的制定是为了规范农药在农产品和食品生产和储存过程中的使用从而降低产品中农药的残留量，保障农产品和食品质量安全以及规范进出口贸易中对产品的要求[5]。

5.1.3　作用和意义

农药残留限量标准是当前国际农产品和食品贸易中重要的技术性贸易措施，由 CCPR 制定的农药残留限量标准可作为国际农产品和食品贸易中涉及农药残留问题的仲裁依据，对全球农产品及食品贸易具有重大影响。同时，对确保农产品及食品质量安全，保护消费者健康，减少技术性贸易壁垒，解决农产品及食品贸易争端，促进农产品及食品贸易的公平公正发展具有重要意义[6]。

各国及有关国际组织所制定的农药残留限量标准也成为判定农产品质量安全的标准和保护消费者健康的基础。农药残留限量标准的制定是开展农产品市场安全监管的前提，可促进企业对食品质量生产全程的监控，合理制定农药最大残留限量不仅可以有效防治病虫害、确保农业的增产创收，而且还可以严格控制农药的违规使用，确保食品安全、维护消费者健康和贸易利益[7]。加强农药残留标准制定工作，可维护各国农产品国际贸易的合法权益，增强农产品的国际竞争力[8]。

5.1.4　制定机构

5.1.4.1　国际农药残留限量制定机构

食品法典委员会（CAC）是由联合国粮农组织（FAO）和世界卫生组织（WHO）在联合食品标准计划下创建的制定食品标准、准则和操作规范相关文件的政府间机构，其工作宗旨是保护消费者健康和确保食品贸易公平。食品法典委员会的组织机构包括全体成员国大会、常设秘书处、执行委员会和附属技术机构（各类分委员会）。

（1）全体成员国大会　CAC 主要的决策机构是食品法典委员会每两年一次在罗马和日内瓦轮流召开的全体成员国大会（the session of the Codex Alimentarius Commission），负责审议并通过国际食品法典标准和其他相关事项。

（2）执行委员会　在 CAC 全体成员国大会休会期间，执行委员会代表委员会开展工作，行使职权。

（3）技术附属机构　CAC 的技术附属机构是 CAC 国际标准制定的实体机构，这些附属机构分为综合主题委员会、商品委员会、区域协调委员会和特设政府间工作组四类，每类委员会下设具体专业委员会。其中综合主题委员会负责拟订有关适用于所有食品的食品安全和消费者健康保护通用原则的标准；商品委员会（纵向）负责拟定有关特定商品的标准；区域协调委员会负责处理区域性事务。

所有这些委员会都是政府间的标准协调机构，每个分委员会由一个成员国主持，主持国根据需要每一年或两年召开一次会议，具有广泛代表性的委员会成立特设政府间工作组（非食品法典的委员会），以作为一种精简委员会组织结构的手段，并借此提高附属机构的运行效率。特设政府间工作组的职权范围在起始时就予以规定，且仅限于某一即期性任务。特设工作组的期限是预设的，通常不应超过 5 年。食品法典的分委员会和特别工作组负责草拟提交给委员会的标准，无论其是拟作全球使用还是供特定区域或国家使用。在食品法典内对标准草案及相关文件的解释工作由附属机构承担。其中食品及农产品中农药最大残留限量（MRL）标准由其下属十个综合主题委员会之一——食品法典农药残留委员会（Codex Committee on Pesticide Residues，CCPR）负责制定。CCPR 的职责是：①制定特定食品或食品组中农药残留的最高限量；②制订国际贸易中涉及的动物饲料中农药残留的最大限量，以保护人类健康；③为 FAO/WHO 农药残留联席会议（JMPR）提供优先评价农药名单；④审议测定食品和饲料中农药残留的采样和分析方法；⑤审议与含有农药残留的食品和饲料安全相关的其他事项；⑥制定特定食品或食品组中含有以化学性或其他类似于农药的环境和工业污染物的最高限量。

（4）联合专家委员会　FAO/WHO 食品添加剂和污染物联合专家委员会（Joint FAO/WHO Expert Committee on Food Additives，JECFA）和农药残留联席会议（Joint FAO/WHO Meeting on Pesticide Residues，JMPR）是由粮农组织和世界卫生组织共同资助和管理的两个专家委员会，JECFA 和 JMPR 虽然不是食品法典委员会组织结构中的正式组成部分，但都为制订食品法典标准所需的信息提供独立的专家科学建议。JECFA 负责食品添加剂、污染物、兽药残留部分，JMPR 负责农药残留部分。JMPR 由粮农组织食品和环境中农药残留专家组与世卫组织核心评价小组构成，就农药残留问题提供科学咨询。其科学家以个人能力作为专家服务于 JMPR，而不代表他们的政府或组织，以保证标准制定的科学性和公正性。

在农药 MRL 标准的制定过程中，CAC、CCPR 及 JMPR 保持着密切的关系。其中，JMPR 是风险评估机构，CAC 和 CCPR 是风险管理机构，JMPR 根据 CAC 和 CCPR 的建议开展工作，负责评估并起草农药 MRL 标准草案，然后提交给 CCPR 审议，审议后的标准草案再提交给 CAC 大会审议，通过后即可成为一项新的食品法典标准[9~11]。

5.1.4.2　我国农药残留限量制定机构

卫计委、农业农村部按照《食品安全法》的规定建立了农药残留标准、兽药残留标准相关机制和工作程序。2009 年 9 月联合印发的《食品中农药、兽药残留标准管理问题协商意见》（卫办监督函［2009］828 号）指出，农药残留标准是食品安全国家标准。农业农村部提出农药残留标准计划，纳入食品安全国家标准计划统一发布。农业农村部的职责包括：①食用农产品中农药残留限量及检测方法与规程的计划、立项、起草、审查、复审、解释、档案、制（修）订经费的管理等；②征求意见和对外通报，向国务院指定的负责对外通报和评议工作的部门提供通报所需资料，提出答复评议意见，并对其他世界贸易组织成员通报的涉及农药残留的卫生措施提出评议意见；③组织农药残留专业工作组对标准进行审查，形成标准发布稿。卫计委连同农业农村部共同发布和废止农药残留限量和检测方法与规程标准。在工作需要或发生涉及农药残留的食品安全事故时，卫计委协调组织农业农村部制订相关农药残留的限量及检测方法并进行风险评估。农药残留限量标准制定发布流程为：标准制定计划、标准制定立项、标准草案起草、征求意见、审查、备案、WTO 通报、发布[12]。相关机构简介如下。

（1）卫计委成立第一届食品安全国家标准审评委员会，下设的十个专业分委会之一为"农药残留分委员会"。食品安全国家标准审评委员会的主要职责是审评食品安全国家标准，提出实施食品安全国家标准的建议，对食品安全国家标准重大问题提供咨询，承担食品安全国家标准的其他工作。

（2）农业农村部成立了第二届国家农药残留标准审评委员会，由主任委员、副主任委员、秘书长、副秘书长、专家委员和单位委员组成，下设残留化学、毒理学、分析方法 3 个工作组，主要负责审评农药残留国家标准，审议农药残留国家标准制修订计划和长期规划，提出实施农药残留标准工作政策和技术措施的建议，为农药残留国家标准相关的重大问题提供咨询等工作。委员会秘书处设在农业农村部农药检定所，负责委员会的日常工作。国家农药残留标准审评委员会与食品安全国家标准审评委员会农药残留分委员会是相互衔接的。

（3）农业农村部农药检定所负责履行农药残留标准审评委员会秘书处的相关职责，组成为秘书长 1 名，副秘书长若干名，具体日常工作由农药残留审评处承担。农药残留审评处的主要职责为：拟订农药登记残留试验技术标准和规程；负责农药登记残留资料的审评；组织拟订农药残留限量标准、检测方法和检验规程；拟订农药合理使用准则；组织开展农药登记残留验证试验；协助开展农副产品中农药残留监测；承担农副产品中农药残留样品检测和仲裁检验；组织开展农药残留标准、检测技术培训；承担国家农药残留标准审评委员会秘书处工作；承办所领导交办的其他工作。

5.2　农药残留限量标准制定原则

5.2.1　我国残留限量标准制定原则

为了确保我国食品中农药残留限量标准制定的科学性，根据《中华人民共和国食品安全法》《中华人民共和国农产品质量安全法》和《农药管理条例》有关规定，农业农村部制定了《食品中农药残留风险评估指南》和《食品中农药最大残留限量制定指南》，并于 2015 年 10 月发布，作为我国残留限量标准制定的原则和依据。

5.2.2　国际残留限量标准制定原则

CAC 制定农药残留限量主要依据农药残留法典委员会（CCPR）应用的风险分析原则，通常是先提名农药由 JMPR 进行评议，列出评估时间表，世界卫生组织评估小组审议毒理学数据，根据需要估算出每日允许摄入量（ADI）和急性参考剂量（ARfD）。世界粮农组织残留化学组专家基于登记使用方式、残留化学药物、动植物代谢、分析方法和规范残留试验数据等资料，提出食品和饲料中的农药残留定义和最大残留限量。JMPR 进行风险评估，测算出短期（1d）和长期的膳食暴露数据，并将其与相关毒理学基准进行比对，判断风险是否可以接受，从而提出法典限量建议提交给食品法典委员会。整个风险分析过程完全透明，依据充分科学，记录翔实。

5.3　农药残留限量标准制定的程序步骤

5.3.1　我国农药残留限量标准制定

5.3.1.1　一般程序

（1）确定规范残留试验中值（STMR）和最高残留值（HR）　按照《农药登记资料规定》和《农作物中农药残留试验准则》（NY/T 788）要求，在农药使用的良好农业规范（GAP）条件下进行规范残留试验，根据残留试验结果，确定规范残留试验中值（STMR）和最高残留值（HR）。

（2）确定每日允许摄入量（ADI）和/或急性参考剂量（ARfD）　根据毒物代谢动力学和毒理学评价结果，制定每日允许摄入量。对有急性毒性作用的农药，制定急性参考剂量。

（3）推荐农药最大残留限量（MRL） 根据规范残留试验数据，确定最大残留水平，依据我国膳食消费数据，计算国家每日摄入量，或短期膳食摄入量，进行膳食摄入风险评估，推荐食品安全国家标准农药最大残留限量（MRL），我国农药残留限量标准制定的一般程序流程图见图5-1。

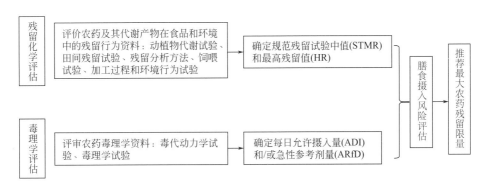

图5-1 我国农药残留限量标准制定的一般程序流程图

推荐的最大残留限量，低于10mg·kg^{-1}的保留一位有效数字，高于10mg·kg^{-1}但低于99mg·kg^{-1}的保留两位有效数字，高于100mg·kg^{-1}的用10的倍数表示，最大残留限量通常设置为0.01mg·kg^{-1}、0.02mg·kg^{-1}、0.03mg·kg^{-1}、0.05mg·kg^{-1}、0.07mg·kg^{-1}、0.1mg·kg^{-1}、0.2mg·kg^{-1}、0.3mg·kg^{-1}、0.5mg·kg^{-1}、0.7mg·kg^{-1}、1mg·kg^{-1}、2mg·kg^{-1}、3mg·kg^{-1}、5mg·kg^{-1}、7mg·kg^{-1}、10mg·kg^{-1}、15mg·kg^{-1}、20mg·kg^{-1}、25mg·kg^{-1}、30mg·kg^{-1}、40mg·kg^{-1}和50mg·kg^{-1}。

依据《用于农药残留限量标准制定的作物分类》，可制定适用于同组作物上的最大残留限量。

5.3.1.2 再评估

发生以下情况时，应对制定的农药最大残留限量进行再评估：

① 批准农药的良好农业规范（GAP）变化较大时；

② 毒理学研究证明有新的潜在风险时；

③ 残留试验数据监测数据显示有新的摄入风险时；

④ 农药残留标准审评委员会认定的其他情况。

再评估应遵从农药最大残留限量标准制定程序进行。

5.3.1.3 周期评估

为保证农药最大残留限量的时效性和有效性，实行农药最大残留限量周期评估制度，评估周期为15年，临时限量和再残留限量的评估周期为5年。

5.3.1.4 特殊情况

（1）临时限量 当下述情形发生时，可以制定临时限量标准：

① 每日允许摄入量是临时值时；

② 没有完善或可靠的膳食数据时；

③ 没有符合要求的残留检验方法标准时；

④ 农药或农药/作物组合在我国没有登记，当存在国际贸易和进口检验需求时；

⑤ 在紧急情况下，农药被批准在未登记作物上使用时，制定紧急限量标准，并对其适用范围和时间进行限定；

⑥ 其他资料不完全满足评估程序要求时。

临时限量标准的制定应参照农药最大残留限量标准制定程序进行。当获得新的数据时，应及时进行修订。

（2）再残留限量　对已经禁止使用且不易降解的农药，因在环境中长期稳定存在而引起在作物上的残留，需要制定再残留限量（EMRL）。再残留限量是通过实施国家监测计划获得的残留数据进行风险评估制修订的。

（3）豁免残留限量　当存在下述情形时，豁免制定残留限量：

① 当农药毒性很低，按照标签规定使用后，食品中农药残留不会对健康产生不可接受风险时；

② 当农药的使用仅带来微小的膳食摄入风险时。豁免制定残留限量的农药需要根据具体农药的毒性和使用方法逐个进行风险评估确定。

（4）香料/调味品产品中最大残留限量　在没有规范残留试验数据的条件下，可以使用监测数据，但需要提供详细的种植和生产情况以及足够的监测数据，制定程序参照农药最大残留限量标准制定[13]。

5.3.2　CAC 残留限量标准制定

在农药最大残留限量（MRL）标准制定过程中，CCPR 与 CAC 和 FAO/WHO 农药残留联席会议（JMPR）保持着密切的关系，制定的 MRL 标准几乎涉及所有种植、养殖产品及其加工制品。CCPR 制定农药 MRL 的程序有一般程序（8 步）和加速程序（5/8 步）。

5.3.2.1　一般程序

（1）确定标准制定计划　由 CCPR 的农药评估优先列表特别工作组根据 JMPR 的建议提出农药评估优先列表建议，提交给 CAC 大会，获大会通过后，即可进入指定食品法典标准程序。

（2）评估　经 CAC 秘书处安排，JMPR 对推荐的优先讨论化合物进行初评，根据风险性评估工作提出推荐的 ADI、急性参考剂量（ARfD）和建议的最大农药残留水平（MRL）。

（3）征求意见　由 FAO 将 JMPR 递交的 MRL 建议值送交 CAC 各成员国和有关国际组织，获取第一轮的 MRL 建议标准草案意见。

（4）CCPR 大会审议　由 CAC 秘书处将收到的评议意见，交 CCPR 大会第一次审议 MRL 建议标准草案和反馈意见。

（5）CAC 大会审议　根据 CCPR 大会讨论的结果，将建议的 MRL 建议标准草案交 CAC 大会审议，CAC 大会审议通过后成为 MRL 标准草案。

（6）再次征求意见　再次征求 CAC 各成员国和有关国际组织对 MRL 标准草案的意见，包括标准草案可能对其经济利益的影响。

（7）CCPR 大会再次审议　根据获得的评议意见，首先由 JMPR 根据新的信息重新评议，然后由 CCPR 最终讨论建议的 MRLs 标准草案。

（8）由 CAC 大会审议　根据 CCPR 大会结果，CAC 大会审议 MRL 标准草案，通过后成为法典 MRL（Codex-MRL，CXL），由 CAC 秘书处公布。

5.3.2.2　加速步骤

在上述一般程序制定标准的 8 个步骤中省略第 6 步和第 7 步，直接由第 4 步建议草案阶段进入第 5/8 步，CAC 大会审议通过后成为法典 MRL，由 CAC 秘书处公布。

应用加速程序制定 MRL 必须满足以下条件：一是在第 3 步提出新的 MRL；二是 JMPR 的电子版报告在 2 月初可以获得；三是 JMPR 确认该农药没有膳食摄入问题；四是代表团对推进到第 5/8 步没有反对意见[14,15]。

5.4　农药残留限量标准现状

5.4.1　中国

5.4.1.1　我国农药残留法规标准逐步完善

我国是农业大国，农药残留检测标准一直都是我国食品安全标准的重要组成部分，政府及相关部门非常重视食品及农产品质量安全，1995 年和 2006 年先后颁布了《食品卫生法》和《农产品质量安全法》，2009 年 6 月 1 日开始实施《食品安全法》，《食品安全法》充分考虑了《食品卫生法》和《农产品质量安全法》的内容，规定食品安全标准是强制执行的标准，食品安全标准包括农药残留限量规定、检验方法与规程。这些食品安全管理法规的出台，为食品及农产品中农药 MRL 的制定提供了法律依据[16]。2017年 3 月，我国发布新修订的《农药管理条例》，于 6 月 1 日起正式施行，这标志着中国农药管理工作和行业发展进入新时期。规范标准制定实现原理、程序、方法与国际接轨。颁布实施《食品中农药残留风险评估应用指南》《食品中农药最大残留限量制定指南》《农药每日允许摄入量制定指南》等 6 个技术规范，进一步完善了农药残留标准制定程序和原则。

5.4.1.2　我国 MRL 标准

农药残留限量标准是食品安全国家标准的重要组成部分，是农产品质量安全监管工作的重要基础。《食品安全法》颁布实施后，农业部、国家卫生和计划生育委员会和国家标准化管理委员会等相关部门密切配合，积极推进农药残留标准制修订，通过清理、转化和新制定等工作的开展，初步建立了覆盖我国大宗农产品的农药残留标准体系框架。2012 年颁布实施了《食品中农药最大残留限量》（GB 2763—2012），2014 年颁布了《食品中农药最大残留限量》（GB 2763—2014），2016 年我国国家卫生和计划生育委员会、农业部、国家食品药品监督管理总局联合发布了《食品安全国家标准　食品中农药最大残留限量》（GB 2763—2016），规定了 433 种农药在 13 大类农产品中的 4140 项最大残留限量，较原来的 GB 2763—2014，增加了 490 项[2]，基本涵盖了我国已批准使用的常用农药和居民日常消费的主要农产品。这是我国农药残留食品安全市场监管的唯一强制性国家标准。此次发布的 GB 2763—2016 具有三大特点：一是制定了苯线磷等 24 种禁用、限用农药 184 项农药最大残留限量，为违规使用禁限用农药的监管提供了判定依据；二是按照国际惯例，对不存在膳食风险的 33 种农药，豁免制定食品中最大残留限量标准，增强了我国食品中农药残留标准的科学性、实用性和系统性；三是除对标准中涉及的限量推荐了配套的检测方法外，还同步发布了 106 项农药残留检测方法国家标准。

5.4.1.3　我国 MRL 标准建设国际化进程

食品法典农药残留委员会（CCPR）是食品法典委员会（CAC）下属的主题委员会之一，具体承担农药残留限量标准的制修订工作。中国自 2006 年 7 月担任 CCPR 主席国以来，积极参与法典事务，取得了显著成效。一是连续成功组织召开了十一届 CCPR 会议，2014 年 5 月 5 日，第 49 届 CCPR 年会在北京开幕，会议设 13 项议题，审议了灭草松等 32 种农药在谷物、蔬菜等食品和饲料中 500 余项最大残留限量标准；二是推动了中国农药残留标准体系的建设，建立了中国农药残留限量制定评估程序，实现了与国际食品法典的对接；三是制定农药残留国际标准的能力逐步提升，茶叶中茚虫威等 8 项限量标准上升为国际食品法典标准；四是拓展了国际交流合作的领域，在农药登记联合评审、限量标准制定、检测技术和风险评估等领域加强了与联合国粮农组织（FAO）、欧盟、美国等的交流与合作。通过 CCPR 平台，显著提高了中国农药安全管理水平，增强了中国在国际农药残留标准方面的影响力，对维护全球食品安全、促进国际贸易发挥了积极的作用。

我国"十三五"农药残留标准制定已列出明晰的任务和规划——新制定 6000 项农药残留限量标准，重点解决蔬菜水果和我国特色农产品的限量标准，完善与农药残留限量标准配套的检测方法，逐步实施"进口限量标准"和"一律限量标准"，扩大我国限量标准的覆盖面，形成基本覆盖主要农产品的完善配套的农药残留标准体系。2015 年，农业部组织制定了《加快完善我国农药残留标准体系的工作方案（2015～2020 年）》，加强顶层设计，进一步理顺机制，建立农药登记管理与标准制定同步工作机制，加大对农药毒理、代谢、残留行为等基础研究和人才队伍建设的财政支持力度；同时，将以我国自主创新农药为重点，积极参与制定国际食品法典标准，推动我国农药自主创新；做到农药登记和残留标准制定的同步衔接，国家标准和国际标准的合理衔接；更加注重标准的科学性、针对性、保护性，开展有针对性的风险监测评估研究，增强标准对农业产业安全的保护作用。中国农业农村部正大力推进农业可持续发展和化肥农药使用量零增长行动，通过这些措施的施行，中国农产品安全和食品安全会有新的提高，生态环境将得到进一步改善。

5.4.2　CAC

国际食品法典标准是世界贸易组织（WTO）解决国际贸易争端时唯一的食品仲裁标准，也是美国、欧盟、日本等国家和地区制修订农药最大残留限量标准重要的参考依据。经过多年的努力，CAC 现已有 189 个成员［包括 188 个成员国和 1 个成员组织（欧盟）］和 219 个法典观察员（56 个国际政府间组织、147 个非政府组织、16 个联合国机构）。食品法典农药残留限量标准（MRL）是国际食品法典标准中数量最多、比例最大、制修订最为活跃的一类食品安全标准。自 1963 年起，CCPR 就作为 CAC 的一个综合主题委员会开始工作，协助 CAC 制定国际政府间达成共识的食品中农药残留限量标准，以保护消费者健康和促进国际食品贸易[17]。CCPR 采用风险分析的原理，对已登记使用的农药进行风险评估，当发现该农药对人体具有潜在危害且可能导致国际贸易问题时才制定 MRL 标准，且其制定的农药 MRL 也不是一成不变的，而是通过周期评估程序对其进行再评估（周期一般为 15 年）[18]。自 1966 年召开第一届 CCPR 会议以来，目前已召开了共 49 届会议。第 49 届会议审议灭草松等 32 种农药在谷物、蔬菜、秸秆等食品和饲料中 500 余项最大残留限量标准，修订农药残留分析方法及食品和动物饲料分类，制定农药优先评估列表，修订国际短期膳食暴露风险评估（IESTI）模型。

农药残留限量评估方面，在 2013 年 7 月召开的第 36 届 CAC 大会上，审议并通过了使用比例推算评估农药 MRL 标准的指导原则[19]。JMPR 每年通过科学评估，推荐食品和饲料中的农药残留限量（MRL）标准，并经国际食品法典农药残留委员会（CCPR）审议通过后可成为国际食品法典标准。越来越多国家和地区的农药监管机构在评估工作中采纳了 JMPR 的评审意见，JMPR 推荐的 MRL 标准也被越来越多的 FAO 成员国采纳。FAO/WHO 农药残留联席会议 2016 年年会在罗马召开，推荐了 300 多个 MRL 标准，制定了每日允许摄入量（ADI）11 个，急性参考剂量（ARfD）8 个。会议同时就《食品中化学品风险评估原则和方法》相关内容的更新、WHO 专家评审指南修订、遗传毒性评价及动物膳食负荷计算等一般性议题进行了讨论。

5.4.3　美国

美国于 1970 年成立国家环境保护局（Environmental Protection Agency，EPA），是农药登记管理与 MRL 标准的制定工作的负责单位。美国是世界上农药管理制度最完善、程序最复杂的国家，建立了一整套较为完善的农药残留标准、管理、检验、监测和信息发布机制。

5.4.3.1　相关法规

美国有关农药管理的法规主要包括以下内容。

《联邦杀虫剂、杀菌剂和杀鼠剂法》（Federal Insecticide、Fungicide、Rodenticide Act，FIFRA）于 1947 年通过，对美国农药管理体制、农药的销售、分发和使用管理作出了明确的规定。《联邦食品、药品和化妆品法》（Federal Food，Drug and Cosmetic Act，FFDCA）于 1947 年通过，侧重于对食品中农药残留的监测，规定 EPA 负责制定农药在食品或动物饲料中使用的农药残留限量（MRL）或允许量（tolerances）标准，授权美国食品药品管理局（FDA）监测水果、蔬菜和海产品等食品中的农药残留和执行允许限量水平；授权美国农业部（USDA）对肉类、奶制品、禽蛋类以及水产品等负责监管实施。《食品质量保护法》（Food Quality Protection Act，FQPA）于 1996 年通过，是 FIFRA 和 FFDCA 的修正案，对新、老农药设置了更为严格的安全标准，提出了统一的原料和加工食品安全标准；并针对婴幼儿设立了一个额外的比成人安全系数高 10 倍的安全系数（即 1000 倍的安全系数）；要求 EPA 在制定最大残留限量时必须考虑人群对农药的总体摄入和暴露；规定了 MRL 重新评估的时间表，重新评估农药在食品中残留限量时，必须要综合考虑具有同种作用模式的农药毒性的累积效应；EPA 必须对每个已经登记达 15 年的农药进行定期的重新评估复审；已要求设置在紧急豁免情况下农药使用的允许量；要求 EPA 开展一项农药筛查计划，以便对具有潜在内分泌干扰作用的农药化合物进行筛查与检测。以上三个法规是美国最重要的农药管理法规，其他法规如《濒危物种法案》（Endangered Species Act，ESA）、《农药登记改进法案》（Pesticide Registration Improvement Act，PRIA）以及一些环境保护规程和条例也为农药管理提供了依据。通常联邦法规制定后，各州政府以联邦农药管理法律法规为依据，根据各自区域的特点、农业生产、环境及水资源保护等方面的实际需要，也制定了相应的州农药管理法律法规，如《南卡罗来纳州农药法案》《加利福尼亚州食品和农业法典》《加利福尼亚州病虫害防治法案》及《马里兰州农药使用法》等[20～22]。

5.4.3.2 MRL 标准

美国农药残留限量标准主要由美国环保署（EPA）负责制定，FDA、USDA 则负责农药残留限量标准的具体执行，2008 年至今，共涉及 425 种农药最大残留限量超过 11000 项指标[23]，大部分为在全美登记的农药，美国联邦法规汇编（CFR）第 40 篇（环境保护）第 180 节（化学农药在食品中的农药残留限量和残留豁免）公布农药残留限量标准、豁免和无需 MRL 的清单，提出了"零残留"（zero tolerance）的概念[24]。其余为农药在各地区登记时制定的 MRL、有时限或临时的 MRL、进口农产品和食品的 MRL 和间接残留的 MRL 等。美国还根据需要对国内农药中没有登记的部分农药/作物组合根据其他国家的资料制定了少量的 MRL。在建立农药残留限量前进行风险评估时需考虑：①暴露于具有共同毒性机制的农药累积影响；②婴幼儿或其他敏感群体对暴露于农药的易感性；③农药是否会对人群产生与天然雌激素作用相似的效果，或产生其他内分泌干扰效应；④一些风险评估使用的假设为：残留物将始终以最大残留限量水平存在于食物中。其他风险评估使用实际或预期的残留数据，尽可能真实地反映现实世界的消费者的农药暴露水平[25]。

同时，FDA 对食品和饲料中不可避免的农药残留制定了行动水平（action level），在 FDA 符合性政策指南（CPG Sec.575.100）公布。美国联邦法典（US Code）第 21 篇（食品和药品）第 9 章 346a 部分还对农药残留限量和残留豁免的原则性问题进行了规定，如规定含有无农药残留限量和残留豁免农药的食品安全性等。豁免物质在规定目标作物上按 GAP 使用，共 146 种，涉及微生物及其制剂（如芽孢杆菌）、植物提取剂（如印棟素、辣椒素）及其他制剂（硼酸盐、铜、石灰、石硫合剂、次氯酸钠等）[26]。

5.4.4　日本

5.4.4.1　相关法规

日本最主要的农药行政管理法为《农药取缔法》，颁布于 1948 年，为适应时代发展的需要不断完善，前后经 21 次大小修订，现行《农药取缔法》共 21 条，内容涵盖了农药登记、生产及进口、销售和使用、监督、检查、取缔等涉及农药管理的各个环节。为配合《农药取缔法》的具体实施还出台了《农药取缔法施行令》和《农药取缔法施行规则》。此外，考虑到保护人畜生活安全、食品安全、环境保护等方面，与《农药取缔法》相关联，涉及农药管理的法规还有《植物防疫法》《（剧）毒物取缔法》《食品安全基本法》《食品卫生法》《环境基本法》《水质污染防治法》《水道法》《消防法》等。日本对农药实施管理的部门主要是农林水产省（Ministry of Agriculture Forestry and Fisheries，MAFF）、环境省（Ministry of Environment，MOE）和厚生劳动省（Ministry of Health Labor and Welfare，MHLW）。农林水产省负责接收农药登记申请、登记审查以及登记；制定和公布农药的使用指导准则；委派人员检查农药的生产、销售和使用等环节；普及农药安全使用知识；制定农药有效成分含量标准等。日本环境省对农药管理的权力和职责是：根据农药生产者、进口商、经销商和使用者提供有关业务和农药使用的报告，负责对农作物、土壤、水域及水生动植物中残留数据的评价；由环境省、农林水产省制定、修改或废除作物残留性农药、土壤残留性农药或水质污染性农药的法定标准。除了农林水产省、日本环境厅外，都道府也具有部分上述管理能力。日本厚生劳动省负责评价毒理学数据，评价结果将作为建立安全使用指导的依据之一，厚生劳动省将从农林水产省所获得的文件分别交给内阁府和食品安全委员会（FSC），由食品安全委员会做农药的风险评估和公众评审，随后建立 ADI 值，提交内阁府商讨通告世界贸易组织（WTO）并进行公众讨论；将讨论结果交给食品安全委员会，确定后由厚生劳动省宣布该农药的 MRL 值，再经环境省确认申请后，依据确定的 MRL 值登记为残留限量标准，协助农林水产省做该农药的登记审查，最后确认登记，批准该农药在日本国的销售和使用，并依据相关法律强制执行[5,27,28]。

5.4.4.2　MRL 标准

日本农药残留限量标准的特点是覆盖全、数量多、标准严。日本农药的 MRL 标准由厚生劳动省负责组织制定。2003 年，日本《食品卫生法》修订并公布，此后，厚生劳动省根据修订后的《食品卫生法》制定了《食品残留农业化学品肯定列表制度》，于 2006 年

5 月 29 日正式施行。该制度几乎对所有用于食品和食用农产品上的农用化学品制定了残留限量标准，包括"暂定标准""沿用现行限量标准""一律标准""豁免物质"以及"不得检出"等 5 个类型。

第一种是"暂定标准"，是拟 5 年一次进行重新审议和修订的限量标准，涉及 758 种农业化学品，是针对具体农业化学品和具体食品制定的最大残留限量标准。"暂定标准"主要参考了食品法典委员会（CAC）标准、日本国内现行限量标准及日本认可的参考国（美国、加拿大、欧盟、澳大利亚和新西兰）的标准。当无 CAC 标准而有日本国内标准和参考国标准时，优先采用国内标准；对于高进口率的产品，优先采用参考国标准；无 CAC 标准和日本国内标准而有参考国标准时，采用参考国标准；当多个国家对同一种农作物都制定了最高农药残留标准时，应取其平均值，当各国对同一种作物制定的最高农药残留标准差异过大时，不能采用简单平均值，而应采用最适值，适当考虑偏差，但如果该平均值即为最适值时，应考虑采用。如果一个定量或量化的残留标准是由欧盟或由澳大利亚、新西兰、美国、加拿大 4 国中的某一个国家单方制定的，只要采用相同水平的标准不会对人类健康产生不利影响，则应将这个标准纳入"暂定标准"中[29]。第二种是单独列出，未纳入暂定标准的沿用现行限量标准，涉及农业化学品 283 种，包括农药 250 种，兽药 33 种。第三种是"一律标准"，针对暂定标准和原限量标准之外，未涉及的其他所有农业化学品或农产品制定的统一限量标准，为 0.01mg·kg^{-1}。对于一律标准（没有建立 MRL，且不在豁免物质之列）范围内的农产品中一旦检出高于 0.01mg·kg^{-1} 水平的残留量，一律严格按照法律条文要求，禁止其销售流通。第四种是豁免物质，是指已经有充足的数据和结论证明其对人类健康无不良影响，可不制定残留限量的物质。主要考虑如下因素：本国的评估，FAO/WHO 食品添加剂和污染物联合专家委员会（JECFA）和农药残留联席会议（JMPR）的评估，基于《农药取缔法》的评估以及其他国家和地区（澳大利亚、美国）的评估。豁免物质包括：根据日本《食品安全基本法》第 11 款规定不需要对可摄入量进行风险评估的化学品；在《农药取缔法》中指定的农业化学品；除上述情况外其他不会对人体健康造成不利影响的物质，例如维生素、氨基酸、矿物质等营养性饲料添加剂和一些天然杀虫剂，包括 65 种农业化学品。第五种是不得检出的农药化学品，这些禁用物质一旦被检出，即视为超标。因此，其最高残留限量为检测方法的最低检出限（LOD）。日本在厚生劳动省网站公布有"不得检出"物质的分析方法和相应的 LOD 值，所有食品中均"不得检出"的农业化学品为 19 种[28,30,31]。

5.4.5 欧盟

5.4.5.1 相关法规

伴随着欧盟食品安全管理理念的发展，欧盟农药残留立法管理经历了一个由"点状管理到链状管理"的历程，逐渐形成了以"全程管理为目标，以预防管理为原则"的法规体系[32]。2002 年，欧盟发布了《欧盟新食品法》，该法规是欧盟迄今出台的最重要的食品法。欧洲议会和理事会于 2005 年 2 月 23 日颁布了 396/2005 法规，该法规补充了 91/414/EEC 指令，整合了以往的 4 个指令，规定了欧盟统一的食品和农产品中农药的 MRL 标准，针对获得登记的农药有效成分，建立了良好管理规范和技术要求，解决了原有的农药残留限量管理法规过于分散的问题。之后欧盟发布的关于建立食品和饲料分类的 178/2006 法规，建立了农药在植物源和动物源产品中的具体限量标准的 149/2008 法规，作为 396/2005 法规的附录 Ⅱ、Ⅲ 和 Ⅳ，逐步建立了统一的食品和饲料中的农药最大残留量。此后逐步对第 396/2005 法规进行修订，如 2014 年 7 月 15 日，欧盟发布法规 EU 752/2014，替换 396/2005 法规的附录 Ⅰ 部分；2017 年 1 月 30 日发布的 EU 2017/170 修订单，修订了 396/2005 法规的附录 Ⅱ、Ⅲ 和 Ⅴ，修改了食品中联苯菊酯、乙酰胺、乙酰氟、苯嘧磺隆和三氟啶磺酸的最大残留限量，该法规将于 2017 年 8 月 23 日开始实施；发布 EU 2017/171 修订 396/2005 法规的附录 Ⅱ、Ⅲ 和 Ⅳ，修订了氨基吡啶、嘧菌酯、氰虫酰胺、环氟菌胺、环丙唑醇、乙霉威、二硫代氨基甲酸酯、氟禾草灵、氟吡菌酰胺、吡氟氯禾灵、异氟醚、甲霜灵、调环酸、噁草酯、嘧霉胺、木霉菌 SC1 和苯酰菌胺在食品中的最大残留限量。396/2005 法规共包含 7 个附录，其中附录 Ⅰ 为食品和饲料分类目录，附录 Ⅱ 为欧盟现有的最大残留限量（MRL）的清单，附录 Ⅲ 为欧盟暂定农药最大残留限量（MRL）的清单，附录 Ⅳ 为豁免最大残留限量的物质清单，附录 Ⅴ 为一律标准，附录 Ⅵ 为加工食品和饲料的最大残留限量（MRL）。附录 Ⅶ 为熏蒸剂的农药清单[33]。

5.4.5.2　MRL 标准

欧盟统一的农药 MRL 标准由欧盟食品安全局（European Food Safety Authority，EFSA）负责制定，制定过程为由其成员国和 EFSA 基于 WHO 的方法，对消费者长期和短期的健康情况进行风险评估，再根据农药残留摄入量与每日允许摄入量（ADI）或急性参考剂量（ARfD）进行比较，做出风险管理决策，经征求意见及向世界贸易组织食品卫生检验及动植物检疫措施委员会（World Trade Organization/Committee on Sanitary and Phytosanitary Measures，WTO/SPS）通报后，由欧盟食物链和动物健康标准化委员会（SCFCAH）批准并发布。目前涉及约 1100 种农药在 315 种食品和农产品中的 MRL[34,35]。

5.4.6　澳大利亚

澳大利亚的农药管理体系分工明确，职责清晰。联邦层面，农渔林业部负责制定农药管理政策和开展全国残留调查（包括农药、兽药、重金属、真菌毒素和微生物），农兽药管理局负责农药销售前的登记管理，澳大利亚卫生和老龄部下的澳大利亚和新西兰食品标准委员会负责制定食品法典（包含农药残留限量标准）。州一级，州级行业主管部门承担农药经营和使用监管，因澳大利亚为联邦制国家，各州之间因管理重点不同，相关部门的职责分工略有不同。

澳大利亚的农药登记与农药 MRL 标准制定由其农药和兽药管理局（Australian

Pesticide and Veterinary Medicines Authority，APVMA）负责。澳大利亚农兽药管理局成立于 1993 年，是负责农药和兽药管理的独立机构，其职责覆盖从登记到销售前的各个环节，主要有以下几个方面：一是负责农兽药产品的登记和使用许可审批；二是负责农兽药产品的再评价；三是负责农兽药产品的进口许可颁发；四是与澳大利亚和新西兰法典委员会共同制定食品中农药最大残留限量[36]。

澳大利亚、新西兰食品标准局（Food Standards Australia New Zealand，FSANZ），负责制定澳大利亚和新西兰的食品标准。2005 年，澳大利亚和新西兰联合颁布了《澳大利亚 新西兰食品标准法典》（Australia New Zealand Food Standards Code），在澳新食品标准法案（1991，简称 ANZFA 法案）的基础上，逐渐形成了较为完善的食品安全和食品标准法律法规体系。所制定的标准中，除个别标准单独适用于澳大利亚或新西兰外，绝大部分为两国通用标准[16]。

参 考 文 献

[1] 岳永德. 农药残留分析. 第 2 版. 北京：中国农业出版社，2014.

[2] GB 2763—2016 食品安全国家标准 食品中农药最大残留限量.

[3] 农业部. 食品中农药残留风险评估指南（中华人民共和国农业部公告第 2308 号）. 2015.

[4] 段丽芳，张峰祖，赵尔成，等. 农药科学与管理，2016，37（2）：19-26.

[5] 钱传范. 农药残留分析原理与方法. 北京：化学工业出版社，2011.

[6] 宋稳成，单炜力，简秋，等. 农药科学与管理，2013，34（1）：31-39.

[7] 杨艳红，姜兆兴，赵敏. 食品安全质量检测学报，2015（5）：1661-1665.

[8] 张志勇，王冬兰，余向阳，等. 江苏农业科学，2010（6）：480-481.

[9] 钱富珍. 质量与标准化，2005（12）：21-25.

[10] 徐军，简秋，董丰收，等. 农药学学报，2014，16（2）：115-118.

[11] Food and Agriculture Organization，World Health Organization. Understanding the Codex Alimentarius. Third Edition，Rome：FAO/WHO，2007.

[12] 卫生部办公厅，农业部. 食品中农药、兽药残留标准管理问题协商意见（卫办监督函［2009］828 号）. 2009.

[13] 农业部. 食品中农药最大残留限量制定指南（中华人民共和国农业部公告第 2308 号）. 2015.

[14] 宋稳成，何艺兵，叶纪明. 农药科学与管理，2008，29（2）：41-51.

[15] Food and Agriculture Organization，World Health Organization. Codex Alimentarius Commission Procedural Manual. twenty-fifth Edition，Rome：FAO/WHO，2017.

[16] 宋稳成，单炜力，叶纪明，等. 农药学学报，2009，11（4）：414-420.

[17] 李贤宾，段丽芳，柯昌杰，等. 农药科学与管理，2013，34（12）：31-37.

[18] 达晶，王刚力，曹进，等. 药物分析杂志，2014，83（5）：760-769.

[19] Food and Agriculture Organization，World Health Organization. Report of the 36th session of the joint FAO/WHO food standards programme Codex Alimentarius Commission（REP13/CAC）. The 36th Session of the Joint FAO/WHO Food Standards Programme Codex Alimentarius Commission，Italy：Rome，2013：11.

[20] 张薇，单炜力. 农药，2015，54（6）：464-468.

[21] 何才文，魏启文，王建强，等. 中国植保导刊，2015，35（3）：86-90.

[22] 吴小毅. 农药科学与管理，2012，33（10）：14-19.

[23] United States Department of Agriculture. Maximum Residue Limits（MRL）Database. https：//www. fas. us-

da. gov/maximum-residue-limits-mrl-database.

［24］ United States Government Publishing Office. Electronic Code of Federal Regulations. https：//www. ecfr. gov/cgi-bin/ECFR？ page＝browse.

［25］ United States Environmental Protection. About Pesticide Tolerances. https：//www. epa. gov/pesticide-tolerances/about-pesticide-tolerances.

［26］ 陈宇. 现代农业科技，2017（2）：94-97.

［27］ 殷琛. 农药研究与应用，2011（1）：6-8.

［28］ 樊阳程，严耕. 中国行政管理，2014（11）.

［29］ Ministry of Health，Labour and Welfare of Japan，Introduction of the Positive List System for Agricultural Chemical Residues in Foods. http：//www. mhlw. go. jp/english/topics/foodsafety/positivelist060228/introduction. html.

［30］ 毛雪丹. 中国食品卫生杂志，2006，18（1）：91-92.

［31］ 李子昂，潘灿平，宋稳成，等. 农药科学与管理，2009，30（2）：40-45.

［32］ 简秋，朱光艳. 农药科学与管理，2011（1）：35-38.

［33］ 沈钦一，刘亚萍，常雪艳，等. 中国植保导刊，2011，31（4）：52-54.

［34］ 张楠，李丹丹，郑美玲，等. 中国石油和化工标准与质量，2017，37（2）：7-8.

［35］ European Commission. EU legislation on MRLs. http：//ec. europa. eu/food/plant/pesticides/max _ residue _ levels/eu _ rules _ en.

［36］ 周普国，刘杰民，黄绍哲，等. 农药科学与管理，2014，35（2）：6-11.

第6章
中国农药残留大事记

农药作为重要的农业生产资料，在实现粮食增产方面发挥着重要的作用。然而，农药使用的同时势必会带来农药残留问题。它影响着农产品质量、社会公众健康以及生态环境可持续发展。农产品中农药残留限量标准也已经成为国际间普遍采用的一种技术性贸易措施，中国作为农业大国和农产品进出口贸易大国，高度重视农药残留问题，目前正在全面构建和完善农药残留研究和管理体系，推动农药残留限量标准加快制定。本章围绕农药残留研究和应用，从政策法令、国家项目、标志成果、平台体系和行业协会及重要会议5个方面，梳理我国农药残留和分析取得的主要进展，分析存在的问题和预测未来的发展趋势，为保证农产品和环境安全，提高我国农药科学使用水平提供建议和参考。

6.1　政策法令

农药残留管理作为食品安全管理的重要组成部分，成为中国政府的工作重点。农药残留管理是指政府部门运用法律、技术、行政等手段把农药残留量控制在允许的水平以下，确保消费者获得安全、充足和多样化的食品，同时保证生态环境安全。

中国农药管理法制化始于1997年，国务院令第216号《中华人民共和国农药管理条例》（简称《农药管理条例》）颁布与实施，并于2001年和2017年两次修订。该条例的颁布实施在中国农药管理工作历史上起着划时代的作用。自此，中国对农药实施登记制度，明确要求提供农药残留和毒理等方面的资料。1999年，农业部发布《中华人民共和国农药管理条例实施办法》，作为具体实施《农药管理条例》的依据和指导，后于2002年、2004年、2007年经农业部三次修订。2006年，中国颁布《中华人民共和国农产品质量安全法》（简称《农产品质量安全法》），将农产品质量安全提升到法律层面。2009年，《中华人民共和国食品安全法》（简称《食品安全法》）出台，并于2013年启动修订。《食品安全法》确立了以食品安全风险监测和评估为基础的科学管理制度，明确食品安全风险评估结果作为制修订食品安全标准和对食品安全实施监督管理的科学依据，规定食品安全标准包括农药残留限量规定、检验方法与规程，是中国强制执行的标准。《食品安全法》的颁布实施确定了中国食品安全的统一立法管理模式。这从制度上解决了中国现实生活中存在的食品安全问题。

2015 年，为了贯彻落实中央农村工作会议、中央 1 号文件和全国农业工作会议精神，紧紧围绕"稳粮增收调结构，提质增效转方式"的工作主线，大力推进化肥减量提效、农药减量控害，积极探索产出高效、产品安全、资源节约、环境友好的现代农业发展之路，农业部制定了《到 2020 年化肥使用量零增长行动方案》和《到 2020 年农药使用量零增长行动方案》，并发布了一系列的法规来规范农药管理及安全使用，包括 2017 年连续发布的第 3~7 号农业部令，系统地从农药登记、农药生产、农药经营、农药标签等方面进行了明确的规定管理。另外，2018 年 6 月 21 日，为规范农药登记残留试验，确保农药残留试验结果的科学性和代表性，根据《农药管理条例》《农药登记资料要求》，农业农村部农药检定所制定并发布了《农药登记残留试验区域指南》。同时，《农作物中农药残留试验准则》于 2018 年 12 月 1 日起正式实施，该准则是在我国实施多年的农药残留登记试验相关法规的基础上，结合国际通用做法，吸收了 FAO、OECD 和 EPA 等农药残留试验测定方法的经验，重点修改田间试验设计中供试作物品种、试验小区数量、试验小区面积和施药器械等要求；最终残留量试验中施药剂量、次数、间隔和时期等要求；试验点数、试验小区和采样间隔期等要求；田间样品采集数量、样品制备、运输和储藏的相关要求。将消解动态试验修改为残留消解试验。这些举措为推动我国农药残留研究水平与国际接轨提供了重要的技术标准。

同时，按照《农药管理条例》有关要求，陆续对 66 种农药采取禁用和限用措施（详见表 6-1）。规定要求任何农药产品都不得超出农药登记批准的使用范围。剧毒、高毒农药不得用于防治卫生害虫，不得用于蔬菜、瓜果、茶叶、菌类、中草药材的生产，不得用于水生植物的病虫害防治。

表 6-1　国家禁用和限用的农药名单（66 种）

农药名称	禁/限用范围	备注	依据
氟苯虫酰胺	水稻作物	自 2018 年 10 月 1 日起禁止使用	农业部公告第 2445 号
涕灭威	蔬菜、果树、茶叶、中草药材		农农发〔2010〕2 号
内吸磷	蔬菜、果树、茶叶、中草药材		农农发〔2010〕2 号
灭线磷	蔬菜、果树、茶叶、中草药材		农农发〔2010〕2 号
氯唑磷	蔬菜、果树、茶叶、中草药材		农农发〔2010〕2 号
硫环磷	蔬菜、果树、茶叶、中草药材		农农发〔2010〕2 号

农药名称	禁/限用范围	备注	依据
乙酰甲胺磷	蔬菜、瓜果、茶叶、菌类和中草药材作物	自 2019 年 8 月 1 日起禁止使用（包括含其有效成分的单剂、复配制剂）	农业部公告第 2552 号
乐果	蔬菜、瓜果、茶叶、菌类和中草药材作物	自 2019 年 8 月 1 日起禁止使用（包括含其有效成分的单剂、复配制剂）	农业部公告第 2552 号
丁硫克百威	蔬菜、瓜果、茶叶、菌类和中草药材作物	自 2019 年 8 月 1 日起禁止使用（包括含其有效成分的单剂、复配制剂）	农业部公告第 2552 号
三唑磷	蔬菜		农业部公告第 2032 号
毒死蜱	蔬菜		农业部公告第 2032 号
硫丹	苹果树、茶树		农业部公告第 1586 号
	农业	自 2018 年 7 月 1 日起，撤销含硫丹产品的农药登记证；自 2019 年 3 月 26 日起，禁止含硫丹产品在农业上使用	农业部公告第 2552 号
治螟磷	农业	禁止生产、销售和使用	农业部公告第 1586 号
蝇毒磷	农业	禁止生产、销售和使用	农业部公告第 1586 号
特丁硫磷	农业	禁止生产、销售和使用	农业部公告第 1586 号
砷类	农业	禁止生产、销售和使用	农农发〔2010〕2 号
杀虫脒	农业	禁止生产、销售和使用	农农发〔2010〕2 号
铅类	农业	禁止生产、销售和使用	农农发〔2010〕2 号
氯磺隆	农业	禁止在国内销售和使用（包括原药、单剂和复配制剂）	农业部公告第 2032 号
六六六	农业	禁止生产、销售和使用	农农发〔2010〕2 号
硫线磷	农业	禁止生产、销售和使用	农业部公告第 1586 号
磷化锌	农业	禁止生产、销售和使用	农业部公告第 1586 号
磷化镁	农业	禁止生产、销售和使用	农业部公告第 1586 号
磷化铝（规范包装的产品除外）	农业	① 规范包装：磷化铝农药产品应当采用内外双层包装。外包装应具有良好的密闭性，防水防潮防气体外泄。内包装应具有通透性，便于直接熏蒸使用。内、外包装均应标注高毒标识及"人畜居住场所禁止使用"等注意事项。② 自 2018 年 10 月 1 日起，禁止销售、使用其他包装的磷化铝产品	农业部公告第 2445 号
磷化钙	农业	禁止生产、销售和使用	农业部公告第 1586 号
磷胺	农业	禁止生产、销售和使用	农农发〔2010〕2 号
久效磷	农业	禁止生产、销售和使用	农农发〔2010〕2 号
甲基硫环磷	农业	禁止生产、销售和使用	农业部公告第 1586 号
甲基对硫磷	农业	禁止生产、销售和使用	农农发〔2010〕2 号
甲磺隆	农业	禁止在国内销售和使用（包括原药、单剂和复配制剂）；保留出口境外使用登记	农业部公告第 2032 号
甲胺磷	农业	禁止生产、销售和使用	农农发〔2010〕2 号
汞制剂	农业	禁止生产、销售和使用	农农发〔2010〕2 号

续表

农药名称	禁/限用范围	备注	依据
甘氟	农业	禁止生产、销售和使用	农农发〔2010〕2 号
福美脒	农业	禁止在国内销售和使用	农业部公告第 2032 号
福美甲胂	农业	禁止在国内销售和使用	农业部公告第 2032 号
氟乙酰胺	农业	禁止生产、销售和使用	农农发〔2010〕2 号
氟乙酸钠	农业	禁止生产、销售和使用	农农发〔2010〕2 号
二溴乙烷	农业	禁止生产、销售和使用	农农发〔2010〕2 号
二溴氯丙烷	农业	禁止生产、销售和使用	农农发〔2010〕2 号
对硫磷	农业	禁止生产、销售和使用	农农发〔2010〕2 号
毒鼠强	农业	禁止生产、销售和使用	农农发〔2010〕2 号
毒鼠硅	农业	禁止生产、销售和使用	农农发〔2010〕2 号
毒杀芬	农业	禁止生产、销售和使用	农农发〔2010〕2 号
地虫硫磷	农业	禁止生产、销售和使用	农业部公告第 1586 号
敌枯双	农业	禁止生产、销售和使用	农农发〔2010〕2 号
狄氏剂	农业	禁止生产、销售和使用	农农发〔2010〕2 号
滴滴涕	农业	禁止生产、销售和使用	农农发〔2010〕2 号
除草醚	农业	禁止生产、销售和使用	农农发〔2010〕2 号
草甘膦混配水剂（草甘膦含量低于 30%）	农业	2012 年 8 月 31 日前生产的，在其产品质量保证期内可以销售和使用	农业部公告第 1744 号
苯线磷	农业	禁止生产、销售和使用	农业部公告第 1586 号
百草枯水剂	农业	禁止在国内销售和使用	农业部公告第 1745 号
胺苯磺隆	农业	禁止在国内销售和使用（包括原药、单剂和复配制剂）	农业部公告第 2032 号
艾氏剂	农业	禁止生产、销售和使用	农农发〔2010〕2 号
丁酰肼（比久）	花生		农农发〔2010〕2 号
灭多威	柑橘树、苹果树、茶树、十字花科蔬菜		农业部公告第 1586 号
水胺硫磷	柑橘树		农业部公告第 1586 号
杀扑磷	柑橘树		农业部公告第 2289 号
克百威	蔬菜、果树、茶叶、中草药材		农农发〔2010〕2 号
	甘蔗作物	自 2018 年 10 月 1 日起禁止使用	农业部公告第 2445 号
甲基异柳磷	蔬菜、果树、茶叶、中草药材		农农发〔2010〕2 号
	甘蔗作物	自 2018 年 10 月 1 日起禁止使用	农业部公告第 2445 号
甲拌磷	蔬菜、果树、茶叶、中草药材		农农发〔2010〕2 号
	甘蔗作物	自 2018 年 10 月 1 日起禁止使用	农业部公告第 2445 号

农药名称	禁/限用范围	备注	依据
氧乐果	甘蓝、柑橘树		农农发〔2010〕2号、农业部公告第1586号
氟虫腈	除卫生用、玉米等部分旱田种子包衣剂外	禁止在除卫生用、玉米等部分旱田种子包衣剂外的其他方面使用	农业部公告第1157号
溴甲烷	草莓、黄瓜		农业部公告第1586号
	除土壤熏蒸外的其他方面	登记使用范围和施用方法变更为土壤熏蒸,撤销除土壤熏蒸外的其他登记;应在专业技术人员指导下使用	农业部公告第2289号
	农业	自2019年1月1日起,将含溴甲烷产品的农药登记使用范围变更为"检疫熏蒸处理",禁止含溴甲烷产品在农业上使用	农业部公告第2552号
氯化苦	除土壤熏蒸外的其他方面	登记使用范围和施用方法变更为土壤熏蒸,撤销除土壤熏蒸外的其他登记;应在专业技术人员指导下使用	农业部公告第2289号
三氯杀螨醇	茶树		农农发〔2010〕2号
	农业	自2018年10月1日起禁止使用	农业部公告第2445号
氰戊菊酯	茶树		农农发〔2010〕2号

目前,我国农药残留管理法规政策取得了显著成效,已具备较为健全的法律法规和相对成熟的监管体系,下一步仍需推动中国《食品安全法》《农药管理条例》和《农药登记资料规定》等配套技术规范制修订的工作,加快地方性技术法规的制定,提高农药残留管理要求,力求技术法规与当下形势和要求相适应,杜绝法规政策与市场监测和农产品、食品等进出口检疫检验环节脱节。

6.2 国家项目

改革开放以来,我国先后设立了几百个科技计划,支持了大量的科研项目,培养和凝聚了一支高水平的科研队伍,取得了一大批举世瞩目的重大科研成果,有力地支撑了我国的改革开放和现代化建设事业。目前,科技对我国农业增长的贡献率达到52%,但我国农业科技的潜力仍有待提高。在农药学领域中,农药学科研究项目前期主要集中在农药创制方向,国家通过科技攻关等项目成立了两个国家级农药创制中心——国家农药南方创制中心和国家农药北方创制中心,南方中心基地单位有上海农药研究所、上海有机化学研究所、浙江化工研究院、江苏农药研究所、湖南化工研究院等;北方农药创制中心基地有沈阳化工院、南开大学等单位,为我国研发自主知识产权的农药产品做出了重要贡献。

随着人们对环境健康和食品安全意识的提高,农药残留问题日益受到关注,相应地,农药残留方向的研究也逐渐获得较多的国家项目资助,据不完全统计(仅统计1988～2017年国家自然科学基金、公益性行业专项和重点研发专项的项目),在农药残留研究领域资助国家项目数达 91 项（见附录 2），项目经费超过 5.1 亿元，其中国家自然科学基金项目 81 项，面上项目 50 项，青年基金项目 31 项。农药残留科技工作者在该领域的科研创新能力逐渐上升，后备青年人才成长迅速，为我国农药残留研究的可持续发展提供了重要的经费支持和人才基础。项目主持单位的 53％来自高等院校，46％来自科研院所，1％来自行业主管部门，说明高等院校和科研院所是农药残留研究方向的主力军。

6.3　标志成果

随着国家政策的扶持和国家科研经费的投入力度加大，我国在农药残留领域逐步产出了一系列标志性成果，包括国家奖和中华农业奖、国家标准、高水平文章等，反映出我国科技工作者在农药残留研究领域的影响力逐渐提升。

6.3.1　主要获奖

据统计，我国近 10 多年来，围绕农药残留分析及风险评估的奖项有 10 余项（表 6-2），主要围绕农药残留经典仪器分析方法标准、农药残留快速测定方法及技术产品、农药残留限量标准制定及风险评估等 3 个方面开展工作研究，取得了较好的进展。

表 6-2　农药残留与风险评估相关国家奖和中国农业奖项列表

序列	年份	奖项	名称	主要完成人和单位
1	2016	国家科技进步二等奖	农药高效低风险技术体系创建与应用	郑永权等 中国农科院植保所等
2	2015	国家技术发明二等奖	基于高性能生物识别材料的动物性产品中小分子化合物快速检测技术	沈建忠等 中国农业大学等
3	2006	国家科技进步二等奖	动物性食品中药物残留及化学污染物检测关键技术与试剂盒产业化	沈建忠等 中国农业大学等
4	2004	国家科技进步二等奖	中国蜂产品质量评价新技术的研究与应用	庞国芳等 河北（秦皇岛）出入境检验检疫局
5	2016	中华农业科技奖一等奖	农产品中农药与重金属快速免疫检测技术创建及应用	刘凤权等 江苏省农业科学院
6	2014	中华农业科技奖一等奖	茶叶中农药残留安全评价及应对	陈宗懋等 中国农业科学院茶叶研究所
7	2014	中华农业科技奖二等奖	蔬菜中农药残留风险评估与管控关键技术研究与应用	隋鹏飞等 农业农村部农药检定所等
8	2012	中华农业科技奖一等奖	水稻和茶叶等 6 项国际食品法典农药残留标准的研制与应用	隋鹏飞等 农业农村部农药检定所等
9	2012	中华农业科技奖一等奖	155 种重要抗菌药物及其他有害化合物残留检测关键技术与产业化	沈建忠等 中国农业大学等
10	2009	中华农业科技奖二等奖	有机磷农药及"瘦肉精"等残留快速检测技术与应用	孙远明等 华南农业大学等

6.3.2　国家标准

2010 年 4 月，中国成立国家农药残留标准审评委员会，负责审议农药残留国家标准，制修订农药残留国家标准体系规划，为农药残留国家标准管理提供政策和技术意见，研究农药残留标准相关重大问题等，其秘书处位于农业农村部农药检定所，进一步推动了中国农药残留标准体系建设。农药残留标准体系包括农产品和食品中的农药分析方法标准和限量标准，二者统一由农业农村部组织制定，农业农村部和卫计委联合发布。分析方法标准方面，中国已建立农产品、食品和环境样品等中的农药残留量检测方法标准近千项，以国家标准为主，行业标准、农业标准、地方标准等为补充；残留限量标准方面，伴随着《食品安全国家标准　食品中农药最大残留限量》（GB 2763—2016）的颁布与实施，中国从 2010 年的 92 种（类）作物的 807 项农药残留限量标准，迅速发展到 387 种农药在 284 种（类）食品中的 3650 项限量指标，基本覆盖了农业生产常用农药品种和公众经常消费的食品种类。同时，《农药合理使用准则》《食品中农药残留风险评估指南》《农药每日允许摄入量制定指南》等技术规程陆续出台，中国农药残留标准体系日趋完善。

6.3.2.1　农药残留分析方法标准

目前，我国农产品、食品和环境样品中农药残留检测方法标准 400 余项，国家标准 200 余项，包括《食品安全国家标准　除草剂残留量检测方法　第 1 部分：气相色谱-质谱法测定　粮谷及油籽中酰胺类除草剂残留》（GB 23200.1—2016）、《水果和蔬菜中 450 种农药及相关化学品残留量的测定　液相色谱-串联质谱法》（GB/T 20769—2008）和《蔬菜中有机磷和氨基甲酸酯类农药残留量的快速检测等》（GB/T 5009.199—2003）；商检行业推荐性标准 140 余项，例如，《出口番茄制品中 122 种农药残留的测定　气相色谱-串联质谱法》（SN/T 4957—2017）等；地方标准 44 项，农业行业标准 28 项，水产标准 7 项，烟草标准 8 项，还有其他标准和农业农村部公告等。从现行标准发展趋势上来看，商检行业推荐性标准、地方标准、企业标准等逐渐废止，统一向国标靠拢，它们的发布和实施，为中国农药残留的检测提供了技术依据。

在 2000 年以前，我国制订的农药残留分析方法国家标准涉及的多为常见植物性食品和动物性食品，农药种类也相对较少。但进入 21 世纪后，农药残留分析方法国家标准增加了植物源和动物源食品种类，如进出口食品和食用菌等。2016 年，我国发布了多项农药残留分析方法国家标准，代替之前的商检行业推荐性标准。如《食品安全国家标准　食品中井冈霉素残留量的测定　液相色谱-质谱/质谱法》（GB 23200.74—2016）代替《进出口食品中井冈霉素残留量的测定　液相色谱-质谱/质谱法》（SN/T 2387—2009）。虽然目前的农药残留分析方法国家标准在不断进行完善，但仍然存在一些问题，如食品种类不够齐全，标准中未涉及香辛料，且小宗作物种类也较少。

6.3.2.2　农药残留限量标准

农药残留限量标准制定是依据《食品中农药残留风险评估应用指南》《食品中农

最大残留限量制定指南》，以及《用于农药最大残留限量标准制定的作物分类》等政策法规，以最大可能的风险为基础，先后通过标准制定计划、标准制定立项、标准草案起草、征求意见、审查、备案、世界贸易组织（World Trade Organization，WTO）通报、标准发布八大流程完成。

我国在 1995 年前仅有 21 种农药的最大残留限量标准，1995 年后增加到 62 种农药在 108 种食品中的最大残留限量标准。2002 年修订的《食品中农药最大残留限量国家标准》，包括 136 种我国当时正在使用的农药，涵盖了获得农药登记允许在食品上使用的农药和禁止在水果、蔬菜、茶叶等经济作物上使用的高毒农药，在我国农产品质量安全监管中发挥了重大作用，如《肉、蛋等食品中六六六、滴滴涕残留量标准》（GBN 136—81）。但在标准实施过程中，出现了多个标准共存，且有些标准指标不同，涉及的食品和农药种类较少等问题，难以保证人民群众"舌尖上的安全"。因此，近年来我国加大了对农药残留限量标准的制定力度，自 2010 年开始，对《食品安全法》颁布前发布的所有农药最大残留限量国家标准和商检行业推荐性标准进行了清理和修订，有效解决了过去农药残留标准并存、交叉、老化等问题。在 2012 年和 2014 年相继发布了食品安全国家标准《食品中农药最大残留限量》（GB 2763）2012 版和 2014 版，食品中农药残留限量标准由过去的 873 项增加为 3650 项。自《食品中农药最大残留限量》（GB 2763—2014）发布后，我国并未停止限量制定的脚步，2016 年 12 月 18 日，国家卫生和计划生育委员会、农业部和国家食品药品监督管理总局三个部委共同发布公告，正式发布了《食品安全国家标准食品中农药最大残留限量》（GB 2763—2016），自 2017 年 6 月 18 日实施。与 2014 版相比，GB 2763—2016 增加了 46 种农药和 490 项限量标准，达到 433 种农药上的共 4140 项限量标准，基本覆盖我国批准使用的常用农药和居民日常消费的主要农产品，特别是实现了禁限用农药的限量标准全覆盖。

虽然新版《食品安全国家标准　食品中农药最大残留限量》相比于之前的版本在科学性、针对性和实用性上均有显著提升。但是食品中农药最大残留限量标准仍具有较大的可完善空间。包括以下几点内容。

（1）农药品种及食品种类的补充　从农药种类来看，GB 2763—2016 规定了 433 种农药在 13 类食品中 4140 项限量指标，包括 33 种生物农药，但是与我国登记的农药有效成分种类相比，该标准中包含的农药种类尚需要进一步完善。从食品种类来看，该标准中包含了 13 类食品中农药残留限量，但主要是种植业的食用农产品或其初级加工产品（水果、蔬菜、谷物、油料和油脂等），涉及动物源性食品（仅有少量有机氯类农药限量指标）较少。

（2）标准中对于部分禁限用农药制定了较高的残留限量值　一些禁限用农药残留限量值要高于推荐的检测方法检出限，检测过程中可能会出现检出了某种禁限用农药，但没有超过最高残留限量，从而被认为农产品合格的情况，不利于农药管理。

国际食品法典农药残留委员会（CCPR）是国际食品法典委员会（CAC）下属的主题委员会之一，具体承担农药残留限量标准的制修订工作。中国自 2006 年 7 月担任 CCPR 主席国以来，积极参与法典事务，取得了显著成效。一是连续成功组织召开了

12 届 CCPR 会议，2017 年 5 月 5 日，第 50 届 CCPR 年会在海南开幕。从第 39 届至第 50 届 12 届年会，共制定了 3990 项 MRL，废除了 1339 项。目前 Codex 现行有效的 MRL 共 218 种农药在 386 种商品上 5489 项 codex-MRLs。二是推动了中国农药残留标准体系建设，建立了中国农药残留限量标准制定评估程序，实现了与国际食品法典的衔接。三是制定农药残留国际标准的能力逐步提升，先后制定了硫丹在茶叶、氯氰菊酯在茶叶、乙酰甲胺磷及其代谢物甲胺磷在糙米和秸秆上共 6 项残留限量国际标准。四是拓展了国际交流合作的领域，在农药登记联合评审、限量标准制定、检测技术和风险评估等领域加强了与联合国粮农组织（FAO）、欧盟、美国等的交流与合作。通过 CCPR 平台，显著提高了中国农药安全管理水平，增强了中国在国际农药残留标准方面的影响力，对维护全球食品安全、促进国际贸易发挥了积极作用。

经过 30 余年的发展，中国农药残留标准体系建设日臻完善，已具有残留限量标准的农产品和食品基本覆盖百姓消费品。国家主导标准建设更新及时，国际影响力逐步提高。农药残留标准体系和技术法规体系日趋协调一致，标准的制定严格依据风险评估结果，涵盖基础（通用）标准、产品标准和过程控制规范三个主要方面，农产品质量安全水平大幅攀升，特别是因高毒等禁限用农药引起的残留超标问题得到极大遏制，基本满足中国人民的健康诉求和生态环境的可持续发展的要求。

同时，现阶段中国依然面临农产品和加工产品品种繁多，种植耕作方式复杂多样，农药使用人员多，使用器械和技术水平差别大，国际进出口贸易数量日益增加，农药残留基础数据不足以及农产品安全意识需要强化等现状与挑战。因此，在接下来的工作中，我们应该加快农药残留标准制定，争取到 2020 年农药残留标准将超过 1 万项，尽可能覆盖中国所有的农产品和食品。

另外，还要推进农药残留标准体系化建设。在"增标量，减标龄"的同时，建立覆盖主要农产品的农药残留标准体系相配套的标准制定程序和技术规范，推进其国际化发展，在满足中国农业生产和食品安全的前提下，农药残留限量标准值的设定尽可能与国际标准、主要农产品贸易国的标准协调一致，确保标准制定的技术依据和方法与国际接轨。依据充分，规范完善，指标具体，体现中国标准的权威性和可操作性，以及标准制定、实施和技术支撑的协调统一性，促使中国农药残留标准建设体系化发展。

最后，还要加强国际交流与合作，关注国际农药残留标准制定动态，加强与相关国际组织，以及美国、欧盟等发达国家农药管理机构的交流与合作，提升中国农药安全监管水平和能力，逐步实现国家标准与国际标准对接，监测资源合作利用与共享。

6.3.3 高水平文章

2000 年以前，我国有关农药残留的文章多发表在国内期刊上，如《色谱》《分析测试学报》《农药》《农药学学报》《农业环境科学学报》《环境化学》《中国农业科学》等。2000 年后，随着研究水平的提高和国际化合作研究程度的增强，我国农药科技工作者将大量的科研成果发表在国际一流的出版社高水平期刊上，如 *PNAS*、*Environmental Science & Technoglogy*、*Analytical Chemistry*、*Journal of Agricultural and Food*

Chemistry 等，但目前尚未在 *Science* 和 *Nature* 杂志发表。不过，我国在物理化学学科领域的科技工作者田中群于 2010 年在 *Nature* 上发表了 1 篇关于农药残留检测方法的文章。以下列举了中国学者发表在农药残留研究及风险评估领域的高水平期刊上的部分文章。

6.3.3.1　Nature

英国著名杂志 *Nature* 是世界上最早的国际性科技期刊，自 1869 年创刊以来，始终如一地报道和评论全球科技领域里最重要的突破，影响因子 40.137（2017 年数据）。其办刊宗旨是"将科学发现的重要结果介绍给公众，让公众尽早知道全世界自然知识的每一分支中取得的所有进展"。其学术定位为学术期刊和科学杂志，即科学论文具有较高的新闻性和广泛的读者群。论文不仅要求具有"突出的科学贡献"，还必须"令交叉学科的读者感兴趣"。我国农药科学工作者目前在该杂志鲜有发文，不过 2010 年我国厦门大学物理化学科学家田中群教授团队与其合作者在 *Nature* 上发表文章，内容为壳层隔绝纳米粒子增强拉曼光谱（SERS）方法及研究进展，并利用纳米粒子增强拉曼光谱测定果皮上的农药残留。该研究组与美国佐治亚理工学院王中林研究组合作，提出并建立了壳层隔绝纳米粒子增强拉曼光谱（SHINERS）方法，从而首次在电化学控制条件下获得了多种分子或离子吸附在铂、金等单晶电极上的表面拉曼光谱。他们采用时域有限差分法（FDTD）对有关增强效应进行模拟，理论和实验结果相吻合。利用壳层隔绝纳米粒子增强表面光谱信号的思路有望拓展至表面红外光谱、和频振动光谱和荧光光谱等其他谱学技术。他们进一步用该方法检测了半导体硅表面物种、细胞壁组分乃至橘子皮的残留农药，结果证明 SHINERS 可以应用于检测各类材料的最表层化学组分和任何形貌的基底，使得表面拉曼光谱提升为更为通用和实用的方法。文章发表的同时，*Nature* 杂志在该期另文介绍了该方法的科学意义和实用意义。

Li J F，Huang Y F，Yang Z L，et al. Shell-isolated nanoparticle-enhanced Raman spectroscopy. Nature Publishing Group，2010，464（7287）：163-192[1].

6.3.3.2　PNAS

PNAS 是 *Proceedings of the National Academy of Sciences of the United States of America*（美国科学院院报）缩写。它是美国国家科学院的院刊，亦是公认的世界四大名刊（*Cell*、*Nature*、*Science*、*PNAS*）之一，百年经典期刊。自 1914 年创刊至今，*PNAS* 报道和出版高水平的前沿研究报告、学术评论、学科回顾及前瞻、学术论文以及美国国家科学学会学术动态。*PNAS* 收录的文献涵盖医学、化学、生物、物理、大气科学、生态学和社会科学。2017 年影响因子为 9.661。

截至目前，中国学者在农药残留和风险评估领域在该杂志仅发表 1 篇文章。2005 年，我国著名农药环境科学家、浙江大学刘维屏教授团队长期针对手性农药评估存在的问题开展原始创新工作，并将相关结果发表在 *PNAS* 上。刘教授在国际上率先开展了手性农药环境安全研究，开创了目前广泛应用的有机磷、拟除虫菊酯等几类农药的对映体拆分方法，在对映体水平上进行了非靶标生物毒性评价；发现了手性农药不同对映体对靶标与非靶标生物的毒理差异性和环境代谢差异性；提出手性农药的环境安全应从对映体水平上考虑的观点。

Liu W，Gan J，Schlenk D，et al. Enantioselectivity in Environmental Safety of Current Chiral Insecticides. Proceedings of the National Academy of Sciences of the United States of America，2005，102（3）：701-706[2].

6.3.3.3 Environmental Science & Technology

Environmental Science & Technology（EST）是由美国化学学会 1967 年创立的同行评议的科学期刊。期刊发表内容涉及环境科学和环境技术，包括环境政策。该杂志是从事农药、重金属等有机污染在环境和作物中行为机制及调控研究的环境科学家交流的重要平台。2017 年影响因子为 6.653。以 *Environmental Science & Technology* 为期刊名，"Pesticide" 为主题和 "China" 为地址查阅 web of Science 数据库，数据显示，近20 年来中国农药科学家在该杂志发文累积达 354 余篇（图 6-1），从 1998～2004 年的低迷期（每年发文 0～5 篇）发展到 2000～2007 年的过渡期（每年发文 10～18 篇），目前的平稳期（每年发文 22～34 篇），其中 2010 年发文最多年度达 34 篇，标志着我国农药研究在国际影响力逐渐扩大。据统计，主要发文的中国农药研究团队单位主要来自浙江大学、北京大学、中国科学院、中国农业大学、浙江工业大学、中国农业科学院、南京农业大学、浙江农业科学院等。然而，我国作为世界农药第一生产和使用大国，当前的农药基础研究的水平仍与农药大国的要求存在差距，相对于欧美日农药强国，仍需加大努力，迎头赶上。

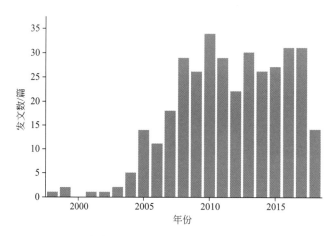

图 6-1　1998～2018 年中国科学家在 EST 年度发文数目（农药研究领域）

6.3.3.4 Analytical Chemistry

Analytical Chemistry（AC）旨在探索分析领域的最新概念以及提高结果正确度、选择性、灵敏度和重现性的最佳新方法。覆盖范围为最新的分析类研究和分析操作过程中的任何改进方法，包括取样、化学反应、分离、仪器和数据处理等。2017 年影响因子为 6.042。目前该杂志侧重于对信号量值响应机制和仪器装置改进等内容原始创新，

需要加强的交叉学科知识。我国农药科技工作者在该杂志发文相对较少，以 *Analytical Chemistry* 为期刊名，"Pesticide" 为主题和 "China" 为地址查阅 web of Science 数据库，数据显示，从 1998～2018 年，共发表与农药分析有关的文章仅有 100 篇（图 6-2），平均每年 5 篇的水平，从 2011 年以来，我国科学家年度发文基本稳定在 5～14 篇左右。发文主要单位来自于中国科学院、中山大学、北京大学、南京农业大学、中国农业科学院等。该数据也标志着我国科学家在农药分析基础研究和仪器研制方面相比欧洲、美国、日本等发达地区和国家存在较大差距，基于此，近年来我国政府连续在国家重大仪器研发方面投入专项经费资助，以期来改变我国在农药分析领域存在的原始创新和基础研究先天不足的现状。我国农药分析从业者应勇于担当，积极思考，刻苦专研，加强农药分析基础研究，为早日研制出中国创造的新型高端分析仪器贡献力量。

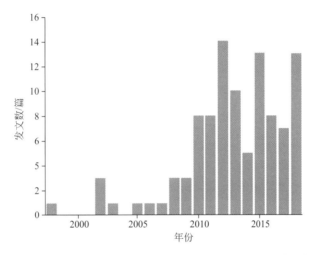

图 6-2　1989～2018 年中国科学家在 AC 年度发文数目（农药研究领域）

6.3.4　著作

随着农药残留分析研究的开展，我国科技工作者在该领域撰写了系列书籍 10 余本，为开展农药残留和分析提供了重要参考。本章按照时间顺序，重点列举了我国农药残留和分析研究的相关著作。

①《农药分析》第 4 版 . 张百臻 . 北京：化学工业出版社，2005

本书由农业农村部农药检定所组织专门从事农药分析的技术人员共同编写，是一本实用性较强的农药分析方法手册。书中整理编写了常用农药品种 220 余个，主要介绍了气相色谱法和高效液相色谱法，对重要的化学分析方法也一并列入。同时收集了 45 个农药原药和制剂的物理化学指标的测试方法。

②《农药分析与残留分析》. 王惠，吴文君 . 北京：化学工业出版社，2007

书中包括农药分析和农药残留分析两部分内容，具体包括原药与制剂分析的采样、有效成分分析、有效成分及杂质的定性分析、农药理化性状分析、农药残留基本概念与田间试验、农药残留样品制备、残留农药的检测、数据处理、农药制剂分析方法准则与农药残留实验室质量控制等。

③《农药兽药残留现代分析技术》. 庞国芳. 北京：科学出版社，2007

《农药兽药残留现代分析技术》分上、中、下三篇共 32 章。上篇介绍了农药兽药残留分析的基本理论和技术，包括气相色谱-质谱和液相色谱-质谱联用技术、免疫学分析技术、新型样品前处理技术等内容。中篇系统总结了近十几年 1600 余篇文献方法的内容，介绍了 7 类农药残留分析的新技术和新方法，14 类兽药残留分析的新技术和新方法，从而系统展示了近十几年来国际上农药兽药残留现代分析化学的新进展、新技术、新方法。下篇介绍了本书作者们最近几年研究制定的农药兽药残留检验方法国家标准，介绍了当前国际关注的多残留同时检测技术，其中 8 项农药多残留检测方法国家标准可检测 651 种农药，26 项兽药残留检测方法可检测 107 种兽药。

④《固相萃取技术与应用》. 陈小华，等. 北京：科学出版社，2010

书中汇集了大量常见化合物的理化参数，介绍了固相萃取的基本原理与操作、固相萃取材料与规格、固相萃取方法的建立及应用，对固相萃取技术应用中经常遇到的问题提出了解决方法，同时，对固相萃取技术的前景进行了展望。

⑤《农药残留分析与环境毒理》. 胡继业. 北京：化学工业出版社，2010

书中对农药残留分析和环境毒理相关领域的基本概念、理论和研究动态进行了较系统的介绍，主要包括农药残留田间试验、农药残留量检测的新技术、农药环境化学行为和生态效应等内容。总结了编者近几年在此领域的研究成果，包括新农药残留分析方法的建立及一些新农药的环境化学行为和毒理方面的系统研究。

⑥《农药残留分析原理与方法》. 钱传范. 北京：化学工业出版社，2011

本书在简述农药残留分析的发展过程以及常用的采样、提取、净化、浓缩前处理技术的基础上，系统介绍了农药残留分析中的气相色谱法、液相色谱法、薄层色谱法、毛细管电泳法、酶检测法、酶联免疫法等检测方法，并涉及了农药多残留分析方法以及特殊基质茶叶中农药残留的检测方法。此外，还对农药残留的不确定度评价、实验室质量控制以及农药残留管理法规等内容也进行了详细介绍。

⑦《农药质量与残留实用检测技术》. 刘丰茂. 北京：化学工业出版社，2011

本书主要介绍了农药原药理化指标及有效成分定性、定量分析实验技术，农药制剂理化指标及有效成分测定技术，农药残留田间试验设计，实验室样品定量分析实验技术，以及农药的环境行为评价等内容。另外，书后附录囊括中国农药剂型名称及代码建议、农药原药登记全组分分析试验报告编写要求、农药原药中相关杂质及其限量、缩略名词术语中英文对照等，便于查阅。

⑧《残留农药分析环境标准样品研究》. 北京：中国环境出版社，2012

书中收录了有机氯农药溶液标准样品的研制、概述、研制技术路线、研制分析方法、样品的制备、均匀性研究、稳定性研究、样品的量值评定、样品比对分析、土壤中残留有机氯农药成分标准样品的研制等内容。

⑨《农药分析手册》. 陈铁春，等. 北京：化学工业出版社，2013

书中按杀虫剂，杀螨剂、卫生杀虫剂，除草剂，杀菌剂，植物生长调节剂、杀鼠剂，微生物农药六部分，详细介绍了近 500 个农药品种的通用名称、CAS 登录号、化学名称、结构式、分子式（实验式）、分子量、理化性质以及定性及定量分析方法，并列出了每个品种农药的红外光谱（IR）、紫外光谱（UV）、质谱（MS）和核磁共振波谱（HMR）四大谱图。

⑩《农药残留分析技术》．尤虎，等．北京：中国石化出版社，2014

本书主要介绍了农药残留的定义、类型、原因、测定的意义、来源、对人体的危害、残留量限量标准、农药残留检测技术的发展、农药残留样品的采集、制备和前处理方法、分析方法（包括提取技术、萃取技术、净化技术、浓缩技术和检测技术）、仪器和试剂以及注意事项等相关内容。

⑪《农药残留分析》（第 2 版）．岳永德．北京：中国农业出版社，2014

本书主要介绍了农药残留样品的采集、样品制备、农药残留分析的质量控制、农药残留测定方法、农药残留的酶抑制法与免疫测定技术、农药多残留分析、杀虫剂残留量分析、杀菌剂残留量分析、除草剂残留量分析、农药残留法规与管理等。

⑫《农药残留分析技术》．顾佳丽，等．北京：中国石化出版社，2014

本书主要介绍了农药残留的来源和类型、对人体健康的影响、各国对农药残留量的限量标准、农药残留检测技术的发展，以及农药残留量的分析方法等相关内容。

⑬《农药合成与分析技术》．孙克．北京：化学工业出版社，2015

本书详细介绍了 189 个年销售额在 5000 万美元以上的农药品种（除草剂 86 个、杀虫剂 51 个、杀菌剂 50 个、植物生长调节剂 2 个）的合成和分析技术。每个品种均列出了中英文通用名称、结构式、分子式、分子量、CAS 登录号，以及其入市时间、应用作物、防治对象、主要生产公司和现销售额等内容。在合成工艺中介绍了不同的工艺路线技术、中试工艺和具体合成方法，在分析方法中则介绍了具体的仪器分析和化学分析方法。

⑭《手性农药与农药残留分析新方法》．周志强．北京：科学出版社，2015

本书介绍了多种手性农药的分离分析方法及环境行为。利用色谱技术建立了不同环境样本中手性农药对映异构体的分离分析方法，系统地总结了手性农药对映异构体在土壤、水体、动物和植物等样本中的选择性行为，较为详细地描述了手性农药对映异构体在分布、残留、归趋、毒性等环境行为方面的差异。另外，还详细介绍了几种农药和其他药物残留分析的新方法。

6.3.5　专利及产品

食品安全已经成为影响农业和食品工业健康发展的关键因素，在某种程度上已约束了我国农业和农村经济产品结构和产业结构的战略性调整。为提高食品质量、保障人民健康、提高我国农业和食品工业的市场竞争力，加快建立符合我国国情的食品安全科技支撑体系，我国研制发明了一批针对农药残留分析的专利及技术产品，提高了我国食品安全监测仪器的自主创新能力，为我国食品安全中的关键检测、监控和控制等方面提供技术支撑。

6.3.5.1 专利

（1）前处理 在农药残留检测样品分析前处理过程中，发明了一系列新装置或产品。如在免疫分析技术领域，发明了一批针对阿维菌素、拟除虫菊酯等农药的免疫亲和色谱柱（IAC），农药提取过程中发明了与气相色谱在线联用的加速溶剂萃取装置，以及在固相萃取和固相微萃取方面的创新产品等，具体如下。

① 沈建忠，史为民，何继红，等.净化阿维菌素类药物的方法及其免疫亲和色谱柱：B01J20/281（2006.01）Ⅰ

沈建忠等发明了一种净化阿维菌素类药物的方法及其免疫亲和色谱柱。该净化阿维菌素的免疫亲和色谱柱装载有免疫亲和吸附剂，该吸附剂是由固相载体和与其偶联的阿维菌素多克隆抗体或单克隆抗体组成的；所述阿维菌素多克隆抗体或阿维菌素单克隆抗体是以阿维菌素半抗原与载体蛋白的偶联物为免疫原得到的；所述阿维菌素半抗原是将阿维菌素-4″-OH与琥珀酸酐酯化得到阿维菌素的琥珀酸衍生物即为阿维菌素半抗原。本发明的提纯方法结合色谱法高效检测阿维菌素的含量，弥补了单纯免疫测定技术直接测定样本的信息量太少、定量准确性差，或理化方法选择性低等不足，体现了免疫学技术和常规理化技术在分析机制上的互补性。

② 胥传来，匡华，彭池方，等.一种拟除虫菊酯类药物群选性免疫亲和层析柱的制备方法：CN 101726589 A.2010

拟除虫菊酯类药物群选性免疫亲和色谱柱的制备方法属于免疫分析技术领域。本发明利用群特异性抗体的免疫亲和色谱净化技术，能同时对拟除虫菊酯类药物多种组分进行分离净化；利用实验所获得的抗体与 Protein A-Sepharose 4B 偶联，装填免疫亲和色谱柱。Protein A 能特异地与抗体的重链恒定区（Fc）结合，将其可变区释放出来，使得抗体定向地偶联到基质载体上，其结合区手臂充分地展开，有利于和目标分子结合。与常用的 Sepharose 4B 相比，后者依靠基质骨架上游离的羟基非特异性地与抗体相连，由于结合的非特异性，抗体的结合部位也可被埋没，使得只有部分结合部位裸露，在相同的胶体量和抗体量下，定向结合的 Protein A 载体使得 IAC 柱具有更高的柱容量。

③ 关亚风，刘文民，周延生，等.一种与气相色谱在线联用的加速溶剂萃取装置及方法：CN 100362347 C.2007

本发明涉及一种用于分析样品预处理中的萃取装置，具体地说是一种与气相色谱在线联用的加速溶剂萃取装置及方法，由小体积萃取池、加热单元、十通阀、六通阀、定量管、辅助载气、稳流阀、压力传感器、溶剂输送高压泵、毛细传输管等组成。通过将萃取溶液定量、在线、恒速传输到气相色谱仪，实现了加速溶剂萃取与气相色谱在线联用。该装置的样品利用率比现有方法提高 50～100 倍，溶剂用量少，测量重复精度高，可广泛用于大气细粒子（气溶液）、土壤、环境、食品、刑事侦查和法医检验等样品中微量固体、胶体样品中痕量有机物的快速萃取和分析检测。

④ 刘立秋，徐珩，张扬，等.固相微萃取装置：CN 104162291 A.2014

书中涉及一种新型固相微萃取装置，该装置包括：一，第一加热模块，由第一腔室和第一电热元件组成，用于加热样品瓶；二，搅拌模块，由电机和磁性件组成，该模块与第一加热模块相连接；三，固定模块，设置于样品瓶上方，固相微萃取纤维穿过固定模块插入样品瓶，纤维手柄被固定模块固定；四，控制模块，它连接第一加热模块和搅拌模块。本实用新型装置具有集样品加热、搅拌、纤维手柄固定及纤维老化于一体，且适合现场使用等优点。

⑤ 戚平，梁智安，刘佳，等. 一种新型磁性固相萃取装置：B01D15/10（2006.01）Ⅰ

本发明提供了一种新型磁性固相萃取装置，包括基座、进液单元、抽液单元、至少一独立操作单元。独立操作单元包括电磁杆、进液杆、吸液杆、螺杆和滑杆，进液单元与进液杆连接，抽液单元与吸液杆连接，独立操作单元固定于滑杆上，利用高精度微电机转动螺杆的方式在滑杆上实现精确垂直上下移动；进液单元用于对目标萃取物进行加液；抽液单元用于对目标萃取物进行液体抽离。本发明还提供利用所述装置进行固相萃取的方法，根据本发明提供的磁性固相萃取装置和方法，能够实现同时、快速、自动化操作，操作简单方便，具有极好的应用前景。

⑥ 吴静宇，汪群杰，方惠如，等. 一种固相萃取仪：B01D15/08（2006.01）Ⅰ

吴静宇等发明了一种固相萃取仪，通过该萃取仪可以实现对样品的快速、高效的自动化样品前处理。该固相萃取仪包括若干条通道管路及设置在各通道管路上的选择阀；浓缩装置包括气体加热模块、气体存储装置和若干条气体输送管路，气体输送管路的进气口与气体存储装置的出气口连接，气体输送管路的出气口通过选择阀与通道管路连通；气体加热模块设置于通道管路或气体输送管路上。

⑦ 刘德泉，王丁津，赵华江. 自动固相萃取设备：B01D15/10（2006.01）Ⅰ

本发明涉及对样品预处理的萃取设备领域，公开了一种自动固相萃取设备，包括机架、进样装置、试样转盘、萃取柱转盘、加液装置、加压装置、萃取液转盘和控制装置；试样转盘、萃取柱转盘和萃取液转盘依次从高到低、且可水平转动地安装在机架上；萃取柱转盘外沿的圆周上设有多个萃取柱托孔；试样转盘外沿的圆周上设有多个试样托孔和一个注液通孔；萃取液转盘外沿的圆周上设有多个萃取液管托孔；进样装置用于从试样管抽取试样，并通过注液通孔向固相萃取柱注入试样；加压装置用于向固相萃取柱注入带压气体；加液装置用于向固相萃取柱加入溶剂；控制装置用于控制整个萃取设备的工作。使用本设备能够降低人工操作难度，提高试验效果。

⑧ 佘永新，赵风年，洪思慧，等. 一种三唑类农药分子印迹磁性微球及其应用：C08F292/00（2006.01）Ⅰ

本发明涉及农药残留萃取及检测方法领域，具体而言，涉及一种三唑类农药分子印迹磁性微球及其应用。所述磁性微球通过以下方法制备得到：a. 采用共沉淀法制备 Fe_3O_4 磁纳米粒子，并在其表面修饰丙烯基得到丙烯基化 Fe_3O_4 磁壳；b. 在丙烯基化 Fe_3O_4 磁壳表面合成能够识别三唑类农药分子的分子印迹聚合物，得到分子印迹磁性微球。本发明采用表面印迹技术，以自制功能化磁性纳米粒子为载体，制备磁性纳米分子印迹聚合物，基于磁分离技术，建立了三唑类农药 MI-MDSPE-LC-MS/MS 方法，实现了黄瓜基质中 20 种三唑类农药的同步检测，节约了固相萃取的时间和成本，有效提高了前处理速度。

⑨ 王耀斌 . 一种农药精喹禾灵分子印迹聚合物的制备方法：C08F222/14（2006.01）Ⅰ

本发明所述方法为精喹禾灵分子印迹聚合物的制备方法，采用分子印迹技术合成精喹禾灵的模板聚合物，对精喹禾灵呈现出选择结合特性，该种聚合物具有热稳定性强、机械稳定性高及可长期使用的优点。包括以下步骤：将 1mmol 精喹禾灵溶于适量三氯甲烷中，加入 4mmol 甲基丙烯酸，放置在振荡器上振荡 2～8h，使模板分子和功能单体充分作用，加入 20mmol 交联剂 EGDMA、40mg 引发剂 AIBN，充分溶解后，将混合液转入 100mL 反应瓶中，通氮脱氧 8～15min，在真空状态下密封。

⑩ 史西志，孙爱丽，张蓉蓉，等 . 一种拟除虫菊酯类农药分子印迹膜的制备方法：C08F255/02（2006.01）Ⅰ

本发明公开了一种拟除虫菊酯类农药分子印迹膜的制备方法，包括以下步骤：首先将 LDPE 膜分别用无水乙醇、丙酮和蒸馏水超声波清洗，真空干燥，置于等离子体处理仪的反应室中，通入氩气后，对其进行表面活化处理；然后将活化处理后的 LDPE 膜置于分子印迹接枝溶液中，在氮气保护条件下进行接枝；接枝反应结束后，将分子印迹膜取出，用有机溶剂洗脱除去模板分子，直到通过 GC-ECD 检测不到模板分子为止；最后将除去模板分子的分子印迹膜真空干燥。优点是对拟除虫菊酯类农药残留具有较高的选择透过性，可应用于水产品等复杂生物样品中拟除虫菊酯类农药的选择性分离和高效富集，具有较大的应用价值。

⑪ 倪澜荪，胡小钟，胡正群，等 . 多管涡流氮吹浓缩仪：CN 2852099 Y. 2006

该仪器是样品检测的前处理装置，包括配气装置、加热装置、多个样品浓缩管和微处理控制系统，设计独特、新颖，集抽真空、冷循环水供给、惰性气体涡流形成功能于一体，性能稳定可靠。"一仪多管"设计，具有降低操作人员的劳动强度、增加提取效率、提高回收率等显著优点。本浓缩仪自动或手动操作两便，易于推广，具有良好的社会效益和经济效益。

⑫ 聂洪勇 . 多功能微量化样品处理装置：G01N1/28

一种多功能微量化样品处理装置，主要包含有压缩与抽真空两用气泵，微量化样品处理器上装有活动支架和气针分布板，其加热箱中装有电子温度传感器和数字显示电子温度自动控制器，还包含有一组专用配套的加热容器及气针、吹扫管、冷凝管、接收瓶、真空接头、蒸馏接头、配气头等辅件，本实用新型装置具有十项以上的多种处理功能，并且结构紧凑，操作、使用方便，能准确方便地控制、设定温度和清晰数字显示温度，而且又易于制造，造价低。

（2）快速检测　农药残留快速检测是实验室常规检测的有益补充，其特点是快速高效，对可疑食品进行粗筛和对现场食品安全状况作出初步评价，利于食品安全监管部门对农产品产前、产中、产后监督工作的开展。快速检测在环境监测方面也十分重要，如在环境污染与应急事故监测中应用，近年来有关快速检测、现场检测及相关材料制备申请的专利如下。

① 王颜红，张红，周强 . 一种分子印迹光子晶体检测卡及应用：G01N21/78（2006.01）Ⅰ

该发明将分子印迹预聚液灌入光子晶体模板，聚合后洗去模板分子即得分子印迹光子晶体检测卡。分子印迹光子晶体农药残留速测卡对目标农药分子具有特异选择性，能够在复杂的测试环境下避免其他农药分子的干扰；其表面结构色能够响应外界刺激，具有裸眼可视性，通过和标准颜色卡对照，可以快速得到待测物中灭多威的含量，为灭多威农药残留的检测提供了一种准确、灵敏、快速的新方法，也为其他种类农药残留检测技术的开发提供了参考。

② 陈立钢，孙雪，牛娜 . 一种碳量子点-分子印迹复合材料的制备方法及利用其分析农药硝磺草酮残留的方法：C09K11/02（2006.01）Ⅰ

该发明的目的是解决现有方法对硝磺草酮分析时间长，选择性低以及量子点分子印迹复合材料合成方法成本高，对环境污染大的问题。主要用于分析环境水样中农药硝磺草酮残留。制备方法为：一、制备碳量子点；二、改性碳量子点；三、分子印迹，得到碳量子点-分子印迹复合材料。分析方法为：一、制备分散液；二、检测对照组荧光强度；三、确定猝灭常数 K_{sv}；四、检测待测样品，计算出待测样品中硝磺草酮的浓度 Q_u。

③ 刘东晖，刘畅，毕嘉玮，等 . 快速检测敌草快的超分子试剂盒及方法：G01N21/78（2006.01）Ⅰ

超分子试剂盒包括试剂 1 和 2，试剂 1 是由藏红 T 和羧甲基-β-环糊精配制而成的溶液；试剂 2 是由亚甲基蓝和羧甲基-β-环糊精配制而成的溶液。利用该试剂盒，可以直接通过裸眼比对颜色就能定性地对农药进行检测，克服时间及成本的问题。

④ 朱培逸，秦宁宁，熊伟丽，等 . 便携式农药残毒光电快速检测仪：G01N21/76（2006.01）Ⅰ

便携式农药残毒光电快速检测仪包括机壳、底座、分离装置、检测分析室、光电信号处理模块、微处理器、触摸屏、调零模块、打印机、网络连接端口。其工作原理是：预处理样品引入进样阀，经分析载液提取、分离，所得分离液与荧光剂混合后经快速富集与萃取，由氧化剂在检测分析室中引发化学发光反应，经光电转换、信号放大、微处理器处理、高清晰度真彩屏显示或打印或网络连接输出检测结果；具有体积小、结构简单、经济适用、检测结果准确、用时短、携带方便的优点，可实现对果蔬或其他农副产品进行现场快速检测。

⑤ 刘金杰，赵春城，吴敏芳，胡勇 . 一种水果蔬菜农药残留检测装置：G01N33/02（2006.01）Ⅰ

一种水果蔬菜农药残留检测装置，包括清洗装置、粉碎装置和检测装置，清洗装置与粉碎装置之间通过出料管相连通，检测装置位于粉碎装置正下方，清洗装置顶部中心设置带有第一电机轴的第一电机，第一电机轴底部设置带有毛刷的清洗杆，粉碎装置一侧外壁设置带有第二电机轴的第二电机，第二电机轴上设置粉碎齿，检测装置内设置传送装置，传送装置上方设置带有检测卡凹槽的检测平台。本发明的有益效果为：利用简单的结构和操作，对待检测的食品进行清洗和粉碎等前处理，实现食品农药残留的现场检测，从而极大地减少了检测成本，缩短了检测周期，有利于食品农药残留检测的普及。

⑥ 张银虎．智能农药残留检测仪：G01N21/78（2006.01）

智能农药残留检测仪，包括可用于称量物质重量的称重装置，用于与样品反应以检测农药残留的速测卡，分析和检测速测卡经反应变色后的农药残留结果的检测装置及数据传输单元。称重装置及检测装置分别与数据传输单元连接，速测卡与样品反应后，检测装置检测速测卡的颜色从而检测样品的农药残留结果，其检测结果通过数据传输单元传输至终端进行显示或进行进一步分析和应用。该智能农药残留检测仪不仅可用于称重，还可快速自动检测农药残留结果，不需人工比对反应后的速测卡颜色，其误差率更低，使用更智能，而且电子自动检测结果及检测相关信息可随蓝牙或 wifi 无线传输至其他终端，从而方便查看和管理，利于使用。

⑦ 侯学文，余建飞，李广波．一种农药残留检测卡：G01N21/78（2006.01） Ⅰ

农药残留检测卡，包括背板和盖板；背板和盖板之间设置有测试层，测试层包括依次搭接的显色段、吸水膜和底物段；背板的表面设置有第一隔离膜，盖板的底面设置有第二隔离膜，第一隔离膜和第二隔离膜将测试层隔离背板和盖板；盖板和第二隔离膜均对应显色段和底物段设置有显色窗和加样窗。通过利用吸水膜将显色段和底物段连接，只需在底物段滴加样品，然后吸水膜将混合反应后的溶液吸至显色段显色；第一隔离膜和第二隔离膜，避免背板和盖板被破坏，保证测试结果的准确；盖板隔离测试层与空气的接触，避免该农药残留检测卡失效，具有灵敏度高、稳定效果好、使用方便、能够实时检测农药残留的优点。

⑧ 徐静，杨敏，翟明明，刘晓霞．一种农药残留物快速检测试剂盒：G01N33/00（2006.01） Ⅰ

农药残留物快速检测试剂盒，试剂盒本体的顶端设有把手，内壁两侧均设有滑槽，两侧滑槽之间设有与滑槽相适配的滑板，滑板与试剂盒本体内壁之间设有伸缩板，伸缩杆和滑板将试剂盒本体内部分为若干容纳腔，试剂盒本体内部设有丈量器、试剂瓶和检测装置，检测装置内部设有研磨室和反应室，且研磨室与反应室之间设有固定板，研磨室位于反应室的顶端，研磨室内部设有旋转结构，旋转结构包括固定柱一、固定柱二、齿轮一、齿轮二、旋转轴和支柱。通过试剂盒和把手可以方便携带试剂盒，从而更加方便地对物品进行检测，保障检测的精度，可以实时地对检测的效果进行观察。

⑨ 李学章．一种农产品农药残留检测方法：G01N21/65（2006.01） Ⅰ

一种农产品农药残留检测方法，包括如下步骤：取模板分子、壳聚糖、丙烯酸羟乙酯、聚乙烯亚胺、去离子水，合成带模板分子的印迹水凝胶；完成待检测蔬菜的预处理，配制待检测试样液；去除印迹水凝胶的模板分子；制作模板分子的标准拉曼光谱图；将去除模板分子后的印迹水凝胶浸泡在待检测试样液后，捞出，进行共聚焦显微拉曼光谱检测后，将所得的拉曼光谱图与标准拉曼光谱图进行比对，从而判断样品中是否含有模板分子，并初步判定模板分子的含量范围。通过分子印迹技术制备具有特异性识别作用的水凝胶，待测样品经水凝胶吸附富集后，利用便携式拉曼光谱仪进行光谱采集，通过与标准拉曼光谱相对比，从而判断样品中是否含有此药物。

⑩ 王金爱 . 一种检测多种有机磷农药残留的酶联免疫层析方法及试剂盒：G01N33/558（2006.01）Ⅰ

一种检测植物性农产品生产中有机磷农药残留的酶联免疫色谱方法及试剂盒。利用酶的高敏感特性检测有机磷农药残留的酶联免疫色谱方法，与传统的酶联免疫吸附法（ELISA）检测有机磷农药相比，具有操作简便、无须专用仪器设备、结果直观的优点；与胶体金免疫色谱方法相比，具有灵敏度高、特异性强、结合读数仪可准确定量等优点。

⑪ 杜霞，邢海龙 . 克百威胶体金检测卡：G01N33/544（2006.01）Ⅰ

克百威胶体金检测卡，主要用于快速检测食品中克百威的含量，在试纸的背衬上依次粘贴样液吸收部分、胶体金标记部分、检测反应部分及吸水部分。检测反应部分上面包被有检测用抗原 1 条作为检测线，同时还包被有抗第二种属动物蛋白的 IgG 1 条作为参照线。该快速检测试纸条的特异性强，能够半定量检测，环境温度为 4～35℃都可以使用，适合于个体养殖户、食品卫生质检部门、海关等植物源食品进行克百威残留的快速检测。本发明具有特异性强、灵敏性高，且操作简单方便等优点。

⑫ 洪霞，薛永来，吴明慧 . 乙酰甲胺磷胶体金检测卡：G01N33/577（2006.01）Ⅰ

乙酰甲胺磷胶体金检测卡，主要用于快速检测食品中乙酰甲胺磷的含量，在试纸的背衬上依次粘贴样液吸收部分、胶体金标记部分、检测反应部分及吸水部分。检测反应部分上面包被有检测用抗原 1 条作为检测线，同时还包被有抗第二种属动物蛋白的 IgG 1 条作为参照线。该快速检测试纸条的特异性强，能够半定量检测，环境温度为 4～35℃都可以使用，适合于个体养殖户、食品卫生质检部门、海关等植物源食品进行乙酰甲胺磷残留的快速检测。本发明具有特异性强、灵敏性高，且操作简单方便等优点。

⑬ 杜霞，洪霞，吴明慧 . 毒死蜱胶体金检测卡：G01N33/02（2006.01）Ⅰ

毒死蜱胶体金检测卡，主要用于快速检测食品中毒死蜱的含量，在试纸的背衬上依次粘贴样液吸收部分、胶体金标记部分、检测反应部分及吸水部分。检测反应部分上面包被有检测用抗原 1 条作为检测线，同时还包被有抗第二种属动物蛋白的 IgG 1 条作为参照线。该快速检测试纸条的特异性强，能够半定量检测，环境温度为 4～35℃都可以使用，适合于个体养殖户、食品卫生质检部门、海关等植物源食品进行毒死蜱残留的快速检测。本发明具有特异性强、灵敏性高，且操作简单方便等优点。

⑭ 洪霞，吴明慧 . 草甘膦胶体金检测卡：G01N33/02（2006.01）Ⅰ

草甘膦胶体金检测卡，主要用于快速检测食品中草甘膦的含量，在试纸的背衬上依次粘贴样液吸收部分、胶体金标记部分、检测反应部分及吸水部分。检测反应部分上面包被有检测用抗原 1 条作为检测线，同时还包被有抗第二种属动物蛋白的 IgG 1 条作为参照线。该快速检测试纸条的特异性强，能够半定量检测，环境温度为 4～35℃都可以使用，适合于个体养殖户、食品卫生质检部门、海关等植物源食品进行草甘膦残留的快速检测。本发明具有特异性强、灵敏性高，且操作简单方便等有益效果。

⑮ 杜道林，洪霞，吴明慧．辛硫磷胶体金检测卡：G01N33/577（2006.01） Ⅰ

辛硫磷胶体金检测卡，主要用于快速检测食品中辛硫磷的含量，在试纸的背衬上依次粘贴样液吸收部分、胶体金标记部分、检测反应部分及吸水部分。检测反应部分上面包被有检测用抗原 1 条作为检测线，同时还包被有抗第二种属动物蛋白的 IgG 1 条作为参照线。该快速检测试纸条的特异性强，能够半定量检测，环境温度为 4～35℃ 都可以使用，适合于个体养殖户、食品卫生质检部门、海关等植物源食品进行辛硫磷残留的快速检测。本发明具有特异性强、灵敏性高，且操作简单方便等优点。

⑯ 杜霞，张淑雅．氟氯氰菊酯胶体金检测卡：G01N33/543（2006.01） Ⅰ

氟氯氰菊酯胶体金检测卡，主要用于快速检测食品中氟氯氰菊酯的含量，在试纸的背衬上依次粘贴样液吸收部分、胶体金标记部分、检测反应部分及吸水部分。检测反应部分上面包被有检测用抗原 1 条作为检测线，同时还包被有抗第二种属动物蛋白的 IgG 1 条作为参照线。该快速检测试纸条的特异性强，能够半定量检测，环境温度为 4～35℃ 都可以使用，适合于个体养殖户、食品卫生质检部门、海关等植物源食品进行氟氯氰菊酯残留的快速检测。本发明具有特异性强、灵敏性高，且操作简单方便等优点。

⑰ 洪霞，江振飞，杜霞．溴氰菊酯胶体金检测卡：G01N33/53（2006.01） Ⅰ

溴氰菊酯胶体金检测卡，主要用于快速检测食品中溴氰菊酯的含量，在试纸的背衬上依次粘贴样液吸收部分、胶体金标记部分、检测反应部分及吸水部分。检测反应部分上面包被有检测用抗原 1 条作为检测线，同时还包被有抗第二种属动物蛋白的 IgG 1 条作为参照线。该快速检测试纸条的特异性强，能够半定量检测，环境温度为 4～40℃ 都可以使用，适合于个体养殖户、食品卫生质检部门、海关等植物源食品进行溴氰菊酯残留的快速检测。本发明具有特异性强、灵敏性高，且操作简单方便等优点。

⑱ 杜道林，洪霞，刘静．甲拌磷胶体金检测卡：G01N33/558（2006.01） Ⅰ

甲拌磷胶体金检测卡，主要用于快速检测食品中甲拌磷的含量，在试纸的背衬上依次粘贴样液吸收部分、胶体金标记部分、检测反应部分及吸水部分。检测反应部分上面包被有检测用抗原 1 条作为检测线，同时还包被有抗第二种属动物蛋白的 IgG 1 条作为参照线。该快速检测试纸条的特异性强，能够半定量检测，环境温度为 4～40℃ 都可以使用，适合于个体养殖户、食品卫生质检部门、海关等植物源食品进行甲拌磷残留的快速检测。本发明具有特异性强、灵敏性高，且操作简单方便等优点。

⑲ 杜道林，洪霞，吴明慧．甲基对硫磷胶体金检测卡：G01N33/577（2006.01） Ⅰ

甲基对硫磷胶体金检测卡，主要用于快速检测食品中甲基对硫磷的含量，在试纸的背衬上依次粘贴样液吸收部分、胶体金标记部分、检测反应部分及吸水部分。检测反应部分上面包被有检测用抗原 1 条作为检测线，同时还包被有抗第二种属动物蛋白的 IgG 1 条作为参照线。该快速检测试纸条的特异性强，能够半定量检测，环境温度为 4～35℃ 都可以使用，适合于个体养殖户、食品卫生质检部门、海关等植物源食品进行甲基对硫磷残留的快速检测。本发明具有特异性强、灵敏性高，且操作简单方便等优点。

⑳ 苍胜，蔡兵．农药残留速测仪：CN 301793613 S. 2012

农药残留速测仪，包括基座和设置在基座上的外壳，基座上设置有可伸出、缩回外壳的反应仓和驱动反应仓的传动机构，使用测试纸来显示被测样品的农药残留情况，广泛应用于蔬菜、水果、粮食、水及土壤中的有机磷和氨基甲酸酯类农药残留量的定性快速测试，完全实现数控全自动化，操作更加方便，检测更加精准。

㉑ 郭业民，孙霞，王相友，等．一种定量检测果蔬中农药残留的快速检测仪：CN 103940866 A.2014

定量检测果蔬中农药残留的快速检测仪，属于农产品安全检测技术领域。该快速检测仪由乙酰胆碱酯酶传感器三电极系统、信号检测与处理系统、显示与打印存储系统、供电系统组成。在检测仪的微处理器中植入果蔬农药种类及国家农药残留限量数据库、有机磷和氨基甲酸酯农药标准曲线数据库及 BP 神经网络算法。利用 BP 神经网络将测定值与存储单元存储的常用的有机磷和氨基甲酸酯类农药标准曲线数据库进行比较，定量地确定含有何种农药及是否超标等信息。快速检测仪可实现农药残留的定性定量检测，具有携带方便、检测快速准确、操作简单的特点，适用于对果蔬中农药残留的现场快速检测。

㉒ 孙霞，郭业民，王相友，等．基于微阵列电极的酶传感器农药残留检测方法：CN103558276A.2014

基于微阵列电极的酶传感器农药残留检测方法，其特征在于：金插指微阵列电极包含 25 对梳齿，每对梳齿间相互穿插平行排列，形成插指形状。梳齿宽 $15\mu m$，相邻梳齿间的间距为 $15\mu m$。插指型微阵列电极具有高稳态电流密度、高信噪比、低溶液电位降等优势，在对检测生物识别元件引起的微弱阻抗信号上明显优于传统电极。在金插指微阵列电极表面依次滴涂壳聚糖溶液、乙酰胆碱酯酶和 nafion 溶液。壳聚糖提供适宜的微环境固定乙酰胆碱酯酶，nafion 膜进一步保护乙酰胆碱酯酶。基于微阵列电极固定乙酰胆碱酯酶，利用阻抗分析技术检测农药，可用于农药的快速检测，便于实现农药残留检测仪的微型化、便携式。

6.3.5.2　产品

（1）自动凝胶色谱净化仪　"自动凝胶色谱净化仪"（GPC）由中国农业大学研制，为科技部"十五"食品安全重大专项研究成果，该仪器可按照分析过程的需要编写工作程序——可完成自动进样、自动分离干扰物质与待测样品组分、自动检测、自动接收所需待测样品组分、自动清洗管路等各个不同的操作过程，并具有自动仪器故障诊断功能（图 6-3）。

图 6-3　自动凝胶色谱净化仪

① 仪器功能描述。实验人员只需要将样品导入样品瓶中，放置在样品托盘上，设定程序后，GPC 仪器可自动抽取定量的样品，注入 GPC 柱上进行分离，大分子物质从柱子中淋洗到废液容器中，余下含有待分析物的部分被收集到收集架的样品瓶中，用于下一步的处理。在处理完一个样品之后，系统自动清洗管路系统。

② 应用范围。凝胶色谱可以将分子体积不同的化合物分离。目前在对水果、蔬菜、肉类、粮食、奶类、茶叶、烟草、草药的农药残留进行分析时，一般样品的萃取物中含有大量的大分子物质，比如脂肪、色素等，会干扰农药残留分析检测结果。采用 GPC 净化样品，可以分离提纯样品，从而保证分析结果的准确性。目前，GPC 样品净化方法已成为美国环保局（EPA）、食品药物管理局（FDA）、美国分析化学协会（AOAC）及欧盟（EU）的法定方法，主要应用场合包括以下内容：USEPA 方法 625-S、USEPA SW-846 方法 3640A、USEPA 协议实验室程序的工作综述（SOW）、FDA 杀虫剂分析方法第 1 卷、AOAC 的官方分析方法、植物组织、动物组织、土壤、淤泥和沉积物、杀虫剂、PCBs、其他污染物、抗生素、抗凝血剂，此外，GPC 还常用于各类酶、蛋白质及核酸的制备。

③ 仪器性能特点。自动操作节省人力，取样准确、分析精密度高，柱流速控制准确，自行研制的小型化凝胶柱，节省分析时间、溶剂，减少环境污染，操作简易，使用方便，稳定可靠，可任选试管、鸡心瓶、圆底烧瓶或梨形瓶为样品收集瓶，便于下一步操作。

④ 应用领域。自动完成脂溶性样品或水溶性样品的净化和制备；用于各类水果、蔬菜、肉类、谷物、奶类、茶叶、烟草、草药、加工食品和环境样品中农药、兽药及其他有毒有害物质残留分析的前处理过程；可用于各类酶、蛋白质及核酸的制备。

⑤ 应用实例。油脂、蜡质严重干扰农药残留分析。GPC 自动凝胶色谱仪可去除油脂和部分色素干扰。a. 蔬菜中有机磷农药残留分析：有机磷农药分子量较小，可用凝胶色谱将农药和杂质分开。15g 样品用二氯甲烷-丙酮混合液提取，经无水硫酸钠干燥，经自动凝胶色谱仪净化。如图 6-4 所示，大分子的油质、蜡质和色素在 0～10min 流出色谱柱，农药在 10～15min 流出色谱柱，自动接收这部分洗脱液，浓缩定容，即可供仪器分析。b. 农副产品中农药多残留分析：对于分子量较大的拟除虫菊酯类农药，凝胶色谱可将 95％以上的油脂和农药分离。图 6-5 显示了在自制的凝胶色谱柱上有机氯、

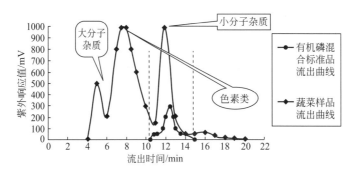

图 6-4　有机磷混标和蔬菜样品在凝胶色谱柱上的流出曲线

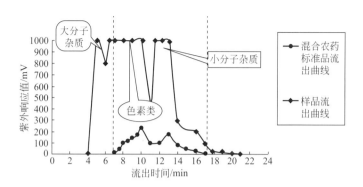

图 6-5　多残留混合标准品和样品在凝胶色谱柱上的流出曲线

有机磷、有机氮和拟除虫菊酯类农药和农副产品流出曲线的区别。对富含油脂的样品，如豆类、玉米等，收集 7～17min 的洗脱液，再用石墨化炭黑吸附色素，即可用仪器检测样品中的残留农药。

（2）食品安全检测车　食品安全检测车是科技部"十五"食品安全专项课题的研究成果，是由中国检验检疫科学研究院自主研制的特种车辆，可广泛用于果蔬批发市场、农产品收购加工站、大型农贸市场、超市、出口食品收购加工点、出口果蔬生产基地、农场等场所的食品和农副产品安全监测。食品安全检测车将食品检测技术与工商、质检、卫生等市场监督部门的质量监管职能有机地结合为一体，起到了及时、有效的市场监管作用，为各地方政府实施的食品放心工程提供强有力的技术支持。

食品安全检测车实现了食品安全检测模式从固定到移动的突破，符合移动实验室标准化要求，实现了多种食品安全技术指标的检测，有效解决了食品中农药残留、兽药残留等有毒、有害残留物质超标的检测，满足食品安全综合示范区果蔬和食品的现场监控及检测需要。真正做到灵活、快捷、实用、有效。其配有农药残留快速监测仪、食品多功能监测仪等 7 种仪器设备。食品安全检测车作为快速检测技术的平台，形成移动式实验室，根据实验室认可条例，在中国检验检疫科学研究院的技术指导和中国实验室认可中心有条件认可的情况下，可作为已认可的固定实验室的一部分进行实验室认证，其检测结果具有相应的法律效力。

（3）其他产品　如农业农村部农药检定所主持完成了"酶抑制法试剂盒及酶抑制法速测仪"：①运用酶抑制法原理，在国内率先研制了交直流两用农药残毒速测仪，取得了《制造计量器具许可证》。②研制成功多功能样品快速前处理装置，农药残毒提取回收率高，为农药残毒测定的科学化奠定重要基础。③通过对小白鼠和昆虫酶源的比较研究，筛选出了分别对有机磷和氨基甲酸酯类杀虫剂具有高灵敏度的适用酶源，对 28 种农药的最低检出浓度小于 5mg·kg^{-1}（50%抑制率），对 6 种氨基甲酸酯类的可检测限达到 0.001～0.01mg·kg^{-1}，并建立 96 孔板和比色杯测定方法，研制成功速测试剂盒。④研发的多功能样品前处理装置、农药残毒速测仪和速测试剂盒已在全国二十多个省市示范应用，取得了明显的经济社会效益。

"农药残留速测卡"，是以国家 2003 年公布的农药残留快速检测的标准方法为原理，利用对有机磷和氨基甲酸酯类农药高敏感的胆碱酯酶和显色剂做成的试纸。特点是操作简单，不需要仪器设备和配制试剂就能单独使用，无须任何专业技术培训，产品容易储存，携带方便。

同时，我国已经研制出 6 种农药残留酶联免疫检测试剂盒（甲霜灵、甲胺磷、毒死蜱、对硫磷、2,4-滴、百菌清），16 种胶体金免疫快速检测试纸（3,5,6-三氯二吡啶醇、苯菌灵、除草定、丁草胺、毒死蜱、禾草灵、甲草胺、甲萘威、甲霜灵、霜霉威、西玛津、溴苯腈、乙草胺、异丙草胺、异丙甲草胺、莠去津）[3]，研制出 CNM-MST-03 型多功能微量化样品处理仪，提高样品前处理工作效率，降低分析成本。

6.3.6 国际技术服务

农药残留问题已经成为全球食品安全领域备受关注的焦点问题，建立快速、高效、灵敏和实用的农药残留分析技术越来越重要。目前国际市场的主流仪器服务公司如下。

6.3.6.1 SCIEX 公司

SCIEX 公司是生命科学分析仪器技术发展的全球知名企业，为生命科学众多领域提供仪器、软件、技术等服务，包括蛋白质生物标志物研究、疾病研究、药物研发、食品安全和环境检测等。SCIEX 公司拥有 40 余年的技术创新历史，是持续专注于质谱和分离科学仪器的全球知名企业，典型设备和软件如下。

（1）液相色谱 如 AB Sciex Ekspert™ microLC 200 超快速液相色谱、AB Sciex Eksigent Ekspert™ UHPLC 系统、AB Sciex Ekspot 纳升液相点样系统（MALDI）、AB Sciex Ekspert™ nanoLC 400 系统等。

（2）三重四极杆串联质谱系统 如 AB Sciex Triple Quad™ 6500 LC/MS/MS 系统、AB Sciex 4000 QTRAP® LC/MS/MS 系统、AB Sciex Triple Quad™ 3500 质谱系统、Triple Quad 4500 质谱仪、API 3200 三重四极杆液质联用仪、三重四极杆 5500™ LC/MS/MS 系统、API 4000＋™ LC/MS/MS 系统等。

（3）Qtrap 创新性串联质谱 不仅具备三重四极杆的全部性能，还具有线性离子阱功能，可以克服基质干扰物和提高筛查通量等，如 QTRAP 6500＋系统、QTRAP 5500 LC/MS/MS 系统。

（4）TripleTOF 高分辨串联质谱 如 X500B QTOF 系统、X-500R QTOF 系统、TripleTOF® 6600 系统、TripleTOF™ 5600 质谱系统等。

（5）离子淌度差分质谱技术 AB SCIEX 公司 2011 年最新推出了 SelexIONTM 技术，是一种高效的差分离子淌度分离工具。该技术解决了现有同类型仪器设计的不足，保留了串联质谱所有的功能，是首个获得高重现性、耐用性及易用性的离子淌度差分质谱分离技术（differential mobility spectrometry，DMS），同时还可为高灵敏度的定量与定性分析提供更多一维的选择性。DMS 系统应用于 Triple Quad™ 5500 和 QTRAP® 5500 系统，开创了分析选择性和效率的新纪元，适用于同分异构体样品分析、共流出杂质分离以及消除高背景噪声。

（6）毛细管电泳　如贝克曼库尔特 P/ACE MDQ 高效毛细管电泳系统、CESI 8000 高效分离和电喷雾离子化系统等。

（7）软件　AB Sciex 蛋白质组学研究 ProteinPilot™ 软件（为蛋白质组学研究打造的 ProteinPilot™ 软件，可实现蛋白质鉴定和定量的分析）、AB Sciex 定量功能 MultiQuant™ 软件、AB Sciex MetabolitePilot™（基于高分辨精确质量的药物代谢物鉴定软件）、AB Sciex 用于代谢组学分析的 MarkerView™ 软件（用于代谢组学分析）、AB Sciex 高通量定量分析的平台-DiscoveryQuant™ 软件、AB Sciex 针对药物代谢物鉴定的 Lightsight™ 软件等。

6.3.6.2　沃特世公司

沃特世（Waters）公司主要设计、制造、销售超高效液相色谱（UPLC）、高效液相色谱（HPLC）、色谱柱和化学产品、质谱（MS）系统、热分析仪和流变仪，并提供相关服务，典型设备和软件如下。

（1）质谱　单四极杆质谱如 ACQUITY QDa 质谱检测器，串联四极杆（三重四极杆）质谱仪如 Xevo TQ-XS、Xevo TQ-GC、Xevo TQ-S、Xevo TQ-S Micro、Xevo TQD、Xevo G2-XS Tof、Xevo G2-XS Qtof、Vion IMS QTof Vion IMS Qtof、SYNAPT G2-Si 质谱、MALDI SYNAPT G2-Si MS、SYNAPT G2-Si HDMS、MALDI SYNAPT G2-Si HDMS、Vion IMS Qtof、SYNAPT G2-Si Applications 等，其中沃特世飞行时间质谱系统以 QuanTof 和 MS^E 技术为特征，以满足具有挑战性的定量和定性应用需求。

（2）色谱　如 ACQUITY UPLC I-Class PLUS 系统、ACQUITY UPLC H-Class PLUS 系统、ACQUITY UPLC H-Class PLUS Bio、Alliance HPLC 系统、ACQUITY Arc 系统、ACQUITY UPLC M-Class、ionKey/MS、二维 ACQUITY UPLC 系统、采用 HDX（氢氘交换）技术的 ACQUITY UPLC M-Class 系统、ACQUITY UPLC、ACQUITY UPLC H-Class PLUS 系统、合相色谱（convergence chromatography，CC）ACQUITY UPC 系统（超临界流体 CO_2 作为主要流动相可以和所有有机溶剂混合。而且，系统可使用所有经典的正相及反相固定相，极大地扩展了分析选择范围）、超高效聚合物色谱系统 ACQUITY APC™（基于体积排阻色谱分离基本原理的突破性技术产品）。

（3）超临界流体萃取（SFE）系统　使用超临界流体而非有机溶剂来萃取化合物。与基于溶剂的系统相比，产生具有极少残留溶剂、优越纯度和产率以及更低操作成本的萃取物。如 SFE Bio-Botanical Extraction System 沃特世生物植物提取系统是一种多容器超临界流体提取系统，非常适合从多种植物基质中快速自动提取大量所需组分。MV-10 ASFE® 系统是首套可提供加速的、多样品釜的超临界流体萃取（SFE）系统，采用对环境友好的 CO_2 作为流动相，是更绿色、更具选择性的正相萃取系统。

（4）软件　MassLynx 质谱软件，用于质谱和质谱/质谱分析的软件。简单易用的仪器控制和软件特性使您的质谱系统简单化，提高实验室生产率。

Progenesis QI LC/MS 数据分析软件，用于组学研究的新一代 LC/MS 生物信息学软件，"组学"研究理想之选，为复杂的 LC-MS 数据分析提供准确可靠的定量和定性数据，保证不同实验室之间获得重现性好且可靠的数据结果。

UNIFI 科学信息系统，沃特世 UNIFI 科学信息系统平台突破性地将 LC 与高性能 MS 数据（四极杆和飞行时间质谱）融合入一套解决方案中。

（5）其他　色谱柱如 UPLC/UHPLC 色谱柱、$2.5\mu m$ 超高性能［XP］色谱柱、HPLC 色谱柱、SFC 色谱柱、ACQUITY APC 超高效聚合物色谱柱、Nano/Micro 色谱柱、GPC 色谱柱等。样品制备及其他消耗品如固相萃取产品、QuEChERS 样品制备等。

6.3.6.3　安捷伦科技有限公司

安捷伦科技有限公司（Agilent Technologies Inc.）是一家多元化的高科技跨国公司，它于 1999 年从惠普研发有限合伙公司中分离出来，主要致力于化学分析和生命科学两个领域内产品的研制开发、生产销售和技术服务等工作，典型设备和软件如下。

（1）气相色谱　如 Intuvo 9000 气相色谱系统、7890B 气相色谱系统、7820A 气相色谱系统、490-PRO 微型气相色谱体系等。

（2）毛细管电泳　如 7100 CE 系统、CE/MS 系统。

（3）液相色谱　如 1220 Infinity II 液相色谱系统、安捷伦 1260 Infinity II 液相色谱系统、1260 Infinity II Prime 液相色谱系统、1290 Infinity II 液相色谱系统等。

（4）质谱　如单四极杆气质联用系统 5977B GC/MSD、7010B 三重四极杆 GC/MS、7000D 三重四极杆 GC/MS、7250 GC/Q-TOF、6495B 三重四极杆 LC/MS、6420A 三重四极杆液质联用系统、6460C 三重四极杆液质联用系统、6470A 三重四极杆液质联用系统、Ultivo 三重四极杆液质联用系统，四极杆飞行时间液质联用系统如 6545XT AdvanceBio LC/Q-TOF、6530B Q-TOF 液质联用系统、6545 Q-TOF LC/MS、6550A iFunnel Q-TOF 液质联用系统，高通量液质联用系统 StreamSelect 液质联用系统、单四极杆液质联用系统 LC/MSD、LC/MSD XT。

（5）软件　软件如高性能软件——选择 OpenLAB CDS EZChrom 版本为其他供应商的仪器提供最全面的控制，并完全控制安捷伦液相色谱仪和气相色谱仪。MassHunter 软件不仅能简化工作流程，还能完全控制从调谐到报告生成的整个过程。

（6）其他　气相色谱柱、液相色谱柱、样品前处理方法产品等。

6.3.6.4　赛默飞世尔科技公司

赛默飞世尔科技公司（Thermo Fisher Scientific）帮助生命科学领域的研究、解决在分析领域所遇到的复杂问题与挑战，促进医疗诊断发展、加速药物上市进程、提高实验室生产力。产品主要包括分析仪器、实验室设备、试剂、耗材和软件等，提供实验室综合解决方案，典型设备和软件如下。

（1）色谱　液相色谱如 UltiMate™ 3000 标准二元系统、UltiMate™ 3000 标准四元系统、Vanquish™ Horizon UHPLC 系统、Vanquish™ Flex 四元 UHPLC 系统、

Vanquish™ Duo UHPLC 系统 等。

气相色谱如 TRACE™ 1300 气相色谱仪、TRACE™ 1300E 气相色谱仪、TRACE™ 1310 气相色谱仪等。

（2）质谱　如 TSQ Altis™ 三重四极杆质谱仪、TSQ Quantis™ 三重四极杆质谱仪、TSQ Quantum™ Access MAX 三重四极杆质谱仪、TSQ Endura™ 三重四极杆质谱仪、Q Exactive™ HF-X 组合型四极杆 Orbitrap™ 质谱仪、Q Exactive™ 组合型四极杆 Orbitrap 质谱仪、Q Exactive™ Focus 组合型四极杆 Orbitrap™ 质谱仪、Orbitrap Fusion™ Lumos™ Tribrid™ 三合一质谱仪、LCQ Fleet™ 离子阱质谱仪、LTQ XL™ 线性离子阱质谱仪、Orbitrap Elite™ 组合型离子阱 Orbitrap 质谱仪等。

6.3.6.5　岛津公司

岛津公司（Shimadzu）是一家包括分析仪器、医疗仪器在内各种科学计测仪器的专业公司，典型设备和软件如下。

（1）气相色谱　气相色谱仪如 GC-2010 Pro、Nexis GC-2030、GC Smart（GC-2018）、高灵敏度气相色谱系统 Tracera、GC-2010 Plus、GC-2014 等。

气相色谱质谱联用仪包括 GCMS-TQ8050、GCMS-TQ8040、GCMS-QP2020、GCMS-TQ8030、GCMS-QP2010 Ultra、GCxGC 系统、GCMS-QP2010 SE 等。

（2）液相色谱　液相色谱仪如 Essentia Prep LC-16P、新一体型 HPLC 系统 i-Series、LC-16 系统、Nexera UHPLC/HPLC System 超快速液相色谱仪、Nexera SR 超快速液相色谱仪、Nexera Quaternary 超快速 LC 分析条件最优化系统、Nexera MP LCMS 前端用超快速 LC、Nexera Method Scouting System 全方位的方法探索系统、Nexera UHPLC、Nexera UC、Nexera MP 超高效液相色谱仪、Nexera-e（提供的全二维液相色谱法）、Prominence UFLC 快速 LC、Prominence nano 等。

液相色谱质谱联用仪如 LCMS-8060、LCMS-8050、LCMS-8045、LCMS-8040、LCMS-8030、LCMS-2020、LCMS-IT-TOF、四极杆液质用 Trap-Free 二维 LCMS 系统等。

（3）软件　如 LabSolutions 系列工作站是最新一代色谱数据处理系统，在继承 GCsolution 优良性能的同时，集成了 GC 控制、LC 控制和一些新功能。

6.3.6.6　其他

其他提供服务的公司如美国力可公司（LECO）、珀金埃尔默股份有限公司（PERKINELMER）、美国奥泰科技有限公司（Alltech）、瑞斯泰克公司（Restek）、萨帕克公司（Supelco）、瓦里安公司（Varian）、美国 Supelco 公司、Phenomenex 公司等。

6.3.7　中国技术服务

长期以来，进口检测仪器一直占据着我国的主要市场。最近几年，随着政策红利的不断刺激以及民生需求的日渐扩大，我国仪器服务公司围绕行业需求进行专业化色谱仪生产并不断创新，技术水平明显提高，市场规模不断攀升。目前在中档检测仪器上，国产设备和进口设备几乎没有区别，完全可以满足使用。

6.3.7.1　大连依利特分析仪器有限公司

一家集高效液相色谱仪、色谱工作站、色谱柱及其配件研制生产为一体的高新技术企业，主要产品为高效液相色谱仪、色谱工作站、色谱柱及其相关配件。系列产品包括从分析到制备以及工业生产用色谱高压输液泵、多种不同类型的检测器、进样器、计量泵、色谱工作站（包括 GPC 凝胶色谱数据处理）、各种规格型号的高效液相色谱柱及其色谱配件，实现了液相色谱仪器系统的系列化。它是中国第一支商品化色谱柱、第一台商品化液相色谱仪、第一台商品化二极管阵列检测器和第一台商品化四元低压系统的诞生地。其部分产品的功能、性能与稳定性指标达到或超过国外同类产品水平，部分产品填补了国内相关行业空白。

分析型高效液相色谱系统产品如 iChrom 5100 高效液相色谱仪、EClassical3100 高效液相色谱仪、Agress1100 高效液相色谱仪、P230 II 高效液相色谱仪等。检测器如 DAD3100 二极管阵列检测器、激光诱导荧光检测器、蒸发光散射检测器、D5115/D5116 二极管阵列检测器、RI-201H 示差折光检测器等。

6.3.7.2　上海伍丰科学仪器有限公司

公司专注于液相色谱仪器的自主研发和创新，产品被广泛用于制药行业的研究、生产和品控，食品安全、生命科学、环境监测、大专院校的教学和科研、政府和社会各类检测机构。

液相色谱系统产品如 LC-100 高效液相色谱系统、EX1600 高效液相色谱系统、EX1700 超快速液相色谱系统等，其他如 Arcus 系列自动进样器，独特的进样针设计，和传统的进样针不同，该进样针采取侧孔进样的方式，进样孔不在进样孔尖头顶部，而以一个微小孔开在侧面，可以有效防止样品瓶盖垫塑料散粒进入样品针，另外，在样品针两边分别开有微孔槽，可防止抽液中产生气泡。

6.3.7.3　北京东西分析仪器有限公司

"东西分析"从最早的单一产品发展到色谱、光谱、质谱、快速检测仪器及相关配套产品，各种专业行业仪器等多个产品系列，上百种不同的产品。2007 年推出的国内首台自主研发的商品化气质联用仪 GC-MS 3100，是中国分析仪器发展的一个里程碑。

农药残留检测相关主要产品包括气质联用仪、气相色谱仪、通用高效液相色谱仪、便携式光离子化气相色谱仪、中压与低压制备液相色谱仪及气相/液相/离子色谱的数据处理工作站、光谱仪器（原子吸收光谱仪、原子荧光光度计、紫外仪器等）。如：GC-4100 系列气相色谱仪、LC-5520 高效液相色谱仪、LC-5510 型高效液相色谱仪、GC-4000A 系列气相色谱仪等，全二维气相色谱-飞行时间质谱联用仪、GC-MS3200 型气相色谱-质谱联用仪、东西分析 GC-MS3110 型气相色谱－质谱联用仪、东西分析 GC-MS3100 型气相色谱-质谱联用仪等。

6.3.7.4　上海仪电科学仪器股份有限公司

上海仪电科学仪器股份有限公司是中国第一家分析仪器专业企业的诞生地，"上分"和"棱光"是上海仪电分析仪器有限公司的自主品牌，是中国第一台分光光度计的诞生地。主要产品有气相色谱仪、液相色谱仪、可见分光光度计、紫外可见分光光度计、原子吸收分光光度计、荧光分光光度计和监控系统集成等 50 余个品种的数字化、智能化分析仪器。

产品如气相色谱包括 GC102AF 气相色谱、GC112A 气相色谱、GC122 气相色谱、GC112A 气相色谱、GC126 气相色谱、GC128 气相色谱等，液相色谱包括 LC210 液相色谱、LC200 液相色谱等，食品安全快检仪器如 RP508 农药残毒速测仪、多功能农产品安全分析仪、食品安全快速检测箱、水质快速检测仪等。

6.3.7.5　北京普析通用仪器有限责任公司

北京普析通用仪器有限责任公司，是一家集科学仪器研发、制造、销售为一体的现代化高新技术企业。产品包括光谱仪、色谱仪、质谱仪、X 射线类、医疗专用仪器、前处理设备、移动监测车等几大系列五十余种型号，以及上百种专用试剂和上千种配套方法，拥有自主知识产权，并拥有自主品牌，广泛应用于各行各业的监督检测机构，致力于食品检测、环境监测、卫生防疫、水利勘察等方面产品的研究。以客户需求为出发点，充分利用规模优势为客户提供仪器、试剂、方法、专用附件、技术培训等全方位服务。

农药残留检测相关产品如 G75 气相色谱仪、G5 系列气相色谱仪、L600 系列高效液相色谱仪、M7 气相色谱-单四极杆质谱联用仪等，快速检测产品如 T3 系列便携光谱快速检测仪、TR3 胶体金读数仪等，移动检测实验室如食品质量安全检测车。

6.3.7.6　天美(中国)科学仪器有限公司

天美集团从事表面科学、分析仪器、生命科学设备及实验室仪器的设计、开发和制造及分销，为科研、教育、检测及生产提供完整可靠的解决方案。近年来天美集团积极拓展国际市场，先后在新加坡、印度、澳门、印尼、泰国、越南、美国、英国、法国、德国、瑞士等多个国家设立分支机构。公司亦先后收购了法国 Froilabo 公司、瑞士 Precisa 公司、美国 IXRF 公司、英国 Edinburgh Instruments 公司等多家海外知名生产企业以及布鲁克公司 Scion 气相和气质产品生产线，以及上海精科公司天平产品线、三科等国内制造企业，加强了公司产品的多样化。

农药残留检测相关产品气相色谱仪如赛里安 436C/456C 气相色谱仪、天美气相色谱仪 GC7980Plus、SCION 赛里安气相色谱仪 436/456-GC、天美气相色谱仪 GC7980、天美气相色谱仪 GC7900 Ⅱ 等，气质联用仪如 SCION 赛里安气质联用仪 436/456-GC-SQ、SCION 赛里安气质联用仪 436/456-GC-TQ 等，液相色谱仪如日立高效液相色谱仪 Primaide、日立高效液相色谱仪 Chromaster、日立超高效液相色谱仪 ChromasterUltra Rs、天美高效液相色谱仪 LC2000 等，液质联用仪如日立质谱检测器

Chromaster5610。

6.3.7.7 其他

其他仪器服务公司如广州禾信仪器股份有限公司、江苏天瑞仪器股份有限公司、聚光科技（杭州）股份有限公司、浙江福立分析仪器有限公司等。

6.3.8 前沿实验室

在农药残留分析领域的前沿实验室从事前沿热门课题研究，解决关键技术难题等，如中国农业大学理学院、农业农村部农药检定所、中国农业科学院植物保护研究所、中国农业科学院蔬菜研究所、中国农业科学院质量标准研究所、中国农业科学院茶叶研究所、中国农业科学院农产品加工研究所、山西省农业科学院农产品质量安全与检测研究所、中国科学院动物研究所、南京农业大学植保学院、浙江大学农药与环境毒理研究所、安徽农业大学、江苏省农业科学院、浙江省农业科学院质量标准研究所、贵州大学、南开大学、北京市农林科学院植保环保所、沈阳化工研究院安全评价中心、中国科学院生态研究中心、北京科技大学、北京市农药检定所、河北农药检定所、农业农村部环境保护监测站、上海农业科学院、广东省农业科学院植物保护研究所、吉林农业大学、广西大学、山东农业大学、农业农村部食品质量监督检验测试中心（济南）、中国计量科学研究院化学计量与分析科学研究所、农业农村部谷物及制品质量监督检验测试中心（哈尔滨）、中国科学院大连化学物理研究所环境评价与分析课题组、中国热带农业科学院分析测试中心、山东省农业科学院中心实验室、中国广州分析测试中心、北京市理化分析测试中心、欧陆分析技术服务（苏州）有限公司等。

6.4 平台体系

6.4.1 国家重点实验室

国家重点实验室和试点国家实验室在科学前沿探索和解决国家重大需求方面发挥着非常重要的作用，在科学研究方面不断取得具有国际先进水平的成果，在人才队伍建设方面涌现出一批具有国际影响力的团队，成为孕育我国科技将帅的摇篮。实验室坚持"开放、流动、联合、竞争"的运行机制，开展多种形式的国际学术交流与合作，国际影响力显著提升。涉及农药残留领域的国家重点实验室如下。

（1）电分析化学国家重点实验室　依托单位为中国科学院长春应用化学研究所，是2001年7月经国家科技部批准由原已建立十余年的中国科学院电分析化学开放实验室建设而成的，是基于我国国民经济和分析化学学科发展的需要而设立的，是充分发挥分析科学在生命、环境、能源、信息科学中的基础和应用研究的重要举措。电分析化学国家实验室是国内最早开展电分析化学研究工作的实验室之一。20世纪50年代初起源于极谱学研究，经过多年不懈的努力，特别是1989年被中国科学院批准为"电分析化学开放实验室"正式对外开放以来，通过奋进开拓，在电分析化学的基础理论和应用方面取得了许多有显示度的科研成果，造就了以中科院院士、发展中国家科学院院士汪尔康研究员、发展中国家科学院院士董绍俊研究员为代表的高水平学术带头人，培养出一支素质好、结构合理的科研梯队。在电分析化学基础研究、应用基础研究、国际学术交流、科学仪器研发以及研究生培养等方面均取得了显著成就，在国内外享有较高的声誉，是我国电分析化学的重要研究基地。多年来，电分析化学国家重点实验室承担了一批国家基金重大、重点、攻关、"973""863"项目和省部委重大项目。获国际奖三项：第十届、第十六届 Kharazmi 国际科学优秀研究奖一等奖（伊朗），以及日内瓦世界知识产权组织发明创新奖；国家自然科学奖5项；中科院自然科学奖8项；吉林省自然科学奖一等奖6项，二等奖4项；吉林省首届科技进步特殊贡献奖1人，分析化学梁树权奖2名；中国化学会青年化学奖4名；中国电化学青年奖2名；其他国家、省部委奖7项；自2001年以来，已发表论文1900余篇，其中国际刊物80％以上；出版专著、专论44部（本），其中撰写国外丛书中的专论25篇册；已申请专利320余项，获授权专利160余项；研制仪器20余种。电分析化学国家重点实验室是分析化学的国家重点实验室，以电分析化学为特色。它的总体目标是要使实验室成为我国分析化学的重要研究基地，不断提升我国分析化学的国际地位。实验室的研究方向面向国家重大战略需求，突出学科交叉、融合与渗透。通过长期、深厚的学术研究积累，促进原始创新能力的提升。

（2）环境模拟与污染控制国家重点实验室　我国环境科学与工程领域规模最大的国家重点联合实验室，依托清华大学、中国科学院生态环境研究中心、北京大学及北京师范大学四个单位建立。联合实验室包括水污染控制、环境水质学、大气环境模拟和水环境模拟四个分室，于1988年提出申请，1989年经评审通过并正式立项，1995年通过由国家计委组织的验收，向国内外开放。宗旨是：运用先进的科学技术和手段研究重大的环境问题，以基础研究支持高新污染控制技术的发展，发挥联合的巨大优势，为促进环境科学技术的进步，加强我国环境保护，促进我国实施可持续发展战略服务。联合实验室以"开放、流动、联合、竞争"为指导方针，主持了一批环境科学与工程领域的重大研究项目，在国家环境保护领域发挥了重要的作用，培养了一大批高层次的科技人才，实验室基础设施条件不断完善，研究队伍素质不断提高，已成长为我国环境科学与工程领域开展应用基础研究、培养高级人才和开展高层次学术交流的重要基地。研究方向包括：

① 环境监测与模拟：针对有毒有害化学污染物，在深入研究复合污染胁迫下生物响应机制的基础上，研究高风险污染物的快速监测方法、复合污染生物毒性综合评价方法以及水环境安全预警监测系统；针对复合型大气污染，研究各类在线测量的先进和快速监测技术、设备以及超级监测站，并推动先进环境监测仪器的自主研发及国产化；建立污染物传输的全过程、多尺度和多维度的系统模拟模型，为揭示大气复合污染机制和灰霾成因、研究水污染及控制提供方法学上的支撑，并为环境监控管理提供技术保障。

② 污染物迁移转化及环境效应：认识污染物在环境中的迁移转化规律，揭示污染

物的健康和环境效应，研究污染物在不同环境介质（大气-水体-土壤）中的迁移转化规律及微界面反应机制，揭示污染物毒性效应的产生机制，探索新型污染物的生态和健康效应，为国家制定环境质量基准和标准、改善区域和流域环境质量提供科学支持。

③ 水质安全保障理论与技术：以构建健康、可持续的水循环系统为目标，围绕水质调控的科学问题，深入研究污染物的分离、降解、转化及风险控制以及回收利用能源与碳、氮、磷等资源物质的新原理和新方法，研发水质净化及水体修复的新工艺和新技术，为解决水环境污染控制和饮用水安全保障的国家重大需求提供基础理论与高新技术支持。

④ 大气复合污染及控制理论与技术：围绕城市和区域大气复合污染的关键科学问题，采用外场观测、实验室模拟和数值模拟的综合手段，识别大气污染物的排放特征，揭示二次污染生成机制和环境效应，研发大气复合污染来源解析、预测预报和综合决策的关键技术，构建多目标、多污染物、非线性空气质量综合调控的基础理论体系和支撑技术体系，为国家持续改善城市-区域空气质量和履行国际环境公约提供坚实的科技支持。

⑤ 生态过程与管理：以保障流域或区域生态系统健康为目标，阐明重大人类活动和气候变化对不同生态过程的影响和环境效应，揭示生态过程自我调节、缓冲和适应外界扰动能力的强化机制，建立生态系统恢复、环境改善的基础理论与关键技术体系。

（3）食品科学与技术国家重点实验室　依托单位为江南大学、南昌大学。实验室围绕食品科学与技术领域基础和应用基础性的国际研究前沿，根据我国食品工业的发展需要，遵照"有限目标"和"有所为，有所不为"的精神，立足食品与人体健康的相关性研究，逐步构建食品加工过程控制新理论与新方法体系，从而达到控制食品及配料的品质，消除不安全因素，增进人体健康的目的。实验室以下述四个方面为主要研究内容：

① 食品加工与组分变化：围绕食品加工过程中食品组分及功能因子的变化，变化对于加工性能、食品品质及其对人体健康的影响等方面展开研究。

② 食品安全性检测与控制：围绕食品中病原微生物的致病机理、食品中各类生物以及化学污染物的产生及控制机制、食品安全检测新技术与新方法等展开研究。

③ 食品配料与添加剂的生物制造：围绕食品配料与添加剂生物制造过程的特点，研究菌种筛选与构建技术、发酵过程优化与控制技术，以及生物催化与生物转化技术。

④ 食品加工新技术原理及应用：着重进行食品加工新技术的基础理论和技术应用研究，重点对新技术对组分的影响、营养素与功能因子的保持和增效、中国传统食品现代化、新资源新技术利用以及新型食品的制造技术展开研究。

（4）有害生物控制与资源利用国家重点实验室　依托单位为中山大学。实验室针对我国尤其是华南地区的重大有害生物，开展有害生物的成灾机理、可持续控制的基础和应用技术研究。主要研究方向包括：

① 植物病害控制；

② 动物病害控制；

③ 基因资源和功能与有害生物控制；

④ 生物多样性与有害生物控制。

在进行基因资源和功能、生物多样性等先导性研究的基础上，重点突破植物病虫害生物防治和动物病害控制中的关键理论和技术，为我国农业可持续发展、食品安全和环境保护服务。在害虫生物防治、水生经济动物病害控制、海洋动物免疫机制、RNA 科学与技术以及植物适应性进化等领域形成了自身特色和优势，成为我国有害生物控制研究和技术创新的主要基地之一。

6.4.2　农业农村部重点实验室

保障粮食安全、发展现代农业，对农业科技的要求日益迫切。以联合协作为手段，以提高农业科技资源使用效益和对农业生产的支撑能力为目标，全面建设国家农业科技创新体系，是农业科技自身改革发展的必然选择。农业农村部重点实验室是国家农业科技创新体系的重要组成部分，是组织农业科技协同创新、汇聚和培养优秀科技人才的重要基地。其主要任务是开展农业应用基础研究和前沿技术创新，解决制约产业发展的重大、关键和共性科技问题，承担基础性农业科技工作。农业农村部重点实验室按照学科领域、产业需求和区域特点进行规划布局，以学科群为单元进行建设，包括综合性重点实验室、专业性（区域性）重点实验室和科学观测实验站三个层次（以下简称"重点实验室"）。基本组织思路是以综合性重点实验室为龙头，专业性（区域性）重点实验室为骨干，科学观测实验站为延伸，建立层次清晰、分工明确、布局合理的学科群，逐步形成支撑和引领现代农业发展的重点实验室体系，目前形成了由 42 个综合性重点实验室、297 个专业性（区域性）重点实验室和 269 个科学观测实验站组成的 37 个学科群体系。

减少农药使用量，控制农药残留，对保障我国农业生产安全、农产品质量安全和生态环境安全十分重要，迫切需要科技进步提供支撑，农药残留领域国家重点实验室建设，为农药残留学科的发展提供了良好的平台，也吸引了一批十分优秀、具有国际竞争力的人才，为学科整体创新能力和国际竞争力提供了可靠的条件保障。

6.4.2.1　综合性重点实验室

综合性重点实验室的主要职责是：①针对世界农业科技发展前沿和国家农业发展需求，凝练重大科技问题，组织开展基础性、前沿性研究以及重大关键、共性技术研究，为农业发展提供新理论、新技术和新方法；发挥智库作用，为解决重大农业产业问题提供决策咨询和综合技术方案。②培育和发展重点学科、新兴学科及交叉学科。③聚集和培养高水平的科技人才。④组织本领域高水平的国际和全国性学术交流。⑤负责指导本学科群的重点实验室、科学观测实验站的建设和运行工作，强化学科群内分工协作，组织联合承担重大科技计划，提供科技信息等服务。⑥组织开展本学科群考评工作。

其中涉及农药残留领域的综合性重点实验室如下。

（1）农业农村部作物有害生物综合治理重点实验室　依托单位：中国农业科学院植物保护研究所。

（2）农业农村部产地环境污染防控重点实验室（试运行）　依托单位：农业农村部环境保护科研监测所。

（3）农业农村部农产品质量安全重点实验室　依托单位：中国农业科学院农业质量标准与检测技术研究所。

（4）农业农村部农产品加工重点实验室　依托单位：中国农业科学院农产品加工研究所。

（5）农业农村部农产品产后处理重点实验室（试运行）　依托单位：浙江大学、农业农村部规划设计研究院。

6.4.2.2 专业性/区域性重点实验室

专业性/区域性重点实验室的主要职责是：①针对学科建设和区域农业发展需求，根据学科群发展定位和分工要求，组织开展农业应用基础研究和共性关键技术研究，为相关农业领域或区域发展提供理论和技术支撑；②聚集和培养高水平的科技人才；③接受综合性重点实验室的业务指导和考评，指导科学观测实验站的建设和运行，组织开展学术交流活动下。

涉及农药残留领域的专业性/区域性重点实验室如下。

（1）农业农村部东北作物有害生物综合治理重点实验室　依托单位：吉林省农业科学院。

（2）农业农村部华北北部作物有害生物综合治理重点实验室　依托单位：河北省农林科学院植物保护研究所。

（3）农业农村部华北南部作物有害生物综合治理重点实验室　依托单位：河南省农业科学院。

（4）农业农村部华中作物有害生物综合治理重点实验室　依托单位：湖北省农业科学院。

（5）农业农村部华东作物有害生物综合治理重点实验室　依托单位：南京农业大学。

（6）农业农村部闽台作物有害生物综合治理重点实验室　依托单位：福建农林大学。

（7）农业农村部华南作物有害生物综合治理重点实验室　依托单位：华南农业大学。

（8）农业农村部热带作物有害生物综合治理重点实验室　依托单位：中国热带农业科学院环境与植物保护研究所。

（9）农业农村部西南作物有害生物综合治理重点实验室　依托单位：四川省农业科学院。

（10）农业农村部云贵高原作物有害生物综合治理重点实验室　依托单位：云南农业大学。

（11）农业农村部西北黄土高原作物有害生物综合治理重点实验室　依托单位：西

北农林科技大学。

（12）农业农村部西北荒漠绿洲作物有害生物综合治理重点实验室 依托单位：新疆农业科学院植物保护研究所。

（13）农业农村部农产品质量安全检测与评价重点实验室 依托单位：广东省农业科学院农产品公共监测中心。

（14）农业农村部水产品质量安全检测与评价重点实验室 依托单位：中国水产科学研究院黄海水产研究所。

（15）农业农村部农产品质量安全控制技术与标准重点实验室 依托单位：江苏省农业科学院。

（16）农业农村部农药残留检测重点实验室 依托单位：浙江省农业科学院。

（17）农业农村部蔬菜质量安全控制重点实验室（试运行） 依托单位：中国农业科学院蔬菜花卉研究所。

（18）农业农村部茶叶质量安全控制重点实验室（试运行） 依托单位：中国农业科学院茶叶研究所。

（19）农业农村部奶及奶制品质量安全控制重点实验室（试运行） 依托单位：中国农业科学院北京畜牧兽医研究所。

（20）农业农村部蜂产品质量安全控制重点实验室（试运行） 依托单位：中国农业科学院蜜蜂研究所。

（21）农业农村部水产品质量安全控制重点实验室（试运行） 依托单位：中国水产科学研究院。

（22）农业农村部设施园艺产品质量安全控制重点实验室 依托单位：上海孙桥现代农业联合发展有限公司。

6.4.2.3 质检机构

农产品质量检测是农产品质量安全监管的一项重要工作，其中农产品中农药残留检测能力是评价农业质检机构农产品质量安全检验检测能力的关键指标。自农业农村部从2002年开始在全国范围内推进"无公害食品行动计划"以来，把建立健全农产品质量安全监测管理体系，实行从"农田到餐桌"全过程的质量监控，作为提高农产品质量安全水平的重要任务之一。农产品质量安全检验检测体系，是按照国家法律法规规定，依据国家标准、行业标准要求，以先进的仪器设备为手段，以可靠的实验环境为保障，对农产品生产（包括农业生态环境、农业投入品）和农产品质量安全实施科学、公正的监测、鉴定、评价的技术保障体系。农产品质量安全检验检测体系是农产品质量安全体系的主要技术支撑，是政府实施农产品质量安全管理，保障人民群众"舌尖上的安全"的重要手段，承担着为政府提供技术决策、技术服务和技术咨询的重要职能，在提高农产品质量与安全水平方面发挥着关键和核心作用[4]。

2017 年，农业农村部组织开展了全国农产品质量安全检测技术能力验证工作，全国共有 306 家部级、国家级和地方检测机构及无公害农产品检测机构参加了此次部级能力验证考核。其中有 199 家质检机构参加农产品中农药残留检测能力验证考核，165 家考核合格。

2017 年农产品中农药残留检测能力验证合格机构如下。

（1）农业农村部参茸产品质量监督检验测试中心

（2）农业农村部茶叶质量监督检验测试中心

（3）农业农村部稻米及制品质量监督检验测试中心

（4）农业农村部甘蔗品质监督检验测试中心（南宁）

（5）农业农村部柑桔及苗木质量监督检验测试中心

（6）农业农村部枸杞产品质量监督检验测试中心

（7）农业农村部谷物及制品质量监督检验测试中心（哈尔滨）

（8）农业农村部果品及苗木质量监督检验测试中心（北京）

（9）农业农村部果品及苗木质量监督检验测试中心（兴城）

（10）农业农村部果品及苗木质量监督检验测试中心（烟台）

（11）农业农村部果品及苗木质量监督检验测试中心（郑州）

（12）农业农村部农产加工品监督检验测试中心（南京）

（13）农业农村部农产加工品质量监督检验测试中心（北京）

（14）农业农村部农产品及转基因产品质量安全监督检验测试中心（杭州）

（15）农业农村部农产品质量安全监督检验测试中心（大连）

（16）农业农村部农产品质量安全监督检验测试中心（福州）

（17）农业农村部农产品质量安全监督检验测试中心（贵阳）/贵州省农产品质量安全监督检验测试中心

（18）农业农村部农产品质量安全监督检验测试中心（杭州）

（19）农业农村部农产品质量安全监督检验测试中心（合肥）

（20）农业农村部农产品质量安全监督检验测试中心（呼和浩特）

（21）农业农村部农产品质量安全监督检验测试中心（南昌）

（22）农业农村部农产品质量安全监督检验测试中心（南京）、农业农村部农业环境质量监督检验测试中心（南京）

（23）农业农村部农产品质量安全监督检验测试中心（南宁）

（24）农业农村部农产品质量安全监督检验测试中心（宁波）

（25）农业农村部农产品质量安全监督检验测试中心（青岛）

（26）农业农村部农产品质量安全监督检验测试中心（厦门）

（27）农业农村部农产品质量安全监督检验测试中心（深圳）

（28）农业农村部农产品质量安全监督检验测试中心（石家庄）

（29）农业农村部农产品质量安全监督检验测试中心（太原）

（30）农业农村部农产品质量安全监督检验测试中心（武汉）

（31）农业农村部农产品质量安全监督检验测试中心（西宁）

（32）农业农村部农产品质量安全监督检验测试中心（银川）

（33）农业农村部农产品质量安全监督检验测试中心（长春）

（34）农业农村部农产品质量安全监督检验测试中心（长沙）

（35）农业农村部农产品质量安全监督检验测试中心（重庆）

（36）农业农村部农产品质量监督检验测试中心（北京）

（37）农业农村部农产品质量监督检验测试中心（昆明）

（38）农业农村部农产品质量监督检验测试中心（拉萨）

（39）农业农村部农产品质量监督检验测试中心（沈阳）

（40）农业农村部农产品质量监督检验测试中心（乌鲁木齐）

（41）农业农村部农产品质量监督检验测试中心（郑州）

（42）农业农村部农药残留质量监督检验测试中心（广州）

（43）农业农村部农药残留质量监督检验测试中心（石家庄）

（44）农业农村部农药质量监督检验测试中心（济南）

（45）农业农村部农药质量监督检验测试中心（天津）

（46）农业农村部农药质量监督检验测试中心（长春）

（47）农业农村部农业环境质量监督检验测试中心（北京）

（48）农业农村部农业环境质量监督检验测试中心（济南）

（49）农业农村部农业环境质量监督检验测试中心（昆明）

（50）农业农村部农业环境质量监督检验测试中心（沈阳）

（51）农业农村部农业环境质量监督检验测试中心（武汉）

（52）农业农村部肉及肉制品质量监督检验测试中心

（53）农业农村部食品质量监督检验测试中心（成都）

（54）农业农村部食品质量监督检验测试中心（济南）

（55）农业农村部食品质量监督检验测试中心（佳木斯）

（56）农业农村部食品质量监督检验测试中心（上海）

（57）农业农村部食品质量监督检验测试中心（石河子）

（58）农业农村部食品质量监督检验测试中心（武汉）

（59）农业农村部食品质量监督检验测试中心（湛江）

（60）农业农村部食用菌产品质量监督检验测试中心（上海）

（61）农业农村部蔬菜品质监督检验测试中心（北京）

（62）农业农村部蔬菜水果质量监督检验测试中心（广州）

（63）农业农村部亚热带果品蔬菜质量监督检验测试中心

（64）农业农村部油料及制品质量监督检验测试中心

（65）国家果类及农副加工产品质量监督检验中心

（66）福建省农产品质量安全检验检测中心（漳州）分中心

（67）广东省绿色产品认证检测中心

（68）河南省农产品质量安全检测中心

（69）湖南省食品测试分析中心

（70）山西省生物研究所

（71）新疆维吾尔自治区分析测试研究院

（72）新疆维吾尔自治区农药检定所

（73）中国科学院沈阳应用生态研究所农产品安全与环境质量检测中心

（74）锡林郭勒食品药品检验检测和风险评估中心

（75）巴彦淖尔市农产品质量安全检验检测中心

（76）包头市农产品质量安全检验检测中心

（77）沧州市农产品质量检验监测中心

（78）朝阳市农产品质量安全检验检测中心

（79）潮州市农产品质量监督检验测试中心

（80）大石桥市农产品质量安全检验检测中心

（81）丹东市农产品质量综合检验监测中心

（82）东港市农产品质量监测检验中心

（83）东营市农产品质量监督检测中心

（84）抚顺市农产品质量安全检验检测中心

（85）阜阳市农产品质量安全监测中心

（86）广州市农产品质量安全监督所（广州市农业标准与监测中心）

（87）广州市农业科学研究院农业环境与农产品检测中心

（88）贵阳市农产品质量安全监督检验测试中心

（89）哈尔滨市农产品质量安全检验检测中心

（90）杭州市农业科学研究院实验中心

（91）合肥市农业经济技术监督管理总站（合肥市农产品质量检测检验中心）

（92）葫芦岛市农产品质量安全（监测）中心

（93）济南市农产品质量检测中心

（94）济源市农产品质量检测中心

（95）江门市农产品质量监督检验测试中心

（96）锦州市农产品综合质检中心

（97）晋城市农产品质量安全检验检测中心

（98）开封市农产品质量安全检测中心

（99）辽宁省盘锦市大洼区农监局

（100）辽阳市农产品质量监测检验中心

（101）泸州市综合农产品质量安全检测中心

（102）洛阳市农产品安全检测中心

（103）三门峡市农产品质量安全检测中心

（104）沈阳市辽中区农产品质量安全检验检测中心

（105）沈阳市农业监测总站

（106）苏州市农产品质量安全监测中心

（107）遂宁市农产品检验监测中心

（108）唐山市畜牧水产品质量监测中心

（109）铁岭市农产品质量安全检验检测中心

（110）通辽市农畜产品质量安全中心

（111）瓦房店市农产品质量安全监测站

（112）乌鲁木齐市农产品质量安全检测中心

（113）芜湖市农产品食品检测中心

（114）西安市农产品质量安全检验监测中心

（115）盐城市农产品质量监督检验测试中心

（116）长沙市农产品质量监测中心

（117）长治市农产品质量安全检验监测中心

（118）招远市农业质量监督检验测试中心

（119）郑州市农产品质量检测流通中心

（120）重庆市巴南区农产品质量安全中心

（121）重庆市万州区农产品质量安全监督检测中心

（122）重庆市永川区农产品质量安全检测与监督管理站

（123）昌吉回族自治州农产品检验检测中心

（124）广元综合性农产品质量检验监测中心

（125）南充农产品质量监测检验中心

（126）盘锦检验检测中心

（127）朝阳县农产品质量安全检验检测中心

（128）法库县农业监测站

（129）霍城县农产品质量安全检测中心

（130）喀左县农产品质量安全检验检测站

（131）康平县农产品质量安全检测中心

（132）绥中县农产品质量安全检验检测站

（133）乌鲁木齐县农产品质量安全检测中心

（134）彰武县农产品质量安全检验检测站

（135）山西省分析科学研究院

（136）贵州省分析测试研究院

（137）淮安出入境检验检疫局综合技术服务中心实验室

（138）连云港出入境检验检疫局综合技术中心

（139）黑龙江出入境检验检疫局检验检疫技术中心

（140）重庆出入境检验检疫局检验检疫技术中心

（141）贵州安为天检测技术有限公司

（142）河南安必诺检测技术有限公司

（143）河南广电计量检测有限公司

（144）河南华测检测技术有限公司

（145）黑龙江谱尼测试科技有限公司

（146）黑龙江省华测检测技术有限公司

（147）华测检测认证集团股份有限公司

（148）嘉兴中科检测技术服务有限公司

（149）江苏中谱检测有限公司

（150）辽宁通正检测有限公司

（151）绿城农科检测技术有限公司

（152）宁夏四季鲜农产品质量检验检测有限公司

（153）谱尼测试集团股份有限公司

（154）谱尼测试集团江苏有限公司

（155）谱尼测试集团上海有限公司

（156）谱尼测试集团深圳有限公司

（157）谱尼测试科技（天津）有限公司

（158）青岛海润农大检测有限公司

（159）青岛谱尼测试有限公司

（160）青岛市华测检测技术有限公司

（161）陕西科仪阳光检测技术服务有限公司

（162）上海必诺检测技术服务有限公司

（163）上海市农药研究所有限公司

（164）武汉市华测检测技术有限公司

（165）郑州谱尼测试技术有限公司

6.5 行业协会及重要会议

在农药残留和分析研究过程中，我国相关农药残留行业协会发挥了重要作用，组织和参与了农药残留和环境安全领域的科技成果评价、能力比对及技术验证等活动，为农产品和产地安全做技术储备，为公众健康消费科普活动做信息储备。组织和参与农药残留和环境安全领域的国内外学术交流，促进了人才培养。宣传普及农药残留与环境安全的科学知识，宣传、示范农药科学使用的科学理念、新技术和创新成果，为产业发展提供技术支持。根据产业需求，举办农药应用、残留分析和环境安全等方面的技术培训，提高农药使用者、经营者和管理者的整体业务水平。

6.5.1 北京农药学会及年会

北京农药学会（Beijing Pesticide Society，BPS）是于 1979 年 8 月 10 日成立的。北京农药学会的宗旨和任务是在党和政府的领导下，团结广大农药科技工作者，坚持实事求是的科学态度，认真贯彻"百花齐放、百家争鸣"的方针，广泛开展国内外学术交流。为提高我国农药科技水平，普及农药科技知识，发挥首都农药科技界的优势，做好决策部门参谋。立足北京，面向全国，促进我国农药事业的发展。39年来，北京农药学会在市科协的领导下，在挂靠单位中国农业科学院植保保护研究所，在各届理事［理事长：龚坤元（第一、二届）、胡秉方（第三届）、张泽溥（第四、五届）、陈馥衡（第六届）、江树人（第七、八届）、张钟宁（第九、十届）和郑永权（第十一届）］以及全体会员的共同努力下，遵循上述宗旨，根据多学科的特点，充分发挥各学科的优势，发挥其学术性、横向性和群众性的优势，组织了各种形式的单科或多科联合的活动，很好地完成了各项任务，取得了成绩。

从1979年成立起，北京农药学会按照惯例每年举行一次学术年会，论文汇编成册，作为非正式出版物印发给每个会员，并从中择优推选作大会报告。北京农药学会于2003年成功举办了首届"农药与环境安全"国际学术研讨会，为农药与环境的和谐发展起到了积极的推动作用，得到了国内外同行及专家的赞同和支持。2005年9月14～17日，北京农药学会在中国北京举办第二届"农药与环境安全"国际学术研讨会。本次研讨会搭建了一个农药学科科学学术交流的国际舞台，汇聚了来自世界各地的300余位同行专家，共同探讨农药与环境安全问题，积极推动了我国及世界农药与自然环境的和谐发展。

2007年10月10～13日，由国际纯粹与应用化学联合会（IUPAC）、北京农药学会（BSP）、中国农业大学（CAU）共同主办的"第三届农药与环境安全"国际学术研讨会暨"第七届植物化学保护和全球法规一体化"国际研讨会在北京隆重召开。大会研讨内容涉及了农药法规、农药研发、农药质量、环境安全、农药管理及农药使用技术等多个领域，是截至目前在亚洲举办的规模最大的农药学国际会议。

2012年9月15～20日，北京农药学会、IUPAC组织（国际纯粹与应用化学组织）与日本农药科学学会在北京联合召开了一次涉及农药科学6个领域的大型国际会议，第四届"农药与环境安全"国际学术研讨会。此次会议云集世界范围内的农药科学家和企业家代表近千人（中方与外方代表约各占一半）。会议期间就与农药学科相关的全球关注的和与会代表共同感兴趣的问题进行大会报告和专题交流，给公司与企业提供了一个展示实力的国际平台。

2014年11月1日，北京农药学会学术年会暨农药创制与运用学术研讨会在京召开。会议强调，不仅需要通过创新技术、服务和管理机制来促进农药行业的健康发展，而且还需要通过提升专利申请质量，促进新农药的研发和相关植保技术的创新。会议指出，加强登记和检测人员的技术培训，提高发展中国家的农药管理能力；强化安全管理，逐步淘汰高风险农药，提高登记要求，加强农药风险控制，农药废弃物处理有序开展；开展农药管理区域间国际协作，做到登记审批的协调一致和技术标准的协调统一；做好农药从登记、储运、销售、使用到废弃物和废包装处理整个生命周期的全程科学管理等五个方面是未来国际农药管理的工作新动向。

2015年12月19日，北京农药学会学术年会在京召开。会议对农药的发展和中国农药登记的趋势做了探讨和交流，还重点分析了互联网等新技术下农药发展的新要求和新方法。会议指出，当前高毒高风险农药加速淘汰；特色作物用药安全受到关注；风险评估技术引入农药管理；农药残留标准体系快速构建；农药条例修订进入大结局；农药减量行动开始启动等是当下中国农药登记工作取得的可喜成绩。未来的重点工作着重于以下四个方面：满足防控需求，保障粮食有效供给；防范安全风险，保障消费安全；创新管理服务，激发农药创新；推进社会共治，提升农药监管水平。

2016 年 10 月 21～23 日，北京农药学会在中国北京举办第五届"农药与环境安全"国际学术研讨会。会议议题包括：①农药管理、农药在食品及环境中的残留及风险评估；②农药质量、剂型及施用技术；③新农药发现与合成；④农药的作用机理、代谢及抗性机制；⑤新的农药研发和应用技术。

2017 年 12 月 16 日，北京农药学会在北京举办农药安全使用技术学术研讨会暨 2017 年北京农药学年会、青年论坛。大会议题主要包括：①农药利用率评估的三步工作法；②我国农药风险评估技术体系的构建与应用；③助剂的研究进展及其在农药减量控害中的应用；④高效减量植保装备与施药技术；⑤手性农药及环境行为；⑥农药残留分析方法及其生物有效性研究；⑦呋虫胺对映体选择性环境行为与毒性差异分子机制；⑧石墨型氮化碳纳米材料在农药消除方面的应用研究；⑨天然产物四氢喹啉衍生物的设计、合成和生物活性；⑩农产品加工过程中农药残留变化研究。本次会议推动了我国农药残留工作的进一步发展。

6.5.2　中国植物保护学会及年会

中国植物保护学会（China Society of Plant Protection，CSPP）（以下简称学会）于 1962 年成立，由中国科学技术协会主管。学会是由全国植物保护领域的科技工作者和相关单位自愿结成，依法登记成立的全国性、学术性、非营利性的社会组织，具有社团法人资格，是党和政府联系广大植物保护科技工作者的桥梁和纽带，是国家发展植物保护科学技术事业的重要社会力量。学会充分发挥自身优势，坚持"桥梁、纽带"作用，坚持为科技工作者服务、为创新驱动发展服务、为提高全民科学素质服务、为党和政府科学决策服务的职责定位，团结引领广大会员和植保科技工作者积极投身科技创新，大力开展创新争先行动，以学术交流、学科建设、科学普及、科技奖励、决策咨询、智库建设、人才举荐、精准扶贫等为重点业务，开展了一系列富有成效的工作，取得显著成绩。

中国植物保护学会学术年会自 2001 年起，已先后在成都、扬州、北京、苏州、杭州、昆明、桂林、重庆、武汉和河南鹤壁连续举办了 10 届，中国植物保护学会学术年会是我国植物保护领域的盛大科技聚会，在推动植保科技创新、增强生物灾害防控能力等方面发挥了重要作用。

2011 年 11 月 6～10 日，中国植物保护学会 2011 年学术年会在苏州市召开。大会主题为：加强植保科技创新，提高专业化防治水平。本届学术年会将突出提高学术活动质量，注重为经济社会发展和现代农业发展服务。

2012 年 10 月 24～27 日，"中国植物保护学会成立 50 周年暨 2012 年学术年会"在北京召开。会议主题为"植保科技创新与现代农业建设"。大会共设6个分会场进行交流与研讨：分会场一——第一届国际水稻病虫害综合治理新策略研讨会，由中共植物保护学会与国际植物保护科学协会主办，植物病虫害生物学国家重点实验室承办；分会场二——第五届全国园艺作物病虫害与控制学术研讨会，由中国植物保护学会园林病虫害防治专业委员会承办；分会场三——生物防治技术及其应用策略研讨会，由中国植物保护学会生物防治专业委员会承办；分会场四——农药与食品安全，由中国植物保护学会农药学分会承办；分会场五——植物病害成灾机理与综合治理，由中国植物保护学会植物抗病虫专业委员会和植保系统工程专业委员会承办；分会场六——农业害虫及草鼠害成灾机理与总和治理，由中国植物保护学会青年工作委员会承办。

2013年10月下旬，中国植物保护学会第十一次全国会员代表大会将与中国植物保护学会2013年学术年会同时在山东青岛召开。本次大会是在深入学习贯彻党的十八大精神、蓬勃开展党的群众路线教育实践活动的大好形势下召开的。根据十八大提出的新任务、新要求，中国植物保护学会将充分发挥科技社团的人才和智力优势，在推进学科发展、学术交流、科学普及、人才举荐、决策咨询和组织建设方面发挥重要作用，做出新的贡献。党的十八大提出实施创新驱动发展战略，强调科技创新是提高社会生产力和综合国力的战略支撑，必须将创新驱动摆在国家发展全局的核心位置。建设现代植保是现代农业的重要组成部分，是确保国家粮食安全及主要农产品有效供给、适应农业生产经营体制变化，保障农产品质量安全和农业可持续发展的重要途径。实施创新驱动发展战略，是推进现代植保建设的重大举措。中国植物保护学会将围绕实施创新驱动发展战略，营造良好的科技创新环境，在植保科技创新体系、社会化服务体系、病虫害应急防控体系和政策保障体系建设中发挥决策咨询作用，推进植保科技协同创新、提高科技成果转化应用、促进人才队伍快速壮大以及科学技术进村入户，切实提高我国农作物有害生物综合防控理论和技术水平，努力开创现代植保崭新局面。

2014年11月5～7日，中国植物保护学会2014年学术年会暨植保科技奖颁奖典礼在福建厦门召开。年会围绕会议主题"生态文明建设与绿色植保"，邀请著名科学家做大会专题报告；开展分会场学术交流活动。"绿色植保，路在何方""我国植物保护事业发展成就与前景展望""NSFC植物保护学科'十二五'资助概况与'十三五'展望"等大会学术报告，受到与会代表的广泛关注。

2015年9月9～12日，中国植物保护学会2015年学术年会在吉林省长春市召开。来自全国31个省、自治区、直辖市植物保护领域的1000余名科技工作者参加会议，是本年度全国植保科技界层次最高、规模最大、范围最广的盛会。年会围绕大会主题：病虫害绿色防控与农产品质量安全，设"新时期植物保护国际合作与发展学术研讨会""农业昆虫与绿色防控技术研究""植物病害与绿色防控技术研究""植物和昆虫病原线虫研究""生物防治技术研究"5个分会场，共有165人在分会场做学术报告。本届年会成果丰硕，对总结交流"十二五"研究成果，研讨今后植保科技发展趋势产生重要影响。

2016年11月10～13日，由中国植物保护学会主办的"中国植物保护学会2016年全国学术年会"在四川省成都市召开。大会以"植保科技创新与农业精准扶贫"为主题，邀请两院院士及专家学者就生物技术对农业害虫防治的推动作用、我国危险性入侵生物发生和扩散态势、绿色农药创制与应用等做大会报告，并设置农业害虫、植物病害、农田草害、农田鼠害可持续控制技术研究以及生物防治技术研究等5个专题分会场进行了100多个学术报告，通过本次学术交流，充分展示了"十二五"期间在植保科研、教学、生产、成果转化等方面取得的成果与经验，为进一步繁荣植保科技事业，增强创新能力和精准扶贫的活力与动力，改进科技扶贫手段提供了科技支撑。

2017年11月8～11日，"中国植物保护学会第十二次全国会员代表大会暨2017年学术年会"在长沙市顺利召开。本届学术年会以"绿色生态可持续发展与植物保护"为主题。会议设置了农业害虫与可持续控制技术研究、植物病害与可持续控制技术研究、生物防治技术研究、农药研制与科学安全使用技术研究、农田草害与可持续控制技术研究和害鼠生物学与治理6个分会场，进行了130场专题报告。本届学术年会以农作物有害生物绿色防控技术、高效低风险农药研究等方面为主要交流内容，对推动我国植物保护科技事业具有重要意义。

2017年10月16～18日，中国植保学会农药残留与环境安全专业委员会和欧亚食品安全可持续国际合作网（SELAMAT）主办的"农药风险评估模型构建国际学术研讨会暨农药残留与环境安全专业委员会成立大会"在西安召开。来自中国、荷兰、俄罗斯、韩国、美国、德国等6个国家的农药残留、食品安全、农药环境模型、膳食风险评估、职业暴露与健康风险评估、农药登记管理政策等领域的专家共计200余人参加了会议。会议指出，农药是保障农业生产、粮食安全不可或缺的生产资料，使用不当会影响公众健康和环境安全，开展农药风险评估是社会公众的要求，是加强农药管理的技术手段，是保障农业生产与可持续发展的需要，通过国内外学术交流，加强农药评估模型构建的研究和应用，对农药事业绿色安全发展有重要的促进作用；中国植物保护学会专门成立农药残留与环境安全专业委员，非常及时必要，能够强化植物保护领域的技术协同创新，加强农药的环境归趋及风险控制研究，促进解决农药减施增效的重大关键科技问题，推进农药安全的科普工作。与会人员一致认为，建立先进的农产品中农药残留快检、开展农药膳食、职业暴露及环境模型构建与预测是农药风险评估及风险科学管理的重要手段，对保障国家生态环境和农产品质量安全，促进学科发展和农业可持续发展有重要作用。

6.5.3　全国农药残留技术交流会

2012年7月26～28日，第一届全国农药残留技术交流会在西宁召开。农业农村部农药登记残留试验单位的技术人员，植保科技、企业的技术研发和申办登记人员及其他农药残留科研人员参加了会议。会议主要内容有：①国内外专家和学者报告农药残留领域的前沿技术；②国内外专家研讨农药代谢与残留定义、膳食风险评估、比例原则；③研讨国际小宗作物农药登记和残留限量标准制定；④研讨国内外农药残留标准制修订动态和发展趋势；⑤研讨国内外农药残留分析方法的发展趋势；⑥组织优秀论文作者进行农药残留技术的学术交流；⑦研讨当前农药残留研究中的难点和热点。

2014 年 8 月 13～15 日，第二届全国农药残留技术交流会在四川成都召开。本次会议的主要议题为："新时期农产品质量安全科技创新方向和任务""化学农药的风险安全管理""农药在农作物、家畜体内的代谢与残留物定义""农药残留在环境中生物有效性研究""农药代谢产物的检定及代谢组学研究""农药残留 GLP 实验室的建设与管理""农药残留田间试验 SOP 实践与思考""农药残留分析新技术进展"等。

2016 年 11 月 2～4 日，第三届全国农药残留技术交流会在南昌召开。会议从农药残留管理的改革动向、农药登记试验管理思路、农药登记评价试验信息采集系统的使用等几方面进行介绍，并邀请有关专家就成果申报与成果评价、食品法典农药残留检测方法原则、农药残留试验 GLP 检查及案例分析等做了专题报告。

2018 年 9 月 27～29 日，第四届全国农药残留技术交流会在青岛召开。会议从农药登记残留试验单位 GLP 认证要求、解读新版《农作物中农药残留试验准则》《农药登记残留试验区域指南》技术要求、农药登记残留 GLP 实验室建设案例分析、农药植物及环境代谢研究、农药光解催化研究、基于放射性同位素示踪技术的农药畜禽代谢研究、手性农药应用风险分析及控制、植物化学保护领域国家基金资助情况分析及申请建议、沃特斯多农药残留完整解决方案、快速前处理技术在食品检测中的应用等做了专题报告。

参 考 文 献

[1] Li J F，Huang Y F，Ding Y，et al. Nature，2010，464 (7287)：392.

[2] Liu W，Gan J，Schlenk D，et al. Proceedings of the National Academy of Sciences of the United States of America，2005，102 (3)：701.

[3] 冯俊宸，徐华能. 世界农药，2016，38 (2)：26-29.

[4] 蒋露，段书源，贺玲，等. 农家科技旬刊，2017，(4)：38-39.

附录

附录 1   农药残留与分析网络资源

（1）中国农药信息网（China Pesticide Information Network）   中国农药信息网是一家专注于服务农药企业，提供专业农药信息服务的网络平台。该网站为客户提供最专业、最全面、最及时的农药资讯（行情、价格、技术等）、产品信息（原药、消毒药剂、杀菌农药、杀虫农药、植物生长调节剂、化肥、叶面肥等）、展会信息，并为企业搭建网上展示平台。

具体网址：http：//www.chinapesticide.gov.cn/

（2）中国农药网   中国农药网的服务内容主要为提供专业、全面的农药资讯、产品信息、展会信息，搭建企业的网上展示平台。

具体网址：http：//www.nongyao168.com/

（3）中国农药助剂网   该网站提供专业、全面的农药助剂资讯、产品信息、展会信息，搭建企业的网上展示平台。

具体网址：http：//www.cnpesticideadd.com/

（4）食品伙伴网   食品伙伴网根据食品行业需求开设了各种频道，包括国家标准、食品资讯、政策法规、生产技术、质量管理、食品下载中心等，为食品行业从业人员和企业提供全方位的技术、信息和商务服务。其中包括食品中农药残留量测定的国家标准。

具体网址：http：//down.foodmate.net/standard/

（5）国际标准化组织（International Organization for Standardization，ISO）   该组织是一个全球性的非政府组织，在国际标准化领域中具有重要作用。该组织的宗旨是：在世界范围内促进标准化工作的开展，以利于国际物资交流和互助，并扩大知识、科学、技术和经济方面的合作。其主要任务是：制定国际标准，协调世界范围内的标准化工作，与其他国际性组织合作研究有关标准化问题。目前国际标准化组织已经发布了22064个国际标准和相关文件，涵盖了几乎所有的行业，从技术、食品安全到农业及医疗保健等。

具体网址：https：//www. iso. org/home. html

（6）农药常用名纲要数据库（Compendium of Pesticide Common Names Database）

该数据库主要为被ISO认可通用名的农药建立信息库。依据全面的索引和农药分类，将1800多个不同的活性成分和350多个酯类和盐类衍生物的信息建立数据表。其中包括化合物的通用名、IUPAC系统名、CAS系统名、分子式等。

具体网址：http：//www. alanwood. net/pesticides/

（7）农药记录保存计划（Pesticide Record Keeping）　联邦农药记录保存计划由美国农业农村部市场服务中心（AMS）管理。该计划要求所有个体施药者需依法保存其使用联邦限制使用的农药（RUP）的记录，有效期为2年。联邦农药记录保存计划是由1990年的食品、农业保护和贸易法案授权的，通常被称为1990年的农业法案。

具体网址：https：//www. ams. usda. gov/rules-regulations/pesticide-records

（8）经济合作与发展组织的生物农药项目（OECD's work on biological pesticides）

OECD的生物农药项目（包括微生物、藻类、原生动物病毒、信息素和半化学物质、宏生物/无脊椎动物、植物提取物等）起始于1999年，目的是帮助成员国协调评估生物农药的方法。该项目帮助各国政府共同评估农药对人类和环境的风险。此风险评估结果为政府是否批准新的生物农药登记和是否更新旧的生物农药登记提供了依据。

具体网址：http：//www. oecd. org/env/ehs/pesticides-biocides/biological-pesticides. htm

（9）农药登记和控制部（Pesticides-Registration & Control Division）　在爱尔兰，农药由农业、食品和海洋三个部门监管，分为农药控制部（PCD）和农药登记部（PRD），统称为农药登记和控制部（PRCD）。其首要目标是确保农药安全使用，保护人类、野生动物和环境的健康。PCD负责执行植物保护和生物杀灭产品的监察制度，并负责农药使用的国家法规。PRD由化学组、生态毒理组、防效组、环境行为组及毒理组五个组组成，评估农药对人类和动物健康及环境的影响，以确保农药的安全使用。另外，农药控制实验室（Pesticide Control Laboratory，PCL）遵守农药残留法规，对食品和饲料中的农药残留进行检测，以确保爱尔兰市场上的食品安全。

具体网址：http：//www. pcs. agriculture. gov. ie/aboutus/whatareourresponsibilities/

（10）欧洲食品安全局（European Food Safety Authority，EFSA）　EFSA成立于2002年，是由欧洲联盟资助的机构，独立于欧洲立法和行政机构及欧盟成员国。在20世纪90年代末的一系列食品危机之后，它成了科学建议和与食物链相关的风险交流的来源。另外，通用食品法建立了欧洲食品安全体系。EFSA负责风险评估部分，向公众传达其科学发现。

具体网址：http：//www.efsa.europa.eu/

（11）有毒物质行动中心（Toxics Action Center）　有毒物质行动中心成立于1987年，位于美国新英格兰地区。其任务是与社区并肩工作，提供必要的技能和资源，以防止或清理当地的污染。自1987年以来，该中心组织了1000多个社区团体，培训了2万多名新英格兰人，共同制定计划和战略，致力于解决包括农药污染在内的环境污染问题。

具体网址：https：//toxicsaction.org/

（12）农业健康研究（Agricultural Health Study，AHS）　农业健康研究由美国国家癌症研究所和国家环境卫生科学研究所联合美国环保署（EPA）和国家职业安全与健康研究所（NIOSH）联合资助，旨在了解农业、生活方式和遗传因素如何影响农民的健康，属于一项前瞻性研究，在艾奥瓦州和北卡罗来纳州，超过89000名农民和他们的配偶曾参与了这项研究。他们的参与提供了研究人员需要的数据，为当前和未来的农民和他们的家庭过上更健康的生活提供数据支撑。

具体网址：https：//aghealth.nih.gov/

（13）国际食品法典委员会（Codex Alimentarius Commission，CAC）　CAC是由联合国粮农组织（FAO）和世界卫生组织（WHO）共同建立的政府间国际组织，其主要职责是制定食品领域的国际标准，是WTO指定的食品国际标准协调组织。它以统一的形式提出并汇集了国际已采用的全部食品标准，包括所有向消费者销售的加工、半加工食品或食品原料的标准。有关食品卫生、食品添加剂、农药残留、污染物、标签及说明、采样与分析方法等方面的通用条款及准则也列在其中。另外，食品法典还包括了食品加工的卫生规范和其他推荐性措施等指导性条款。

具体网址：http：//www.fao.org/fao-who-codexalimentarius/en/

（14）（粮农组织/世界卫生组织）农药残留联合专家会议［（the WHO/FAO）Joint Meeting on Pesticide Residues，JMPR］　JMPR是于1963年粮农组织会议作出决定建立的。食品法典委员会应为特殊食品推荐农药和环境污染物的最大使用限量（MRL），同时决定由JMPR推荐取样和分析方法。JMPR成员应是卓越的独立科学家，是农药、环境化学和残留方面的专家，不代表政府，被独立任命。被粮农组织任命的专家根据世界各国对农药的使用范围和程度，起草最高残留限量方案，由被世界卫生组织任命的专家对农药的毒性进行评价。JMPR和法典农药残留委员会之间合作密切。法典农药残留委员会首先确定需要优先评估的农药，经JMPR评估之后，法典农药残留委员会讨论JMPR所推荐的最高残留限量，若无异议，则提交委员会作为法典的内容发布。目前的JMPR由世卫组织核心评估小组和粮农组织食品和环境农药残留专家组组成。世卫组织核心评估小组负责审查农药毒理学数据并估算每日允许摄入量（ADI）、急性参考剂量（ARfD），并表征其他毒理学标准。粮农组织专家组负责审查农药残留数据和估计最大残留水平，监督试验食品和饲料中残留中值（STMRs）和最高残留量（HRs），向农药残留法典委员会（CCPR）推荐最大残留水平。

具体网址：http：//www.fao.org/agriculture/crops/thematic-sitemap/theme/pests/

jmpr/en/

（15）FAO/WHO 农药标准联席会议（FAO/WHO Joint Meeting on Pesticide Specifications，JMPS） 农药标准联席会议是由粮农组织和世卫组织共同管理的专家特设机构。JMPS 的主要功能是向粮农组织和世卫组织就标准的采纳、修改、撤销提出意见，并指导农药标准的建立等。向粮农组织/世界卫生组织提出的意见和建议是由专家个人提供的，而不是代表其国家或组织。

具 体 网 址：http：//www. fao. org/agriculture/crops/thematic-sitemap/theme/pests/jmps/en

（16）国 际 农 药 分 析 协 会（Collaborative International Pesticides Analytical Council，CIPAC） CIPAC 是一个国际的非营利和非政府组织，其职能是推动农药的分析方法和配方的理化测试方法达成国际协议，还推动实验室间的项目合作，并且发表标准分析方法等。这些方法由公司提出，并由世界各地的实验室进行测试。方法经评估且被采用后，被发表在 CIPAC 手册中（参见"CIPAC 方法"和"CIPAC 出版物"）。

具体网址：http：//www. cipac. org/index. php

（17）欧盟农药最大残留限量数据库（EU Pesticides MRLs database）

具体网址：http：//ec. europa. eu/food/plant/pesticides/eu-pesticides-database/public/？ event＝pesticide. residue. selection＆language＝EN

（18）欧共体/英国农药最大残留限量数据库（EC/UK Pesticides MRLs database）
具体网址：https：//secure. pesticides. gov. uk/MRLs/main. asp

（19）日本农药最大残留限量数据库（Japan Pesticides MRLs database）

具体网址：http：//db. ffcr. or. jp/front/

（20）全球农药最大残留限量数据库（Global Pesticides MRLs dabase）

具 体 网 址： http：//www. fao. org/fao-who-codexalimentarius/codex-texts/maximum-residue- limits/en/

（21）CAS 数据库 CAS 查询网站提供化工产品资料、化学品查询，支持化学品的 CAS 号、中英文名称、分子式、化学式等查询；也支持化学结构检索。

具体网址：http：//www. ichemistry. cn/chemistry/110488-70-5. htm

（22）ChemSpider 该数据库主要用于提供化合物结构信息，通过快速的化合物名称和结构搜索，能够从数百个数据源中访问超过 6300 万个结构。

具体网址：http：//www. chemspider. com/

附录 2　30 年来我国农药残留研究国家级项目资助情况列表

序号	项目编号	负责人	单位	题目	项目类型	批准年份
1	38870586	陈宗懋	中国农业科学院茶叶研究所	农药实验室光解速率与茶树上降解速率的定量关系研究	国家自然科学基金项目　面上项目	1988
2	38970188	郑重	浙江大学	农药的微生物降解	国家自然科学基金项目　面上项目	1989
3	39570021	张春桂	中国科学院沈阳应用生态研究所	苯并芘及代谢中间物的微生物降解与毒性效应	国家自然科学基金项目　面上项目	1995
4	29777021	孙锦荷	浙江大学	磺酰脲类除草剂在土壤中结合残留的形成机制研究	国家自然科学基金项目　面上项目	1997
5	39770503	张朝贤	中国农业科学院植物保护研究所	土壤中长残效除草剂对后作的残留药害及安全极限研究	国家自然科学基金项目　面上项目	1997
6	39870504	虞云龙	浙江大学	作物-根围微生物-除草剂降解相互作用机制	国家自然科学基金项目　面上项目	1998
7	49871044	徐建明	浙江大学	甲磺隆除草剂在土壤中的结合残留及其快速降解研究	国家自然科学基金项目　面上项目	1998
8	29907002	张智超	南开大学	手性农药的对映体选择性环境行为的基础研究	青年科学基金项目	1999
9	60274061	刘锦淮	中国科学院合肥物质科学研究院	基于温度调制化学传感技术的农药残留快速检测原理研究	国家自然科学基金项目　面上项目	2002
10	40271097	董元华	中国科学院南京土壤研究所	长期肥料试验条件下土壤有机氯的残留特征	国家自然科学基金项目　面上项目	2002
11	30271002	袁宗辉	华中农业大学	环丙沙星在猪和鸡的代谢与残留消除研究	国家自然科学基金项目　面上项目	2002
12	20377052	周志强	中国农业大学	蔬菜中手性农药的残留行为研究	国家自然科学基金项目　面上项目	2003
13	30370948	岳永德	安徽农业大学	温室蔬菜杀菌剂多残留分析与控制技术	国家自然科学基金项目　面上项目	2003

序号	项目编号	负责人	单位	题目	项目类型	批准年份
14	20477022	朱鲁生	山东农业大学	环境中持久性有机污染物农药莠去津的生物修复机理	国家自然科学基金项目 面上项目	2004
15	30500304	林坤德	浙江工业大学	手性有机磷农药对映体的靶标生物药效、环境安全性及其手性转换研究	青年科学基金项目	2005
16	20632070	吕龙	中国科学院上海有机化学研究所	丙酯草醚的代谢、作用机理、构效关系与环境行为研究	国家自然科学基金项目 重点项目	2006
17	20605016	王敏	浙江大学	纳米氧化物修饰电极应用于微流控体系的农药残留检测	青年科学基金项目	2006
18	20777064	刘曙照	扬州大学	量子点标记农药多残留免疫分析技术研究	国家自然科学基金项目 面上项目	2007
19	20707022	张安平	浙江工业大学	有机磷农药对映体选择性毒性效应的调控	青年科学基金项目	2007
20	20707038	王鹏	中国农业大学	手性农药对映异构体在人血液及尿液中的选择性残留行为研究	青年科学基金项目	2007
21	30700617	王群	中国水产科学研究院黄海水产研究所	四种喹诺酮类药物在大菱鲆体内的代谢动力学和残留研究	青年科学基金项目	2007
22	20877100	周志强	中国农业大学	发酵过程中手性农药的选择性残留及代谢行为研究	国家自然科学基金项目 面上项目	2008
23	40871109	王校常	浙江大学	我国主要茶园生态系统中八氯二丙醚的残留及生物有效性	国家自然科学基金项目 面上项目	2008
24	20973026	包华影	北京师范大学	磷酸酯类有机磷农药降解机理的研究	国家自然科学基金项目 面上项目	2009
25	30971940	何雄奎	中国农业大学	农药雾滴在典型作物冠层沉积行为及高效利用	国家自然科学基金项目 面上项目	2009
26	20977112	高海翔	中国农业大学	基于离子液体的微萃取技术在农药残留分析中的应用研究	国家自然科学基金项目 面上项目	2009
27	20905058	杜欣军	天津科技大学	基因工程抗体用于农药残留检测的研究	青年科学基金项目	2009
28	200903054	叶纪明	农业农村部农药检定所	农药风险评估综合配套技术研究	公益性行业（农业）科研专项	2009

序号	项目编号	负责人	单位	题目	项目类型	批准年份
29	31071706	董丰收	中国农业科学院植物保护研究所	三唑类手性农药对映体生物活性、毒性及其设施环境行为研究	国家自然科学基金项目 面上项目	2010
30	31071702	杨晓云	华南农业大学	印楝素、鱼藤酮混合制剂在环境中的降解及相互作用机理	国家自然科学基金项目 面上项目	2010
31	31071719	余向阳	江苏省农业科学院	土壤中黑碳对新型二酰胺类农药的生物有效性调控及吸附隔离机理	国家自然科学基金项目 面上项目	2010
32	21177112	刘维屏	浙江大学	长江口高残留有机氯农药的归趋及其生物放大的对映体特征	国家自然科学基金项目 面上项目	2010
33	31071544	吕潇	山东省农业科学院	蔬菜中百菌清残留膳食摄入风险评估方法基础研究	国家自然科学基金项目 面上项目	2010
34	21077055	杨红	南京农业大学	土壤残留农药对小麦和水稻生态毒性及其表征指标的研究	国家自然科学基金项目 面上项目	2010
35	31072166	贺利民	华南农业大学	动物源食品中典型禁用药物残留检测的基质效应研究	国家自然科学基金项目 面上项目	2010
36	41071314	章永松	浙江大学	咪唑乙烟酸对映体在土壤中的归趋规律和对植物根系差异性抑制机理研究	国家自然科学基金项目 面上项目	2010
37	51039007	张仁铎	中山大学	农业面源污染物运移转化及其环境效应	国家自然科学基金项目 重点项目	2010
38	31171698	王志	河北农业大学	用于果蔬样品中农药残留分析的石墨烯复合材料涂层固相微萃取纤维的制备及其分离机理研究	国家自然科学基金项目 面上项目	2011
39	31171694	刘晓宇	华中农业大学	辛硫磷在鲫鱼体内残留代谢及对生物标志物诱导规律研究	国家自然科学基金项目 面上项目	2011
40	21177155	刘丰茂	中国农业大学	农药残留样本储存稳定性研究	国家自然科学基金项目 面上项目	2011
41	31171872	潘灿平	中国农业大学	几类作物上典型农药残留规律与残留量外推法的应用	国家自然科学基金项目 面上项目	2011
42	31171879	郑永权	中国农业科学院植物保护研究所	氟磺胺草醚对土壤微生物的影响及其微生物降解机理	国家自然科学基金项目 面上项目	2011

序号	项目编号	负责人	单位	题目	项目类型	批准年份
43	41102218	龚香宜	武汉科技大学	有机氯农药在土壤-地下水环境中的迁移机制研究	青年科学基金项目	2011
44	31101464	谭辉华	广西大学	咪唑啉酮类除草剂在土壤-植物环境中环境行为及生态效应	青年科学基金项目	2011
45	21107137	张新忠	中国农业科学院茶叶研究所	四种不同水溶解度氮杂环农药在茶园-茶叶-茶汤过程中迁移规律研究	青年科学基金项目	2011
46	31000863	徐军	中国农业科学院植物保护研究所	长残留除草剂氯嘧磺隆影响土壤健康的微生物学机制	青年科学基金项目	2011
47	21107037	潘建明	江苏大学	硅基微/纳米磁性材料表面印迹选择性分离/富集菊酯类农药残留及机理研究	青年科学基金项目	2011
48	31101771	陈芳	中国农业科学院蜜蜂研究所	氟胺氰菊酯在蜂巢及蜂产品中的残留分布与消除规律研究	青年科学基金项目	2011
49	31272071	董丰收	中国农业科学院植物保护研究所	三唑类手性杀菌剂在水稻生态体系中对映体残留行为和毒性差异分析	国家自然科学基金项目 面上项目	2012
50	31272062	花日茂	安徽农业大学	乙酰甲胺磷增毒代谢物在番茄果实中的残留形成及调控机制	国家自然科学基金项目 面上项目	2012
51	31270728	侯如燕	安徽农业大学	新烟碱类农药在茶叶中的代谢谱分析及代谢动态研究	国家自然科学基金项目 面上项目	2012
52	31272070	刘新刚	中国农业科学院植物保护研究所	乙虫腈在环境中的行为归趋机理与模拟	国家自然科学基金项目 面上项目	2012
53	81202249	刘扬	南通大学	表面功能化的磁性纳米复合物应用于食品中有机磷农药残留的快速分析	青年科学基金项目	2012
54	31201533	张金振	中国农业科学院蜜蜂研究所	农药助剂对啶虫脒在油菜花蜜和花粉中残留及蜜蜂风险的影响研究	青年科学基金项目	2012
55	31371970	郑永权	中国农业科学院植物保护研究所	土壤中两种二苯醚除草剂环境化学过程及其生物有效性的影响机理	国家自然科学基金项目 面上项目	2013
56	31371968	徐军	中国农业科学院植物保护研究所	三唑类杀菌剂影响土壤微生物碳、氮转化及降解机理的研究	国家自然科学基金项目 面上项目	2013
57	21377113	刘璟	浙江大学	手性拟除虫菊酯杀虫剂对映体选择性转运与代谢的动力学及分子机制	国家自然科学基金项目 面上项目	2013

续表

序号	项目编号	负责人	单位	题目	项目类型	批准年份
58	21337005	周志强	中国农业大学	农药代谢物在水生环境及水生生物中的生成机制及健康效应研究	国家自然科学基金项目 重点项目	2013
59	41301569	徐鹏	中国科学院生态环境研究中心	手性菊酯类农药在土壤-蚯蚓-蜥蜴食物链传递中的选择性环境行为研究	青年科学基金项目	2013
60	31301477	孔志强	中国农业科学院原子能利用研究所	手性农药在啤酒加工过程中的残留动态和选择性行为研究	青年科学基金项目	2013
61	21307156	周利	中国农业科学院茶叶研究所	吡虫啉、啶虫脒和噻虫嗪及其代谢物在茶叶种植-加工-冲泡过程中的转移规律和风险评估	青年科学基金项目	2013
62	31301490	陈晨	中国农业科学院农业质量标准与检测技术研究所	果蔬产品中抗雄激素类农药残留累积性风险评估基础研究	青年科学基金项目	2013
63	31301694	赵尔成	北京市农林科学院	吡虫啉和噻虫嗪在南瓜花粉和花蜜中的残留行为及其对蜜蜂的暴露风险评估	青年科学基金项目	2013
64	21307155	刘东晖	中国农业大学	氯氰菊酯在鸡体内的对映体选择性残留行为和代谢机制研究	青年科学基金项目	2013
65	41471391	卢晓霞	北京大学	京津地区土壤中新烟碱类农药的含量特征与环境行为	国家自然科学基金项目 重点项目	2014
66	31471798	董丰收	中国农业科学院植物保护研究所	新烟碱类手性农药立体环境行为及对映体毒理差异分子机制	国家自然科学基金项目 面上项目	2014
67	31401773	李莉	中国科学院动物研究所	乳酸菌对手性农药的对映体选择性降解行为研究	青年科学基金项目	2014
68	21405159	董亚蕾	中国食品药品检定研究院	基于新型固定化金属亲和材料的有机磷农药多残留 CE 分析方法的研究	青年科学基金项目	2014
69	31401580	李敏敏	中国农业科学院原子能利用研究所	苹果典型加工工艺对手性农药丁氟螨酯选择性降解行为影响研究	青年科学基金项目	2014
70	31401278	孙通	江西农业大学	食用植物油中农药残留及苯并（a）芘含量的共线双脉冲 LIBS 快速定量检测方法研究	青年科学基金项目	2014
71	31401765	余苹中	北京市农林科学院	丁硫克百威及其高毒代谢物在黄瓜中残留相关性及风险评估	青年科学基金项目	2014

序号	项目编号	负责人	单位	题目	项目类型	批准年份
72	31571925	王志	河北农业大学	用于食品样品中农药残留有效萃取的新型 MOF 衍生孔状碳材料的制备及吸附机理研究	国家自然科学基金项目　面上项目	2015
73	21577171	周志强	中国农业大学	手性拟除虫菊酯类农药对黑斑蛙蝌蚪的选择性富集、代谢及毒理效应	国家自然科学基金项目　面上项目	2015
74	21577064	杨红	南京农业大学	水杨酸促进若干农作物体内残留农药代谢与降解机制的研究	国家自然科学基金项目　面上项目	2015
75	31572035	王秋霞	中国农业科学院植物保护研究所	土壤熏蒸剂二甲基二硫环境行为规律与大气散发阻控机制	国家自然科学基金项目　面上项目	2015
76	21505029	宋彦廷	海南大学	中药中痕量手性拟除虫菊酯类农药的绿色分析体系的构建与应用	青年科学基金项目	2015
77	31501667	袁龙飞	中国科学院动物研究所	纳米金可视化快速检测五氟磺草胺农药残留研究	青年科学基金项目	2015
78	201503107	郑永权	中国农业科学院植物保护研究所	有机化学品污染农田和农产品质量安全综合防治技术方案	公益性行业（农业）科研专项	2015
79	31672057	郑永权	中国农业科学院植物保护研究所	甲基二磺隆对土壤微生物群落结构的影响及微生物降解机理	国家自然科学基金项目　面上项目	2016
80	31672062	刘新刚	中国农业科学院植物保护研究所	两种新烟碱类杀虫剂在环境中的降解行为及其产物的毒理效应	国家自然科学基金项目　面上项目	2016
81	31672054	蒋金花	浙江省农业科学院	低剂量三唑类杀菌剂对水生生物长期暴露的毒性效应及其机理研究	国家自然科学基金项目　面上项目	2016
82	31672058	花日茂	安徽农业大学	花青素与原花青素对蔬菜叶片中百菌清的内生光敏降解作用效应与机理	国家自然科学基金项目　面上项目	2016
83	31672061	高同春	安徽省农业科学院	辛菌胺对水稻白叶枯病菌铁转运系统的影响及其作用机制	国家自然科学基金项目　面上项目	2016
84	2016YFD0200200	董丰收	中国农业科学院植物保护研究所	化学农药在我国不同种植体系的归趋特征与限量标准	国家重点研发计划	2016
85	2016YFD0201200	郑向群	农业农村部环境保护科研监测所	化肥农药减施增效的环境效应评价	国家重点研发计划	2016
86	2016YFD0201300	谢建华	全国农业技术推广服务中心	化肥农药减施增效技术应用及评估研究	国家重点研发计划	2016

序号	项目编号	负责人	单位	题目	项目类型	批准年份
87	31601390	陆跃乐	浙江工业大学	手性农药对映异构体对葡萄酒发酵及品质影响的差异研究	青年科学基金项目	2016
88	31601665	李勇	江苏省农业科学院	生菜根系分泌物对土壤中结合态新烟碱类农药残留活化的机制解析	青年科学基金项目	2016
89	31601558	刘春凤	江南大学	赤霉酸在啤酒酿造过程中的降解和残留关键问题研究	青年科学基金项目	2016
90	SQ2017YFNC 060022	刘新刚	中国农业科学院植物保护研究所	农田有毒有害化学/生物污染防控技术与产品研发	国家重点研发计划	2017
91	31772189	宋卫国	上海市农业科学院	不同因素对食用菌和培养料中农药吸附降解影响机理研究	国家自然科学基金项目　面上项目	2017

附录 3　我国农药残留分析方法国家标准一览表

序号	标准号	标准名称
1	GB/T 14929.2—1994	花生仁、棉籽油、花生油中涕灭威残留量测定方法
2	GB/T 18625—2002	茶中有机磷及氨基甲酸酯农药残留量的简易检验方法　酶抑制法
3	GB/T 18626—2002	肉中有机磷及氨基甲酸酯农药残留量的简易检验方法　酶抑制法
4	GB/T 18627—2002	食品中八甲磷残留量的测定方法
5	GB/T 18628—2002	食品中乙滴涕残留量的测定方法
6	GB/T 18629—2002	食品中扑草净残留量的测定方法
7	GB/T 18630—2002	蔬菜中有机磷及氨基甲酸酯农药残留量的简易检验方法　酶抑制法
8	GB/T 18932.10—2002	蜂蜜中溴螨酯、4,4′-二溴二苯甲酮残留量的测定方法　气相色谱/质谱法
9	GB/T 14553—2003	粮食、水果和蔬菜中有机磷农药测定　气相色谱法
10	GB/T 18969—2003	饲料中有机磷农药残留量的测定　气相色谱法
11	GB/T 19372—2003	饲料中除虫菊酯类农药残留量测定　气相色谱法
12	GB/T 19373—2003	饲料中氨基甲酸酯类农药残留量测定　气相色谱法
13	GB/T 5009.20—2003	食品中有机磷农药残留量的测定
14	GB/T 5009.21—2003	粮、油、菜中甲萘威残留量的测定
15	GB/T 5009.36—2003	粮食卫生标准的分析方法
16	GB/T 5009.102—2003	植物性食品中辛硫磷农药残留量的测定
17	GB/T 5009.103—2003	植物性食品中甲胺磷和乙酰甲胺磷农药残留量的测定
18	GB/T 5009.104—2003	植物性食品中氨基甲酸酯类农药残留量的测定
19	GB/T 5009.105—2003	黄瓜中百菌清残留量的测定
20	GB/T 5009.106—2003	植物性食品中二氯苯醚菊酯残留量的测定
21	GB/T 5009.107—2003	植物性食品中二嗪磷残留量的测定
22	GB/T 5009.109—2003	柑桔中水胺硫磷残留量的测定
23	GB/T 5009.110—2003	植物性食品中氯氰菊酯、氰戊菊酯和溴氰菊酯残留量的测定
24	GB/T 5009.112—2003	大米和柑桔中喹硫磷残留量的测定
25	GB/T 5009.113—2003	大米中杀虫环残留量的测定
26	GB/T 5009.114—2003	大米中杀虫双残留量的测定
27	GB/T 5009.115—2003	稻谷中三环唑残留量的测定
28	GB/T 5009.126—2003	植物性食品中三唑酮残留量的测定
29	GB/T 5009.129—2003	水果中乙氧基喹残留量的测定
30	GB/T 5009.130—2003	大豆及谷物中氟磺胺草醚残留量的测定
31	GB/T 5009.131—2003	植物性食品中亚胺硫磷残留量的测定
32	GB/T 5009.132—2003	食品中莠去津残留量的测定
33	GB/T 5009.133—2003	粮食中氯麦隆残留量的测定

序号	标准号	标准名称
34	GB/T 5009.134—2003	大米中禾草敌残留量的测定
35	GB/T 5009.135—2003	植物性食品中灭幼脲残留量的测定
36	GB/T 5009.136—2003	植物性食品中五氯硝基苯残留量的测定
37	GB/T 5009.142—2003	植物性食品中吡氟禾草灵、精吡氟禾草灵残留量的测定
38	GB/T 5009.143—2003	蔬菜、水果、食用油中双甲脒残留量的测定
39	GB/T 5009.144—2003	植物性食品中甲基异柳磷残留量的测定
40	GB/T 5009.145—2003	植物性食品中有机磷和氨基甲酸酯类农药多种残留的测定
41	GB/T 5009.146—2008	植物性食品中有机氯和拟除虫菊酯类农药多种残留量的测定
42	GB/T 5009.147—2003	植物性食品中除虫脲残留量的测定
43	GB/T 5009.155—2003	大米中稻瘟灵残留量的测定
44	GB/T 5009.160—2003	水果中单甲脒残留量的测定
45	GB/T 5009.161—2003	动物性食品中有机磷农药多组分残留量的测定
46	GB/T 5009.163—2003	动物性食品中氨基甲酸酯类农药多组分残留高效液相色谱测定
47	GB/T 5009.164—2003	大米中丁草胺残留量的测定
48	GB/T 5009.165—2003	粮食中2,4-滴丁酯残留量的测定
49	GB/T 5009.172—2003	大豆、花生、豆油、花生油中的氟乐灵残留量的测定
50	GB/T 5009.173—2003	梨果类、柑桔类水果中噻螨酮残留量的测定
51	GB/T 5009.174—2003	花生、大豆中异丙甲草胺残留量的测定
52	GB/T 5009.175—2003	粮食和蔬菜中2,4-滴残留量的测定
53	GB/T 5009.176—2003	茶叶、水果、食用植物油中三氯杀螨醇残留量的测定
54	GB/T 5009.177—2003	大米中敌稗残留量的测定
55	GB/T 5009.180—2003	稻谷、花生仁中噁草酮残留量的测定
56	GB/T 5009.184—2003	粮食、蔬菜中噻嗪酮残留量的测定
57	GB/T 5009.199—2003	蔬菜中有机磷和氨基甲酸酯类农药残留量的快速检测
58	GB/T 5009.200—2003	小麦中野燕枯残留量的测定
59	GB/T 5009.201—2003	梨中烯唑醇残留量的测定
60	GB/T 19650—2006	动物肌肉中478种农药及相关化学品残留量的测定　气相色谱-质谱法
61	GB/T 20748—2006	牛肝和牛肉中阿维菌素类药物残留量的测定　液相色谱-串联质谱法
62	GB/T 20796—2006	肉与肉制品中甲萘威残留量的测定
63	GB/T 20798—2006	肉与肉制品中2,4-滴残留量的测定
64	GB/T 21169—2007	蜂蜜中双甲脒及其代谢物残留量测定　液相色谱法
65	GB/T 21319—2007	动物源食品中阿维菌素类药物残留的测定　酶联免疫吸附法
66	GB/T 21320—2007	动物源食品中阿维菌素类药物残留量的测定　液相色谱-串联质谱法
67	GB/T 21321—2007	动物源食品中阿维菌素类药物残留量的测定　免疫亲和-液相色谱法
68	GB/T 2795—2008	冻兔肉中有机氯及拟除虫菊酯类农药残留的测定方法　气相色谱/质谱法
69	GB/T 5009.19—2008	食品中有机氯农药多组分残留量的测定

序号	标准号	标准名称
70	GB/T 5009.162—2008	动物性食品中有机氯农药和拟除虫菊酯农药多组分残留量的测定
71	GB/T 5009.207—2008	糙米中 50 种有机磷农药残留量的测定
72	GB/T 5009.218—2008	水果和蔬菜中多种农药残留量的测定
73	GB/T 5009.219—2008	粮谷中矮壮素残留量的测定
74	GB/T 5009.220—2008	粮谷中敌菌灵残留量的测定
75	GB/T 5009.221—2008	粮谷中敌草快残留量的测定
76	GB/T 9695.10—2008	肉与肉制品 六六六、滴滴涕残留量测定
77	GB/T 20769—2008	水果和蔬菜中 450 种农药及相关化学品残留量的测定 液相色谱-串联质谱法
78	GB/T 20770—2008	粮谷中 486 种农药及相关化学品残留量的测定 液相色谱-串联质谱法
79	GB/T 20771—2008	蜂蜜中 486 种农药及相关化学品残留量的测定 液相色谱-串联质谱法
80	GB/T 20772—2008	动物肌肉中 461 种农药及相关化学品残留量的测定 液相色谱-串联质谱法
81	GB/T 21925—2008	水中除草剂残留测定 液相色谱/质谱法
82	GB/T 22243—2008	大米、蔬菜、水果中氯氟吡氧乙酸残留量的测定
83	GB/T 22953—2008	河豚鱼、鳗鱼和烤鳗中伊维菌素、阿维菌素、多拉菌素和乙酰氨基阿维菌素残留量的测定 液相色谱-串联质谱法
84	GB/T 22955—2008	河豚鱼、鳗鱼和烤鳗中苯并咪唑类药物残留量的测定 液相色谱-串联质谱法
85	GB/T 22968—2008	牛奶和奶粉中伊维菌素、阿维菌素、多拉菌素和乙酰氨基阿维菌素残留量的测定 液相色谱-串联质谱法
86	GB/T 22979—2008	牛奶和奶粉中啶酰菌胺残留量的测定 气相色谱-质谱法
87	GB/T 23204—2008	茶叶中 519 种农药及相关化学品残留量的测定 气相色谱-质谱法
88	GB/T 23207—2008	河豚鱼、鳗鱼和对虾中 485 种农药及相关化学品残留量的测定 气相色谱-质谱法
89	GB/T 23208—2008	河豚鱼、鳗鱼和对虾中 450 种农药及相关化学品残留量的测定 液相色谱-串联质谱法
90	GB/T 23210—2008	牛奶和奶粉中 511 种农药及相关化学品残留量的测定 气相色谱-质谱法
91	GB/T 23211—2008	牛奶和奶粉中 493 种农药及相关化学品残留量的测定 液相色谱-串联质谱法
92	GB/T 23214—2008	饮用水中 450 种农药及相关化学品残留量的测定 液相色谱-串联质谱法
93	GB/T 23376—2009	茶叶中农药多残留测定 气相色谱/质谱法
94	GB/T 23379—2009	水果、蔬菜及茶叶中吡虫啉残留的测定 高效液相色谱法
95	GB/T 23380—2009	水果、蔬菜中多菌灵残留的测定 高效液相色谱法
96	GB/T 23584—2009	水果、蔬菜中啶虫脒残留量的测定 液相色谱-串联质谱法
97	GB/T 23744—2009	饲料中 36 种农药多残留测定 气相色谱-质谱法
98	GB/T 23750—2009	植物性产品中草甘膦残留量的测定 气相色谱-质谱法
99	GB/T 23816—2009	大豆中三嗪类除草剂残留量的测定

序号	标准号	标准名称
100	GB/T 23817—2009	大豆中磺酰脲类除草剂残留量的测定
101	GB/T 23818—2009	大豆中咪唑啉酮类除草剂残留量的测定
102	GB/T 25222—2010	粮油检验 粮食中磷化物残留量的测定 分光光度法
103	GB 29688—2013	食品安全国家标准 牛奶中氯霉素残留量的测定 液相色谱-串联质谱法
104	GB 29695—2013	食品安全国家标准 水产品中阿维菌素和伊维菌素多残留的测定 高效液相色谱法
105	GB 29696—2013	食品安全国家标准 牛奶中阿维菌素类药物多残留的测定 高效液相色谱法
106	GB 29704—2013	食品安全国家标准 动物性食品中环丙氨嗪及代谢物三聚氰胺多残留的测定 超高效液相色谱-串联质谱法
107	GB 29705—2013	食品安全国家标准 水产品中氯氰菊酯、氰戊菊酯、溴氰菊酯多残留的测定 气相色谱法
108	GB 29707—2013	食品安全国家标准 牛奶中双甲脒残留标志物残留量的测定 气相色谱法
109	GB 29708—2013	食品安全国家标准 动物性食品中五氯酚钠残留量的测定 气相色谱-质谱法
110	GB 23200.1—2016	食品安全国家标准 除草剂残留量检测方法 第1部分：气相色谱-质谱法测定 粮谷及油籽中酰胺类除草剂残留量
111	GB 23200.2—2016	食品安全国家标准 除草剂残留量检测方法 第2部分：气相色谱-质谱法测定 粮谷及油籽中二苯醚类除草剂残留量
112	GB 23200.3—2016	食品安全国家标准 除草剂残留量检测方法 第3部分：液相色谱-质谱/质谱法测定 食品中环己酮类除草剂残留量
113	GB 23200.4—2016	食品安全国家标准 除草剂残留量检测方法 第4部分：气相色谱-质谱/质谱法测定 食品中芳氧苯氧丙酸酯类除草剂残留量
114	GB 23200.5—2016	食品安全国家标准 除草剂残留量检测方法 第5部分：液相色谱-质谱/质谱法测定 食品中硫代氨基甲酸酯类除草剂残留量
115	GB 23200.6—2016	食品安全国家标准 除草剂残留量检测方法 第6部分：液相色谱-质谱/质谱法测定 食品中杀草强残留量
116	GB 23200.7—2016	食品安全国家标准 蜂蜜、果汁和果酒中497种农药及相关化学品残留量的测定 气相色谱-质谱法
117	GB 23200.8—2016	食品安全国家标准 水果和蔬菜中500种农药及相关化学品残留量的测定 气相色谱-质谱法
118	GB 23200.9—2016	食品安全国家标准 粮谷中475种农药及相关化学品残留量的测定 气相色谱-质谱法
119	GB 23200.10—2016	食品安全国家标准 桑枝、金银花、枸杞子和荷叶中488种农药及相关化学品残留量的测定 气相色谱-质谱法
120	GB 23200.11—2016	食品安全国家标准 桑枝、金银花、枸杞子和荷叶中413种农药及相关化学品残留量的测定 液相色谱-质谱法
121	GB 23200.12—2016	食品安全国家标准 食用菌中440种农药及相关化学品残留量的测定 液相色谱-质谱法
122	GB 23200.13—2016	食品安全国家标准 茶叶中448种农药及相关化学品残留量的测定 液相色谱-质谱法

序号	标准号	标准名称
123	GB 23200.14—2016	食品安全国家标准　果蔬汁和果酒中 512 种农药及相关化学品残留量的测定　液相色谱-质谱法
124	GB 23200.15—2016	食品安全国家标准　食用菌中 503 种农药及相关化学品残留量的测定　气相色谱-质谱法
125	GB 23200.16—2016	食品安全国家标准　水果和蔬菜中乙烯利残留量的测定　液相色谱法
126	GB 23200.17—2016	食品安全国家标准　水果和蔬菜中噻菌灵残留量的测定　液相色谱法
127	GB 23200.18—2016	食品安全国家标准　蔬菜中非草隆等 15 种取代脲类除草剂残留量的测定　液相色谱法
128	GB 23200.19—2016	食品安全国家标准　水果和蔬菜中阿维菌素残留量的测定　液相色谱法
129	GB 23200.20—2016	食品安全国家标准　食品中阿维菌素残留量的测定　液相色谱-质谱/质谱法
130	GB 23200.21—2016	食品安全国家标准　水果中赤霉酸残留量的测定　液相色谱-质谱/质谱法
131	GB 23200.22—2016	食品安全国家标准　坚果及坚果制品中抑芽丹残留量的测定　液相色谱法
132	GB 23200.23—2016	食品安全国家标准　食品中地乐酚残留量的测定　液相色谱-质谱/质谱法
133	GB 23200.24—2016	食品安全国家标准　粮谷和大豆中 11 种除草剂残留量的测定　气相色谱-质谱法
134	GB 23200.25—2016	食品安全国家标准　水果中噁草酮残留量的检测方法
135	GB 23200.26—2016	食品安全国家标准　茶叶中 9 种有机杂环类农药残留量的检测方法
136	GB 23200.27—2016	食品安全国家标准　水果中 4,6-二硝基邻甲酚残留量的测定　气相色谱-质谱法
137	GB 23200.28—2016	食品安全国家标准　食品中多种醚类除草剂残留量的测定　气相色谱-质谱法
138	GB 23200.29—2016	食品安全国家标准　水果和蔬菜中唑螨酯残留量的测定　液相色谱法
139	GB 23200.30—2016	食品安全国家标准　食品中环氟菌胺残留量的测定　气相色谱-质谱法
140	GB 23200.31—2016	食品安全国家标准　食品中丙炔氟草胺残留量的测定　气相色谱-质谱法
141	GB 23200.32—2016	食品安全国家标准　食品中丁酰肼残留量的测定　气相色谱-质谱法
142	GB 23200.33—2016	食品安全国家标准　食品中解草嗪、莎稗磷、二丙烯草胺等 110 种农药残留量的测定　气相色谱-质谱法
143	GB 23200.34—2016	食品安全国家标准　食品中涕灭砜威、吡唑醚菌酯、嘧菌酯等 65 种农药残留量的测定　液相色谱-质谱/质谱法
144	GB 23200.35—2016	食品安全国家标准　植物源性食品中取代脲类农药残留量的测定　液相色谱-质谱法
145	GB 23200.36—2016	食品安全国家标准　植物源性食品中氯氟吡氧乙酸、氟硫草定、氟吡草腙和噻唑烟酸除草剂残留量的测定　液相色谱-质谱/质谱法
146	GB 23200.37—2016	食品安全国家标准　食品中烯啶虫胺、呋虫胺等 20 种农药残留量的测定　液相色谱-质谱/质谱法
147	GB 23200.38—2016	食品安全国家标准　植物源性食品中环己烯酮类除草剂残留量的测定　液相色谱-质谱/质谱法

续表

序号	标准号	标准名称
148	GB 23200.39—2016	食品安全国家标准 食品中噻虫嗪及其代谢物噻虫胺残留量的测定 液相色谱-质谱/质谱法
149	GB 23200.40—2016	食品安全国家标准 可乐饮料中有机磷、有机氯农药残留量的测定 气相色谱法
150	GB 23200.41—2016	食品安全国家标准 食品中噻节因残留量的检测方法
151	GB 23200.42—2016	食品安全国家标准 粮谷中氟吡禾灵残留量的检测方法
152	GB 23200.43—2016	食品安全国家标准 粮谷及油籽中二氯喹磷酸残留量的测定 气相色谱法
153	GB 23200.44—2016	食品安全国家标准 粮谷中二硫化碳、四氯化碳、二溴乙烷残留量的检测方法
154	GB 23200.45—2016	食品安全国家标准 食品中除虫脲残留量的测定 液相色谱-质谱法
155	GB 23200.46—2016	食品安全国家标准 食品中嘧霉胺、嘧菌胺、腈菌唑、嘧菌酯残留量的测定 气相色谱-质谱法
156	GB 23200.47—2016	食品安全国家标准 食品中四螨嗪残留量的测定 气相色谱-质谱法
157	GB 23200.48—2016	食品安全国家标准 食品中野燕枯残留量的测定 气相色谱-质谱法
158	GB 23200.49—2016	食品安全国家标准 食品中苯醚甲环唑残留量的测定 气相色谱-质谱法
159	GB 23200.50—2016	食品安全国家标准 食品中吡啶类农药残留量的测定 液相色谱-质谱/质谱法
160	GB 23200.51—2016	食品安全国家标准 食品中呋虫胺残留量的测定 液相色谱-质谱/质谱法
161	GB 23200.52—2016	食品安全国家标准 食品中嘧菌环胺残留量的测定 气相色谱-质谱法
162	GB 23200.53—2016	食品安全国家标准 食品中氟硅唑残留量的测定 气相色谱-质谱法
163	GB 23200.54—2016	食品安全国家标准 食品中甲氧基丙烯酸酯类杀菌剂残留量的测定 气相色谱-质谱法
164	GB 23200.55—2016	食品安全国家标准 食品中 21 种熏蒸剂残留量的测定 顶空气相色谱法
165	GB 23200.56—2016	食品安全国家标准 食品中喹氧灵残留量的检测方法
166	GB 23200.57—2016	食品安全国家标准 食品中乙草胺残留量的检测方法
167	GB 23200.58—2016	食品安全国家标准 食品中氯酯磺草胺残留量的测定 液相色谱-质谱/质谱法
168	GB 23200.59—2016	食品安全国家标准 食品中敌草腈残留量的测定 气相色谱-质谱法
169	GB 23200.60—2016	食品安全国家标准 食品中炔草酯残留量的检测方法
170	GB 23200.61—2016	食品安全国家标准 食品中苯胺灵残留量的测定 气相色谱-质谱法
171	GB 23200.62—2016	食品安全国家标准 食品中氟烯草酸残留量的测定 气相色谱-质谱法
172	GB 23200.63—2016	食品安全国家标准 食品中噻酰菌胺残留量的测定 液相色谱-质谱/质谱法
173	GB 23200.64—2016	食品安全国家标准 食品中吡丙醚残留量的测定 液相色谱-质谱/质谱法
174	GB 23200.65—2016	食品安全国家标准 食品中四氟醚唑残留量的检测方法
175	GB 23200.66—2016	食品安全国家标准 食品中吡螨胺残留量的测定 气相色谱-质谱法

序号	标准号	标准名称
176	GB 23200.67—2016	食品安全国家标准　食品中炔苯酰草胺残留量的测定　气相色谱-质谱法
177	GB 23200.68—2016	食品安全国家标准　食品中啶酰菌胺残留量的测定　气相色谱-质谱法
178	GB 23200.69—2016	食品安全国家标准　食品中二硝基苯胺类农药残留量的测定　液相色谱-质谱/质谱法
179	GB 23200.70—2016	食品安全国家标准　食品中三氟羧草醚残留量的测定　液相色谱-质谱/质谱法
180	GB 23200.71—2016	食品安全国家标准　食品中二缩甲酰亚胺类农药残留量的测定　气相色谱-质谱法
181	GB 23200.72—2016	食品安全国家标准　食品中苯酰胺类农药残留量的测定　气相色谱-质谱法
182	GB 23200.73—2016	食品安全国家标准　食品中鱼藤酮和印楝素残留量的测定　液相色谱-质谱/质谱法
183	GB 23200.74—2016	食品安全国家标准　食品中井冈霉素残留量的测定　液相色谱-质谱/质谱法
184	GB 23200.75—2016	食品安全国家标准　食品中氟啶虫酰胺残留量的检测方法
185	GB 23200.76—2016	食品安全国家标准　食品中氟苯虫酰胺残留量的测定　液相色谱-质谱/质谱法
186	GB 23200.77—2016	食品安全国家标准　食品中苄螨醚残留量的检测方法
187	GB 23200.78—2016	食品安全国家标准　肉及肉制品中巴毒磷残留量的测定　气相色谱法
188	GB 23200.79—2016	食品安全国家标准　肉及肉制品中吡菌磷残留量的测定　气相色谱法
189	GB 23200.80—2016	食品安全国家标准　肉及肉制品中双硫磷残留量的检测方法
190	GB 23200.81—2016	食品安全国家标准　肉及肉制品中西玛津残留量的检测方法
191	GB 23200.82—2016	食品安全国家标准　肉及肉制品中乙烯利残留量的检测方法
192	GB 23200.83—2016	食品安全国家标准　食品中异稻瘟净残留量的检测方法
193	GB 23200.84—2016	食品安全国家标准　肉品中甲氧滴滴涕残留量的测定　气相色谱-质谱法
194	GB 23200.85—2016	食品安全国家标准　乳及乳制品中多种拟除虫菊酯农药残留量的测定　气相色谱-质谱法
195	GB 23200.86—2016	食品安全国家标准　乳及乳制品中多种有机氯农药残留量的测定　气相色谱-质谱/质谱法
196	GB 23200.87—2016	食品安全国家标准　乳及乳制品中噻菌灵残留量的测定　荧光分光光度法
197	GB 23200.88—2016	食品安全国家标准　水产品中多种有机氯农药残留量的检测方法
198	GB 23200.89—2016	食品安全国家标准　动物源性食品中乙氧喹啉残留量的测定　液相色谱法
199	GB 23200.90—2016	食品安全国家标准　乳及乳制品中多种氨基甲酸酯类农药残留量的测定　液相色谱-质谱法
200	GB 23200.91—2016	食品安全国家标准　动物源性食品中9种有机磷农药残留量的测定　气相色谱法
201	GB 23200.92—2016	食品安全国家标准　动物源性食品中五氯酚残留量的测定　液相色谱-质谱法

序号	标准号	标准名称
202	GB 23200.93—2016	食品安全国家标准　食品中有机磷农药残留量的测定　气相色谱-质谱法
203	GB 23200.94—2016	食品安全国家标准　动物源性食品中敌百虫、敌敌畏、蝇毒磷残留量的测定液相色谱-质谱/质谱法
204	GB 23200.95—2016	食品安全国家标准　蜂产品中氟胺氰菊酯残留量的检测方法
205	GB 23200.96—2016	食品安全国家标准　蜂蜜中杀虫脒及其代谢产物残留量的测定　液相色谱-质谱/质谱法
206	GB 23200.97—2016	食品安全国家标准　蜂蜜中5种有机磷农药残留量的测定　气相色谱法
207	GB 23200.98—2016	食品安全国家标准　蜂王浆中11种有机磷农药残留量的测定　气相色谱法
208	GB 23200.99—2016	食品安全国家标准　蜂王浆中多种氨基甲酸酯类农药残留量的测定液相色谱-质谱/质谱法
209	GB 23200.100—2016	食品安全国家标准　蜂王浆中多种菊酯类农药残留量的测定　气相色谱法
210	GB 23200.101—2016	食品安全国家标准　蜂王浆中多种杀螨剂残留量的测定　气相色谱-质谱法
211	GB 23200.102—2016	食品安全国家标准　蜂王浆中杀虫脒及其代谢产物残留量的测定　气相色谱-质谱法
212	GB 23200.103—2016	食品安全国家标准　蜂王浆中双甲脒及其代谢产物残留量的测定　气相色谱-质谱法
213	GB 23200.104—2016	食品安全国家标准　肉及肉制品中2甲4氯及2甲4氯丁酸残留量的测定　液相色谱-质谱法
214	GB 23200.105—2016	食品安全国家标准　肉及肉制品中甲萘威残留量的测定　液相色谱-柱后衍生荧光检测法
215	GB 23200.106—2016	食品安全国家标准　肉及肉制品中残杀威残留量的测定　气相色谱法

附录4　我国农药残留分析方法农业行业标准一览表

序号	标准号	标准名称
1	NY/T 447—2001	韭菜中甲胺磷等七种农药残留检测方法
2	NY/T 946—2006	蒜薹、青椒、柑橘、葡萄中仲丁胺残留量测定
3	NY/T 1096—2006	食品中草甘膦残留量测定
4	NY/T 1275—2007	蔬菜、水果中吡虫啉残留量的测定
5	NY/T 1277—2007	蔬菜中异菌脲残留量的测定　高效液相色谱法
6	NY/T 1379—2007	蔬菜中334种农药多残留的测定　气相色谱质谱法和液相色谱质谱法
7	NY/T 1380—2007	蔬菜、水果中51种农药多残留的测定　气相色谱-质谱法
8	NY/T 1434—2007	蔬菜中2,4-D等13种除草剂多残留的测定　液相色谱质谱法
9	NY/T 1453—2007	蔬菜及水果中多菌灵等16种农药残留测定　液相色谱-质谱-质谱联用法
10	NY/T 1455—2007	水果中腈菌唑残留量的测定　气相色谱法
11	NY/T 1456—2007	水果中咪鲜胺残留量的测定　气相色谱法
12	NY/T 761—2008	蔬菜和水果中有机磷、有机氯、拟除虫菊酯和氨基甲酸酯类农药多残留的测定
13	NY/T 1601—2008	水果中辛硫磷残留量的测定　气相色谱法
14	NY/T 1603—2008	蔬菜中溴氰菊酯残留量的测定　气相色谱法
15	NY/T 1616—2008	土壤中9种磺酰脲类除草剂残留量的测定　液相色谱-质谱法
16	NY/T 1652—2008	蔬菜、水果中克螨特残留量的测定　气相色谱法
17	NY/T 1679—2009	植物性食品中氨基甲酸酯类农药残留的测定　液相色谱-串联质谱法
18	NY/T 1680—2009	蔬菜水果中多菌灵等4种苯并咪唑类农药残留量的测定　高效液相色谱法
19	NY/T 1720 -2009	水果、蔬菜中杀铃脲等七种苯甲酰脲类农药残留量的测定　高效液相色谱法
20	NY/T 1721—2009	茶叶中炔螨特残留量的测定　气相色谱法
21	NY/T 1722—2009	蔬菜中敌菌灵残留量的测定　高效液相色谱法
22	NY/T 1724—2009	茶叶中吡虫啉残留量的测定　高效液相色谱法
23	NY/T 1725—2009	蔬菜中灭蝇胺残留量的测定　高效液相色谱法
24	NY/T 1727—2009	稻米中吡虫啉残留量的测定　高效液相色谱法
25	NY/T 1728—2009	水体中甲草胺等六种酰胺类除草剂的多残留测定　气相色谱法
26	NY/T 2067—2011	土壤中13种磺酰脲类除草剂残留量的测定　液相色谱串联质谱法
27	NY/T 2819—2015	植物性食品中腈苯唑残留量的测定　气相色谱-质谱法
28	NY/T 2820—2015	植物性食品中抑食肼、虫酰肼、甲氧虫酰肼、呋喃虫酰肼和环虫酰肼5种双酰肼类农药残留量的同时测定　液相色谱-质谱联用法

附录 5 我国农药残留分析方法商检标准一览表

序号	标准号	标准名称
1	SN 0139—1992	出口粮谷中二硫代氨基甲酸酯残留量检验方法
2	SN 0157—1992	出口水果中二硫代氨基甲酸酯残留量检验方法
3	SN 0181—1992	出口中药材中六六六、滴滴涕残留量检验方法
4	SN 0497—1995	出口茶叶中多种有机氯农药残留量检验方法
5	SN 0523—1996	出口水果中乐杀螨残留量检验方法
6	SN 0592—1996	出口粮谷及油籽中苯丁锡残留量检验方法
7	SN 0654—1997	出口水果中克菌丹残留量检验方法
8	SN 0656—1997	出口油籽中乙霉威残留量检验方法
9	SN 0661—1997	出口粮谷中 2,4,5-涕残留量检验方法
10	SN 0685—1997	出口粮谷中霜霉威残留量检验方法
11	SN 0693—1997	出口粮谷中烯虫酯残留量检验方法
12	SN 0701—1997	出口粮谷中磷胺残留量检验方法
13	SN/T 1541—2005	出口茶叶中二硫代氨基甲酸酯总残留量检验方法
14	SN/T 1606—2005	进出口植物性产品中苯氧羧酸类除草剂残留量检验方法
15	SN/T 1739—2006	进出口粮谷和油籽中多种有机磷农药残留量的检测方法　气相色谱串联质谱法
16	SN/T 1766.1—2006	含脂羊毛中农药残留量的测定　第 1 部分：有机磷农药的测定　气相色谱法
17	SN/T 1766.2—2006	含脂羊毛中农药残留量的测定　第 2 部分：有机氯和拟合成除虫菊酯农药的测定　气相色谱法
18	SN/T 1766.3—2006	含脂羊毛中农药残留量的测定　第 3 部分：除虫脲和杀铃脲的测定　高效液相色谱法
19	SN/T 1774—2006	进出口茶叶中八氯二丙醚残留量检测方法　气相色谱法
20	SN/T 1866—2007	进出口粮谷中咪唑磺隆残留量检测方法　液相色谱法
21	SN/T 1873—2007	进出口食品中硫丹残留量的检测方法　气相色谱-质谱法
22	SN/T 1902—2007	水果蔬菜中吡虫啉、啶虫脒残留量的测定　高效液相色谱法
23	SN/T 1923—2007	进出口食品中草甘膦残留量的检测方法　液相色谱-质谱/质谱法
24	SN/T 1926—2007	进出口动物源食品中敌菌净残留量检测方法
25	SN/T 1950—2007	进出口茶叶中多种有机磷农药残留量的检测方法　气相色谱法
26	SN/T 1968—2007	进出口食品中扑草净残留量检测方法　气相色谱-质谱法
27	SN/T 1969—2007	进出口食品中联苯菊酯残留量的检测方法　气相色谱-质谱法
28	SN/T 1971—2007	进出口食品中茚虫威残留量的检测方法　气相色谱法和液相色谱-质谱/质谱法
29	SN/T 1972—2007	进出口食品中莠去津残留量的检测方法　气相色谱-质谱法
30	SN/T 1976—2007	进出口水果和蔬菜中嘧菌酯残留量检测方法　气相色谱法

序号	标准号	标准名称
31	SN/T 1982—2007	进出口食品中氟虫腈残留量检测方法　气相色谱-质谱法
32	SN/T 1986—2007	进出口食品中溴虫腈残留量检测方法
33	SN/T 2072—2008	进出口茶叶中三氯杀螨砜残留量的测定
34	SN/T 2073—2008	进出口植物性产品中吡虫啉残留量的检测方法　液相色谱串联质谱法
35	SN/T 2095—2008	进出口粮谷中多种氨基甲酸酯类农药残留量检测方法　液相色谱串联质谱法
36	SN/T 2095—2008	进出口蔬菜中氟啶脲残留量检测方法　高效液相色谱法
37	SN/T 2147—2008	进出口食品中硫线磷残留量的检测方法
38	SN/T 2151—2008	进出口食品中生物苄呋菊酯、氟丙菊酯、联苯菊酯等28种农药残留量的检测方法　气相色谱-质谱法
39	SN/T 2152—2008	进出口食品中氟铃脲残留量检测方法　高效液相色谱-质谱/质谱法
40	SN/T 2156—2008	进出口食品中苯线磷残留量的检测方法　气相色谱-质谱法
41	SN/T 2158—2008	进出口食品中毒死蜱残留量检测方法
42	SN/T 2212—2008	进出口粮谷中苄嘧磺隆残留量的检测方法　液相色谱法
43	SN/T 2228—2008	进出口食品中31种酸性除草剂残留量的检测方法　气相色谱-质谱法
44	SN/T 2229—2008	进出口食品中稻瘟灵残留量检测方法
45	SN/T 2230—2008	进出口食品中腐霉利残留量的检测方法　气相色谱-质谱法
46	SN/T 2232—2008	进出口食品中三唑醇残留量的检测方法　气相色谱-质谱法
47	SN/T 2233—2008	进出口食品中甲氰菊酯残留量检测方法
48	SN/T 2234—2008	进出口食品中丙溴磷残留量检测方法　气相色谱法和气相色谱-质谱法
49	SN/T 2320—2009	进出口食品中百菌清、苯氟磺胺、甲抑菌灵、克菌灵、灭菌丹、敌菌丹和四溴菊酯残留量检测方法　气相色谱-质谱法
50	SN/T 2321—2009	进出口食品中腈菌唑残留量检测方法　气相色谱-质谱法
51	SN/T 2324—2009	进出口食品中抑草磷、毒死蜱、甲基毒死蜱等33种有机磷农药残留量的检测方法
52	SN/T 2325—2009	进出口食品中四唑嘧磺隆、甲基苯苏呋安、醚磺隆等45种农药残留量的检测方法　高效液相色谱-质谱/质谱法
53	SN/T 0125—2010	进出口食品中敌百虫残留量检测方法　液相色谱-质谱/质谱法
54	SN/T 0131—2010	进出口粮谷中马拉硫磷残留量检测方法
55	SN/T 0134—2010	进出口食品中杀线威等12种氨基甲酸酯类农药残留量的检测方法　液相色谱-质谱/质谱法
56	SN/T 0145—2010	进出口植物产品中六六六、滴滴涕残留量测定方法　磺化法
57	SN/T 0348.1—2010	进出口茶叶中三氯杀螨醇残留量检测方法
58	SN/T 0519—2010	进出口食品中丙环唑残留量的检测方法
59	SN/T 2432—2010	进出口食品中哒螨灵残留量的检测方法
60	SN/T 2441—2010	进出口食品中涕灭威、涕灭威砜、涕灭威亚砜残留量检测方法　液相色谱-质谱/质谱法

序号	标准号	标准名称
61	SN/T 2559—2010	进出口食品中苯并咪唑类农药残留量的测定　液相色谱-质谱/质谱法
62	SN/T 2560—2010	进出口食品中氨基甲酸酯类农药残留量的测定　液相色谱-质谱/质谱法
63	SN/T 0127—2011	进出口动物性食品中六六六、滴滴涕和六氯苯残留量的检测方法　气相色谱-质谱法
64	SN/T 0162—2011	出口水果中甲基硫菌灵、硫菌灵、多菌灵、苯菌灵、噻菌灵残留量的检测方法　高效液相色谱法
65	SN/T 0148—2011	进出口水果蔬菜中有机磷农药残留量检测方法　气相色谱和气相色谱-质谱法
66	SN/T 0195—2011	出口肉及肉制品中 2,4-滴残留量检测方法　液相色谱-质谱/质谱法
67	SN/T 0702—2011	进出口粮谷和坚果中乙酯杀螨醇残留量的检测方法　气相色谱-质谱法
68	SN/T 0711—2011	出口茶叶中二硫代氨基甲酸酯（盐）类农药残留量的检测方法　液相色谱-质谱/质谱法
69	SN/T 2806—2011	进出口蔬菜、水果、粮谷中氟草烟残留量检测方法
70	SN/T 2915—2011	出口食品中甲草胺、乙草胺、甲基吡噁磷等 160 种农药残留量的检测方法　气相色谱-质谱法
71	SN/T 2917—2011	出口食品中烯酰吗啉残留量检测方法
72	SN/T 0159—2012	出口水果中六六六、滴滴涕、艾氏剂、狄氏剂、七氯残留量测定　气相色谱法
73	SN/T 0190—2012	出口水果和蔬菜中乙撑硫脲残留量测定方法　气相色谱质谱法
74	SN/T 0285—2012	出口酒中氨基甲酸乙酯残留量检测方法　气相色谱-质谱法
75	SN/T 0520—2012	出口粮谷中烯菌灵残留量测定方法　液相色谱-质谱/质谱法
76	SN/T 0525—2012	出口水果、蔬菜中福美双残留量检测方法
77	SN/T 0527—2012	出口粮谷中甲硫威（灭虫威）及代谢物残留量的检测方法　液相色谱-质谱/质谱法
78	SN/T 0586—2012	出口粮谷及油籽中特普残留量检测方法
79	SN/T 0596—2012	出口粮谷及油籽中稀禾定残留量检测方法　气相色谱质谱法
80	SN/T 0605—2012	出口粮谷中双苯唑菌醇残留量检测方法　液相色谱-质谱/质谱法
81	SN/T 1477—2012	出口食品中多效唑残留量检测方法
82	SN/T 3303—2012	出口食品中唑类杀菌剂残留量的测定
83	SN/T 0590—2013	出口肉及肉制品中 2,4-滴丁酯残留量测定　气相色谱法和气相色谱-质谱法
84	SN/T 0603—2013	出口植物源食品中四溴菊酯残留量检验方法　液相色谱-质谱/质谱法
85	SN/T 0639—2013	出口肉及肉制品中利谷隆及其代谢产物残留量的检测方法　液相色谱-质谱/质谱法
86	SN/T 0706—2013	出口动物源性食品中二溴磷残留量的测定
87	SN/T 0983—2013	出口粮谷中呋草黄残留量的测定
88	SN/T 3628—2013	出口植物源食品中二硝基苯胺类除草剂残留量测定　气相色谱-质谱/质谱法

序号	标准号	标准名称
89	SN/T 3642—2013	出口水果中甲霜灵残留量检测方法　气相色谱-质谱法
90	SN/T 3650—2013	药用植物中多菌灵、噻菌灵和甲基硫菌灵残留量的测定　液相色谱-质谱/质谱法
91	SN/T 3699—2013	出口植物源食品中4种噻唑类杀菌剂残留量的测定　液相色谱-质谱/质谱法
92	SN/T 3725—2013	出口食品中对氯苯氧乙酸残留量的测定
93	SN/T 3726—2013	出口食品中烯肟菌酯残留量的测定
94	SN/T 0152—2014	出口水果中2,4-滴残留量检验方法
95	SN/T 0217—2014	出口植物源性食品中多种菊酯残留量的检测方法　气相色谱-质谱法
96	SN/T 0218—2014	出口粮谷中天然除虫菊素残留总量的检测方法　气相色谱-质谱法
97	SN/T 0293—2014	出口植物源性食品中百草枯和敌草快残留量的测定　液相色谱-质谱/质谱法
98	SN/T 0645—2014	出口肉及肉制品中敌草隆残留量的测定　液相色谱法
99	SN/T 0683—2014	出口粮谷中三环唑残留量的测定　液相色谱-质谱/质谱法
100	SN/T 0697—2014	出口肉及肉制品中杀线威残留量的测定
101	SN/T 0710—2014	出口粮谷中嗪草酮残留量检验方法
102	SN/T 1017.7—2014	出口粮谷中涕灭威、甲萘威、杀线威、噁虫威、抗蚜威残留量的测定
103	SN/T 1738—2014	出口食品中虫酰肼残留量的测定
104	SN/T 3768—2014	出口粮谷中多种有机磷农药残留量测定方法　气相色谱-质谱法
105	SN/T 3769—2014	出口粮谷中敌百虫、辛硫磷残留量测定方法　液相色谱-质谱/质谱法
106	SN/T 3852—2014	出口食品中氰氟虫腙残留量的测定　液相色谱-质谱/质谱法
107	SN/T 3856—2014	出口食品中乙氧基喹残留量的测定
108	SN/T 3859—2014	出口食品中仲丁灵农药残留量的测定
109	SN/T 3860—2014	出口食品中吡蚜酮残留量的测定　液相色谱-质谱/质谱法
110	SN/T 3861—2014	出口食品中六氯对二甲苯残留量的检测方法
111	SN/T 3862—2014	出口食品中沙蚕毒素类农药残留量的筛查测定　气相色谱法
112	SN/T 3983—2014	出口食品中氨基酸类有机磷除草剂残留量的测定　液相色谱-质谱/质谱法
113	SN/T 4013—2013	出口食品中异菌脲残留量的测定　气相色谱-质谱法
114	SN/T 4039—2014	出口食品中萘乙酰胺、吡草醚、乙虫腈、氟虫腈农药残留量的测定方法　液相色谱-质谱/质谱法
115	SN/T 4045—2014	出口食品中硝磺草酮残留量的测定　液相色谱-质谱/质谱法
116	SN/T 4046—2014	出口食品中噻虫啉残留量的测定
117	SN/T 4066—2014	出口食品中灭螨醌和羟基灭螨醌残留量的测定　液相色谱-质谱/质谱法
118	SN/T 0601—2015	出口食品中毒虫畏残留量测定方法　液相色谱-质谱/质谱法
119	SN/T 4138—2015	出口水果和蔬菜中敌敌畏、四氯硝基苯、丙线磷等88种农药残留的筛选检测　QuEChERS-气相色谱-负化学源质谱法

序号	标准号	标准名称
120	SN/T 4139—2015	出口水果蔬菜中乙萘酚残留量的测定
121	SN/T 4254—2015	出口黄酒中乙酰甲胺磷等 31 种农药残留量检测方法
122	SN/T 0147—2016	出口茶叶中六六六、滴滴涕残留量的检测方法
123	SN/T 0151—2016	出口植物源食品中乙硫磷残留量的测定
124	SN/T 0533—2016	出口水果中乙氧喹啉残留量检测方法
125	SN/T 0591—2016	出口粮谷及油籽中二硫磷残留量的测定 气相色谱和气相色谱-质谱法
126	SN/T 0602—2016	出口植物源食品中苄草唑残留量测定方法 液相色谱-质谱/质谱法
127	SN/T 0660—2016	出口粮谷中克螨特残留量的测定
128	SN/T 1753—2016	出口浓缩果汁中甲基硫菌灵、噻菌灵、多菌灵和 2-氨基苯并咪唑残留量的测定 液相色谱-质谱/质谱法
129	SN/T 4428—2016	出口油料和植物油中多种农药残留量的测定 液相色谱-质谱/质谱法
130	SN/T 4522—2016	出口番茄制品中乙烯利残留量的测定 液相色谱-质谱/质谱法
131	SN/T 4582—2016	出口茶叶中 10 种吡唑、吡咯类农药残留量的测定方法 气相色谱-质谱/质谱法
132	SN/T 4586—2016	出口食品中噻苯隆残留量的检测方法 高效液相色谱法
133	SN/T 4591—2016	出口水果蔬菜中脱落酸等 60 种农药残留量的测定 液相色谱-质谱/质谱法
134	SN/T 4655—2016	出口食品中草甘膦及其代谢物残留量的测定方法 液相色谱-质谱/质谱法
135	SN/T 4675.13—2016	出口葡萄酒中 2,4,6-三氯苯甲醚残留量的测定 气相色谱-质谱法
136	SN/T 4675.18—2016	出口葡萄酒中二硫代氨基甲酸酯残留量的测定 顶空气相色谱法
137	SN/T 0192—2017	出口水果中溴螨酯残留量的检测方法
138	SN/T 0217.2—2017	出口植物源性食品中多种拟除虫菊酯残留量的测定 气相色谱-串联质谱法
139	SN/T 1605—2017	进出口植物性产品中氰草津、氟草隆、莠去津、敌稗、利谷隆残留量检验方法 液相色谱-质谱/质谱法
140	SN/T 4813—2017	进出口食用动物拟除虫菊酯类残留量测定方法 气相色谱-质谱/质谱法
141	SN/T 4814—2017	进出口食用动物四环素类药物残留量的测定 液相色谱-质谱/质谱法
142	SN/T 4850—2017	出口食品中草铵膦及其代谢物残留量的测定 液相色谱-质谱/质谱法
143	SN/T 4886—2017	出口干果中多种农药残留量的测定 液相色谱-质谱/质谱法
144	SN/T 4891—2017	出口食品中螺虫乙酯残留量的测定 高效液相色谱和液相色谱-质谱/质谱法
145	SN/T 4907—2017	出口粮谷中丁胺磷残留量检验方法
146	SN/T 4957—2017	出口番茄制品中 122 种农药残留的测定 气相色谱-串联质谱法

附录6 我国农药残留分析方法其他标准一览表

序号	标准号	标准名称
		烟草行业标准
1	YC/T 179—2004	烟草及烟草制品 酰胺类除草剂农药残留量的测定 气相色谱法
2	YC/T 180—2004	烟草及烟草制品 毒杀芬农药残留量的测定 气相色谱法
3	YC/T 181—2004	烟草及烟草制品 有机氯除草剂农药残留量的测定 气相色谱法
4	YC/T 218—2007	烟草及烟草制品 菌核净农药残留量的测定 气相色谱法
5	YC/T 386—2011	土壤中有机氯农药残留量的测定 气相色谱法
6	YC/T 405.1—2011	烟草及烟草制品 多种农药残留量的测定 第1部分：高效液相色谱-串联质谱法
7	YC/T 405.2—2011	烟草及烟草制品 多种农药残留量的测定 第2部分：有机氯及拟除虫菊酯农药残留量的测定 气相色谱法
8	YC/T 405.3—2011	烟草及烟草制品 多种农药残留量的测定 第3部分：气相色谱质谱联用及气相色谱法
		水产行业标准
1	SC/T 3015—2002	水产品中土霉素、四环素、金霉素残留量的测定
2	SC/T 3018—2004	水产品中氯霉素残留量的测定 气相色谱法
3	SC/T 3022—2004	水产品中呋喃唑酮残留量的测定 液相色谱法
4	SC/T 3030—2006	水产品中五氯苯酚及其钠盐残留量的测定 气相色谱法
5	SC/T 3034—2006	水产品中三唑磷残留量的测定 气相色谱法
6	SC/T 3039—2008	水产品中硫丹残留量的测定 气相色谱法
7	SC/T 3040—2008	水产品中三氯杀螨醇残留量测定 气相色谱法
		地方标准
1	DB34/T 202—2000	蔬菜中农药残留测定方法
2	DB37/T 602—2006	鸡蛋中四环素类残留量的测定——酶联免疫吸附法
3	DB37/T 644—2006	畜禽肉中农药多残留测定 气相色谱法
4	DB35/T 797—2007	水产品中敌百虫、敌敌畏残留量的测定 气相色谱法
5	DB21/T 1544—2007	土壤中苄嘧磺隆残留量的测定（高效液相色谱法）
6	DB21/T 1546—2007	土壤中乙草胺、丁草胺残留量的测定（气相色谱法）
7	DB21/T 1545—2007	大米中苄嘧磺隆残留量的测定（高效液相色谱法）
8	DB21/T 1675—2008	土壤中阿特拉津残留量的测定（高效液相色谱法）
9	DB34/T 1076—2009	蔬菜、水果、粮食、茶叶中40种有机磷和氨基甲酸酯类农药多残留同时测定方法——气相色谱法
10	DB34/T 1075—2009	蔬菜、水果、粮食、茶叶中30种有机氯和拟除虫菊酯类农药多残留同时测定方法——气相色谱法
11	DB12/T 426—2010	蔬菜水果中205种农药多残留测定方法——GC/MS法
12	DB12/T 427—2010	葱姜蒜中205种农药多残留测定方法——GC/MS法

序号	标准号	标准名称
13	DB34/T 1538—2011	蜂蜜中杀草强残留量测定　液相色谱-串联质谱法
14	DB37/T 1955—2011	蔬菜中哒螨灵残留量的测定　气相色谱-质谱法
15	DBS22/005—2012	食品安全地方标准　粮食中多组分除草剂残留量的测定　液相色谱-串联质谱法
16	DB22/T 1669—2012	人参中辛硫磷农药残留量的测定　气相色谱法
17	DB22/T 1622—2012	稻米中百草枯残留量的测定　液相色谱-质谱/质谱法
18	DB22/T 1623—2012	玉米中毒虫畏的残留量的测定　气相色谱-质谱/质谱法
19	DB22/T 1625—2012	玉米中克菌丹的残留量的测定　气相色谱-质谱/质谱法
20	DB22/T 1626—2012	大豆中溴虫腈残留量的测定　气相色谱-质谱/质谱法
21	DB22/T 1627—2012	玉米中百草枯残留量的测定　液相色谱-质谱/质谱法
22	DB22/T 1678—2012	豆芽中4-氯苯氧乙酸钠残留量的测定　液相色谱-质谱/质谱法
23	DB22/T 1677—2012	豆芽中赤霉素残留量的测定　液相色谱-质谱/质谱法
24	DB22/T 1679—2012	豆芽中福美双残留量的测定　液相色谱-质谱/质谱法
25	DB22/T 1680—2012	人参及其制品中醚菌酯残留量的测定　液相色谱-质谱/质谱法
26	DB22/T 1683—2012	玉米及其制品中枯草隆残留量的测定　液相色谱-质谱/质谱法
27	DB22/T 1684—2012	玉米及其制品中氯磺隆残留量的测定　液相色谱-质谱/质谱法
28	DB22/T 1612—2012	人参中敌稗残留量的测定　气相色谱法
29	DB22/T 1621—2012	稻米中草甘膦残留量的测定　气相色谱-质谱/质谱法
30	DB22/T 1624—2012	玉米中二甲戊灵残留量的测定　气相色谱-质谱/质谱法
31	DB22/T 1620—2012	玉米及其制品中烟嘧磺隆残留量的测定　液相色谱-质谱/质谱法
32	DB22/T 1847—2013	人参中辛硫磷残留量的测定　液相色谱-质谱/质谱法
33	DB22/T 1848—2013	人参及其制品中嘧菌酯等11种农药残留量的检测方法
34	DB22/T 1976—2013	人参中11种农药残留量的测定　高效液相色谱-质谱/质谱法
35	DB22/T 1998—2014	原料奶中苯并咪唑类药物残留量的测定　液相色谱-串联质谱法
36	DB22/T 2003—2014	水果、蔬菜和茶叶中拟除虫菊酯类农药残留量　快速检测方法　薄层色谱法
37	DB22/T 2070—2014	林蛙油中六氯苯残留量的测定　气相色谱-串联质谱法
38	DB22/T 2071—2014	玉米中丁草胺残留的测定　气相色谱法
39	DB22/T 2075—2014	平菇、榆黄蘑中19种农药多残留测定　气相色谱法
40	DB22/T 2076—2014	人参中β甲氧基丙烯酸酯类杀菌剂残留量的测定　气相色谱-质谱法
41	DB65/T 3638—2014	食用菌中农药多残留的测定　液相色谱-串联质谱法
42	DB61/T 954—2015	水果及果汁产品中多种农药残留量测定方法　液相色谱-串联质谱法
43	DB34/T 2407—2015	大米中氯虫苯甲酰胺残留量的测定　高效液相色谱法
44	DB34/T 2406—2015	大米中17种农药残留量的测定　液相色谱-串联质谱法

索 引

（按汉语拼音排序）